土木工程科技创新与发展研究前沿丛书

装配式混凝土结构的概念及设计方法

（按欧洲规范）

张振坤　杜喜凯　王玉良　编著

中国建筑工业出版社

图书在版编目（CIP）数据

装配式混凝土结构的概念及设计方法/张振坤，杜喜凯，王玉良编著．—北京：中国建筑工业出版社，2019.11（2021.4重印）
（土木工程科技创新与发展研究前沿丛书）
ISBN 978-7-112-24138-5

Ⅰ.①装…　Ⅱ.①张…　②杜…　③王…　Ⅲ.①装配式混凝土结构-结构设计　Ⅳ.①TU37

中国版本图书馆CIP数据核字（2019）第187021号

本书以欧洲规范为基础，系统介绍了预制装配式混凝土结构的概念、整体分析方法、设计理念、常用预制构件的设计、连接节点的设计，结合作者多年的实际工程设计经验，给出了工程设计实例，并介绍了预制构件在制造、存储、运输及安装过程中可能出现的缺陷及解决办法。

本书适用于从事装配式混凝土结构建筑的管理、设计、制作、施工及科研技术人员，可供相关专业的高校师生以及参与“一带一路”建设须采用欧洲规范的工程设计人员借鉴、参考和学习。

责任编辑：聂　伟　王　跃
责任校对：李欣慰

土木工程科技创新与发展研究前沿丛书
装配式混凝土结构的概念及设计方法
（按欧洲规范）
张振坤　杜喜凯　王玉良　编著
*
中国建筑工业出版社出版、发行（北京海淀三里河路9号）
各地新华书店、建筑书店经销
北京鸿文瀚海文化传媒有限公司制版
北京建筑工业印刷厂印刷
*
开本：787×960毫米　1/16　印张：21½　插页：2　字数：433千字
2019年12月第一版　2021年4月第二次印刷
定价：**79.00**元
ISBN 978-7-112-24138-5
（34663）

目的是为了让土建类大学生、研究生及设计院的工程师了解装配式混凝土结构的概念和基本的设计方法，同时也可作为国内设计单位参与国外工程项目设计时的参考资料。

第 1 章介绍了装配式混凝土结构的基本概念、结构形式分类、装配式混凝土结构材料、设计装配式混凝土结构要考虑的因素以及装配式混凝土结构相对于现浇混凝土结构的优点等。

第 2 章讲述装配式混凝土结构的简化模型及初步分析、荷载及荷载组合、避免装配式混凝土结构发生整体性连续倒塌破坏应采取的措施——结构拉杆筋（tie reinforcement）设计、楼层的刚性平面设计、构件体积变化及相应措施、剪力墙结构体系、刚性框架结构体系、剪力墙-框架的相互作用、抗震分析及设计、预制节段拼装连接施工方法等。

第 3 章详细介绍了常用预制混凝土构件的设计方法：如预制预应力空心楼板、预制实心叠合楼板、预制 T 型楼板、预制混凝土梁、预制混凝土柱、预制混凝土墙以及预制混凝土楼梯等。

第 4 章讲述了装配式混凝土结构连接节点的设计准则及考虑因素、各种装配式混凝土结构连接节点（受拉、受压、受剪及受扭）的分类、剪切摩擦和静摩擦设计法、拉-压杆模型设计法、牛腿、板托、半梁节点、型钢预埋件、抗剪键、柱脚连接、墙柱的水平连接、剪力墙的竖向连接的设计方法以及预制构件连接的防水构造等。

第 5 章通过工程实例介绍了装配式混凝土结构的整个设计流程，包括结构选型、荷载及荷载组合取值、结构整体分析及层间位移角控制、预制构件设计及详图绘制等。

第 6 章介绍了预制构件的制造、吊装及运输、存储以及工地现场安装的基本

前　　言

装配式混凝土结构是目前我国大力推广的结构形式。装配式混凝土结构和现浇混凝土结构相比有着不同的设计建造原则，不应被看作是现浇混凝土结构的另一种施工方法。目前国内的高校土建类专业还未设专门的装配式混凝土结构设计类课程。本书的出版目的是为了让土建类大学生

目　　录

第1章

装配式混凝土结构的概念

1.1 概　述

装配式混凝土结构是指结构构件在其他地方制作并装配到其最终位置的结构物，与现浇混凝土结构的主要区别在于结构连续性的获得方式。对于现浇混凝土结构，结构的连续性随着施工过程自动获得；而对装配式混凝土结构，预制构件之间的可靠连接是保证结构连续性的必要条件。由于装配式混凝土结构只有在各预制构件准确连接之后才会形成稳定的结构系统，所以对装配式混凝土结构的稳定及安全的考虑必须贯穿整个施工过程。

装配式混凝土结构自20世纪40～50年代在欧洲及北美得以应用以来，通过近70年的发展和完善，已广泛应用于桥梁、隧道、仓储及工业、商业、体育场馆、住宅以及一些特殊造型的结构物等。目前我国政府也在大力推广装配式混凝土技术并制定了相应的政策。《装配式混凝土建筑技术标准》GB/T 51231—2016于2017年颁布实施。

由于工厂预制构件可以采用低水胶比的混凝土以及更精确的控制条件，其相对于现浇混凝土构件具有更好的耐久性。外加剂的使用可使混凝土具有更低的渗透性以保护钢材免受腐蚀。工厂预制构件可以有各种尺寸及形状，在预制构件中施加预应力可以扩展构件的跨度以满足建筑师和工程师设计创新及有竞争力的建筑物。

装配式混凝土结构的主要优点有：

（1）机械化程度高、施工速度快；

（2）构件工厂预制质量控制良好；

（3）防火及耐久性佳；

（4）预应力的应用可以更好地控制构件的挠度以及节省混凝土用量；

（5）可以为建筑师提供更具吸引力的建筑形状、建筑面层及颜色；

（6）更好的热声学控制；

（7）施工受天气影响小，现场湿作业少，有利环保；

（8）工厂预制可使预制构件在安装前做严格的检查。

为保证装配式混凝土结构的经济性及有效性，设计应遵循以下原则：

（1）优先考虑单跨简支构件，如采用连续性构件，要具有可靠的节点连接；

（2）预制构件的尺寸及形状应考虑当地预制场地、运输及安装的条件；

（3）模板的重复使用率越高越能获得更大的经济性，设计时应尽可能多的采用构件标准形式；

（4）装配式混凝土结构的成功应用取决于合理的结构平面布置以及详细的节点连接设计；

（5）由混凝土徐变、收缩以及温度变化而产生的体积变动应在结构构件的设计中加以考虑；

（6）预制的建筑外墙可设计成承重剪力墙或外挂墙，剪力墙可用于抵抗水平及竖向荷载；

（7）采用预应力构件能够减少构件截面尺寸进而增强预制构件的经济性；

（8）预制构件中洞口的尺寸及位置要尽量标准化；

（9）平面轴线布置及构件尺寸应按模数设计；

（10）对超大尺寸及超大重量的预制构件，要考虑在生产、吊装、运输及安装过程中的设备条件以及由此产生的额外费用。

1.2 装配式混凝土结构的形式及应用

常用的装配式混凝土结构形式有以下几种：

1.2.1 框架结构

框架结构包括无侧向约束框架结构（图 1-1）和有侧向约束框架结构（图 1-2）。框架结构主要用于商业建筑、学校、医院、停车场及体育设施等。大跨度的梁-柱框架结构能方便将来建筑物用途的改变。

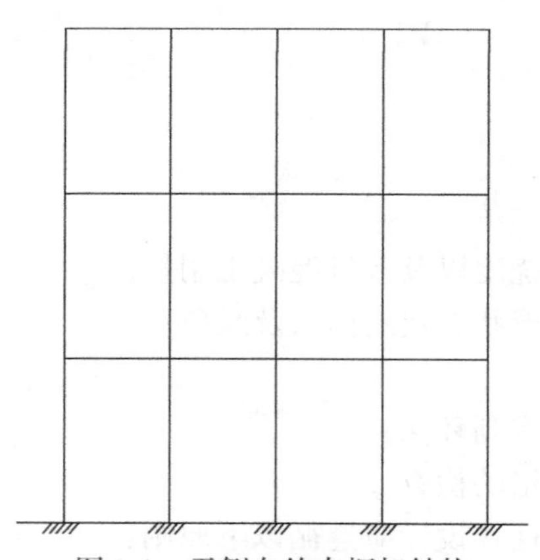

图 1-1 无侧向约束框架结构

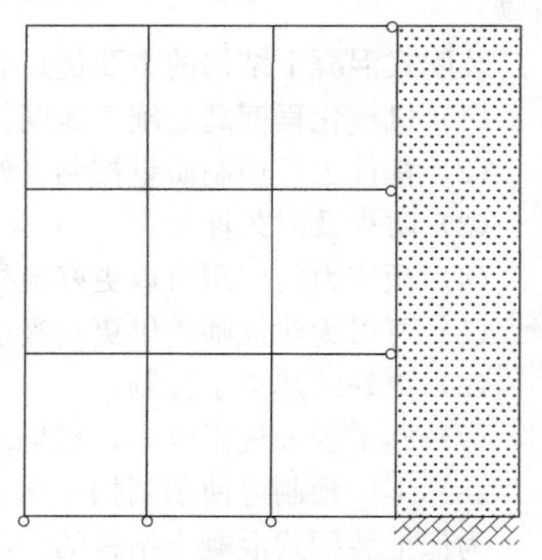

图 1-2 有侧向约束框架结构

1.2.2 承重墙结构

承重墙结构包括承重侧墙结构（图1-3）、承重正立面墙结构（图1-4）以及承重组合墙结构（图1-5）。承重墙结构主要用于民用住宅及酒店等。墙面可以直接刷涂料而省去抹灰过程，外立面墙的造型及隔热等可按建筑要求直接预制好。

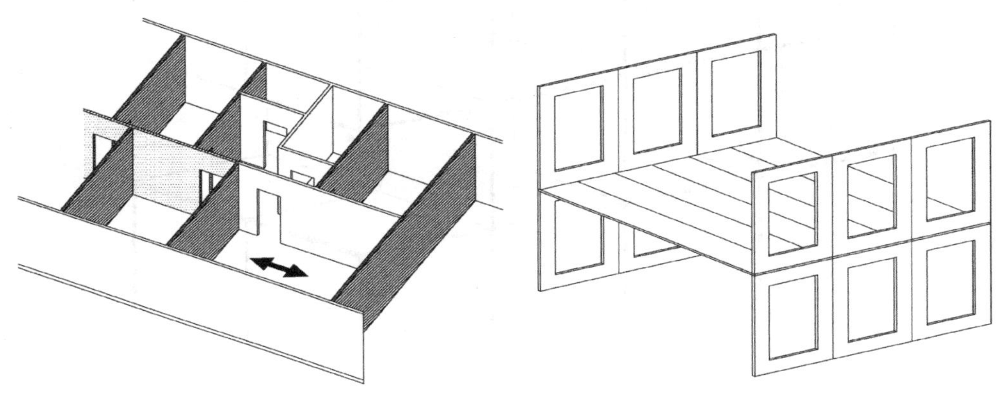

图1-3 承重侧墙结构　　图1-4 承重正立面墙结构

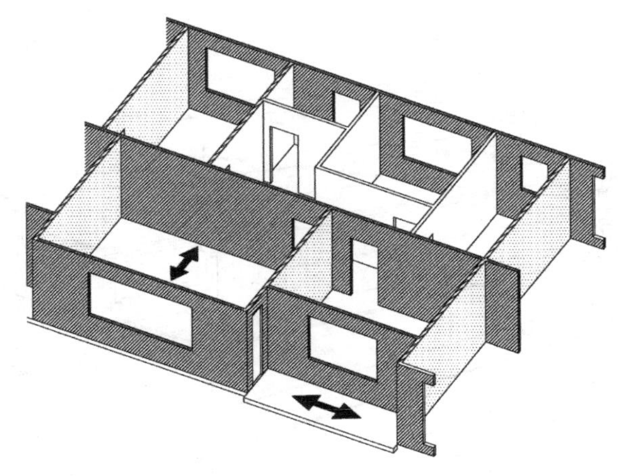

图1-5 承重组合墙结构

1.2.3 箱形结构

箱形结构如图1-6所示，主要用于一些特殊的建筑物或建筑物的某一部分，例如厨房和厕所部分等。

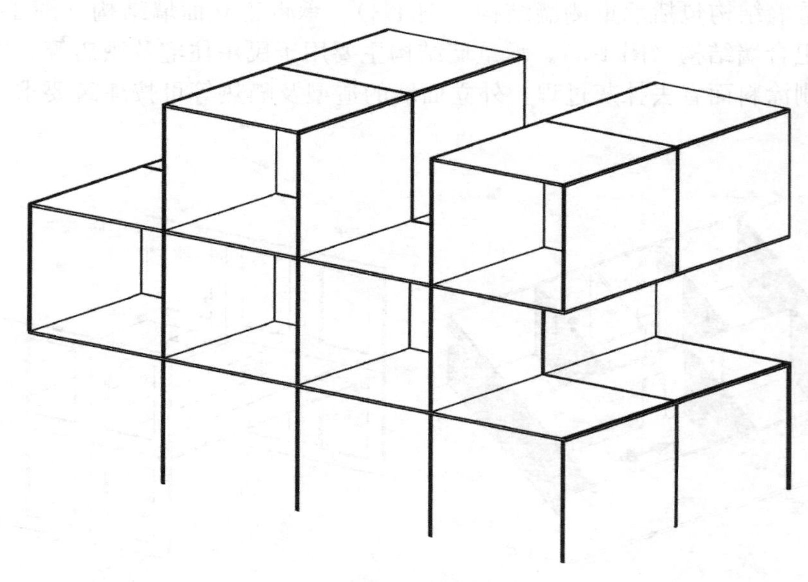

图 1-6　箱形结构

1.2.4　各种装配式结构形式的建造图例（图 1-7～图 1-12）

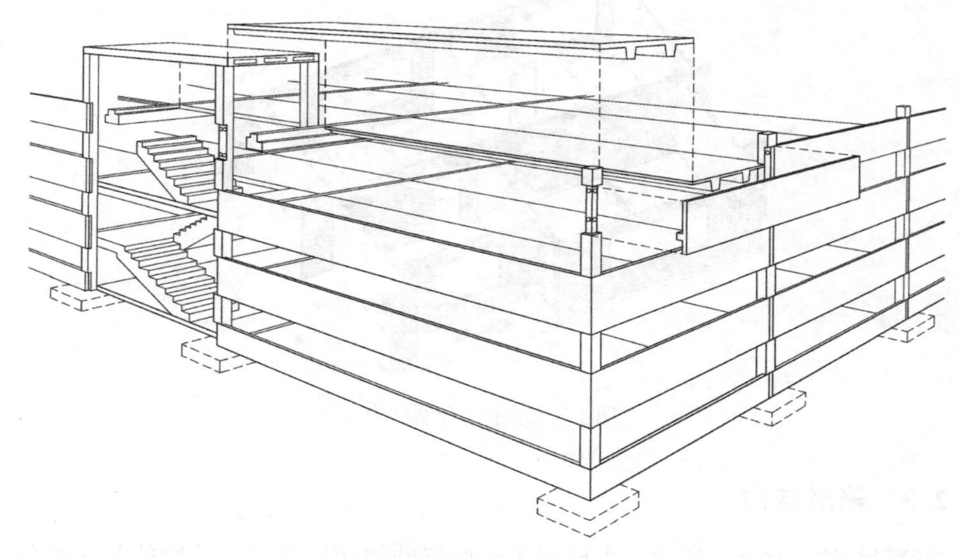

图 1-7　多层梁-柱框架结构

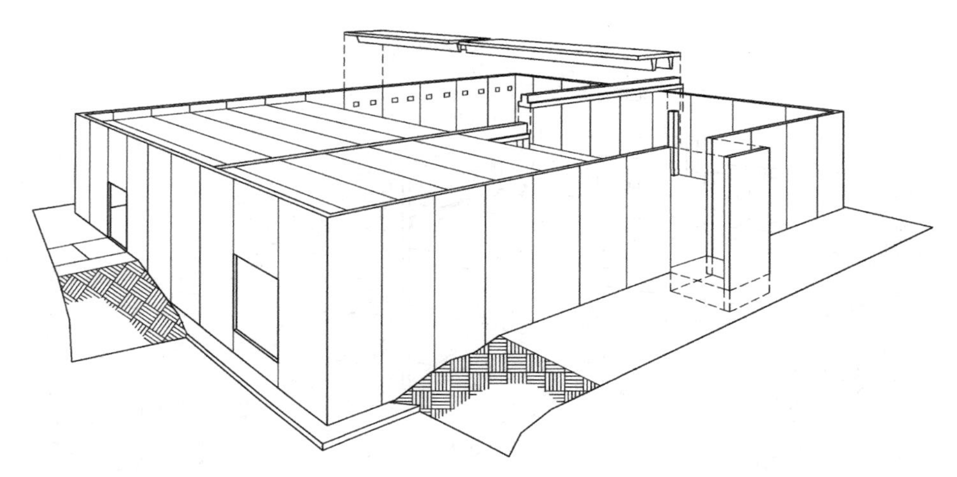

图 1-8　单层承重墙结构

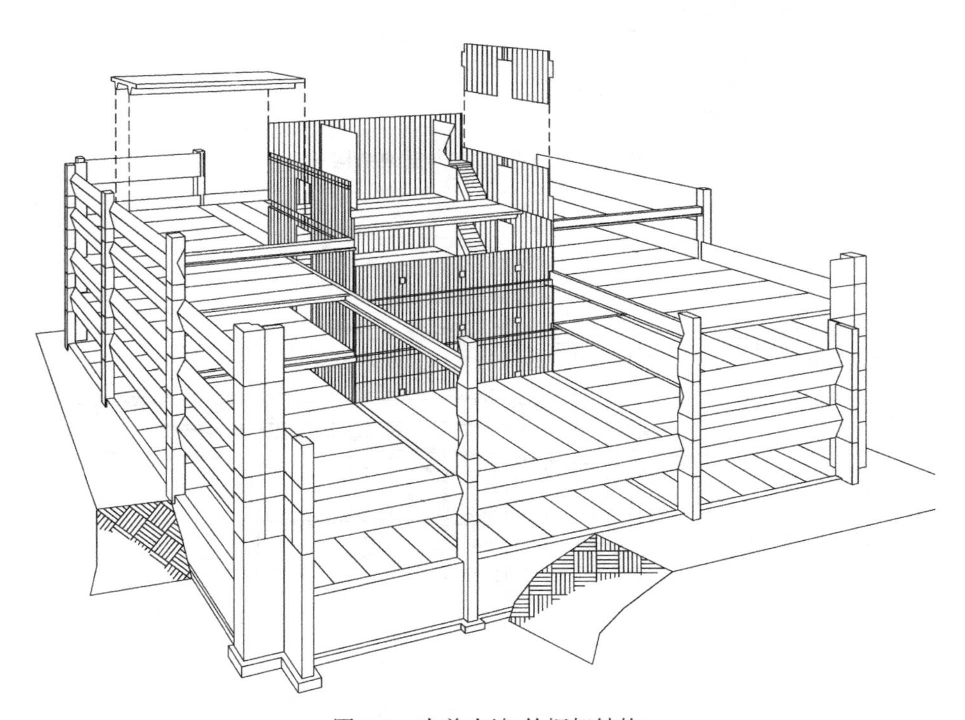

图 1-9　内剪力墙-外框架结构

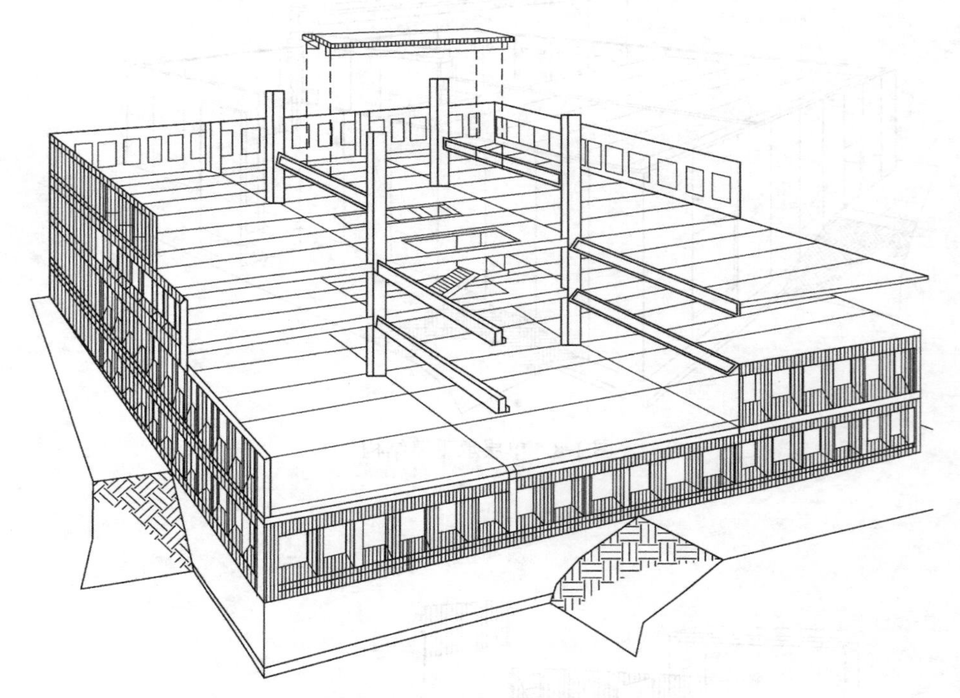

图 1-10　外剪力墙-内框架结构

图 1-11　单层梁-柱结构

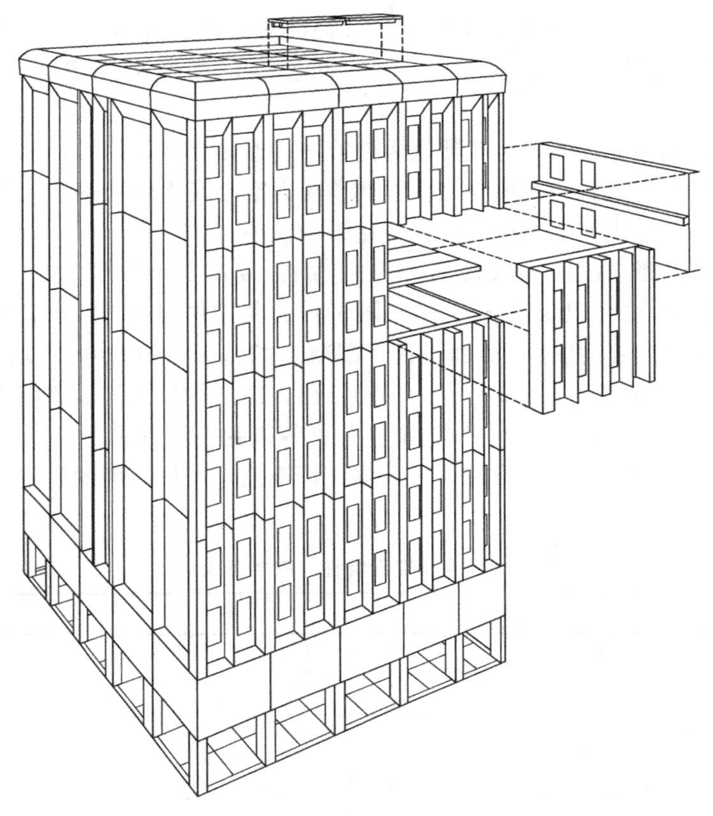

图 1-12　多层承重墙结构

1.3　装配式混凝土结构材料

装配式混凝土结构所用的材料包括混凝土、砂浆、钢筋、钢筋网片及钢绞线等。

1.3.1　混凝土

通常用于预制及预应力混凝土结构的混凝土，在第 28 天的抗压强度介于 35～50MPa 之间。施加预应力时的混凝土抗压强度不低于 25MPa。实际设计时通常保证混凝土 16 小时可以拆模以便预制构件每天可以从模板中移出。建筑围护或间隔预制构件通常不需要像结构预制构件那样蒸汽养护。

预制混凝土构件的体积变化是由外界温度变化、混凝土硬化收缩以及混凝土在持续应力作用下而产生的徐变等引起。如果允许预制混凝土构件产生变形，混凝土体积变化就不是很重要。如果构件被基础、连接、钢筋或其他形式所约束，那么构件中的应力就会随时间而发展，混凝土体积变化就要加以考虑。

大部分的混凝土收缩发生在预制构件堆场，连接及节点的设计要考虑预制构件装配到最终位置以后的体积变化。虽然预应力空心楼板较早安装，但它们与支承梁之间并不设计成完全刚接，体积变化影响较小。

依照欧洲混凝土设计规范 EC2，混凝土的强度及变形特性见表 1-1。混凝土应力-应变关系曲线可以参考图 1-13～图 1-15。其中图 1-13 用于非线性结构分析，图 1-14 和图 1-15 用于正截面设计。混凝土的抗压及抗拉强度设计值分别由公式 $f_{cd}=\alpha_{cc}f_{ck}/\gamma_c$ 及 $f_{ctd}=\alpha_{ct}f_{ctk,0.05}/\gamma_c$ 给出，EC2 的新加坡国家附录建议：取 $\alpha_{cc}=0.85$、$\gamma_c=1.5$ 和 $\alpha_{ct}=1.0$。混凝土强度等级的表示方法为 $f_{ck}/f_{ck,cube}$，如 C32/40，斜杠前面的数字为圆柱体抗压强度标准值，斜杠后面的数字为立方体抗压强度标准值。

混凝土强度和变形特性（EC2 表 3.1）　　　表 1-1

混凝土强度分类															公式说明
f_{ck} (MPa)	12	16	20	25	30	35	40	45	50	55	60	70	80	90	
$f_{ck,cube}$ (MPa)	15	20	25	30	37	45	50	55	60	67	75	85	95	105	
f_{cm} (MPa)	20	24	28	33	38	43	48	53	58	63	68	78	88	98	$f_{cm}=f_{ck}+8$ (MPa)
f_{ctm} (MPa)	1.6	1.9	2.2	2.6	2.9	3.2	3.5	3.8	4.1	4.2	4.4	4.6	4.8	5.0	$f_{ctm}=0.30f_{ck}^{(2/3)}\leqslant$C50/60 $f_{ctm}=2.12\ln[1+(f_{cm}/10)]>$C50/60
$f_{ctk,0.05}$ (MPa)	1.1	1.3	1.5	1.8	2.0	2.2	2.5	2.7	2.9	3.0	3.1	3.2	3.4	3.5	$f_{ctk,0.05}=0.7f_{ctm}$ 5%分位值
$f_{ctk,0.95}$ (MPa)	2.0	2.5	2.9	3.3	3.8	4.2	4.6	4.9	5.3	5.5	5.7	6.0	6.3	6.6	$f_{ctk,0.95}=1.3f_{ctm}$ 95%分位值
E_{cm} (GPa)	27	29	30	31	33	34	35	36	37	38	39	41	42	44	$E_{cm}=22[(f_{cm})/10]^{0.3}$ （f_{cm} 的单位为 MPa）
ε_{c1} (‰)	1.8	1.9	2.0	2.1	2.2	2.25	2.3	2.4	2.45	2.5	2.6	2.7	2.8	2.8	ε_{c1}(‰)$=0.7f_{cm}^{0.31}\leqslant 2.8$
ε_{cu1} (‰)	3.5									3.2	3.0	2.8	2.8	2.8	当 $f_{ck}\geqslant$50MPa 时 ε_{cu1}(‰)$=2.8+27[(98-f_{cm})/100]^4$

续表

混凝土强度分类							公式说明
ε_{c2} (‰)	2.0	2.2	2.3	2.4	2.5	2.6	当 $f_{ck} \geqslant 50$MPa 时 $\varepsilon_{c2}(‰) = 2.0 + 0.085(f_{ck} - 50)^{0.53}$
ε_{cu2} (‰)	3.5	3.1	2.9	2.7	2.6	2.6	当 $f_{ck} \geqslant 50$MPa 时 $\varepsilon_{cu2}(‰) = 2.6 + 35[(90 - f_{ck})/100]^4$
n	2.0	1.75	1.6	1.45	1.4	1.4	当 $f_{ck} \geqslant 50$MPa 时 $n = 1.4 + 23.4[(90 - f_{ck})/100]^4$
ε_{c3} (‰)	1.75	1.8	1.9	2.0	2.2	2.3	当 $f_{ck} \geqslant 50$MPa 时 $\varepsilon_{c3}(‰) = 1.75 + 0.55[(f_{ck} - 50)/40]$
ε_{cu3} (‰)	3.5	3.1	2.9	2.7	2.6	2.6	当 $f_{ck} \geqslant 50$MPa 时 $\varepsilon_{cu3}(‰) = 2.6 + 35[(90 - f_{ck})/100]^4$

表中 f_{ck}——圆柱体混凝土试块在养护 28 天时的抗压强度标准值（直径 150mm，高 300mm 的圆柱体试块）；

$f_{ck,cube}$——立方体混凝土试块在养护 28 天时的抗压强度标准值（150mm×150mm×150mm 的立方体试块）；

f_{cm}——混凝土在养护 28 天时的圆柱体抗压强度平均值；

f_{ctm}——混凝土轴向抗拉强度平均值；

$f_{ctk,0.05}$——养护 28 天时混凝土的抗拉强度标准值的下限值（5%分位值）；

$f_{ctk,0.95}$——养护 28 天时混凝土的抗拉强度标准值的上限值（95%分位值）；

E_{cm}——混凝土弹性模量（割线值），见图 1-13；

ε_{c1}——混凝土在短期单轴荷载作用下峰值压应力所对应的压应变（非线性结构分析）；

ε_{cu1}——混凝土在短期单轴荷载作用下的名义极限压应变（非线性结构分析）；

n——在抛物线-矩形应力-应变曲线中所采用的与混凝土强度等级相关的指数；

ε_{c2}——混凝土达到最大强度时所对应的应变（用于正截面设计）；

ε_{cu2}——混凝土极限压应变（用于正截面设计）；

ε_{c3}——应力-应变关系简化为双直线时混凝土达到最大强度时所对应的应变（用于正截面设计）；

ε_{cu3}——应力-应变关系简化为双直线时混凝土的极限压应变（用于正截面设计）。

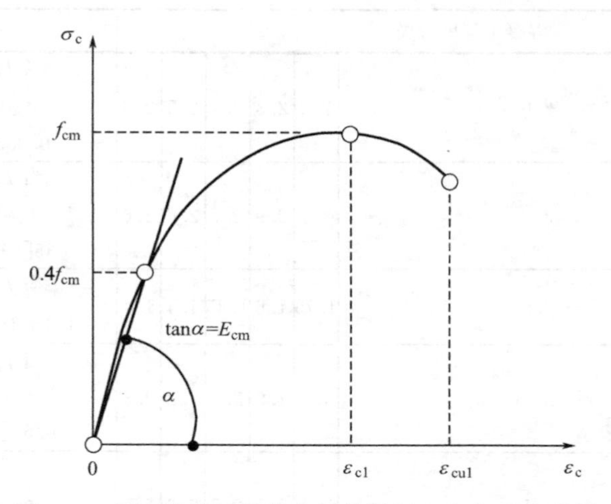

图 1-13 用于非线性结构分析的混凝土应力-应变曲线

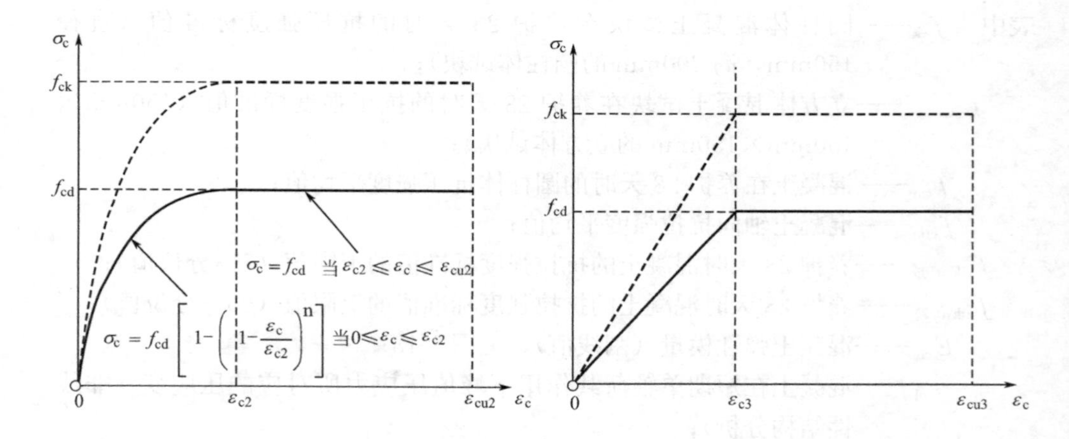

图 1-14 抛物线-矩形应力-应变曲线

图 1-15 双直线应力-应变曲线

1.3.2 砂浆

砂浆是由水、砂子（不含粗骨料）及胶凝材料混合而成的，依据稠度不同分为灌浆（grout）、普通砂浆（mortar）及干砂浆（drypack）。砂浆在装配式混凝土结构中有大量应用，包括防火及防腐蚀、表面美化处理以及在水平、竖向连接中传递荷载等。

砂浆中所用的胶凝材料有：普通水泥；收缩补偿水泥；含特殊添加剂的膨胀水泥；石膏或石膏水泥；环氧树脂；专用的灌浆及修补砂浆的胶凝材料。

绝大多数砂浆是由水泥、砂子和水混合而成。水泥和砂子的比例为1∶(2.5～3)，水的用量要由施工方法决定。

可流动的灌浆是高坍落度的混合物，主要用于填充预制构件之间的缝隙，如空心楼板之间的剪力缝连接。灌浆通常用于狭窄但不封闭的连接，并需要一些模板。这种灌浆通常是高水胶比，导致低强度及高收缩，并且当其硬化时表层会有一层水。适当的外加剂可以提高这种灌浆的性能。对于一些封闭的空间，灌浆可以加压打入，模板须能抵抗灌浆的压力。高压灌浆的水胶比可以比普通灌浆小一些以获得高强度及低收缩性。后张法预应力的管道灌浆是单纯的水泥和水的混合物或者添加其他外加剂。

稠的灌浆或普通砂浆用于不完全封闭的节点，如墙体的竖向连接，这种砂浆的强度可达到20～45MPa，且收缩比流动灌浆小很多。

干砂浆是指很硬的由砂子和水泥组成的混合物。干砂浆用于相对高强度的地方，如承重墙及柱脚下面。干砂浆通常用手工夯实。

如果结构分析需考虑冻融因素，应考虑采用加气灌浆，空气含量约为9%～10%。普通的水泥砂浆在低温时早期强度较低，或应选用一些特殊的专用混合物。添加专用的混合剂或铝粉可以减少水泥砂浆的收缩。

环氧树脂灌浆通常用于需要高强度砂浆的部位，或者需要主动和混凝土黏结时。它们是由环氧树脂及填充材料（通常是砂子）混合而成的。低黏性的环氧树脂可以加压打入混凝土裂缝中。

1.3.3　钢材

装配式混凝土结构中的钢材包括普通钢筋、钢筋网片以及预应力筋等。

普通钢筋的屈服强度根据各国的钢筋种类会有所不同，如参照欧洲混凝土规范EC2，$f_{yk}=400\sim600$MPa。有些预制工厂采用可焊接钢筋以减少钢筋库存及可能出现的加工错误，可焊钢筋的另一个优点是废弃的钢筋头可以利用。要使钢筋在混凝土中达到设计强度，必须满足最小的锚固长度要求。

钢筋网片是由相互平行的冷拔钢丝按照正方形或长方形的网格形式由机器自动焊接而成。钢筋网片多用于预制混凝土板、预制混凝土墙等。许多预制工厂有加工钢筋网片的设备，网片可以加工成各种形状。钢筋的焊接节点可以有效增强钢筋与混凝土之间的粘结作用。

预应力筋包括高强冷拔钢丝、钢绞线、热轧及热处理钢棒等。在预制预应力构件中，绝大多数预应力筋采用包含7股高强钢丝的钢绞线。目前国际通用的钢绞线为低松弛钢绞线。

典型热轧及冷加工钢筋的应力-应变关系曲线见图1-16。钢筋的特征属性见表1-2（EC2表C.1），钢筋的抗拉性能见表1-3（规范BS4449表4）。

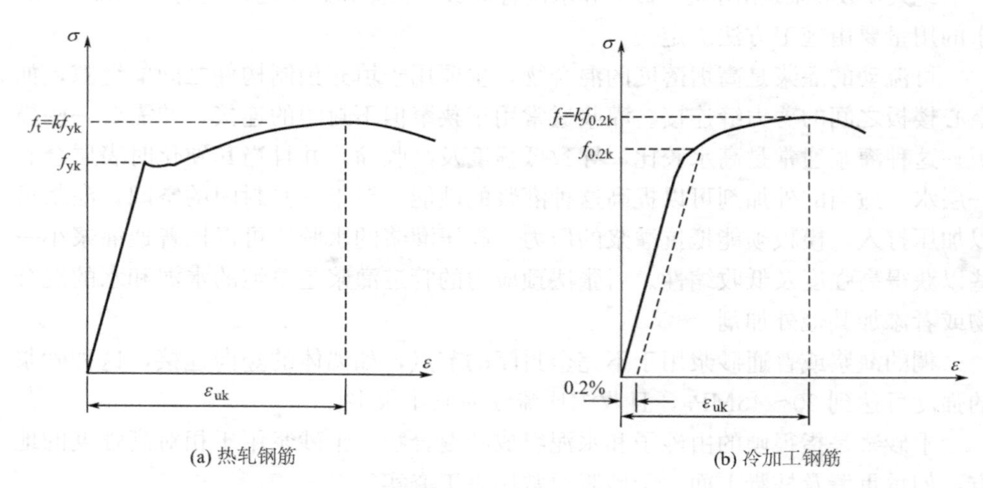

(a) 热轧钢筋　　(b) 冷加工钢筋

图 1-16　典型热轧钢筋及冷加工钢筋的应力-应变曲线

钢筋属性（EC2 表 C.1）　　**表 1-2**

产品形式	钢筋			钢筋网片			要求值或分位值(%)
延性等级	A	B	C	A	B	C	—
屈服强度标准值 f_{yk} 或 $f_{0.2k}$ (MPa)	400～600						5.0
$k=(f_t/f_y)_k$ 的最小值	≥1.05	≥1.08	≥1.15 <1.35	≥1.05	≥1.08	≥1.15 <1.35	10.0
最大拉力时的特征应变，ε_{uk} (%)	≥2.5	≥5.0	≥7.5	≥2.5	≥5.0	≥7.5	10.0
可弯曲性	弯曲/折弯测试			—			
剪切强度	—			$0.3Af_{yk}$ （A 是网片筋截面面积）			最小值
与公称质量最大偏差(单根钢筋或钢丝)(%)　公称直径(mm) ≤8	±6.0						5.0
与公称质量最大偏差(单根钢筋或钢丝)(%)　公称直径(mm) >8	±4.5						

表中　f_{yk} 或 $f_{0.2k}$——钢筋屈服强度标准值；

$f_{0.2k}$——残余应变为 0.2%时所对应的钢筋屈服强度（冷加工钢筋）；

ε_{uk}——在最大荷载作用时钢筋或预应力筋所对应的特征应变；

$k=(f_t/f_y)_k$——钢筋抗拉强度与屈服强度之比。

钢筋的抗拉性能参数（英标碳素钢筋规范 BS4449 表 4）　　表 1-3

	屈服强度 R_e(MPa)	抗拉/屈服强度比 R_m/R_e	最大作用力时的总延伸率 A_{gt}(%)
B500A	500	1.05[a]	2.5[b]
B500B	500	1.08	5.0
B500C	500	≥1.15,<1.35	7.5

上标 a 表示直径小于 8mm 的,其 R_m/R_e特性为 1.02;
上标 b 表示直径小于 8mm 的,其 A_{gt}特性为 1.0%;
所规定的 R_e 的值为 $p=0.95$ 时的特性;
所规定的 R_m/R_e、A_{gt} 的值为 $p=0.90$ 时的特性;
用公称截面面积计算 R_m和 R_e的值

注：1. 屈服强度的最大允许值为 650MPa；
2. 对于屈服强度 R_e 应采用上限屈服强度 R_{eH}；
3. 如果未出现屈服现象，则根据 0.2%的弹限强度 $R_{p0.2}$ 确定屈服强度 R_e。

钢筋强度的设计值见图 1-17，钢筋的弹性模量可取为 $E_s=200\text{GPa}$。对于一般的设计，EC2 给出了两种选择：

(1) 当采用顶部为倾斜线时，给定了一个设计极限应变值 ε_{ud} 及一个在特征应变 ε_{uk} 处的最大应力限值 kf_{yk}/γ_s，其中 $k=(f_t/f_y)_k$，见表 1-2。ε_{ud} 的建议值为 $0.9\varepsilon_{uk}$；

(2) 当采用顶部为水平线时，不用检查应变限值。

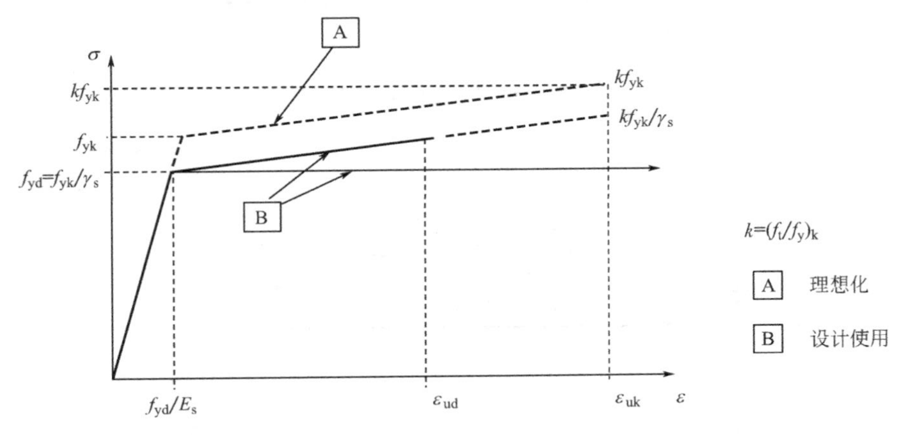

图 1-17　理想化及用于设计的钢筋应力-应变关系

根据 EC2，预应力筋（包括钢丝、钢绞线及钢棒）应按照以下因素分类：

(1) 强度：由塑性应变为 0.1%时的名义屈服强度值（$f_{p0.1k}$）、抗拉强度标准值与名义屈服强度的比值（$f_{pk}/f_{p0.1k}$）以及最大作用力时的极限应变（ε_{uk}）

来表示；

（2）松弛性能；

（3）直径；

（4）表面特性。

典型预应力筋的应力-应变关系曲线见图 1-18，理想化及用于设计的预应力筋应力-应变关系见图 1-19。钢丝和钢棒的弹性模量可取 $E_p=205\text{GPa}$，钢绞线的弹性模量可取 $E_p=195\text{GPa}$。对于正截面的设计，EC2 同样给出了两种选择：

（1）当采用顶部为倾斜线时，给定了一个设计极限应变值 ε_{ud}，ε_{ud} 的建议值为 $0.9\varepsilon_{uk}$；如果没有更精确的数值，可采用 $\varepsilon_{ud}=0.02$ 及 $f_{p0.1k}/f_{pk}=0.9$；

（2）当采用顶部为水平线时，不用检查应变限值。

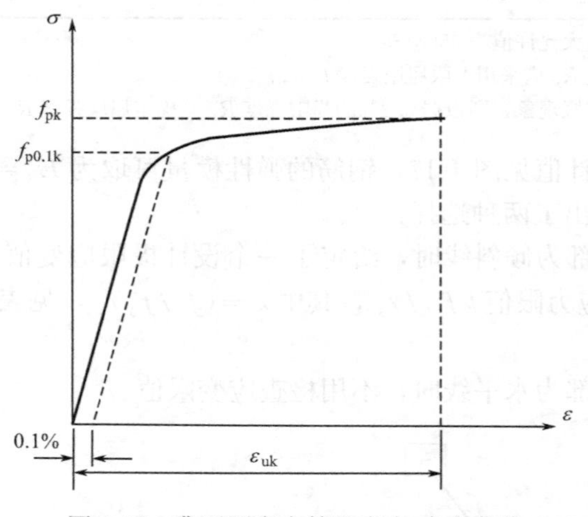

图 1-18　典型预应力筋的应力-应变曲线

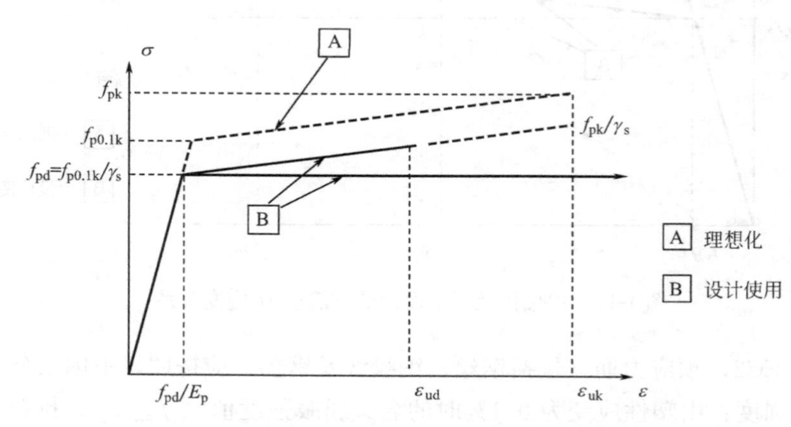

图 1-19　理想化及用于设计的预应力筋应力-应变关系

冷拔钢丝、钢绞线和热轧及热处理钢棒的尺寸及性能见表1-4～表1-6。

冷拔钢丝的尺寸及特性 **表1-4**

预应力筋品种	钢材名称	钢材直径(mm)	钢材截面面积(mm^2)	每延米重量(g/m)	抗拉强度标准值 f_{pk}(MPa)	0.1%名义屈服强度 $f_{p0.1k}$(MPa)
冷拔钢丝 prEN10138-2	Y1570C	5.0	19.6	153.1	1570	1382
		6.0	28.3	221.0		
		7.0	38.5	300.7		
		8.0	50.3	392.8		
		8.5	56.7	442.8		1366
		8.8	60.8	474.8		
		9.0	63.6	496.7		
		9.4	69.4	542.0		
		9.5	70.9	553.7		
		9.7	73.9	577.2		
		10.0	78.5	613.1		
		10.5	86.6	676.3		
		11.0	95.0	742.0		
	Y1620C	4.5	15.9	124.2	1620	1426
		7.11	39.7	310.1		
	Y1670C	4.0	12.6	98.4	1670	1470
		5.0	19.6	153.1		
		5.5	23.8	185.9		
		6.0	28.3	221.0		
		6.5	33.2	259.3		
		6.9	37.4	292.1		
		7.0	38.5	300.7		
		7.5	44.2	345.2		
		8.0	50.3	392.8		
	Y1770C	3.0	7.10	55.5	1770	1558
		3.2	8.00	62.5		
		4.0	12.6	98.4		
		4.5	15.9	124.2		
		5.0	19.6	153.1		
		5.5	23.8	185.9		

续表

预应力筋品种	钢材名称	钢材直径(mm)	钢材截面面积(mm^2)	每延米重量(g/m)	抗拉强度标准值 f_{pk}(MPa)	0.1%名义屈服强度 $f_{p0.1k}$(MPa)
冷拔钢丝 prEN10138-2	Y1770C	6.0	28.3	221.0	1770	1558
		7.0	38.5	300.7		
	Y1860C	3.0	7.10	55.5	1860	1655
		4.0	12.6	98.4		
		5.0	19.6	153.1		
		6.0	28.3	221.0		
		7.0	38.5	300.7		

钢绞线的尺寸及特性 **表 1-5**

预应力筋品种	钢材名称	钢材直径(mm)	钢材截面面积(mm^2)	每延米重量(g/m)	抗拉强度标准值 f_{pk}(MPa)	0.1%名义屈服强度 $f_{p0.1k}$(MPa)
钢绞线 prEN10138-3	Y1770S2	5.6	9.70	75.8	1770	1558
		6.0	15.1	117.9		
	Y1770S3	7.5	29.0	226.5	1770	1558
	Y1860S2	4.5	7.95	62.1	1860	1637
	Y1860S3	4.85	11.9	92.9	1860	1637
		6.5	21.2	165.6		
		6.9	23.4	182.8		
		7.5	29.0	226.5		
		8.6	37.4	292.1		
	Y1920S3	6.3	19.8	154.6	1920	1690
		6.5	21.2	165.6		
	Y1960S3	4.8	12.0	93.7	1960	1744
		5.2	13.6	106.2		
		6.5	21.2	165.5		
		6.85	23.6	184.3		
	Y2060S3	5.2	13.6	106.2	2060	1833
	Y2160S3	5.2	13.6	106.2	2160	1922
	Y1670S7	15.2	139	1086	1670	1470
	Y1700S7G	18	223	1742	1700	1496
	Y1770S7	6.9	29.0	226.5	1770	1558
		9.0	50.0	390.5		
		9.3	52.0	406.1		
		9.6	55.0	429.6		
		11.0	70.0	546.7		

续表

预应力筋品种	钢材名称	钢材直径(mm)	钢材截面面积(mm^2)	每延米重量(g/m)	抗拉强度标准值 f_{pk}(MPa)	0.1%名义屈服强度 $f_{p0.1k}$(MPa)
钢绞线 prEN10138-3	Y1770S7	12.5	93.0	726.3	1770	1558
		12.9	100	781.0		
		15.2	139	1086		
		15.3	140	1093		
		15.7	150	1172		
		18.0	200	1562		
	Y1820S7G	15.2	165	1289	1820	1602
	Y1860S7	6.9	29.0	226.5	1860	1637
		7.0	30.0	234.3		
		8.0	38.0	296.8		
		9.0	50.0	390.5		
		9.3	52.0	406.1		
		9.6	55.0	429.6		
		11.0	70.0	546.7		
		11.3	75.0	585.8		
		12.5	93.0	726.3		
		12.9	100	781.0		
		13.0	102	796.6		
		15.2	139	1086		
		15.3	140	1093		
		15.7	150	1172		
	Y1860S7G	12.7	112	874.7	1860	1637
		15.2	165	1289		
	Y1960S7	9.0	50.0	390.5	1960	1744
		9.3	52.0	406.1		
	Y2060S7	6.4	25.0	195.3	2060	1833
		6.85	28.2	220.2		
		7.0	30.0	234.3		
		8.6	45.0	351.5		
		11.3	75.0	585.8		
	Y2160S7	6.85	28.2	220.2	2160	1922

热轧及热处理钢棒的尺寸及特性　　表 1-6

预应力筋品种	钢材名称	钢材表面形状	钢材直径(mm)	钢材截面面积(mm^2)	每延米重量(g/m)	抗拉强度标准值 f_{pk}(MPa)	0.1%名义屈服强度 $f_{p0.1k}$(MPa)
热轧及热处理钢棒 prEN10138-4	Y1100H	带肋	15	177	1440	1100	891
		带肋	20	314	2560		
	Y1030H	光面	25.5	511	4009	1030	834
		光面	26	531	4168		
		带肋	26.5	552	4480		
		光面	27	573	4495		
		光面	32	804	6313		
		带肋	32	804	6530		
		光面	36	1018	7990		
		带肋	36	1018	8270		
		光面	40	1257	9865		
		带肋	40	1257	10250		
		光面	50	1964	15386		
	Y1230H	光面	26	531	4168	1230	1082
		带肋	26.5	552	4480		
		光面	32	804	6313		
		带肋	32	804	6530		
		光面	36	1018	7990		
		带肋	36	1018	8270		
		光面	40	1257	9865		
		带肋	40	1257	10205		

1.4　预制混凝土构件设计的影响因素及设计要求

预制混凝土构件的制造方法随着构件的形式不同而变化，主要影响因素有：

（1）结构构件或建筑构件；

（2）长线型模板或单个型模板；

（3）预应力或非预应力构件；

（4）先张法预应力或后张法预应力构件；

（5）生产设施条件的限制。

在做装配式混凝土结构项目设计时，要与当地的预制构件提供方充分交流以考虑以上因素。

1.4.1　结构构件或建筑构件

装配式混凝土结构构件通常追求大体积及高效率，强调使用标准型构件以便模板可以重复使用。这种模板一般为长线型钢模板，一次能够生产多个预制构件。这些构件包括双T型楼板、空心楼板、内部梁及内部墙体等。

而预制建筑构件的灵活多变性可以使建筑设计人员能够综合多种立面形状、颜色及材料质地在同一个建筑表现上。这就要求预制构件生产商能够制作复杂的模具，能使用多种混合材料，并且能够提供多种表面处理，如喷砂、酸蚀或者砖石及其他装饰材料的贴面。

1.4.2　长线型模板或单个型模板

如果生产大量的标准形状构件，预制厂商通常采用长线型模板。这些长线型模板有上百米长，一次可浇筑多个构件。一般情况下在长线型模板浇筑的构件是施加预应力的。在长线型模板上浇筑梁或双T型板时，构件的两端放置隔离板；而在长线型模板上采用挤压法浇筑空心楼板时，则是不断开浇筑，经养护后切成所需要的长度。

单个型模板用在每次只浇筑一个构件时，这种模板能很好地用于生产非预应力构件及后张法预应力构件，也常用于生产预制建筑构件。

1.4.3　预应力或非预应力构件

当构件的尺寸及所受的荷载允许时，预制厂商可能选择用普通钢筋或钢筋网片作为构件的受力钢筋。在这些情况下，构件的钢筋笼首先安放在模板上，然后浇筑混凝土并振捣密实。当采用普通钢筋时，设计人员要进行构件的裂缝及挠度验算。

预应力混凝土构件能够实现更大的跨高比及提高裂缝控制能力。预应力的施加方法有先张法和后张法两种。通常将预应力筋用作构件的主筋而普通钢筋或钢筋网片作为补强筋或构造筋。

1.4.4　先张法或后张法预应力构件

先张法构件中，钢绞线预先张拉，将补强钢筋及其他预埋件固定好，然后浇筑混凝土。当混凝土养护到能够与预张拉钢绞线产生足够的黏结力时，切断钢绞线，钢绞线中的预拉力便会通过黏结作用转移到混凝土中，这时预制构件便可以从模板转移到存储位置。

后张法构件中，钢绞线放置在套管中，将套管绑在钢筋笼上然后放入模板中。将机械锚具放置在套管两端并固定在钢筋笼或模板上。当浇筑完混凝土并养护达到一定强度后，便可张拉钢绞线并且固定在端头锚具上。此时混凝土中便会产生预压应力，可以拆模并将构件转移到存储位置。

在有些情况下，先张法和后张法会同时使用。此方法用在张拉台座或张拉模具不能承受全部张拉力时。在这种情况下，先张法钢绞线将提供主要的预应力，而后张法钢绞线将提供剩余的预应力。这种方法也用在构件水平浇筑但钢绞线在正常使用状态时处在一个高度。有时在构件水平浇筑时施加全预应力会引起构件开裂，把部分预应力做成后张法可以避免构件开裂，但是要考虑到后张拉端的空间限制以及由于两次张拉而产生的额外费用。

1.4.5 生产设施条件限制

设计人员要考虑到市场上可以获得的预制构件的类型及大小，优先选用常见的预制构件形式。

预制构件的尺寸受到预制场地吊装、运输以及现场安装等各种设备限制。通常情况下，预制厂家倾向于生产便于运输的标准产品，并且不需要申请特别的运输许可。偶尔会生产一些大尺寸构件，当然需要一些特殊的设备及运输条件。

预应力张拉台座的张拉能力可能是另一个限制条件。

环境因素可能是预制构件生产的限制，如喷砂及酸蚀工艺需要在封闭的空间里。生产设施要远离居住及商业区域，以防扰民。

1.4.6 预制结构构件的设计要求

由于装配式混凝土结构和其他建筑材料结构相比有着不同的设计要求，设计人员要综合考虑预制构件的制造、吊装、运输以及现场安装等各种情况，而不仅仅是结构的最终受力状态。装配式结构的设计应遵循以下原则：

(1) 建筑平面轴线及预制构件尺寸要尽量规则以节省模板数量；

(2) 预制构件应尽可能设计成单跨简支；

(3) 在预制构件上开洞的尺寸及位置要尽量标准、统一；

(4) 采用标准的、当地能采购到的预制构件；

(5) 要尽量减少那些具有不同形式及尺寸的预制构件数量；

(6) 尽量减少在一些特殊构件中的不同配筋形式；

(7) 尽量减少预制构件连接节点的形式；

(8) 尽量采用当地生产商更愿意生产的一些特定节点连接形式；

(9) 要考虑预制构件的大小及重量以避免由于制造、运输及安装超大尺寸及超重构件而产生的额外费用；

(10) 当构件的跨度比较大时，或者构件的高度受到限制，或者构件要求较高标准的裂缝控制时，预制构件中应施加预应力；

(11) 应避免设计一些在日常操作中很难达到的工艺水准的预制构件或只允许很小公差的连接节点；

(12) 对混凝土配合比设计、材料允许应力、构件的允许反拱、允许挠度、钢材涂层、预埋件以及节点连接件等，应避免超出一般需求的特殊要求；

(13) 尽可能把外墙设计成承重及剪力墙；

(14) 在项目设计的初期就要联系当地的预制厂商以了解当地的生产能力，以供设计参考。

1.4.7 预制结构构件的耐久性及防火要求

建筑物在其设计使用年限内应满足正常使用、强度及稳定性的要求，而不需要成本过高的维护及不出现重要的功能损失。结构的耐久性在考虑了其预期用途、设计使用年限、维护计划以及所受的各种直接作用的基础上，还要考虑间接作用和环境条件的影响。钢筋的抗腐蚀性能取决于混凝土保护层的密度、质量、厚度以及裂缝宽度等。保护层的密度及质量可以通过控制最大水灰比及最小水泥含量来实现，并可与最小混凝土强度等级相关联。如果金属固定件可以检查及置换，那么暴露的部分应涂刷保护漆，否则应由抗锈材料制成。

结构的暴露条件是指在力学作用之外的化学及物理条件。欧洲混凝土规范EC2对环境条件暴露等级做了分类，见表1-7。除了表中的条件，骨料的特别成分或间接作用应给予考虑，包括：

化学侵蚀：

(1) 建筑物或结构的用途（例如储存液体等）；

(2) 酸或硫酸盐溶液；

(3) 混凝土中所含的氯化物；

(4) 碱-骨料反应。

物理侵蚀：

(1) 温度变化；

(2) 磨损；

(3) 水渗透。

与环境条件相关的暴露等级（EC2 表 4.1） **表 1-7**

等级名称	环境描述	暴露等级示例
1. 无腐蚀或侵蚀风险		
X0	无钢筋或型钢的混凝土：除冻融、磨蚀或化学侵蚀之外的暴露条件 钢筋混凝土或劲性混凝土：非常干燥	空气湿度非常低的建筑物室内混凝土

续表

等级名称	环境描述	暴露等级示例
2. 碳化引起的腐蚀		
XC1	干燥或长期潮湿	空气湿度很低的建筑物室内混凝土 长期浸于水中的混凝土
XC2	潮湿，很少出现干燥	混凝土表面长期与水接触 多种基础
XC3	中等潮湿	空气湿度中等或很高的建筑物室内混凝土 有遮雨的外部混凝土
XC4	干湿交替	表面与水接触，但不属于XC2情况的混凝土
3. 氯化物引起的腐蚀		
XD1	中等潮湿	混凝土表面暴露于空降氯化物的环境
XD2	潮湿，很少出现干燥	游泳池 暴露于含氯化物的工业水中的混凝土构件
XD3	干湿交替	暴露于含有氯化物的浪花飞溅区的桥体 路面 停车场的板
4. 海水氯化物引起的腐蚀		
XS1	暴露于空降盐但并不直接与海水接触	近海或海岸结构
XS2	长期浸泡	海工建筑物
XS3	潮汐，冲刷和飞溅区	海工建筑物
5. 冻融循环侵蚀		
XF1	中度饱水，无除冰剂	暴露于雨和冰冻环境的竖向混凝土表面
XF2	中度饱水，有除冰剂	暴露于冰冻和空降盐环境的道路结构混凝土竖向表面
XF3	高度饱水，无除冰剂	暴露于雨和冰冻环境的水平混凝土表面
XF4	高度饱水，有除冰剂或海水	暴露于除冰剂环境的路面和桥板 暴露于直接喷除冰剂和冰冻环境的混凝土表面 暴露于冰冻环境的海工结构的飞溅区
6. 化学侵蚀		
XA1	EN206-1 表 2 规定的轻度化学腐蚀环境	天然土壤和地下水
XA2	EN206-1 表 2 规定的中度化学腐蚀环境	天然土壤和地下水
XA3	EN206-1 表 2 规定的重度化学腐蚀环境	天然土壤和地下水

注：混凝土的组成既影响对钢筋的保护作用，又影响混凝土的抵抗侵蚀能力。表 1-9 给出了特定的环境暴露等级下混凝土的最低强度等级。这可能导致选用高于结构设计要求的混凝土强度等级。在这些情况下，计算最小配筋率及裂缝宽度时，f_{ctm} 应采用对应于较高混凝土强度等级的值。

为了达到结构设计使用年限，须采取适当的措施应对相关的环境作用以保护每个结构构件，通常可以用保证混凝土名义保护层厚度 c_{nom} 的办法来实现。混凝土名义保护层厚度须在图中标出，其定义为最小保护层厚度 c_{min} 及设计允许偏差 Δc_{dev} 之和：

$$c_{nom}=c_{min}+\Delta c_{dev}$$

混凝土最小保护层厚度 c_{min} 必须能够满足以下要求：

（1）安全地传递黏结力；

（2）钢筋的抗腐蚀保护（耐久性）；

（3）足够的防火安全。

应采用同时满足黏结作用及环境条件的最小保护层厚度值：

$$c_{min}=\max\{c_{min,b};\ c_{min,dur}+\Delta c_{dur,\gamma}-\Delta c_{dur,st}-\Delta c_{dur,add};\ 10mm\}$$

式中 $c_{min,b}$——黏结要求的最小保护层厚度，查表1-8；

$c_{min,dur}$——环境条件要求的最小保护层厚度，查表1-11、表1-12；

$\Delta c_{dur,r}$——额外安全因素，EC2建议值为0mm；

$\Delta c_{dur,st}$——采用不锈钢时保护层厚度的减少值，EC2建议值为0mm；

$\Delta c_{dur,add}$——采用其他保护措施时（如涂漆）保护层厚度的减少值，EC2建议值为0mm。

黏结要求的最小保护层厚度 $c_{min,b}$ **表1-8**

黏结要求	
钢筋排列方式	最小保护层厚度 $c_{min,b}$
单根钢筋	钢筋直径
钢筋束	等效直径(ϕ_n)
当名义最大骨料粒径大于32mm时，$c_{min,b}$ 应增大5mm	

注：1. 对有黏结后张预应力筋的圆形和矩形孔道及先张预应力筋，$c_{min,b}$ 值见国家附录。对于后张预应力孔道的建议值为：

圆形孔道：直径；

矩形孔道：最小尺寸或最大尺寸一半中的较大者；

对于圆形或矩形孔道，保护层厚度大于80mm时不作要求。

2. 对先张预应力筋的建议值为：（1）钢绞线或光面钢丝直径的1.5倍；（2）刻痕钢丝直径的2.5倍。

在普通密度的混凝土构件中，考虑了暴露等级和结构等级，对普通钢筋及预应力钢筋的最小保护层厚度由 $c_{min,dur}$ 表达。表1-9中给出了耐久性要求的指定混凝土强度等级，建议的结构等级（设计使用年限为50年）为S4，建议的结构等级调整见表1-10，最小的结构等级为S1。对普通钢筋及预应力筋的最小保护层厚度见表1-11、表1-12。

耐久性要求的指定混凝土强度等级　　表 1-9

	按表 1-7 确定的暴露等级									
	腐蚀									
	碳化引起的腐蚀				氯化物引起的腐蚀			海水中的氯化物的腐蚀		
	XC1	XC2	XC3	XC4	XD1	XD2	XD3	XS1	XS2	XS3
最低混凝土强度等级	C20/25	C25/30	C30/37		C30/37		C35/45	C30/37	C35/45	
	对混凝土的破坏									
	无腐蚀或侵蚀风险	冻融循环				化学侵蚀				
	X0	XF1	XF2	XF3		XA1	XA2	XA3		
最低混凝土强度等级	C12/15	C30/37	C25/30	C30/37		C30/37		C35/45		

建议的结构等级调整　　表 1-10

准则	结构等级						
	按表 1-7 确定的暴露等级						
	X0	XC1	XC2/XC3	XC4	XD1	XD2/XS1	XD3/XS2/XS3
设计使用年限 100 年	提高 2 个等级	提高 2 个等级	提高 2 个等级	提高 2 个等级	提高 2 个等级	提高 2 个等级	提高 2 个等级
混凝土强度等级①,②	≥C30/37 时降低 1 个等级	≥C30/37 时降低 1 个等级	≥C35/45 时降低 1 个等级	≥C40/50 时降低 1 个等级	≥C40/50 时降低 1 个等级	≥C40/50 时降低 1 个等级	≥C45/55 时降低 1 个等级
板构件(钢筋位置不受施工过程影响)	降低 1 个等级	降低 1 个等级	降低 1 个等级	降低 1 个等级	降低 1 个等级	降低 1 个等级	降低 1 个等级
采用专门的混凝土生产质量控制措施	降低 1 个等级	降低 1 个等级	降低 1 个等级	降低 1 个等级	降低 1 个等级	降低 1 个等级	降低 1 个等级

注：① 强度等级与水胶比是相互关联的。应考虑混凝土的特定组成（水泥品种、水胶比，细填充料）以使产品有较低的渗透性；
② 当含气量超过 4%时，对强度等级的限制可以降低 1 级。

按普通钢筋耐久性考虑的最小混凝土保护层厚度 $c_{min,dur}$　　表 1-11

结构等级	$c_{min,dur}$ 的环境要求(mm)						
	按表 1-7 确定的暴露等级						
	X0	XC1	XC2/XC3	XC4	XD1/XS1	XD2/XS2	XD3/XS3
S1	10	10	10	15	20	25	30
S2	10	10	15	20	25	30	35
S3	10	10	20	25	30	35	40

续表

结构等级	$c_{min,dur}$ 的环境要求(mm) 按表1-7确定的暴露等级						
	X0	XC1	XC2/XC3	XC4	XD1/XS1	XD2/XS2	XD3/XS3
S4	10	15	25	30	35	40	45
S5	15	20	30	35	40	45	50
S6	20	25	35	40	45	50	55

按预应力筋耐久性考虑的最小混凝土保护层厚度 $c_{min,dur}$　　表1-12

结构等级	$c_{min,dur}$ 的环境要求(mm) 按表1-7确定的暴露等级						
	X0	XC1	XC2/XC3	XC4	XD1/XS1	XD2/XS2	XD3/XS3
S1	10	15	20	25	30	35	40
S2	10	15	25	30	35	40	45
S3	10	20	30	35	40	45	50
S4	10	25	35	40	45	50	55
S5	15	30	40	45	50	55	60
S6	20	35	45	50	55	60	65

当混凝土紧挨着其他混凝土构件（预制或现浇）浇筑，如满足以下条件，钢筋离叠合面的最小混凝土保护层厚度可以参照黏结要求的值：

（1）混凝土强度等级最小为C25/30；

（2）混凝土表面在室外环境暴露的时间相对较短（少于28天）；

（3）叠合面打毛。

对于非黏结钢绞线的保护层，参照其他专业技术规程；对于不平坦的混凝土表面（如骨料暴露），最小保护层厚度应该增加至少5mm。当混凝土预期承受冻融循环及化学侵蚀（类别XF及XA）时，要特别注意混凝土成分，表1-11中的最小保护层厚度通常能满足要求。当混凝土受到磨损时，应当特别注意骨料特性。或者用增大混凝土保护层的办法来应对磨损，混凝土最小保护层厚度的增加幅度应根据磨损程度来确定。对中度磨损（带充气轮胎的车辆经常通过的工业场地），增加5mm；对重度磨损（带充气或实心橡胶轮胎的叉车经常通过的工业场地），增加10mm；对严重磨损（带人造橡胶或钢制轮胎的叉车以及履带车辆经常通过的工业场地），增加15mm。

EC2规定，设计允许偏差 Δc_{dev} 的建议值为10mm，在一些特定的条件下，允许偏差的值可以调整。

对结构安全性的另一个重要要求是当火灾发生时建筑物会对居住者有足够的保护。在欧洲混凝土结构设计规范EC2的第一部分的第二分部中（EC2：Part

1-2)，依据不同的防火要求，给出了各种形式构件的最小截面尺寸及保护层厚度。EC2 对结构的防火等级有以下三种分类法：

（1）R30 或 R240：在标准火灾暴露条件下，依据承载能力标准而作出的 30min 或 240min 防火等级分类；

（2）E30 或 E240：在标准火灾暴露条件下，依据结构完整性标准而作出的 30min 或 240min 防火等级分类；

（3）I30 或 I240：在标准火灾暴露条件下，依据隔热标准而作出的 30min 或 240min 防火等级分类。

REI30 表示同时满足以上三种标准的 30min 防火等级，EI30 表示同时满足结构完整性标准及隔热标准的 30min 防火等级。

（1）柱在各种防火等级下的最小截面尺寸及主筋中心到最近混凝土表面的距离

表 1-13 给出了有侧向约束的结构中的柱在各种防火等级下的最小截面尺寸及主筋中心到最近混凝土表面的距离。需要注意的是，采用表 1-13 中数值的柱，须满足以下条件：

1）柱在火灾情况下的有效高度应小于 3m，即：$l_{0,\ fi} \leqslant 3\text{m}$；

2）柱在火灾情况下受力的一阶偏心距须满足：$e=\dfrac{M_{0Ed,\ fi}}{N_{0Ed,\ fi}} \leqslant 0.15h$（或 b）；

3）柱的主筋配筋率小于 4%，即 $A_s < 0.04A_c$。

表 1-13 中的主筋中心到最近混凝土表面的距离 a 可以参照图 1-20。μ_{fi} 为火灾情况下的柱轴向承载力的利用度。

$$\mu_{fi}=N_{Ed,\ fi}/N_{Rd}$$

式中　$N_{Ed,\ fi}$——火灾情况下的柱轴向荷载设计值；

　　　N_{Rd}——常温条件下的柱轴向承载力设计值。

圆形或矩形柱的最小截面尺寸及主筋中心到最近混凝土表面的距离　表 1-13

防火等级	最小尺寸(mm) 柱宽度 b_{min}/主筋中心到最近混凝土表面距离 a			
	暴露超过一个侧面的柱			只暴露一个侧面
	$\mu_{fi}=0.2$	$\mu_{fi}=0.5$	$\mu_{fi}=0.7$	$\mu_{fi}=0.7$
1	2	3	4	5
R30	200/25	200/25	200/32 300/27	155/25
R60	200/25	200/36 300/31	250/46 350/40	155/25
R90	200/31 300/25	300/45 400/38	350/53 450/40**	155/25

续表

防火等级	最小尺寸(mm) 柱宽度 b_{min}/主筋中心到最近混凝土表面距离 a			
	暴露超过一个侧面的柱			只暴露一个侧面
	$\mu_{fi}=0.2$	$\mu_{fi}=0.5$	$\mu_{fi}=0.7$	$\mu_{fi}=0.7$
R120	250/40 350/35	350/45** 450/40**	350/57** 450/51**	175/35
R180	350/45**	350/63**	450/70**	230/55
R240	350/61**	450/75**	—	295/70

(1)"**"表示最少8根主筋;
(2)对于预应力柱:1)如采用张拉钢棒,a 增加10mm;
2)如采用张拉钢丝及钢绞线,a 增加15mm

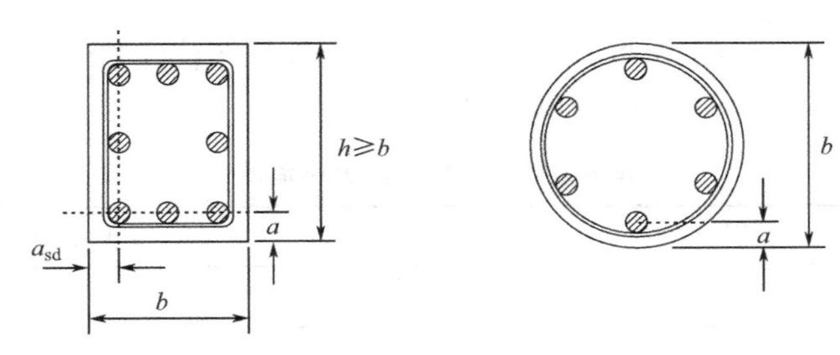

图1-20 柱截面尺寸及主筋中心到最近混凝土表面的距离

(2) 混凝土墙在各种防火等级下的最小厚度及主筋中心到最近混凝土表面的距离

表1-14给出了承重实心墙在各种防火等级下的最小厚度及主筋中心到最近混凝土表面的距离,需要注意以下几个方面:

1) 表1-14给出的最小厚度同样适用于素混凝土承重墙;

2) 如果采用碳酸钙骨料,表1-14给出的墙厚可以减少10%;

3) 为了避免过大的温度变形以及随后的墙板之间完整性失效,墙的净高度和墙厚之间的比值不应大于40。

承重混凝土墙的最小厚度及主筋中心到最近混凝土表面的距离　　表1-14

防火等级	最小尺寸(mm) 墙厚/主筋中心到最近混凝土表面的距离			
	$\mu_{fi}=0.35$		$\mu_{fi}=0.7$	
	墙一侧暴露	墙两侧暴露	墙一侧暴露	墙两侧暴露
1	2	3	4	5
REI 30	100/10*	120/10*	120/10*	120/10*
REI 60	110/10*	120/10*	130/10*	140/10*

续表

防火等级	最小尺寸(mm) 墙厚/主筋中心到最近混凝土表面的距离			
	$\mu_{fi}=0.35$		$\mu_{fi}=0.7$	
	墙一侧暴露	墙两侧暴露	墙一侧暴露	墙两侧暴露
REI 90	120/20*	140/10*	140/25	170/25
REI 120	150/25	160/25	160/35	220/35
REI 180	180/40	200/45	210/50	270/55
REI 240	230/55	250/55	270/60	350/60

(1)"*"表示保护层厚度通常由环境要求及黏结要求控制；
(2) μ_{fi} 为火灾情况下墙轴向承载力的利用度

如果混凝土墙不用于承重，并且只要求满足按照结构完整性标准及隔热标准规定的防火等级，墙的最小厚度可参照表 1-15。

非承重墙（隔墙）的最小墙厚　　表 1-15

防火等级	最小墙厚(mm)
1	2
EI 30	60
EI 60	80
EI 90	100
EI 120	120
EI 180	150
EI 240	175

(3) 梁在各种防火等级下的最小截面尺寸及主筋中心到最近混凝土表面的距离

表 1-16、表 1-17 分别给出了简支梁及连续梁在各种防火等级下的最小截面尺寸及主筋中心到最近混凝土表面的距离，需要注意以下几点：

1) 表 1-16 及表 1-17 适用于梁有三个表面暴露于火灾的情况。对于梁的四个表面均暴露于火灾的情况，表 1-16 及表 1-17 仍能适用，但须满足额外的附加条件：

① 梁的高度应不小于各种防火等级所要求的最小梁宽；

② 梁的最小截面面积应不小于 $A_c=2b_{min}^2$ 。

普通钢筋混凝土及预应力混凝土简支梁的最小截面尺寸及主筋中心到最近混凝土表面的距离　　表 1-16

防火等级	最小尺寸(mm)						
	a 和 b_{min} 的可能组合（a 是主筋中心到最近混凝土表面的平均距离；b_{min} 是最小梁宽）				腹板厚度 b_w		
					等级 WA	等级 WB	等级 WC
1	2	3	4	5	6	7	8
R30	b_{min}=80 a=25	120 20	160 15*	200 15*	80	80	80
R60	b_{min}=120 a=40	160 35	200 30	300 25	100	80	100
R90	b_{min}=150 a=55	200 45	300 40	400 35	110	100	100
R120	b_{min}=200 a=65	240 60	300 55	500 50	130	120	120
R180	b_{min}=240 a=80	300 70	400 65	600 60	150	150	140
R240	b_{min}=280 a=90	350 80	500 75	700 70	170	170	160
a_{sd}=a+10mm(见下面注释)							

(1)对于预应力梁：1)如采用张拉钢棒，a 增加 10mm；

2)如采用张拉钢丝及钢绞线，a 增加 15mm。

(2)a_{sd} 是指只有一层钢筋的梁的拐角钢筋(或钢绞线或钢丝)中心与混凝土最近侧表面的距离。如果 b_{min} 的值大于第 4 列给出的值，则 a_{sd} 不需要增加。

(3)“*”表示保护层厚度通常由环境要求及黏结要求控制

普通钢筋混凝土及预应力混凝土连续梁的最小截面尺寸及主筋中心到最近混凝土表面的距离　　表 1-17

防火等级	最小尺寸(mm)						
	a 和 b_{min} 的可能组合（a 是主筋中心到最近混凝土表面的平均距离；b_{min} 是最小梁宽）				腹板厚 b_w		
					等级 WA	等级 WB	等级 WC
1	2	3	4	5	6	7	8
R30	b_{min}=80 a=15*	160 12*			80	80	80
R60	b_{min}=120 a=25	200 12*			100	80	100

续表

防火等级	最小尺寸(mm)						
	a 和 b_{min} 的可能组合 (a 是主筋中心到最近混凝土表面的平均距离; b_{min} 是最小梁宽)				腹板厚 b_w		
					等级 WA	等级 WB	等级 WC
R90	$b_{min}=150$ $a=35$	250 25			110	100	100
R120	$b_{min}=200$ $a=45$	300 35	450 35	500 30	130	120	120
R180	$b_{min}=240$ $a=60$	400 50	550 50	600 40	150	150	140
R240	$b_{min}=280$ $a=75$	500 60	650 60	700 50	170	170	160
$a_{sd}=a+10$mm(见下面注释)							

(1)对于预应力梁:1)如采用张拉钢棒,a 增加 10mm;

2)如采用张拉钢丝及钢绞线,a 增加 15mm。

(2)a_{sd} 是指只有一层钢筋的梁的拐角钢筋(或钢筋或钢丝)中心与混凝土最近侧表面的距离。如果 b_{min} 的值大于第 3 列给出的值,则 a_{sd} 不需要增加。

(3)对工字形截面,在标准防火等级 R120~R240 情况下,最小梁宽和腹板宽度需要加大:

1)防火等级为 R120 时,$\min(b_{min},b_w)=220$mm;

2)防火等级为 R180 时,$\min(b_{min},b_w)=380$mm;

3)防火等级为 R240 时,$\min(b_{min},b_w)=480$mm。

(4)“ * ”表示保护层厚度通常由环境要求及黏结要求控制

2) 不同截面形式梁的各种尺寸的定义见图 1-21;

3) 对宽度有变化的梁,最小宽度 b 应取梁的所有受拉钢筋的面积重心处的宽度,见图 1-21 (b);

4) I 字形梁的下翼缘的有效高度 d_{eff} (见图 1-21c) 应满足: $d_{eff}=d_1+0.5d_2\geqslant b_{min}$,其中 b_{min} 为表 1-16 中的值;

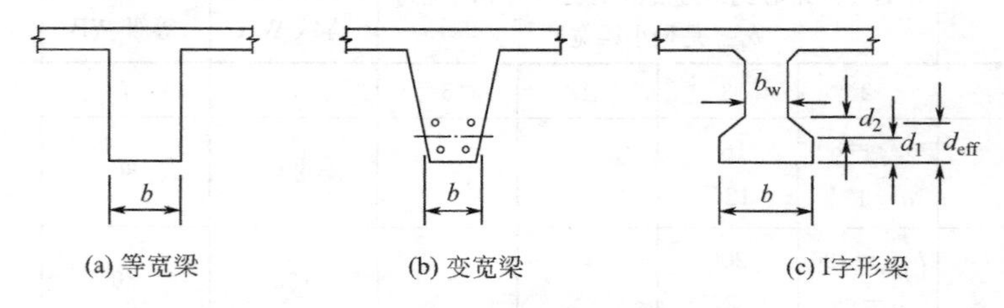

图 1-21 不同截面形式梁的尺寸定义

5）如果梁的下翼缘的实际宽度 b 超过了实际腹板宽度 b_w 的1.4倍，那么受拉钢筋或钢绞线中心到最近混凝土表面的距离应增大为：$a_{eff}=a\left(1.85-\frac{d_{eff}}{b_{min}}\sqrt{\frac{b_w}{b}}\right)\geqslant a$。

（4）单向或双向实心板在各种防火等级下的最小厚度及主筋中心到最近混凝土表面的距离

表1-18给出了单向及双向板在各种防火等级下的最小厚度及主筋中心到最近混凝土表面的距离，需要注意以下几方面：

1）板的最小厚度 h_s 参照图1-22。面层 h_2 只用于结构完整性标准及隔热标准下的防火等级，如按承载能力标准防火等级只能采用结构板厚 h_1；

2）对于双向板，表中的 a 值是指板最下层的主筋中心到混凝土底表面的距离。

普通钢筋混凝土及预应力混凝土简支单向及双向实心板的最小厚度及主筋中心到最近混凝土表面的距离 **表1-18**

防火等级	最小尺寸(mm)			
	板厚 h_s(mm)	主筋中心到最近混凝土表面的距离 a		
		单向	双向	
			$l_y/l_x\leqslant1.5$	$1.5<l_y/l_x\leqslant2$
1	2	3	4	5
REI 30	60	10*	10*	10*
REI 60	80	20	10*	15*
REI 90	100	30	15*	20
REI 120	120	40	20	25
REI 180	150	55	30	40
REI 240	175	65	40	50

(1) l_x 和 l_y 是指双向板的跨长(两个垂直方向)，l_y 是长跨。
(2)对于预应力板：1)如采用张拉钢棒，a 增加10mm；
2)如采用张拉钢丝及钢绞线，a 增加15mm。
(3)第4列及5列所示的主筋中心到最近混凝土表面的距离仅对应于四边均有支承的双向板。如不满足四边支承，应当作单向板处理。
(4)“*”表示保护层厚度通常由环境要求及黏结要求控制

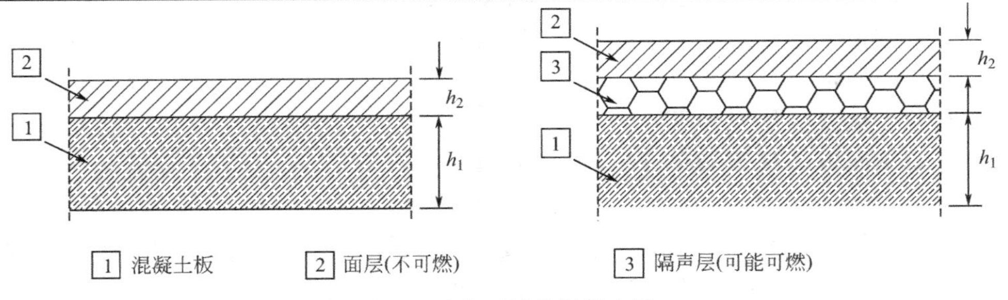

图1-22 有面层的混凝土板

第2章

装配式混凝土结构的分析方法

2.1 结构选型及初步分析

综合装配式混凝土结构的特点，作结构平面的初步布置及分析时要注意以下几个方面：

(1) 平面柱网及层高尺寸；

(2) 预制构件的跨高比；

(3) 预制构件的连接形式；

(4) 抵抗竖向及水平荷载的结构体系；

(5) 控制构件体积变化的机制；

(6) 作装配式混凝土结构设计时的其他考虑因素。

2.1.1 平面柱网及层高尺寸

设计人员要尽可能的依照标准预制构件的模数和最优跨长来布置柱网。原则上所用预制构件的数量越少、预制构件的尺寸越大的结构布置越优。比如柱及墙体多层预制就会比单层预制节省相应的生产、运输及安装过程，当然预制构件的尺寸及重量要考虑起吊、运输及安装的能力。

2.1.2 构件的跨高比

构件跨高比的参考值可用于初步确定预制预应力受弯构件的高度。在初步分析阶段，通过预估梁、板及设备管道等的高度，可以确定建筑物的层间高度。

一般的预制预应力受弯构件的跨高比如下：

空心楼板	30～40
空心屋面板	40～50
有肋楼板（双 T 及单 T）	25～35
有肋屋面板（双 T 及单 T）	35～40
梁	10～20

以上数值只是参考值，预应力梁、板的厚度受活荷载在总荷载中的所占比例影响，如果活荷载的所占比例较大，就需要更厚的截面。

非预应力的预制受弯构件的最小厚度，可以参考表 2-1。

非预应力的预制受弯构件的最小厚度　　表 2-1

	最小厚度			
	简支	一端连续	两端连续	悬臂
实心单向板	$L/20$	$L/24$	$L/28$	$L/10$
梁或带肋单向板	$L/16$	$L/18.5$	$L/21$	$L/8$

注：1. L 为梁或单向板的跨度；

2. 构件未支撑隔墙或未与隔墙相连接，未支撑其他很可能因大挠度而损伤的工程部位或未与其相连接。

2.1.3　构件连接节点形式

由于预制构件之间的连接形式会影响构件的尺寸、整个结构物的力学特性以及预制构件的安装过程，所以在初步分析阶段就应确定好预制构件的连接形式。节点连接还要为将来结构物的扩展留有可能性。

2.1.4　抵抗竖向及水平荷载的结构体系

在初步设计阶段就应该选定好建筑物的结构体系。竖向力及水平力的抵抗体系可以单独工作也可以协同工作。承重墙体系及梁柱框架体系已成功应用在各种高度的建筑物上。水平力可以由内部的剪力墙、外部的剪力墙、刚性框架或者它们的组合来抵抗。在楼板的刚性平面约束下，可以确定用作抵抗水平力的构件的平面布置。常用的几种结构体系如下：

（1）无侧向约束框架，包括：

1）悬壁柱框架（图 2-1）：梁与柱铰接，柱与基础刚接；

2）梁柱刚接框架（图 2-2）：梁与柱刚接，柱与基础刚接或铰接。

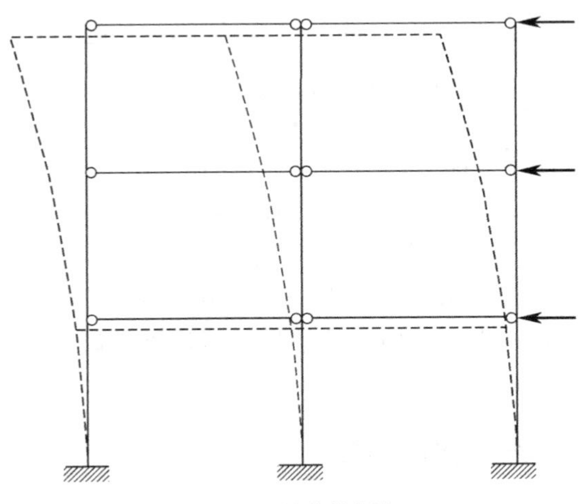

图 2-1　悬臂柱框架

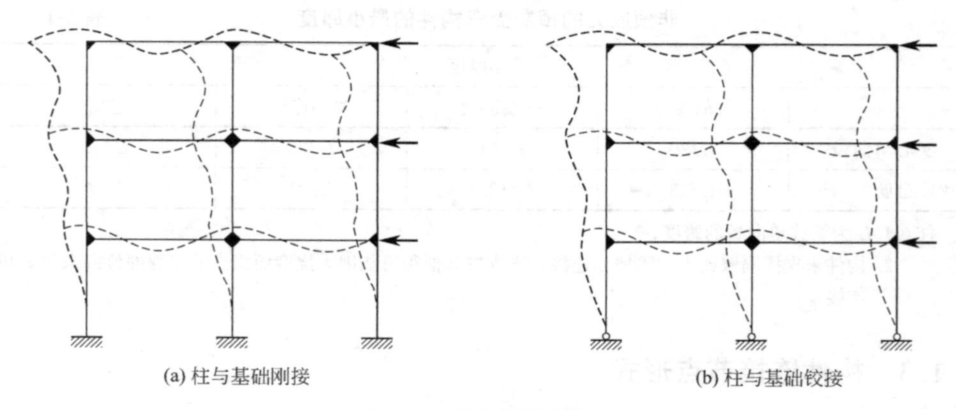

图 2-2　梁柱刚接框架

（2）有侧向约束的骨架系统（图 2-3）

水平力由剪力墙、核心筒或其他支撑体系所抵抗。柱与基础可以是刚接或铰接；梁与柱可以是刚接或铰接。

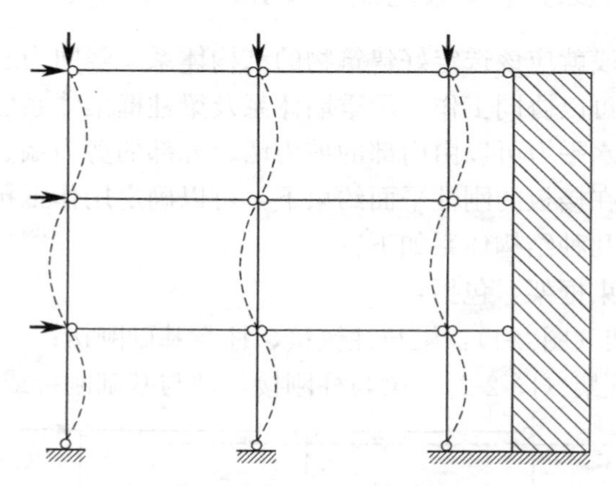

图 2-3　有侧向约束的骨架系统

（3）承重剪力墙体系（图 2-4）

承重墙包括核心筒、纵墙、横墙、管道墙以及立面墙等，均可以设计成能够传递竖向及水平荷载到基础的构件。

由于风荷载或者地震作用产生的水平力经由建筑物的外立面或者质量中心通过楼面层传递到抗侧移构件，再由抗侧移构件传递到基础。这些构件必须能够抵抗由水平力而产生的弯矩及剪力。

2.1.5　控制构件体积变化的机制

在选择建筑物结构体系时要考虑构件体积变化对结构产生的影响。伸缩缝的

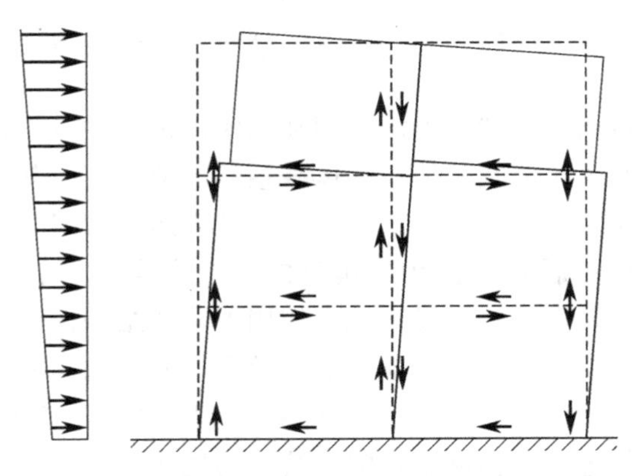

图 2-4 平面内作用力在预制墙体之间传递

设置以及抵抗水平力的刚性构件的设置对整个结构由于构件体积变化而产生的结构响应会有重要影响。

2.1.6 作装配式混凝土结构设计时的其他考虑因素

装配式混凝土结构和现浇混凝土结构有着不同的设计建造原则，它不应被看作是现浇混凝土结构的另一种施工方法。一个好的装配式混凝土结构设计必须从工程设计的最初阶段就考虑装配式混凝土结构的独有特点。设计时必须考虑施工过程中预制构件的临时支撑情况以及施工的先后顺序，而施工必须严格按照设计进行。

在装配式混凝土结构中，由简支梁、铰节点、预制构件之间简单连接而成的有侧向水平力支撑的骨架结构体系应优先考虑，而不是能抵抗水平力的梁柱框架体系。与现浇混凝土结构不同的是，对装配式混凝土结构的整体及局部的稳定性的考虑不仅局限于最终的正常使用阶段，而且要贯穿整个施工过程。

2.2 荷载及荷载组合

2.2.1 荷载

装配式混凝土结构的设计荷载和其他结构的设计荷载相同，包括竖向荷载及水平荷载两部分。

竖向荷载包括恒荷载、活荷载及雪荷载等。恒荷载包括结构构件的自重以及附着在结构构件上长久不动的部分，如面层、非承重墙体、窗户、吊顶等。活荷载是指可移动的荷载，可依据建筑物的不同用途取相应的数值。由于雪荷载更具短暂性及与地理位置、地形高度相关，有些国家的规范把雪荷载从活荷载中单列出来。

水平荷载主要包括风荷载、地震作用和车辆撞击荷载等。设计风荷载应依照规范选取当地的基本风压值及其他各种风载系数。地震会引起地表水平及竖向运动，当地震波通过建筑物下方时，基础会随着地表运动，但是上部结构倾向于保持在原来位置。这种滞后效应会在建筑物的整个高度上引起结构扭曲并产生内力。欧洲抗震规范的要求是：在设计地震作用下，非结构构件和结构构件可以发生损坏，但建筑物不发生倒塌或其他可能危及生命安全的结构破坏。这就需要所设计的构件及节点有足够的延性去产生一些非弹性的大变形用于吸收地震能量，同时这种延性可以阻止建筑物倒塌，但建筑物的扭曲会导致机电设备及建筑构件产生严重损坏。可以通过限制结构物的水平位移及层间位移角来减少地震带来的破坏。建筑物的地震反应取决于其阻尼特性以及质量分布。设计时要选用规范要求的地震反应谱对结构作抗震分析。

2.2.2 荷载组合

在设计基准期内，要综合考虑在各种荷载组合的作用下建筑物能够正常使用及结构安全，要验算正常使用极限状态和承载能力极限状态。正常使用极限状态验算是要保证建筑物的正常使用功能及外观要求，包括挠度控制、裂缝控制、耐久性、防火、振动及疲劳控制等方面；而承载能力极限状态验算是要保证结构物有足够的强度以避免倒塌、倾覆、滑移、漂浮及失稳等，结构的局部损坏也要加以考虑以避免连续性倒塌。

依照欧洲结构设计基础规范 EN1990：2002＋A1（EC0），承载能力极限状态下建筑物的主要破坏形式有以下几种：

1）结构失去静力平衡（EQU）：当把结构当成刚性体时，结构失去静态平衡即为倾覆，如图 2-5（a）所示；

2）结构内部破坏或者产生过大塑性变形（STR）：包括各种结构构件的破坏及变形，以及独立基础、桩基础、地下室挡土墙的破坏及变形等。主要关注的是结构材料的强度以及结构构件的稳定，如图 2-5（b）所示；

3）支承结构的地基产生过大变形（GEO），如图 2-5（c）所示。

（1）承载能力极限状态的荷载组合

1）对持久或短暂设计状况的荷载组合（基本组合），有以下公式：

$$E_d = \sum_{j\geq 1} \gamma_{G,j} G_{k,j} + \gamma_P P + \gamma_{Q,1} Q_{k,1} + \sum_{i>1} \gamma_{Q,i} \psi_{0,i} Q_{k,i} \tag{2-1}$$

另外，EC0 对校核 STR 及 GEO 承载能力极限状态给出了以下两种替代组合，E_d 取其中不利者：

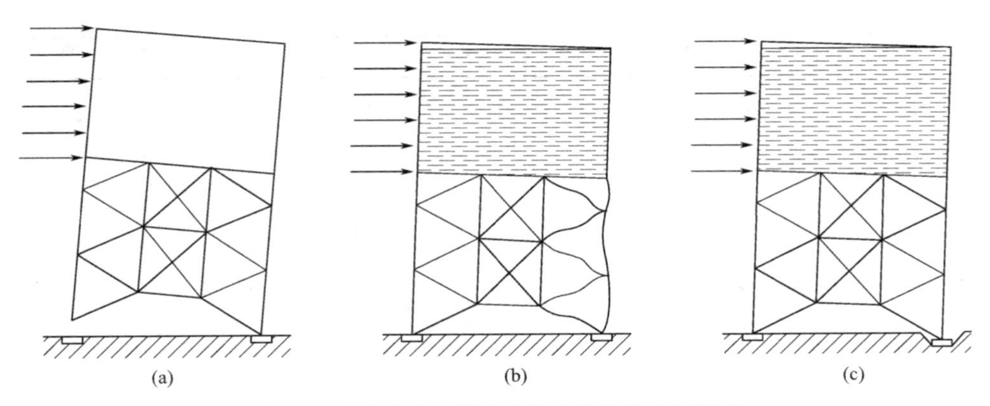

图 2-5　承载能力极限状态下建筑物的破坏形式

(a) EQU；(b) STR；(c) GEO

$$E_{\mathrm{d}}=\sum_{j\geqslant 1}\gamma_{\mathrm{G},j}G_{\mathrm{k},j}+\gamma_{\mathrm{P}}P+\gamma_{\mathrm{Q},1}\psi_{0,1}Q_{\mathrm{k},1}+\sum_{i>1}\gamma_{\mathrm{Q},i}\psi_{0,i}Q_{\mathrm{k},i} \tag{2-1a}$$

$$E_{\mathrm{d}}=\sum_{j\geqslant 1}\xi_{\mathrm{j}}\gamma_{\mathrm{G},j}G_{\mathrm{k},j}+\gamma_{\mathrm{P}}P+\gamma_{\mathrm{Q},1}Q_{\mathrm{k},1}+\sum_{i>1}\gamma_{\mathrm{Q},i}\psi_{0,i}Q_{\mathrm{k},i} \tag{2-1b}$$

2）对偶然设计状况的荷载组合，有以下公式：

$$E_{\mathrm{d}}=\sum_{j\geqslant 1}G_{\mathrm{k},j}+P+A_{\mathrm{d}}+(\psi_{1,1}\text{or }\psi_{2,1})Q_{\mathrm{k},1}+\sum_{i>1}\psi_{2,i}Q_{\mathrm{k},i} \tag{2-2}$$

3）对地震设计状况的荷载组合，有以下公式：

$$E_{\mathrm{d}}=\sum_{j\geqslant 1}G_{\mathrm{k},j}+P+A_{\mathrm{Ed}}+\sum_{i\geqslant 1}\psi_{2,i}Q_{\mathrm{k},i} \tag{2-3}$$

（2）正常使用极限状态的荷载组合

1）标准组合：

$$E_{\mathrm{d}}=\sum_{j\geqslant 1}G_{\mathrm{k},j}+P+Q_{\mathrm{k},1}+\sum_{i>1}\psi_{0,i}Q_{\mathrm{k},i} \tag{2-4}$$

2）频遇组合：

$$E_{\mathrm{d}}=\sum_{j\geqslant 1}G_{\mathrm{k},j}+P+\psi_{1,1}Q_{\mathrm{k},1}+\sum_{i>1}\psi_{2,i}Q_{\mathrm{k},i} \tag{2-5}$$

3）准永久组合：

$$E_{\mathrm{d}}=\sum_{j\geqslant 1}G_{\mathrm{k},j}+P+\sum_{i\geqslant 1}\psi_{2,i}Q_{\mathrm{k},i} \tag{2-6}$$

承载能力极限状态及正常使用极限状态的荷载组合系数的建议值可参照表 2-2～表 2-7。

建筑物的 ψ 系数建议值（EC0，表 A1.1）　　**表 2-2**

作用	ψ_0	ψ_1	ψ_2
建筑物中的可变荷载，类别(见 EN 1991-1-1)			
A 类：居民和民用区	0.7	0.5	0.3

续表

作用	ψ_0	ψ_1	ψ_2
B类:办公区	0.7	0.5	0.3
C类:集会区	0.7	0.7	0.6
D类:购物区	0.7	0.7	0.6
E类:贮藏区	1.0	0.9	0.8
F类:交通区域,车辆重量≤30kN	0.7	0.7	0.6
G类:交通区域,30kN<车辆重量≤160kN	0.7	0.5	0.3
H类:屋面	0	0	0
建筑物上的雪荷载(见 EN 1991-1-3)*			
芬兰,爱尔兰,挪威,瑞典	0.7	0.5	0.2
海拔 $H>1000$m 的其他欧盟(CEN)成员国	0.7	0.5	0.2
海拔 $H\leqslant1000$m 的其他欧盟(CEN)成员国	0.5	0.2	0
建筑物上的风荷载(见 EN 1991-1-4)	0.6	0.2	0
建筑物的温度变化(非火灾)(见 EN 1991-1-5)	0.6	0.5	0

注:ψ 系数值可由国家附录设定。

"*"表示对表中未提及的国家,根据当地具体条件确定

作用设计值(EQU)(A组)(EC0,表 A1.2(A)) **表 2-3**

持久和短暂设计状况	永久作用		主导可变作用(*)	伴随可变作用	
	不利	有利		主要(如果有)	其他
式(2-1)	$\gamma_{G,j,sup}G_{k,j,sup}$	$\gamma_{G,j,inf}G_{k,j,inf}$	$\gamma_{Q,1}Q_{k,1}$		$\gamma_{Q,i}\psi_{0,i}Q_{k,i}$

(*)表示在表 2-2 中考虑的可变作用。

注 1:γ 值可由国家附录设定,γ 的建议值为:

$\gamma_{G,j,sup}=1.10$

$\gamma_{G,j,inf}=0.90$

不利时 $\gamma_{Q,1}=1.50$(有利时取 0)

不利时 $\gamma_{Q,i}=1.50$(有利时取 0)

注 2:当静力平衡校核同时涉及构件承载力校核时,如果国家附录允许,作为对表 2-3 和表 2-4 分别进行校核的一种替代,可以采用 1 个基于表 2-3 及下面 γ 建议值的综合校核。建议值可由国家附录修改。

$\gamma_{G,j,sup}=1.35$

$\gamma_{G,j,inf}=1.15$

不利时 $\gamma_{Q,1}=1.50$(有利时取 0)

不利时 $\gamma_{Q,i}=1.50$(有利时取 0)

假定对永久作用的不利部分和有利部分都采用 $\gamma_{G,i,inf}=1.00$ 时,不会得出一个更不利的结果

作用设计值（STR/GEO）（B组）（EC0，表A1.2（B）） **表2-4**

持久和短暂设计状况	永久作用		主导可变作用(*)	伴随可变作用(*)	
	不利	有利		主要(如果有)	其他
式(2-1)	$\gamma_{G,j,sup}G_{k,j,sup}$	$\gamma_{G,j,inf}G_{k,j,inf}$	$\gamma_{Q,1}Q_{k,1}$		$\gamma_{Q,i}\psi_{0,i}Q_{k,i}$
式(2-1a)	$\gamma_{G,j,sup}G_{k,j,sup}$	$\gamma_{G,j,inf}G_{k,j,inf}$		$\gamma_{Q,1}\psi_{0,1}Q_{k,1}$	$\gamma_{Q,i}\psi_{0,i}Q_{k,i}$
式(2-1b)	$\xi\gamma_{G,j,sup}G_{k,j,sup}$	$\gamma_{G,j,inf}G_{k,j,inf}$	$\gamma_{Q,1}Q_{k,1}$		$\gamma_{Q,i}\psi_{0,i}Q_{k,i}$

(*)表示在表2-2中考虑的可变作用。

注1：对式(2-1)，或式(2-1a)和式(2-1b)的选择将在国家附录中规定。对于式(2-1a)和式(2-1b)的情形，国家附录可能对式(2-1a)做附加修改，使其仅包括永久作用。

注2：γ和ξ的值可由国家附录设定，当使用式(2-1)或式(2-1a)和式(2-1b)时，可以采用下面建议值：

$\gamma_{G,j,sup}=1.35$

$\gamma_{G,j,inf}=1.00$

不利时$\gamma_{Q,1}=1.50$(有利时取0)

不利时$\gamma_{Q,i}=1.50$(有利时取0)

$\xi=0.85$(这样有$\xi\gamma_{G,j,sup}=0.85\times1.35=1.15$)

γ值用于外加变形时也可参见EN1991～EN1999。

注3：如果总作用效应是不利的，同一来源的所有永久作用的标准值均乘以$\gamma_{G,sup}$；如果是有利的，乘以$\gamma_{G,inf}$。例如，由结构自重产生的所有作用均可视为同一来源。同样适用于不同材料的情形。

注4：对于特殊的校核，γ_G和γ_Q值可分解为γ_g和γ_q以及模型不确定性系数γ_{sd}，大多数情况下，γ_{sd}值的范围为1.05～1.15，而且在国家附录中可以修改

作用设计值（STR/GEO）（C组）（EC0，表A1.2（C）） **表2-5**

持久和短暂设计状况	永久作用		主导可变作用(*)	伴随可变作用(*)	
	不利	有利		主要(如果有)	其他
式(2-1)	$\gamma_{G,j,sup}G_{k,j,sup}$	$\gamma_{G,j,inf}G_{k,j,inf}$	$\gamma_{Q,1}Q_{k,1}$		$\gamma_{Q,i}\psi_{0,i}Q_{k,i}$

(*)表示在表2-2中考虑的可变作用。

注：γ值可由国家附录设定，γ的建议值为：

$\gamma_{G,j,sup}=1.00$

$\gamma_{G,j,inf}=1.00$

不利时$\gamma_{Q,1}=1.30$(有利时取0)

不利时$\gamma_{Q,i}=1.30$(有利时取0)

用于偶然和地震作用组合的作用设计值（EC0，表A1.3） **表2-6**

设计状况	永久作用		主导偶然作用或地震作用	伴随可变作用(**)	
	不利	有利		主要(如果有)	其他
偶然(*)(式2-2)	$G_{k,j,sup}$	$G_{k,j,inf}$	A_d	$\psi_{1,1}Q_{k,1}$ 或 $\psi_{2,1}Q_{k,1}$	$\psi_{2,i}Q_{k,i}$
地震(式2-3)	$G_{k,j,sup}$	$G_{k,j,inf}$	$A_{Ed}=\gamma_I A_{Ek}$		$\psi_{2,i}Q_{k,i}$

(*)表示对于偶然设计状况，主要可变作用可取其频遇值，或如同地震设计作用组合的情形，取其准永久值。取决于所考虑的偶然作用，可根据国家附录进行选择，也可见EN1991-1-2。

(**)表示表2-2中考虑的可变作用

正常使用极限状态时荷载的分项系数除了在 EN1991～EN1999 中指定的不同值外均应取为 1.0。正常使用状态不同组合的作用设计值见表 2-7。

正常使用状态不同组合的作用设计值（EC0，表 A1.4）　　表 2-7

组合	永久作用 G_d		可变作用 Q_d	
	不利	有利	主导	其他
标准组合	$G_{k,j,sup}$	$G_{k,j,inf}$	$Q_{k,1}$	$\psi_{0,i}Q_{k,i}$
频遇组合	$G_{k,j,sup}$	$G_{k,j,inf}$	$\psi_{1,1}Q_{k,1}$	$\psi_{2,i}Q_{k,i}$
准永久组合	$G_{k,j,sup}$	$G_{k,j,inf}$	$\psi_{2,1}Q_{k,1}$	$\psi_{2,i}Q_{k,i}$

表中　γ——作用分项系数（安全或正常使用）；

γ_G——永久作用分项系数，考虑了模型不确定性和尺寸变化；

γ_Q——可变作用分项系数，考虑了模型不确定性和尺寸变化；

$\gamma_{Q,1}$——主导可变作用 1 的分项系数；

$\gamma_{Q,i}$——可变作用 i 的分项系数；

$\gamma_{G,j}$——永久作用 j 的分项系数；

$\gamma_{G,j,sup}/\gamma_{G,j,inf}$——分别为用于计算上限、下限设计值时的永久作用 j 的分项系数；

γ_P——预应力的分项系数；

$G_{k,j}$——永久作用 j 的标准值；

$G_{k,j,sup}/G_{k,j,inf}$——分别为永久作用 j 的上限、下限标准值；

$Q_{k,1}$——主导可变作用 1 的标准值；

$Q_{k,i}$——伴随可变作用 i 的标准值；

γ_g——永久作用分项系数，考虑了作用值偏离代表值的不利的可能性；

γ_q——可变作用分项系数，考虑了作用值偏离代表值的不利的可能性；

γ_{sd}——与作用和（或）作用效应模型不确定性相关的分项系数；

γ_I——重要性系数（见 EC8）；

ψ_0——可变作用组合值系数；

ψ_1——可变作用频遇值系数；

ψ_2——可变作用准永久值系数；

$\psi_{0,1}$——主导可变作用 1 的组合值系数；

$\psi_{0,i}$——伴随可变作用 i 的组合值系数；

$\psi_{1,1}$——主导可变作用 1 的频遇值系数；

$\psi_{2,1}$——主导可变作用 1 的准永久值系数；

$\psi_{2,i}$——伴随可变作用 i 的准永久值系数；

P——预应力的相关代表值（见 EN1992-EN1996 和 EN1998-EN1999）；

ξ——折减系数；

A_{Ed}——地震作用设计值，$A_{Ed}=\gamma_I A_{Ek}$；

A_{Ek}——地震作用标准值；

A_d——偶然作用设计值。

具体的设计荷载组合可以参照第 5 章的工程设计实例。

2.3　结构拉杆设计

2.3.1　结构拉结系统

如果结构构件没有设计成能够抵抗偶然事故荷载（如煤气爆炸及车辆撞击等），为了避免结构在局部损坏后引起整体性连续倒塌，结构应有一个合适的拉结系统（tying system）以提供替代的传力途径。

拉结系统中包括各种水平拉杆（周圈拉杆、内部拉杆、墙及柱的水平拉杆等）以及竖向拉杆。

设计结构拉杆的目的是提供结构物最低水平的强度、连续性及延性。设计拉杆是预防装配式混凝土结构整体性连续破坏最常用的方法。结构拉杆是指连续并充分锚固的受拉杆件（包括钢筋和钢绞线），它们通常布置在现浇结构层、填充带、套筒以及预制构件之间的连接处，进而形成一个三维立体的网络，如图 2-6 所示。如果建筑物由伸缩缝分离，那么各自独立的部分应分别设有拉结系统。下面介绍的各种拉杆应抵抗的拉力数值是依据欧洲混凝土规范 EC2 的新加坡国家附录中所设定的值。

2.3.2　水平拉杆（horizontal ties）

每楼层及屋面层的基础拉力应取以下两项中的较小值：

$$F_t=60\ \text{kN} \tag{2-7}$$

$$F_t=20+4n_0\ (\text{kN}) \tag{2-8}$$

式中　n_0——楼层总数。

水平拉杆可以进一步分为周圈拉杆，内部拉杆以及柱、墙水平拉杆。

（1）周圈拉杆（peripheral ties）

周圈拉杆应布置在离建筑物结构外表面 1.2m 宽的板内或者周圈梁或墙内。用于设计周圈拉杆的拉力设计值为：

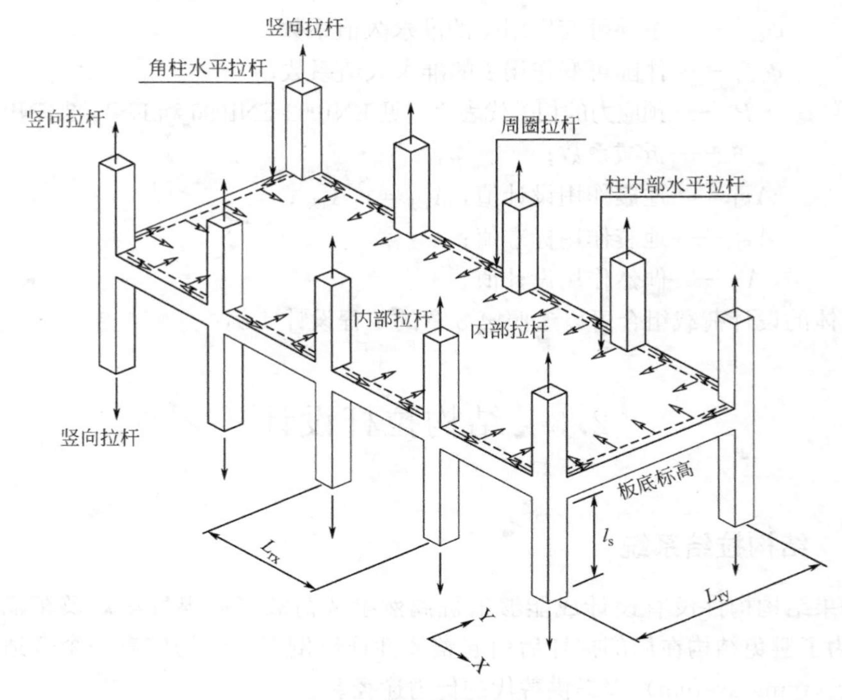

图 2-6　结构拉杆示意图

$$F_{\text{tie,per}} = 20 + 4n_0 \geqslant 60\ \text{kN} \tag{2-9}$$

如依据基础拉力 60kN 来计算，周圈拉杆的钢筋面积为 120mm^2（$A_s = 60 \times 10^3/500$），约为一根 H13（H 代表钢筋型号，屈服强度为 500MPa）的钢筋。如果结构的平面布置有内凹边，如 L 形或 U 形，那么周圈拉杆就要直接延长并锚固到另一边，如图 2-7 所示。

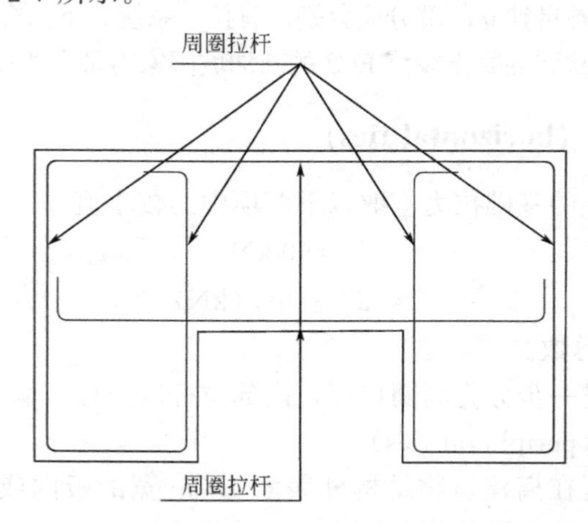

图 2-7　周圈拉杆在有内凹边的结构平面中的布置

（2）内部拉杆（internal ties）

内部拉杆布置在相互垂直的方向并且锚固到周圈拉杆或柱、墙当中。内部拉杆的间距不能超过 $1.5L_r$，L_r 是指在内部拉杆所考虑的方向上竖向承重构件中心之间的最大距离。

内部拉杆应能抵抗的拉力为 $F_{tie,int}$（单位为"kN/m"）：

$$F_{tie,int}=[(g_k+q_k)/7.5]\times(L_r/5)\times F_t\geqslant 1.0F_t \tag{2-10}$$

式中，(g_k+q_k) 是指永久荷载及可变荷载的平均标准值之和（单位为"kN/m^2"）。

内部拉杆可以均匀地布置在楼板中或者集中地布置在梁或墙的部位。对于没有现浇结构层的楼板系统，垂直于跨长方向上的内部拉杆应布置于支承楼板的梁或墙中，见图 2-8。

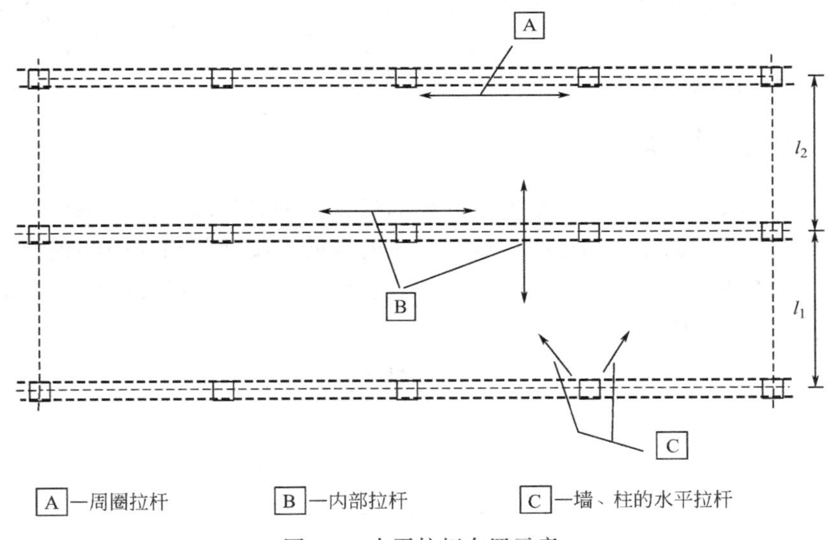

图 2-8　水平拉杆布置示意

（3）外圈墙、柱的水平拉杆（column and wall horizontal ties）

设计拉力应取以下两种的较大值（单位为"kN"）：

1）$$F_{tie,fac}=F_{tie,col}=2F_t\leqslant(l_s/2.5)F_t \tag{2-11}$$

2）$$F_{tie,fac}=F_{tie,col}=3\%N_{ult,percol} \tag{2-12}$$

式中　$N_{ult,percol}$——单个柱或墙在考虑的楼层所承受的总竖向极限设计荷载；

l_s——楼面到上一层板底的距离（m）。

对角柱来说，水平拉杆在两个垂直的方向都要布置。

如果周圈拉杆布置在墙、柱位置并且内部拉杆锚固到周圈拉杆，那么就不需要布置额外的墙、柱水平拉杆。否则，柱或者墙体的每延米长度上都要通过拉杆联系到楼板。

2.3.3 竖向拉杆（vertical ties）

对5层及5层以上的板式建筑物，为了限制当下层支承柱或墙偶然失效时对楼板破坏的范围，应在墙、柱中布置竖向拉杆。这些拉杆会成为跨越损坏区域的桥接系统的一部分。

每个承重的墙、柱的竖向拉杆应从基础到屋面层连续布置。拉杆的设计拉力为墙、柱在所考虑的楼层面上所承受的单层极限设计荷载。如果结构平衡和足够的变形能力得到验证，也可以使用依靠剩余墙体的整体作用或楼板膜张力作用的其他方法。

2.3.4 拉杆和其他钢筋组成比例

当作拉杆的钢筋及钢绞线按其强度标准值设计，按其他目的设计的钢筋及钢绞线可以部分或全部当作拉杆。如果拉杆的连续性可以保证，那么拉杆可以部分或全部布置在预制构件中。

2.3.5 拉杆的连续性

拉杆的连续性可以通过钢筋搭接、钢筋焊接、钢筋套筒、预埋钢板以及螺栓连接等方法实现。也允许通过搭接或用封闭的箍筋连接预制构件中的钢筋以获得连续性，如图2-9所示。如果拉杆不是在一个平面内连续，设计中应考虑由于偏心而产生的弯曲效应。

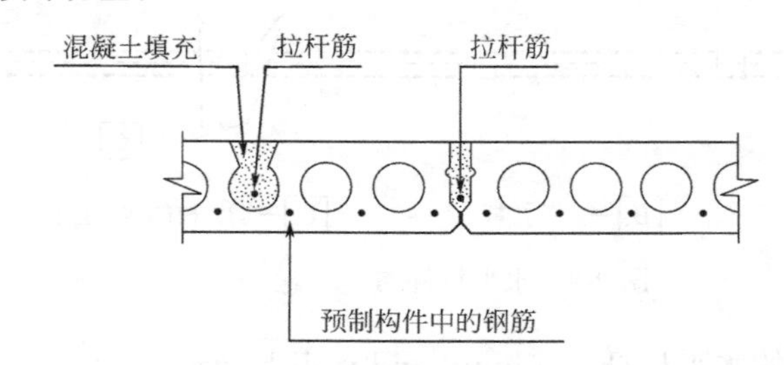

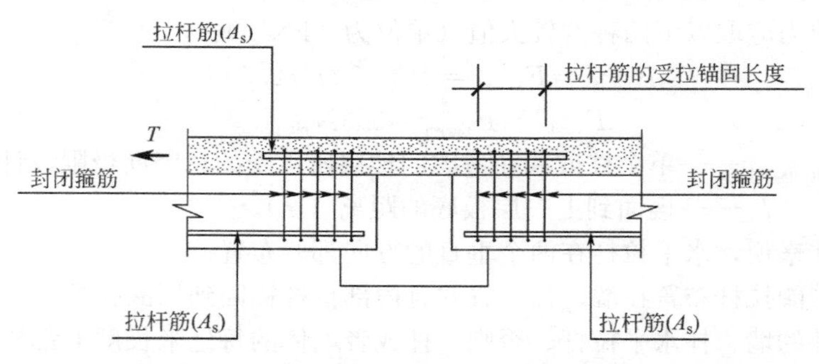

图2-9 拉杆筋通过搭接及封闭箍筋而获得连续性

2.3.6　拉杆筋的锚固

内部拉杆筋要有效锚固到周圈拉杆筋。如能满足以下要求，那么就可认为内部拉杆筋有效锚固到周圈拉杆筋：

（1）内部拉杆筋延伸超过所有用作周圈拉杆的钢筋后的锚固长度为 12 倍钢筋直径或等效值；

（2）内部拉杆筋延伸超过周圈拉杆筋的中线后一个有效锚固长度（有效锚固长度依据内部拉杆筋中的受力算得）。

图 2-10 表示了内部拉杆筋锚固到周圈拉杆筋。

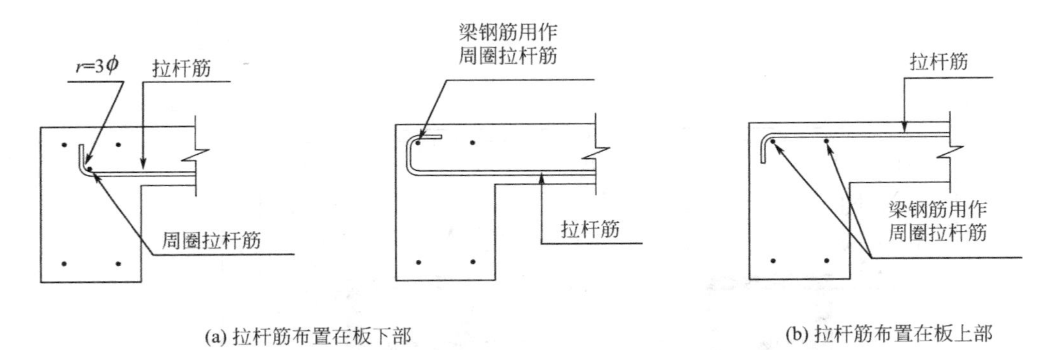

(a) 拉杆筋布置在板下部　　(b) 拉杆筋布置在板上部

图 2-10　内部拉杆筋锚固到周圈拉杆筋

图 2-11 表示了边柱中相互垂直的内部拉杆筋锚固。需要注意的是内部拉杆筋可以是部分由边柱支承的周圈梁中的主筋。

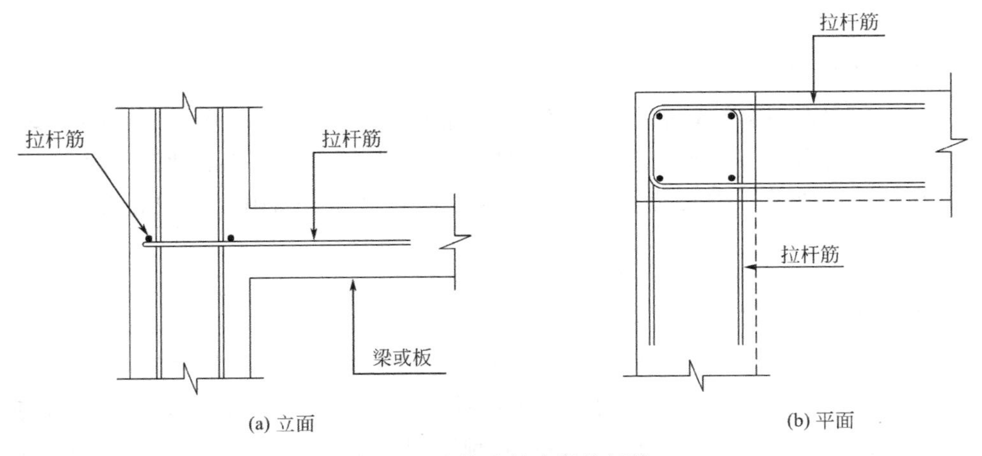

(a) 立面　　(b) 平面

图 2-11　边柱中的内部拉杆筋

2.4　楼层刚性平面设计

作用在结构上的水平力一般是通过楼板的平面内刚性作用传递到整个建筑物的抗侧移结构，如核心筒体、剪力墙、框架柱或斜撑等，如图 2-12 所示。在预制楼板结构中，预制构件之间的水平力传递通常由构件间的摩擦力、骨料间的咬合力、钢筋的销栓作用以及钢材之间的焊接等形式组成。对于叠合楼板，由于采用适当厚度的现浇混凝土叠合层，楼板的平面内刚性作用能够得到较好保证，各竖向构件在水平力作用下也能够协同工作。

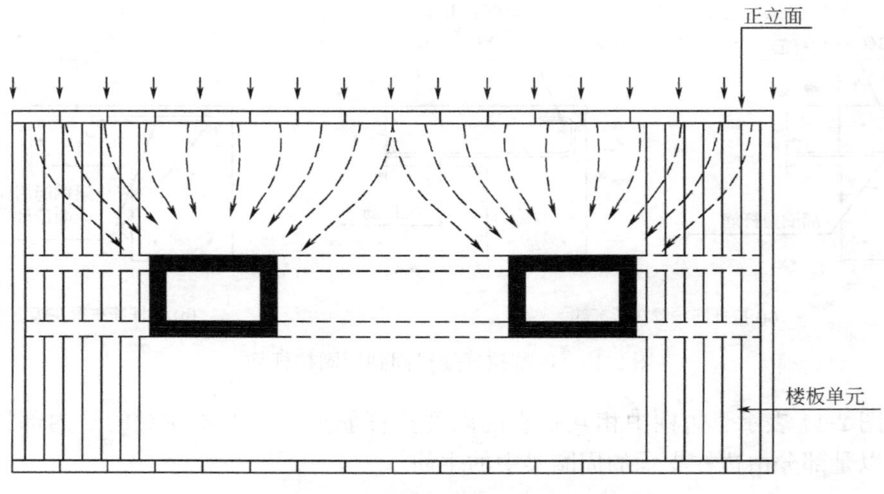

图 2-12　预制楼板的平面内刚性作用

2.4.1　分析方法

分析作用在预制混凝土楼板上的水平力时，把楼板看作是水平放置的深梁，将核心筒、剪力墙、框架柱或斜撑等当作深梁的支撑，如图 2-13 所示。深梁模型通常是简化成受压拱及拉杆。拉力、压力和剪力等可以用普通的静力分析获得，见图 2-14。

2.4.2　水平力传递

通常预制构件之间的水平力要通过构件之间的摩擦力、骨料之间的咬合力、钢筋的销栓作用以及钢材之间的焊接等各种组合来传递，如图 2-15 所示。要使水平力在预制构件之间能够正常地传递，预制构件之间须准确合理的连接成一个整体。

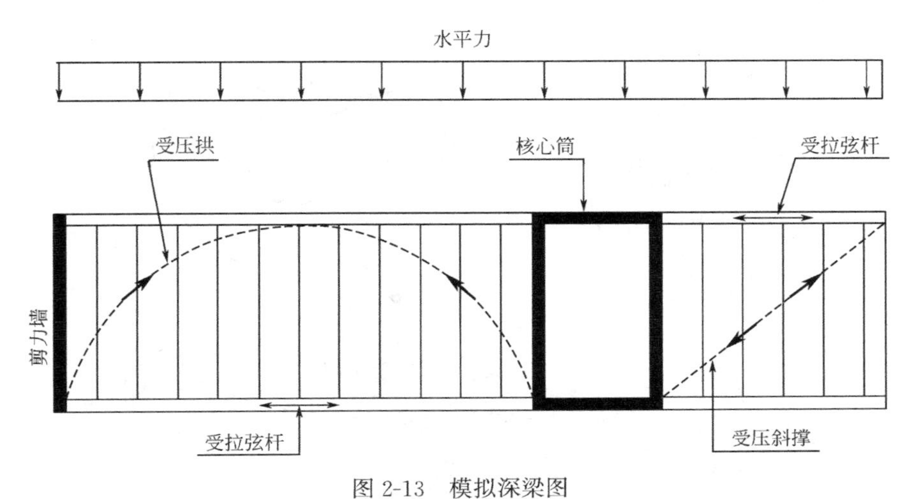

图 2-13　模拟深梁图

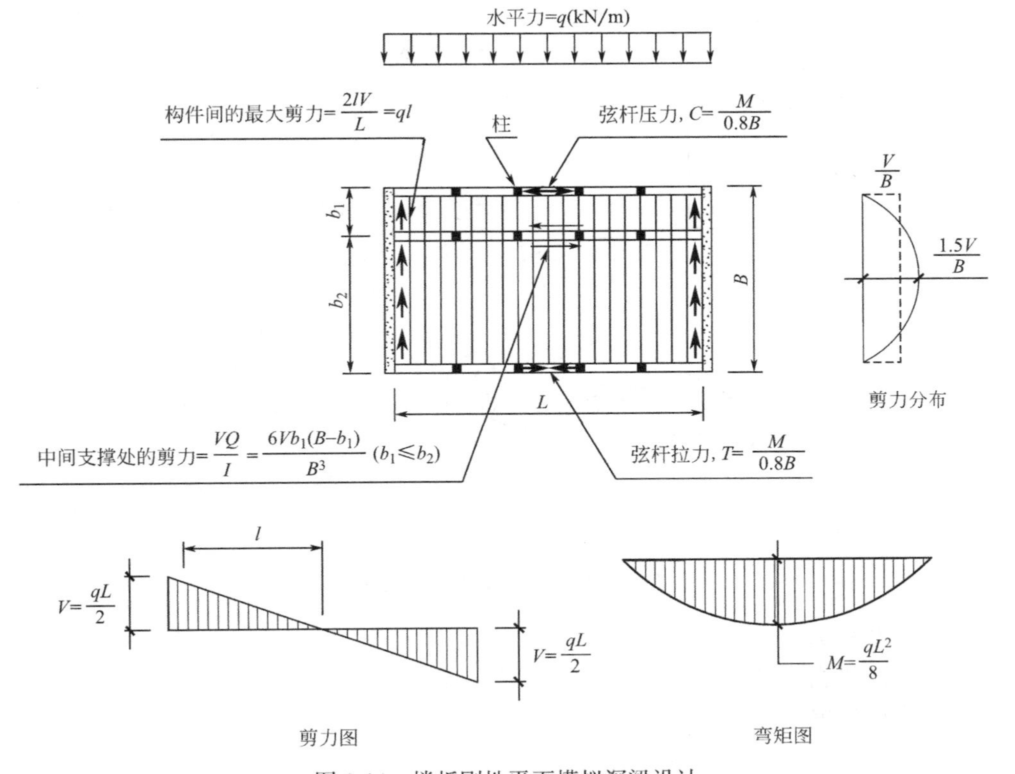

图 2-14　楼板刚性平面模拟深梁设计

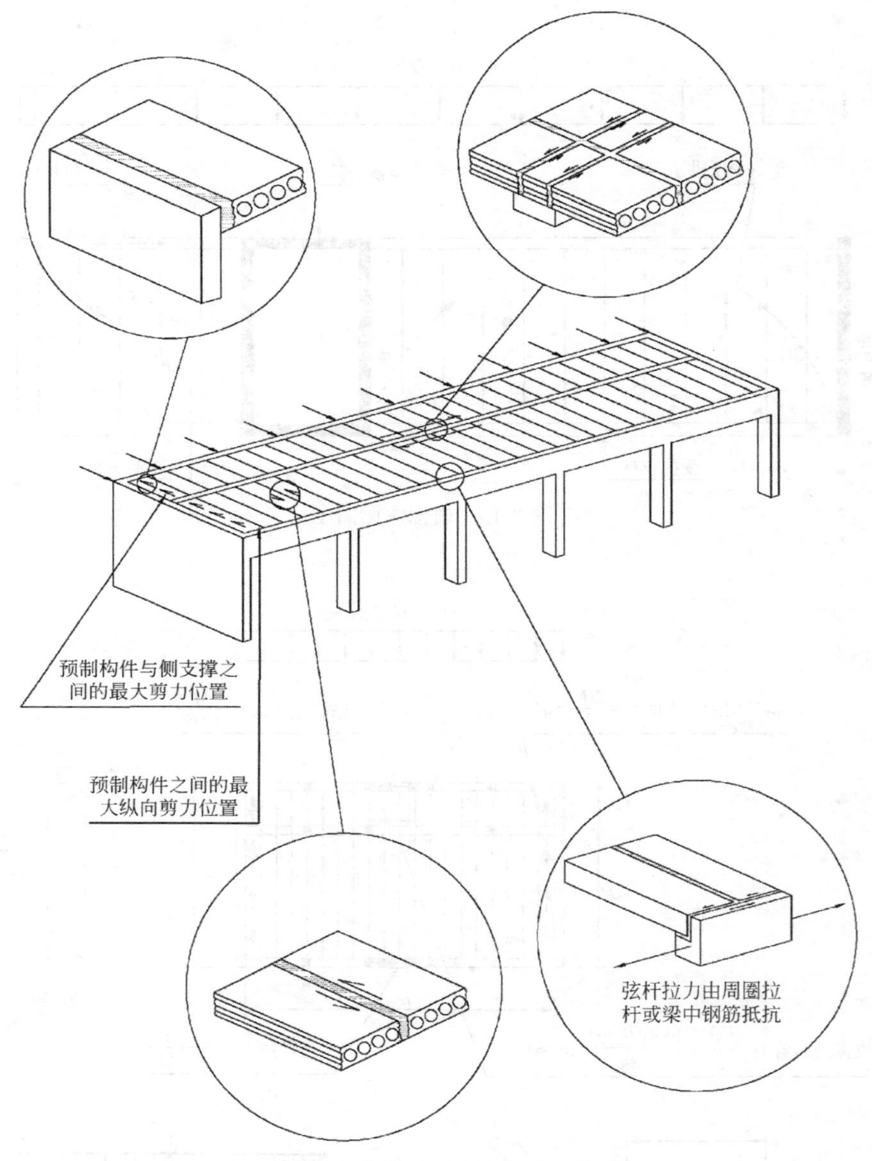

图 2-15　楼板平面上的水平力传递

（1）弦杆力计算

弦杆的受力可参照图 2-14。在楼面层周圈，弦杆的拉力通常由周圈拉杆筋或周圈梁中的钢筋承担。

（2）构件间的剪力传递

剪力最大的位置在楼板和抗侧力构件的接口处。接口处的钢筋处理如图 2-16 所示。

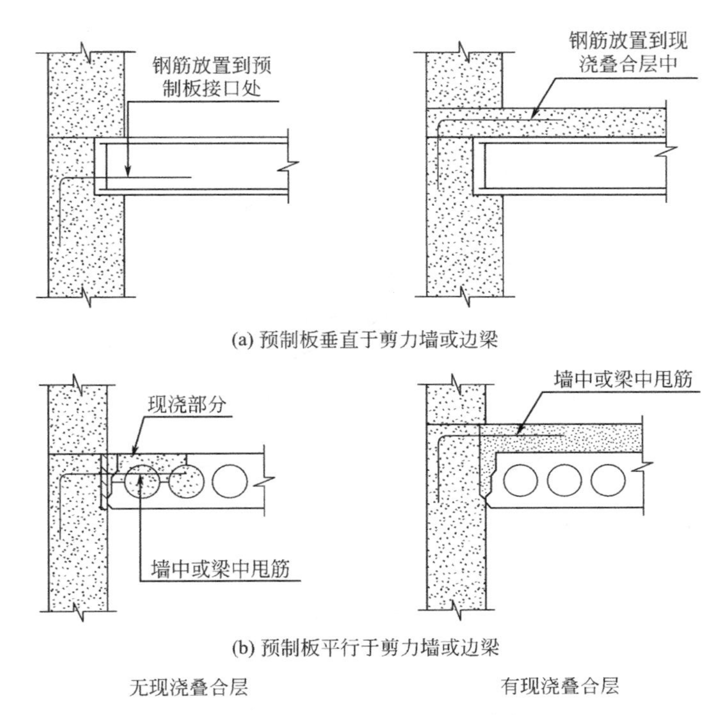

(a) 预制板垂直于剪力墙或边梁

(b) 预制板平行于剪力墙或边梁

无现浇叠合层　　有现浇叠合层

图 2-16　边支承处的抗剪钢筋布置

在中间支承处，剪力同样由如图 2-17 所示的钢筋抵抗。用于抵抗剪力的钢筋通常采用剪切摩擦法设计，总体上，设计的剪力比较小。

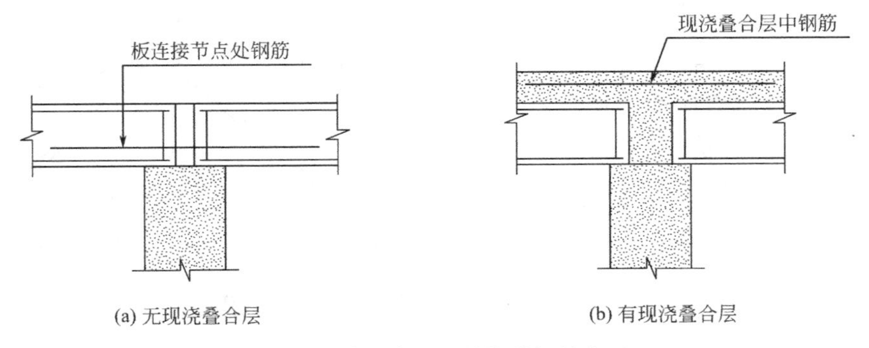

(a) 无现浇叠合层　　(b) 有现浇叠合层

图 2-17　中间支承处的抗剪钢筋布置

在没有现浇叠合层的楼板结构中，预制实心翼缘板之间的纵向剪力传递通常是由钢板或钢筋的焊接来实现；而空心楼板是由混凝土或砂浆灌筑相邻空心楼板之间的咬口缝隙来实现。钢筋和钢板的焊接设计可参照图 2-18。对于由混凝土或砂浆灌筑咬口缝隙的空心楼板，在整个灌筑的有效长度上的设计平均极限剪应力不应大于 $0.1N/mm^2$。一般来说，空心楼板之间灌浇缝的剪应力设计值均能满足以上要求。

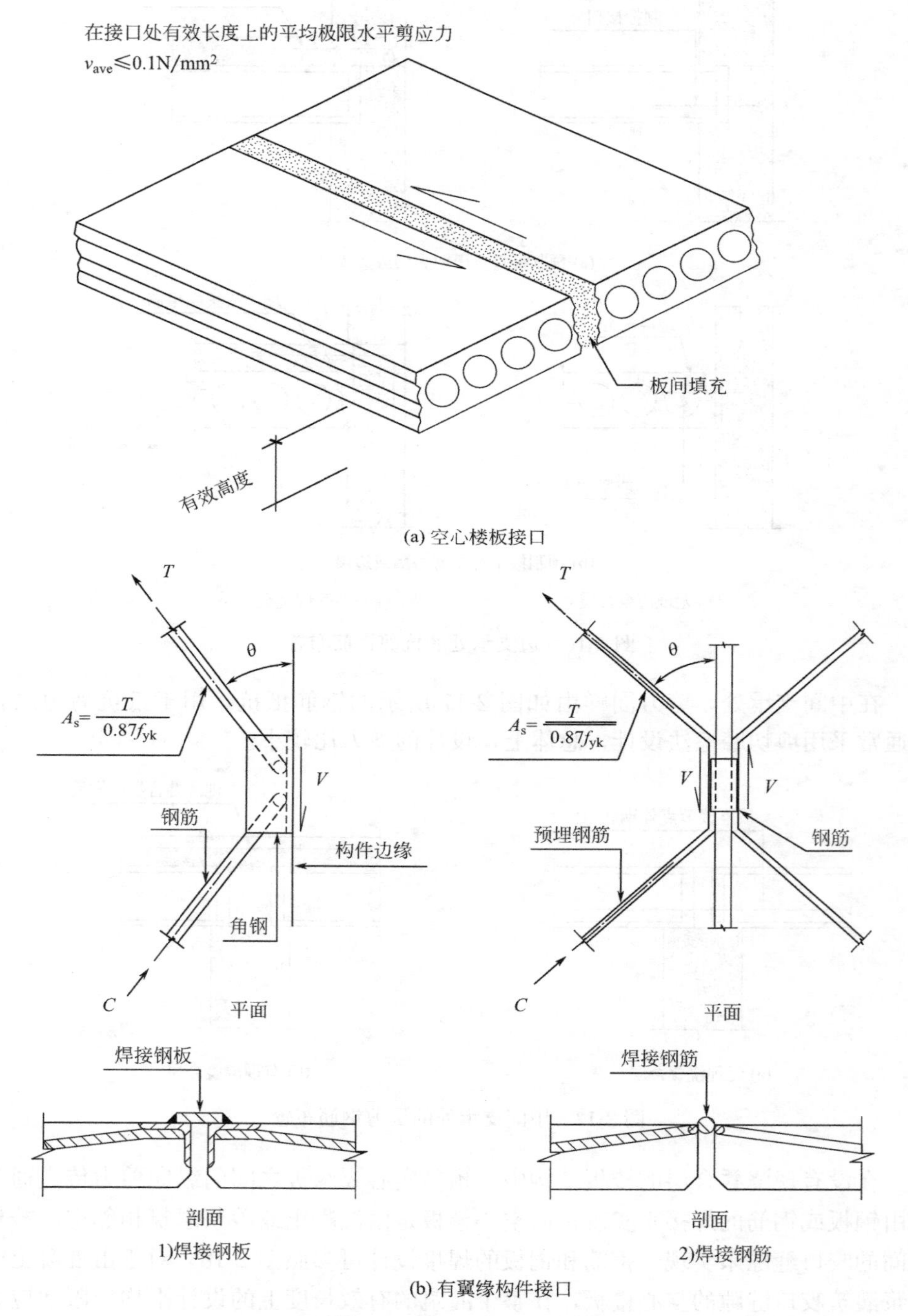

(a) 空心楼板接口

1)焊接钢板

2)焊接钢筋

(b) 有翼缘构件接口

图 2-18 预制板之间的纵向水平剪力设计

对于有现浇结构层的叠合楼板结构，现浇层能增强楼板的平面刚性。现浇层的配筋可以同时当作结构的水平拉杆筋以及预制构件之间的剪切摩擦钢筋。

2.5　构件体积变化及相应措施

由混凝土徐变、收缩、温度变化引起的应变以及由这些应变产生的潜在约束力对预制预应力混凝土结构的连接、正常使用荷载作用下的结构性能以及结构的极限承载能力都有着重要影响。

承重墙等竖向构件同样会受到体积变化应变的影响，这些影响在高层建筑中会非常显著。各构件的不同体积变化会影响结构的受力性能，比如在建筑物的拐角处，承重墙和非承重墙相邻时体积变化的影响较大。

2.5.1　体积变化数值

（1）混凝土徐变

混凝土徐变的定义是在恒定的荷载作用下混凝土应变随时间而增长的现象。其大小取决于环境湿度、构件尺寸及混凝土的构成，并且受初次施加荷载时的混凝土龄期、荷载的大小及持续时间的影响。

混凝土徐变的大小通常由徐变系数 $\varphi(t, t_0)$ 表示，徐变系数是指徐变应变与最初应变的比值。其与混凝土的弹性模量（割线值）E_c 相关，可取为 $E_c=1.05E_{cm}$。当精度要求不是很高，假定混凝土在 t_0 龄期首次加载时混凝土承受的压应力小于等于 $0.45f_{ck}(t_0)$，可以由图 2-19 确定混凝土徐变系数的终极值 $\varphi(\infty, t_0)$。图 2-19 中的值适用于环境温度 $-40\sim+40$℃ 及平均相对湿度 $RH=40\%\sim100\%$的情况。图中的 $h_0=2A_c/u$ 为名义尺寸，其中 A_c 为混凝土截面面积；u 为该截面暴露于干燥环境部分的周长。S，N，R 分别为与水泥品种相关的混凝土类别。

当 $t=\infty$ 时，混凝土在时间 t_0 时施加恒定压应力 σ_c 所产生的徐变变形可以由下式算出：

$$\varepsilon_{cc}(\infty,t_0)=\varphi(\infty,t_0)\left(\frac{\sigma_c}{E_{c0}}\right) \tag{2-13}$$

式中　$\varphi(\infty, t_0)$ ——徐变系数的终极值；

E_{c0} —— t_0 时刻的混凝土弹性模量（割线值）；

t_0 ——首次加载时的混凝土龄期（天）。

当混凝土在龄期 t_0 所受的压应力大于 $0.45f_{ck}(t_0)$ 时，要考虑混凝土徐变的非线性特征。这种高应力可能是张拉预应力筋的结果，如预制构件中在预应力筋

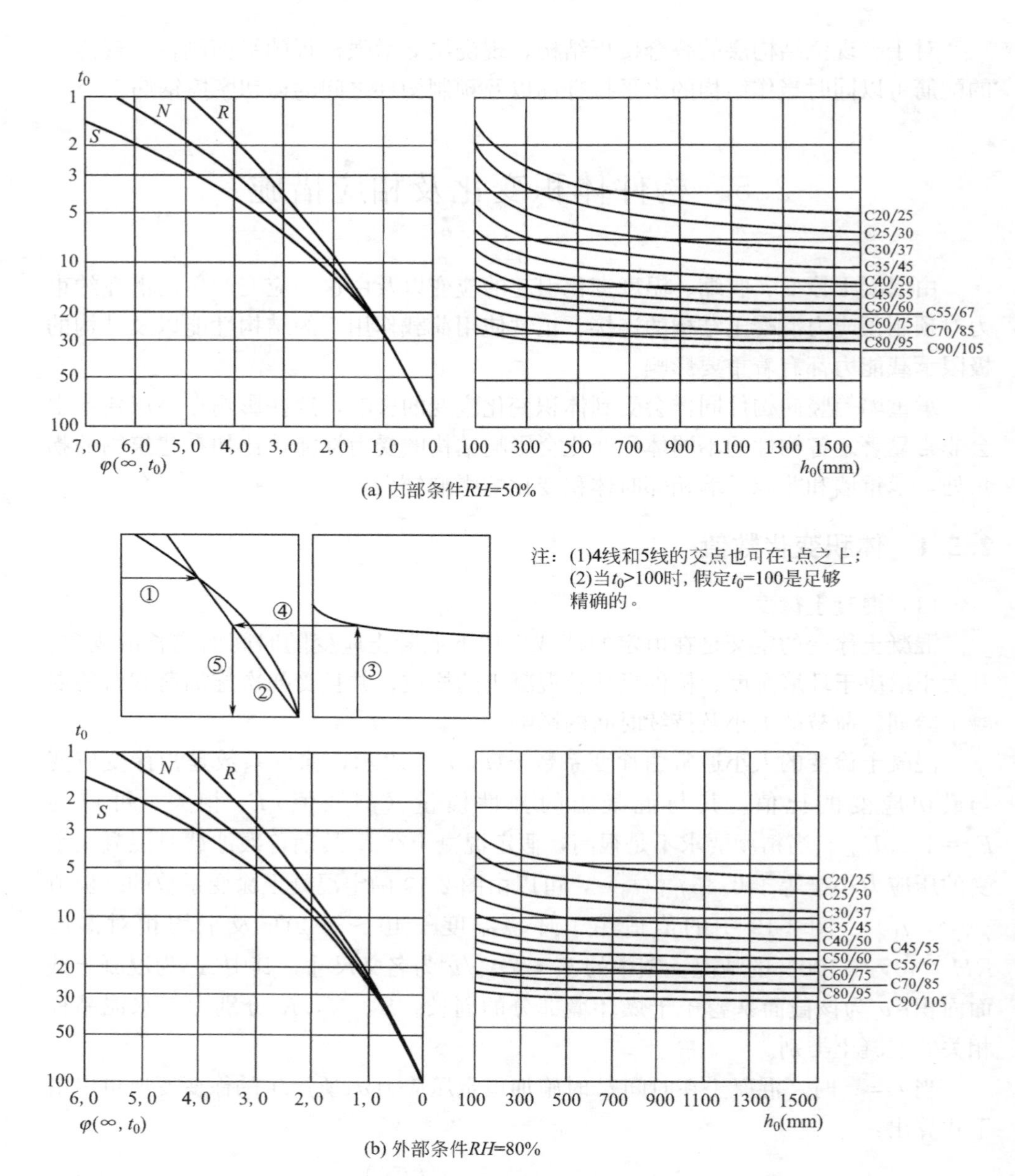

图 2-19 正常环境条件下确定混凝土徐变系数 $\varphi(\infty, t_0)$ 的方法

高度位置处的混凝土。此时徐变系数由以下公式给出：

$$\varphi_{nl}(\infty,t_0)=\varphi(\infty,t_0)\cdot\exp(1.5(k_\sigma-0.45)) \tag{2-14}$$

式中 $\varphi_{nl}(\infty, t_0)$ ——名义非线性徐变系数，代替 $\varphi(\infty, t_0)$ 使用；

k_σ ——应力强度比，$k_\sigma=\sigma_c/f_{ck}(t_0)$；

σ_c ——受压应力；

$f_{ck}(t_0)$ ——混凝土在施加荷载时的强度标准值。

（2）混凝土收缩

混凝土收缩是指混凝土随时间硬化过程中所产生的体积减小现象。与混凝土徐变不同的是，混凝土收缩和所受的外力无关。混凝土体积减小主要是由于混凝土在变干的过程中水分的减少以及水泥水化物的化学收缩。当混凝土一旦暴露在干燥的环境中，其收缩应变随即产生。

总的混凝土收缩应变包括干收缩应变和自收缩应变两部分。干收缩应变是由于水分从硬化的混凝土中蒸发散失而引起的，所以发展缓慢。而自收缩应变是在混凝土硬化过程中，因水泥水化物的化学收缩导致体积缩小而产生，所以是浇筑后早龄期收缩的主要部分。混凝土的自收缩应变和混凝土强度是线性函数关系。总的收缩应变可表示为：

$$\varepsilon_{cs}=\varepsilon_{cd}+\varepsilon_{ca} \tag{2-15}$$

式中 ε_{cs} ——总收缩应变；

ε_{cd} ——干收缩应变；

ε_{ca} ——自收缩应变。

最终的干收缩应变 $\varepsilon_{cd,\infty}=k_h\cdot\varepsilon_{cd,0}$，式中 $\varepsilon_{cd,0}$ 的取值可参照表2-8。

由水泥品种CEM-N拌合的混凝土的名义无约束干收缩应变值 $\varepsilon_{cd,0}$（‰）（EC2中表3.2）　　表2-8

$f_{ck}/f_{ck,cube}$ (MPa/MPa)	相对湿度(%)					
	20	40	60	80	90	100
20/25	0.62	0.58	0.49	0.30	0.17	0.00
40/50	0.48	0.46	0.38	0.24	0.13	0.00
60/75	0.38	0.36	0.30	0.19	0.10	0.00
80/95	0.30	0.28	0.24	0.15	0.08	0.00
90/105	0.27	0.25	0.21	0.13	0.07	0.00

干收缩应变随时间变化的公式为：

$$\varepsilon_{cd(t)}=\beta_{ds}(t,t_s)\cdot k_h\cdot\varepsilon_{cd,0} \tag{2-16}$$

式中 k_h ——与构件名义尺寸 h_0 相关的系数，按表2-9确定。

k_h 取值表　　表2-9

h_0	100	200	300	≥500
k_h	1.0	0.85	0.75	0.70

$$\beta_{ds}(t,t_s)=\frac{(t-t_s)}{(t-t_s)+0.04\sqrt{h_0{}^3}} \tag{2-17}$$

式中 t ——所考虑时刻的混凝土龄期（d）；

t_s ——干收缩开始时的混凝土龄期，通常为养护结束的时间；

h_0 ——截面名义尺寸（mm），$h_0=2A_c/u$ ；

A_c ——混凝土截面面积；

u ——混凝土截面暴露于干燥环境部分的周长。

自收缩应变可由以下公式得出：

$$\varepsilon_{ca}(t)=\beta_{as}(t)\cdot\varepsilon_{ca}(\infty) \tag{2-18}$$

其中：

$$\varepsilon_{ca}(\infty)=2.5(f_{ck}-10)\times10^{-6} \tag{2-19}$$

$$\beta_{as}(t)=1-\exp(-0.2t^{0.5}) \tag{2-20}$$

式中 t ——以“天”为单位。

（3）由温度变化引起的混凝土应变

温度变化引起的混凝土应变可以由混凝土的热膨胀系数乘以温度变化数值而得到。

2.5.2 体积变化的设计考虑

外部承重墙要承受混凝土由于徐变、收缩以及温度变化而产生的变形。混凝土徐变和收缩会使构件收缩，而温度变化可使构件产生收缩或膨胀。应根据预估的移动量设计节点及连接。

对于典型的标准体积变化移动，CPCI 有以下建议：

（1）用于支撑普通楼板荷载的外部承重墙，设计徐变应变可以估计为 120×10^{-6} mm/mm。而对于只支撑自重的外部叠加墙，设计徐变应变可以预估为 30×10^{-6} mm/mm；

（2）考虑一般的墙体积与表面比以及在 90 天龄期后安装，正常密度混凝土墙的收缩应变可以估计为 200×10^{-6} mm/mm，轻混凝土墙的收缩应变可以估计为 250×10^{-6} mm/mm；

（3）热膨胀可以由当地的温差变化确定。在较大的混凝土构件，如梁中，会有热滞后效应减缓温度变化的影响。有取暖的建筑物中的结构构件可能不会经历没有取暖的建筑物中的结构构件的那么大温差变化。由计算得出的温度变化应变对有取暖和非取暖建筑物分别乘以 0.5 或 0.75 的折减系数。如果建筑物的结构构件暴露在全年温度循环，那么应采用非取暖数值。

以上体积变化的预估值一般能适合大多数的设计，如果体积变化是结构重要的设计因素，那么就需要专门的研究确定更加精确的数值。

预估的结构体积变化必须经过工程判断分析。当楼板及内部的墙体和外部承重墙相连时，会约束外部墙的竖向变形，计算的变形值可能比实际的变形值大。

当承重墙和非承重墙连接在一起时，比如在建筑物的拐角位置，墙体可能会产生不同的体积变化移动。如果墙体之间的连接约束了这些移动，连接就需要承受较大的竖向荷载。在建筑物的拐角位置，如果墙板相连，体积变化移动荷载也要当作一种荷载工况加以考虑。

考虑体积变化移动对非结构构件的影响是很重要的。外部密封材料应能够适应由于体积变化而引起的移动变形，包括水平方向及竖直方向。连接接口的宽度应设计成能够满足密封材料的变形能力及施工误差。不同的移动可能发生在建筑物的拐角处以及与其他结构系统或建筑材料（比如窗户）相交处。

结构顶部或边部的累加移动变形会由于建筑物的高度和长度的增加而增大。外部墙体的移动可能会引起内部隔墙的损坏或开裂。建筑物内部的非结构构件的连接设计应允许外部预制墙体因体积变化产生移动。

2.5.3　伸缩缝

在结构中布置伸缩缝的目的是为了限制由于构件体积变化而产生的内力以及允许结构构件移动。如果温度变化引起的体积变化远大于混凝土徐变和收缩引起的体积变化，此时就需要布置伸缩缝。

伸缩缝可以释放由于温度变化、混凝土收缩及徐变而产生的应变，其间距可以依据欧洲规范的各国国家附录确定。EC2 对现浇混凝土结构的建议值为 30m，对装配式混凝土结构未提供具体的建议值，但应大于现浇混凝土结构的建议值。装配式混凝土结构的伸缩缝的间距通常是根据经验布置。确定伸缩缝的间距应当考虑的因素有：所采用连接的形式、单跨结构中柱的刚度、刚性框架中柱和梁的相对刚度、抗侧力构件的位置、结构物所处的环境等。对于无保温的结构，如多层停车场等，会比封闭的结构面对更多的温度变化，在伸缩缝间距的布置上更要注意以上体积变化因素。如果在非矩形的结构（如 T 形或 L 形）需要布置伸缩缝，那么应布置在结构平面或立面有突变的地方。

伸缩缝的宽度可以根据体积变形计算得到，建议值为不小于 25mm。对于混凝土结构而言，所面临的主要问题是收缩而不是伸长，伸缩缝过宽会引起填充材料的损失。伸缩缝的宽度必须同时考虑在风荷载或地震作用下相邻结构的相对位移，以避免发生碰撞。

2.5.4　热弯曲效应

墙板（特别是有保温层的组合夹心墙板）由于内外温差，或者是无保温层的

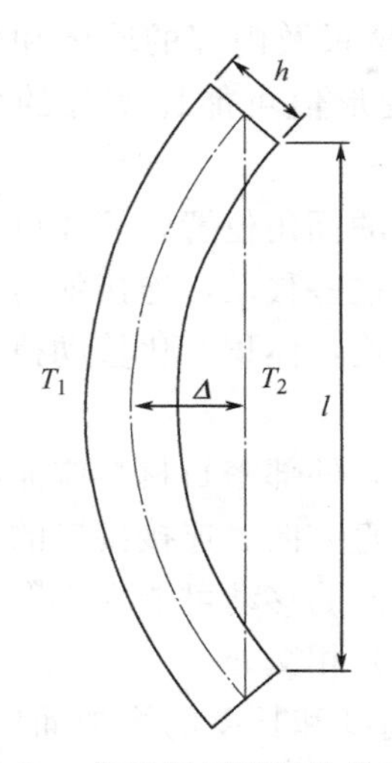

图 2-20 无保温层墙板的热弯曲

屋面板的上下温差等可能会引起构件弯曲，如图 2-20 所示。

热弯曲引起的中间位移的大小可以由下式得出：

$$\Delta=\frac{C(T_1-T_2)l^2}{8h} \tag{2-21}$$

式中 C ——热膨胀系数。

实测结果表明：在开放式结构中，如停车场的顶层，温差变化很少超过 16～22℃。对于组合夹心墙板，温差变化大一些，但是会因混凝土质量引起的热滞后效应而缓和。

对封闭的建筑物，由于内外湿度的不同也可能引起弯曲。混凝土墙板的外表面从空气或周期性降水中吸收水分，而墙板的内表面相对干燥进而引起比外表面更大的收缩，这就会引起往外的弯曲。由内外湿度不同引起的弯曲受多种因素影响，还没有一种精确的计算方法。由于湿度产生往外的弯曲能够抵消在寒冷气候时可能产生的往内的热弯曲，这也可以解释为什么观察到的墙板一直往外弯曲。

在无保温层的墙板上产生的热弯曲通常对结构本身不重要，但可能引起拐角处的分离及接口填充的破坏，见图 2-21。弯曲可以由一个或多个在墙板中间的连接所约束。表 2-10 给出了各种连接所需的约束力以及由此在墙板产生的弯矩。

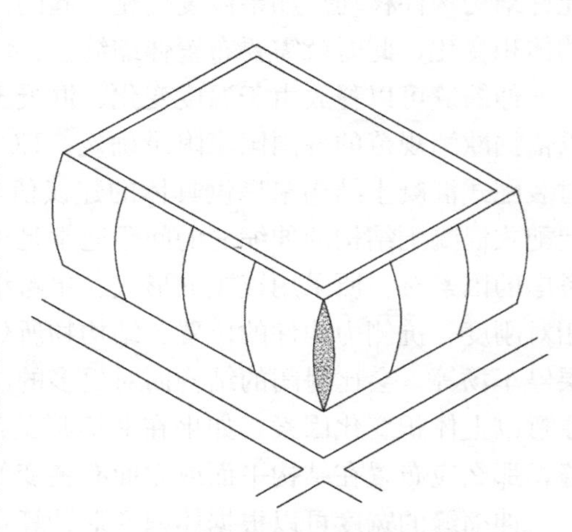
图 2-21 热弯曲引起的拐角处分离

热弯曲同样可以发生在水平构件上。屋面构件，特别是开放结构，如停车场的屋面板，当上下温度不同时可造成其往上的弯曲。当预制构件在支承端部有抵抗扭转的约束时，热弯曲效应会在支座处引起正弯矩（截面下边受拉），见表 2-10 中（d）、（e）。下边受拉会引起开裂，但是一旦开裂，拉力便会释放。由于热弯曲随着温度变化而产生，循环作用可能会加大这种破坏的可能性。

热弯曲约束力的计算方法　　　　**表 2-10**

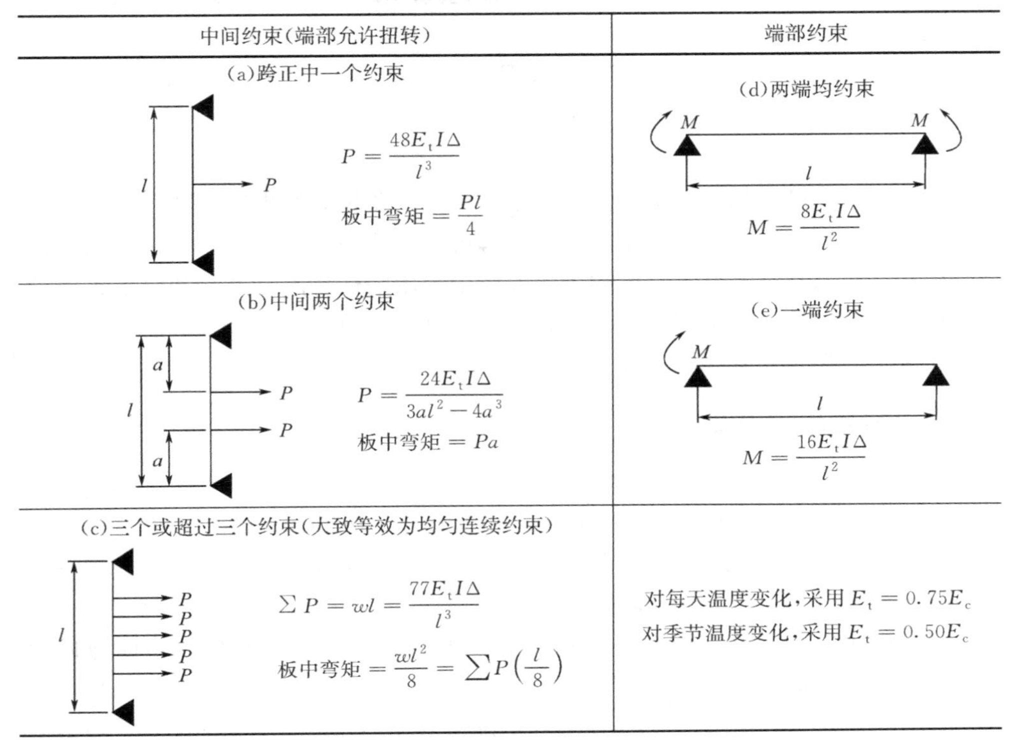

中间约束(端部允许扭转)	端部约束
(a)跨正中一个约束 $P=\dfrac{48E_tI\Delta}{l^3}$ 板中弯矩 $=\dfrac{Pl}{4}$	(d)两端均约束 $M=\dfrac{8E_tI\Delta}{l^2}$
(b)中间两个约束 $P=\dfrac{24E_tI\Delta}{3al^2-4a^3}$ 板中弯矩 $=Pa$	(e)一端约束 $M=\dfrac{16E_tI\Delta}{l^2}$
(c)三个或超过三个约束(大致等效为均匀连续约束) $\sum P=wl=\dfrac{77E_tI\Delta}{l^3}$ 板中弯矩 $=\dfrac{wl^2}{8}=\sum P\left(\dfrac{l}{8}\right)$	对每天温度变化,采用 $E_t=0.75E_c$ 对季节温度变化,采用 $E_t=0.50E_c$

2.5.5　体积变化对框架的影响

刚性柱脚连接框架对体积变化的约束会在梁中引起拉力而在柱中引起剪力、弯矩及柱顶位移。拉力、剪力、弯矩及位移的大小取决于其相对于框架刚度中心的距离。框架的刚度中心是指没有水平位移的点。对于跨度、层高以及构件刚度对称的框架，刚度中心即为框架的中心点，如图 2-22 所示。

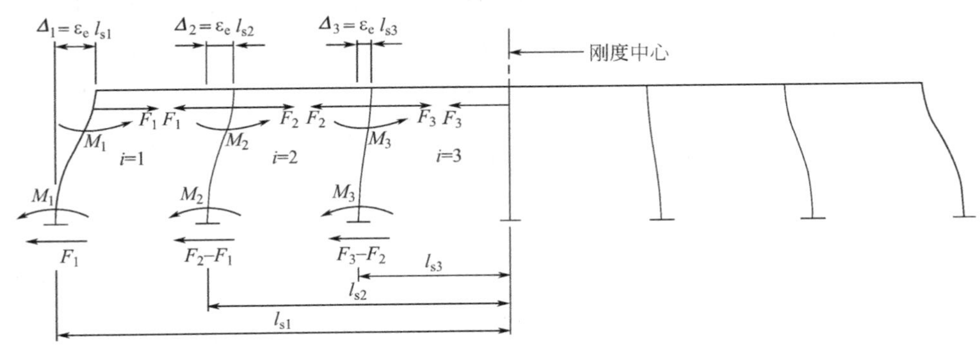

图 2-22　构件体积变化在框架结构中的约束影响

靠近框架刚度中心的梁中拉力最大，而远离刚度中心的柱中的弯矩及水平位移最大，即有：

$$F_1 < F_2 < F_3$$

$$\Delta_1 > \Delta_2 > \Delta_3$$

$$M_1 > M_2 > M_3$$

柱脚的固定度（见第 2.7 节）对由于约束体积变化而产生的力及弯矩的大小有重要影响。在分析中假定完全固定的柱脚可能会使柱子的约束力估值过大，而假定柱脚铰接结果则相反。在体积变化分析中采用的柱脚固定度应和柱子其他荷载分析时保持一致，并确定柱长细比的影响。为了避免体积变化约束力的叠加，建议在多个框架之间采用柔性连接。

2.5.6 等效体积变化

如果框架水平构件的两端连接支承构件，那么构件的收缩就会受到约束，因而在构件中产生拉力并传递到支承构件。但是由于构件的收缩是逐步发展，对支承构件所产生的剪力及弯矩会由于水平构件及支承构件中的徐变及微裂缝而减小。

为了便于设计，可以用等效收缩的方法把体积收缩变化看作为短期弹性变形，等效收缩变形按下式计算：

$$\delta_{ec} = \delta_c / K_l \tag{2-22}$$

$$\delta_{es} = \delta_s / K_l \tag{2-23}$$

式中 δ_{ec}、δ_{es}——分别为等效徐变变形和等效收缩变形；

δ_c、δ_s——分别为计算徐变变形和计算收缩变形；

K_l——设计常数，介于 4～6 之间。

当构件的配筋率很高时，K_l 倾向于取较低的值；当构件的配筋率低时，K_l 倾向于取较高的值。对普通结构，$K_l = 5$ 已足够保守。

温度变化引起的收缩也应做相应的调整。但是由于温度变化通常发生在一个相对短的时间内，通常在 60～90 天内，等效温度变形可以按下式计算：

$$\delta_{et} = \delta_t / K_t \tag{2-24}$$

式中 δ_{et}、δ_t——分别为等效温度变形和计算温度变形；

K_t——设计常数，建议值为 1.5。

总的等效设计收缩为：

$$\Delta = \delta_{ec} + \delta_{es} + \delta_{et} = \frac{\delta_c + \delta_s}{K_l} + \frac{\delta_t}{K_t} \tag{2-25}$$

当等效体积变形用于分析支承构件中的剪力及弯矩时，应当采用构件的实际弹性模量值而不是折减值。

2.6　剪力墙结构体系

2.6.1　概述

剪力墙结构体系是经济、安全适用的结构体系，也是预制及预应力产业中最常用的水平力抵抗体系，在全球范围内广泛应用。世界各地的地震经验表明，在大多数情况下，剪力墙结构在震后仍能满足使用功能要求。这些结构通常按照现浇结构原理进行设计，并且考虑装配式结构的连接特点进行适当调整。具体的设计方法由设计人员根据工程情况确定。通过对震后建筑物的观察发现：如果建筑物有足够的强度及刚度以保证建筑物在地震作用下的层间位移角小于1/50，地震所导致的位移及损坏就会在可接受的水平。在中低烈度区域，预制构件的连接通常采用有少量灌浆的干连接形式即可。在高烈度区域，预制构件之间的连接以及预制构件与基础的连接需要满足近似现浇结构的受力情况，需要配置穿过连接节点的连续钢筋。

在剪力墙结构中，要注意局部构造的细节，如预埋件的正确锚固等，要使其有足够的延性以防局部脆性破坏。不完备的传力途径，例如由于刚性平面中的抗拉和抗剪钢筋的不足，或刚性平面及剪力墙之间拉杆筋的不足，也会降低剪力墙结构的承载能力。

2.6.2　剪力墙结构原理

剪力墙可以看作是竖向的悬臂梁，把作用于墙上的水平力从上部结构传递到基础。剪力墙应布置在建筑物的两个主轴方向，在结构平面一个方向上不宜少于两片剪力墙。如果在一个方向上只布置一片剪力墙，那么在垂直的方向上至少要配置两片剪力墙以抵抗平面刚性扭转（图2-23），或者布置三片不共线的剪力墙。

要尽可能把剪力墙同时设计成承重墙，墙上的竖向荷载能增加墙体抵抗倾覆及抗拉的能力。

作用在建筑物上的水平力在单片剪力墙中的分配受以下因素影响：

（1）支承结构的地基及基础；

（2）楼板的平面内刚度；

（3）剪力墙和连接的相对抗弯和抗剪刚度；

（4）水平力相对于剪力墙刚度中心的偏心距。

通常计算剪力在各剪力墙中的分配时忽略地基及基础的变形。如果楼板的平面内宽度与跨度比较小，楼板在水平力作用下会产生较大的平面内变形，水平力通过此类楼板在各剪力墙中的分配，是按照剪力墙所支承的楼板宽度来加权分配。

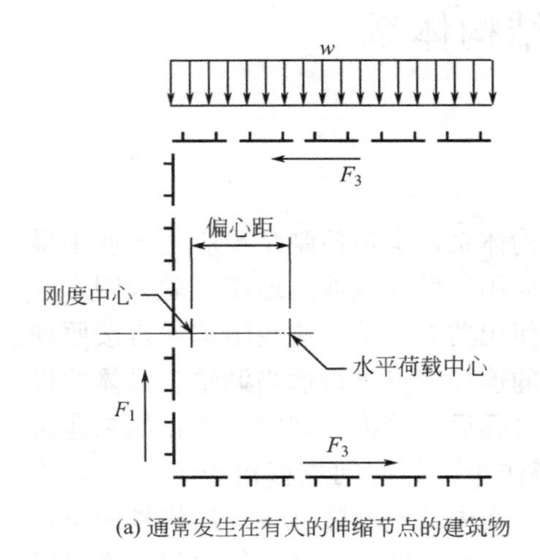

(a) 通常发生在有大的伸缩节点的建筑物

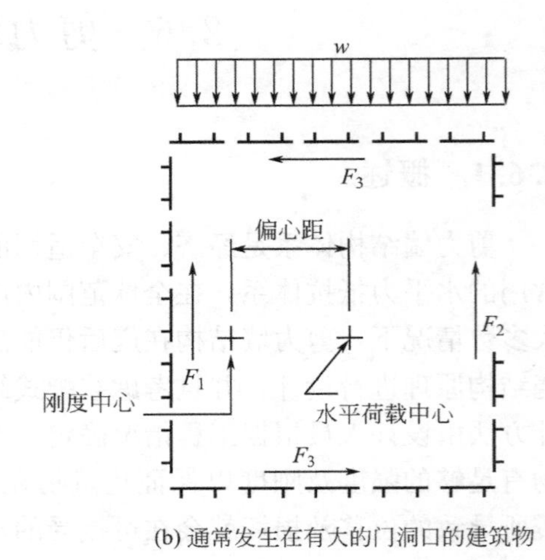

(b) 通常发生在有大的门洞口的建筑物

图 2-23　非对称剪力墙布置

如果楼板的平面内宽度与跨度比较大，那么楼板在水平力作用下不易变形。这种刚性楼板在分配水平力时，是按照剪力墙的相对刚度来分配。在作装配式混凝土结构分析时，楼板及屋面板通常被当作刚性楼板。

2.6.3　剪力墙结构的设计原则

对以剪力墙为主要水平力抵抗构件的结构，建议采用以下设计原则。

(1) 根据建筑物的功能选择适用的预制形式

1) 在仓库形式的建筑物中，通常把建筑物的外墙当作抵抗水平力的结构；

2) 在停车场结构中，剪力墙通常布置在楼梯筒、电梯筒，建筑物周圈或坡道带，或者以上位置的各种组合。

(2) 剪力墙体系的初步布置

1) 至少要布置三片非共线的剪力墙以确保结构物能够同时抵抗水平力及扭转；

2) 倾覆通常为控制条件，宜把剪力墙同时设计成承重墙；

3) 布置剪力墙时应尽量减少因构件体积变化产生约束；

4) 考虑剪力墙能否全高预制（只有竖向接口）；

5) 在选择剪力墙尺寸时要考虑运输及安装的能力；

6) 平衡剪力墙和相关联的楼板刚性平面的设计要求。

(3) 确定竖向及水平荷载

1) 确定作用在每片剪力墙上的竖向荷载；

2) 依照适用的抗震设计规范来确定每层水平力的大小并与风荷载对比，选择最不利的组合用来设计。

（4）初步荷载分析

确定每片剪力墙根部的倾覆弯矩、平面内剪力和轴向力。

（5）剪力墙的选择

1）复核最初所布置剪力墙的尺寸和位置；

2）如有必要要调整剪力墙的数量、位置和尺寸以满足每片剪力墙根部的承载力要求。通常剪力墙布置后基础不出现上拔力比较经济。

（6）最终荷载分析

根据剪力墙的最终位置和尺寸，进行水平力及竖向力组合作用下的结构分析，确定每片剪力墙的设计荷载。在分配水平力时要考虑各剪力墙的抗剪刚度及抗弯刚度。

（7）最终剪力墙设计

1）设计剪力墙钢筋以及剪力墙与刚性楼板的连接；

2）如果剪力墙的长度不足以容纳所需的剪力连接件，应采用在刚性楼板内设置阻力撑杆作为剪力连接件的补充；

3）结构拉杆的设计。

（8）楼板的刚性平面设计

楼板的刚性平面设计参考 2.4 节。

2.6.4 剪力墙的配置

刚性楼板在水平力作用下会在受力方向上产生平移（图 2-24a），平移的大小与所有剪力墙的刚度总和相关。如果剪力墙的刚度中心和外力中心不重合，刚性楼板将会绕着刚度中心扭转（图 2-24b）。水平荷载中心在不同的荷载组合下可能不是同一个点，比如风荷载及地震作用。水平荷载中心与剪力墙刚度中心之间的距离就是水平力抵抗系统的偏心距。

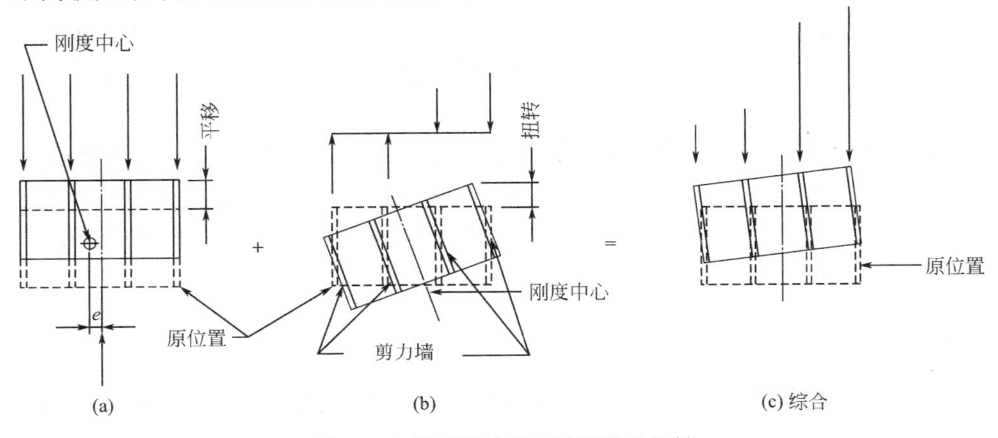

图 2-24　楼板刚性平面的平移及扭转

要尽量把剪力墙设计成独立整体墙，而不是分开组合的墙，这样会节省连接的费用以及减少由多片墙连接在一起组合成一大片剪力墙时由于体积变化而产生的约束力。

如果倾覆弯矩引起某一独立的、非耦合的剪力墙中出现超大的拉力，可以把多片墙体连接在一起。连接多片独立的竖向墙体能够显著地提高剪力墙抵抗水平力的能力和减少墙中的拉力。把墙板与墙板的连接布置在墙中段位置以减少由于体积变化而产生的内力。

将相互垂直的剪力墙连接在一起可以提高剪力墙的刚度，端部的剪力墙可看作另一个方向剪力墙的翼缘。如果墙体之间的连接有足够的强度传递内力而成为刚接，那么有效翼缘宽度可参照图 2-25。总体上说，翼缘可以提高剪力墙的抗弯刚度但对抗剪刚度影响小。在有些结构中，把垂直于剪力墙方向的非承重墙体连接到剪力墙，通过增加竖向恒荷载的办法来提高其抵抗水平力引起的倾覆弯矩作用的能力。

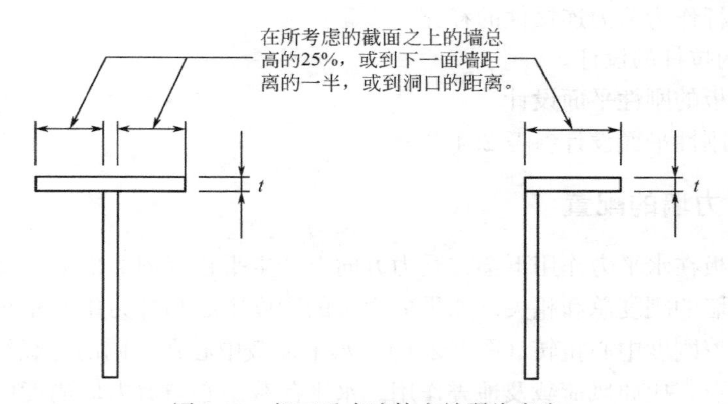

图 2-25　相互垂直墙体有效翼缘宽度

注：以上墙翼缘宽度的建议适合单层建筑物及独立墙体，而对多层建筑物会低估有效翼缘宽度及剪力墙刚度。在确定多层建筑物中剪力墙的有效翼缘宽度时应考虑剪滞效应。

由多片预制墙体组合而成的承重剪力墙，其水平接口和竖向接口需要传递内力。图 2-26 给出了三种不同情况下主要外力和接口处的内力及应力分布情况。在剪力墙结构中，要综合考虑墙中力的叠加、预制墙体的多种组合形式以及墙体之间的连接方式。

2.6.5　刚度分析

在有刚性楼板的建筑物中，水平力按各剪力墙的相对刚度进行分配。剪力墙的总刚度包括抗弯刚度、抗剪刚度。单片墙的刚度可表示为：

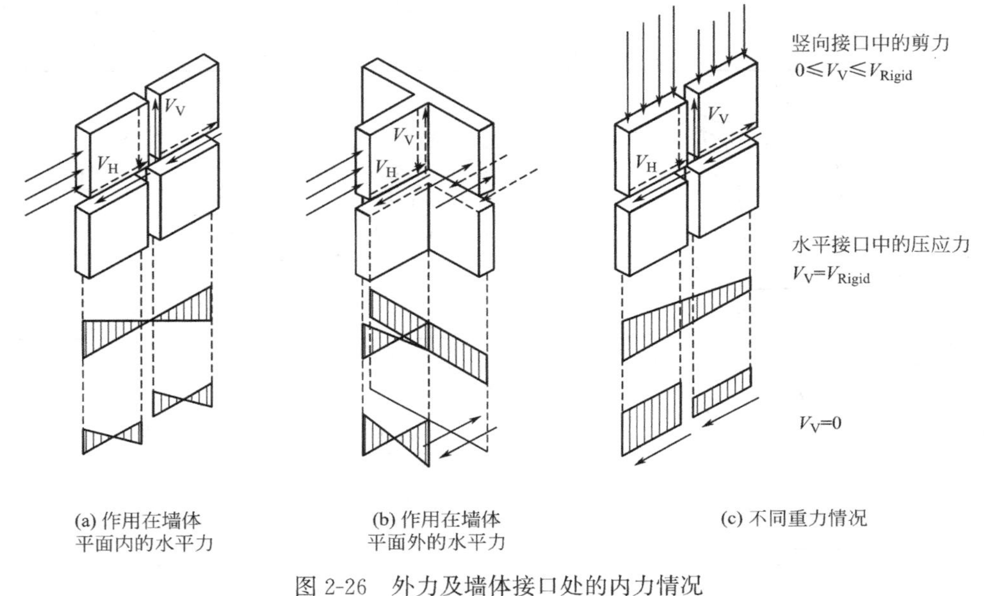

(a) 作用在墙体平面内的水平力　(b) 作用在墙体平面外的水平力　(c) 不同重力情况

图 2-26　外力及墙体接口处的内力情况

$$r=\frac{1}{\Delta} \tag{2-26}$$

式中，Δ 为墙的弯曲及剪切变形的总和。

对于由相同材料构成的矩形截面剪力墙结构，当墙的高度和长度比小于 0.3 时，墙的抗弯刚度可以忽略，水平力将按照剪力墙的水平截面面积分配。当墙的高度和长度比大于 3.0 时，墙的抗剪刚度可以忽略，水平力按照墙的截面惯性矩来分配。

当墙的高度和长度比介于 0.3～3.0 之间时，剪切变形和弯曲变形都要考虑，见以下公式：

$$\frac{1}{\Sigma K_i}=\frac{1}{\Sigma K_{si}}+\frac{1}{\Sigma K_{fi}} \tag{2-27}$$

式中　ΣK_i——墙在第 i 层的刚度总和；

ΣK_{si}——墙在第 i 层的抗剪刚度总和；

ΣK_{fi}——墙在第 i 层的抗弯刚度总和。

为了简化剪力墙的刚度计算，可以采用等效截面惯性矩的方法。等效截面惯性矩 I_{eq} 是把弯曲变形和剪切变形之和按照弯曲变形计算而采用的近似截面惯性矩。表 2-11 比较了在几种工况及约束情况下的位移及等效截面惯性矩，假设剪切模量 $G=0.4E$。

剪力墙位移及等效惯性矩 **表 2-11**

工况	弯曲或剪切引起的挠度		等效截面惯性矩 I_{eq}	
	弯曲	剪切	单层	多层
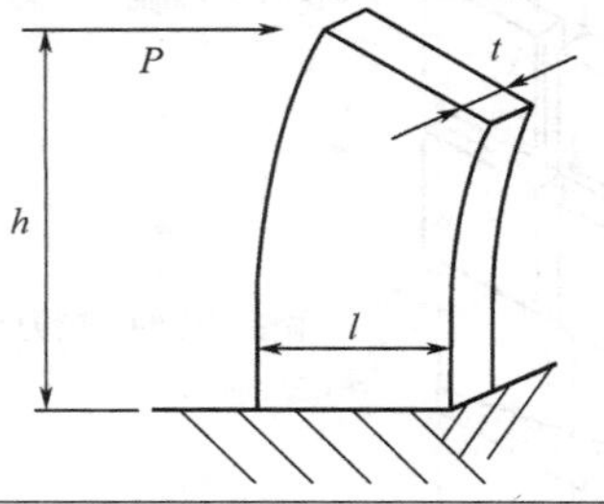 P, t, h, l	$\frac{Ph^3}{3EI}$	$\frac{2.78Ph}{A_wE}$ $(A_w = lt)$	$\frac{I}{1+\frac{8.34I}{A_wh^2}}$	$\frac{I}{1+\frac{13.4I}{A_wh^2}}$
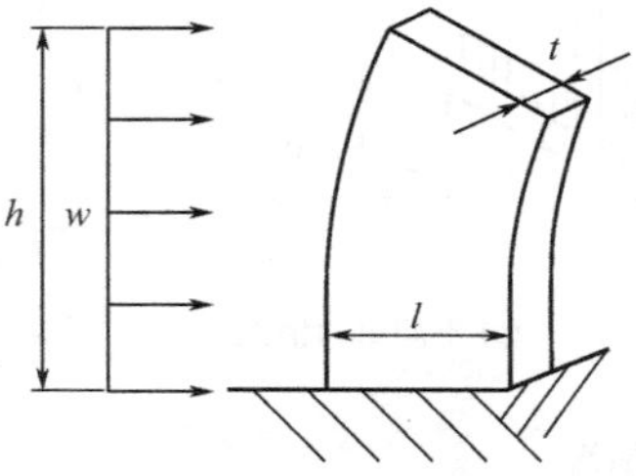 t, h, w, l	$\frac{Wh^3}{8EI}$ $W = wh$	$\frac{1.39Wh}{A_wE}$ $W = wh$	—	$\frac{I}{1+\frac{23.6I}{A_wh^2}}$

剪力墙的抗剪面积并不是考虑剪力墙的总面积，就像 T 型梁中只有腹板部分用于抵抗剪力一样，垂直于水平力方向的墙以及组合墙中的翼缘部分不会用于抵抗水平力，这些墙的面积不应计算在内，但是这些墙在组合墙中的布置会对抗弯刚度及有效截面惯性矩有影响。通常的做法是只要墙体之间的竖向连接具有抵抗剪力 VQ/I 的能力，就会把相互连接的组合墙当作整体来计算。

对于由多片预制墙体竖向堆积，并且由水平接口连接而成的剪力墙，按全部水平截面计算的惯性矩对确定墙的相对刚度来说已足够准确。当然对水平接口形成塑性铰以后的表现有些不确定，建议采用位移增大系数，这样会更准确地反映此时刚度的折减。

由多片预制墙体通过竖向接口连接而成的剪力墙，由于连接形式的不同会有不同的结构性能。墙的竖向接口可以分为柔性连接和刚性连接。柔性连接是指那些设计成延性大样以及在荷载作用下屈服的连接。这种连接需要在结构产生包括非弹性变形需求时依然能保持墙体的竖向承载力。即使在屈服以后，墙体将依然提供防止倾覆的恒荷载。用这种连接形成的墙体在计算时可以保守地简化成相互独立的墙体，连接屈服以后，每片墙体至少还有各自的承载能力。采用柔性连接的竖向接口确定了非弹性性能和耗能的位置，因而对减少主要水平力抵抗构件的附带损害是非常有益的。

在另外一些情况下，墙的竖向接口必须或应该采用刚性连接。这种连接的设

计荷载应采用 VQ/I 乘以一个系数计算，以保证连接在考虑缺乏延性系数的情况下仍能保持弹性。这种连接可以通过在现浇节点中由两边墙中预留的甩筋及销栓钢筋相互搭接锚固而成，这种连接的强度会超过墙体整体浇筑情况。采用刚性竖向接口连接的预制墙体组合，在结构受力分析时要考虑和整体浇筑墙一样的刚度。

2.6.6　水平力分配

采用刚性楼板时，水平力是按照每片剪力墙的刚度按比例分配。建筑物要分别承受两个相互垂直方向上的水平力。

当剪力墙组的刚度中心和受力中心重合，那么任一剪力墙所抵抗的力为：

$$F_i=\left(\frac{K_i}{\sum K}\right)V_x \tag{2-28}$$

式中　F_i ——由单片剪力墙 i 所抵抗的水平力；

K_i ——剪力墙 i 的刚度；

$\sum K$——所有剪力墙的刚度总和；

V_x ——全部水平力。

如果所分析的剪力墙组的刚度中心与受力中心不重合，那么在分析时必须考虑偏心扭转的影响，扭转刚度可按近似分析方法计算。

在 y 轴方向受力的情况下某一单片墙在某一层高上所分配的 y 方向力，按照以下公式计算：

$$F_y=\frac{V_y\cdot K_y}{\sum K_y}+\frac{T_{V_y}\cdot x\cdot K_y}{\sum K_y\cdot x^2+\sum K_x\cdot y^2} \tag{2-29}$$

在 y 轴方向受力的情况下某一单片墙在某一层高上所分配的 x 方向力，按照以下公式计算：

$$F_x=\frac{T_{V_y}\cdot y\cdot K_x}{\sum K_y\cdot x^2+\sum K_x\cdot y^2} \tag{2-30}$$

式中　V_y ——考虑层上所受的水平力；

K_x，K_y ——分别所考虑墙的 x 方向及 y 方向的刚度；

$\sum K_x$，$\sum K_y$——分别为在所考虑层上所有墙的 x 方向及 y 方向的刚度总和；

x ——墙与刚度中心的 x 方向距离；

y ——墙与刚度中心的 y 方向距离；

T_{V_y} ——水平力对墙组刚度中心产生的偏心扭矩。

对于剪力墙组的刚度中心与受力中心不重合时水平力在各剪力墙中的分配，可以参考例 2-1。

【例 2-1】　如图 2-27 所示，所有剪力墙高为 2400mm，厚为 200mm。假定墙的上下两端均由刚性横隔板约束，D 墙、E 墙和 B 墙不连接。

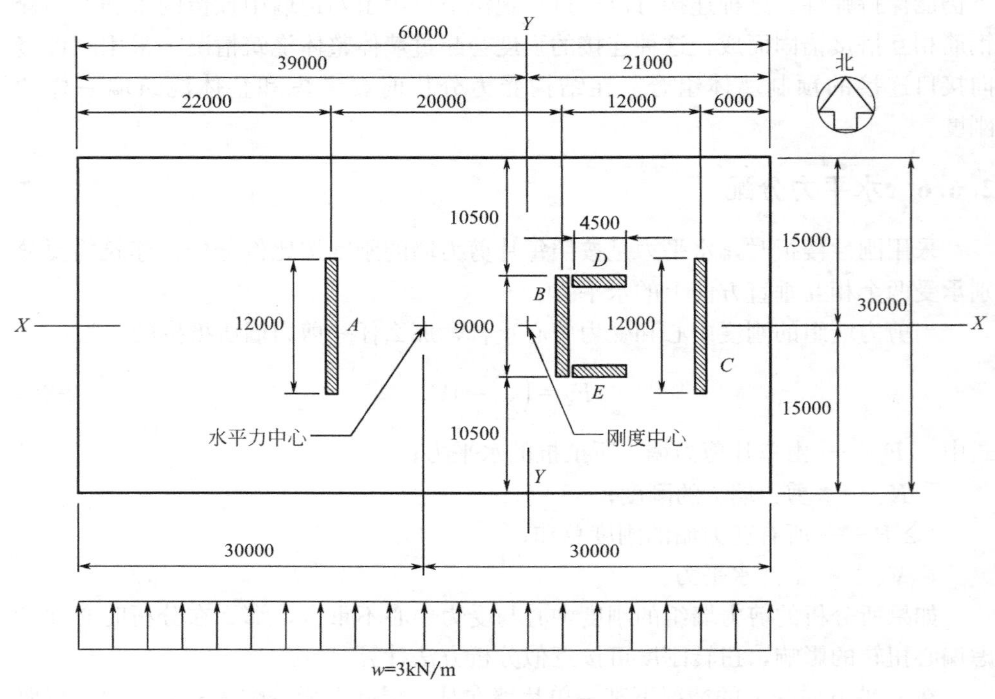

图 2-27　非对称剪力墙布置剪力分配算例

【解】 在南北方向上墙的高度和长度的比为：$\frac{2.4}{9}=0.2667<0.3$，所以做水平力分配分析时可以忽略墙的抗弯刚度。因墙体为同一材质和厚度，水平力按墙的长度加权分配。

（1）全部水平力：

$$V_y=60\times3=180\ \mathrm{kN}$$

（2）确定剪力墙组的刚度中心：

$$\overline{x}=\frac{12000\times22000+9000\times42000+12000\times54000}{12000+9000+12000}=39000\ \mathrm{mm}\ (\text{距左边})$$

$\overline{y}=15000\mathrm{mm}$ ——结构物南北向中心线位置，因为 D 墙和 E 墙在南北方向上对称地布置在结构物中心线两侧。

（3）偏心扭矩

$$T=180\times\left(39000-\frac{60000}{2}\right)/10^3=1620\ \mathrm{kN\cdot m}$$

（4）确定剪力墙组对刚度中心的抗扭转刚度：

$$I_p=I_{xx}+I_{yy}$$

对东西向墙体：

$$I_{xx}=\sum ly^2=2\times4500\times4500^2=182250\times10^6\ \mathrm{mm}^3$$

对南北向墙体：

$$I_{yy}=\sum lx^2=12000\times(39000-22000)^2+9000\times(42000-39000)^2+12000\times(54000-39000)^2$$

$$=6249000\times10^6\ \mathrm{mm}^3$$

$$I_p=182250\times10^6+6249000\times10^6=6431250\times10^6\ \mathrm{mm}^3$$

（5）南北向墙体的剪力：

$$F_y=\frac{V_y\cdot l}{\sum l}+\frac{T\cdot x\cdot l}{I_p}$$

A 墙：

$$F_A=\frac{180\times12000}{33000}+\frac{1620\times(39000-22000)\times12000\times10^3}{6431250\times10^6}=65.5+51.4=116.9\ \mathrm{kN}$$

B 墙：

$$F_B=\frac{180\times9000}{33000}+\frac{1620\times(-3000)\times9000\times10^3}{6431250\times10^6}=49.1-6.8=42.3\ \mathrm{kN}$$

C 墙：

$$F_C=\frac{180\times12000}{33000}+\frac{1620\times(-15000)\times12000\times10^3}{6431250\times10^6}=65.5-45.3=20.2\ \mathrm{kN}$$

（6）东西向墙体的剪力：

$$F_x=\frac{T\cdot y\cdot l}{I_p}$$

$$F_D=F_E=\frac{1620\times4500\times4500\times10^3}{6431250\times10^6}=5.1\ \mathrm{kN}$$

2.6.7　双肢剪力墙

剪力墙由一排洞口分割成两个墙肢称为双肢墙，洞口连梁可以传递弯矩和轴力。双肢剪力墙的组合刚度要大于两个单肢的剪力墙的刚度之和。双肢剪力墙可以降低结构的水平位移及减少剪力墙中的设计弯矩。

图 2-28 为两种双肢剪力墙。两片剪力墙通过连接梁传递剪力和弯矩从而增加剪力墙的刚度。双肢剪力墙的变形由于框架作用的影响与单独的悬臂梁法不同。图 2-29 为双肢剪力墙在水平力作用下的变形反应。

分析双肢剪力墙的方法较多。一个简单的方法是忽略连梁而把两片剪力墙当成各自独立的，用这种方法设计剪力墙是相对保守的。如果连梁和剪力墙刚接，连梁中就会有很大的剪力和弯矩并可能由此引起较大的裂缝，为了避免这种情

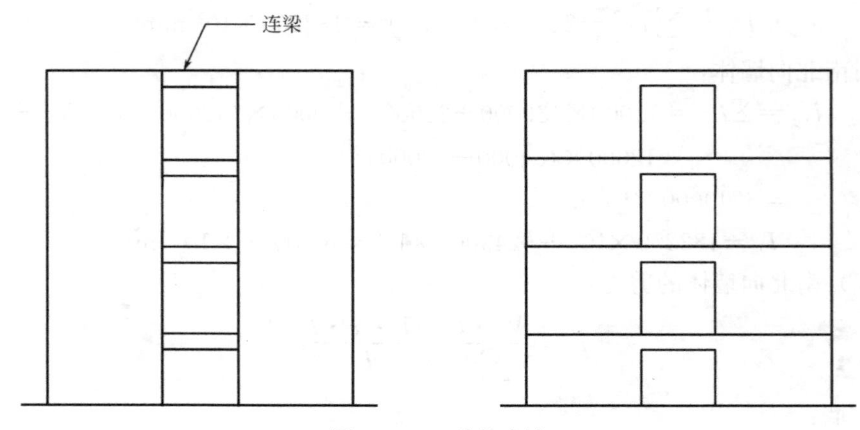

图 2-28 双肢剪力墙

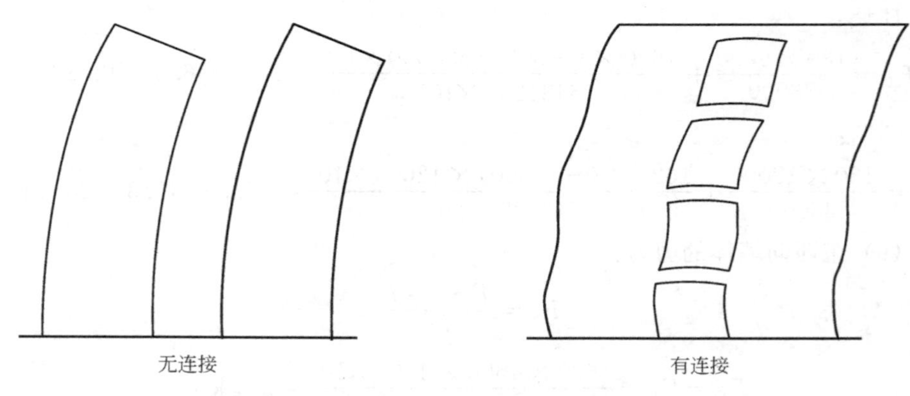

图 2-29 剪力墙在水平力作用下的变形反应

况，连梁和剪力墙的连接可以做成很小的刚度或没有刚度；或者把连梁设计成能够抵抗实际剪力和弯矩的刚性连接。

有限元分析可以用来确定剪力和弯矩在双肢剪力墙中的分配。分析的精度和选用单元的大小相关。这种方法适合用于有大洞口的双肢剪力墙。

对大多数结构来说，平面框架分析方法也能提供足够精度的计算结果。如图 2-30 所示的计算模型。当用平面框架模型分析双肢剪力墙时，要考虑构件的尺寸影响，按中心线模型可能产生不准确的结果，见图 2-30（a）。

不论是有限元法或框架分析法都可以用于确定双肢剪力墙的位移和等效的截面惯性矩，以及剪力在建筑物中实心剪力墙及双肢剪力墙中的分配。有些框架分析程序不考虑剪切变形，此时需要用手算的方法计算剪切变形。

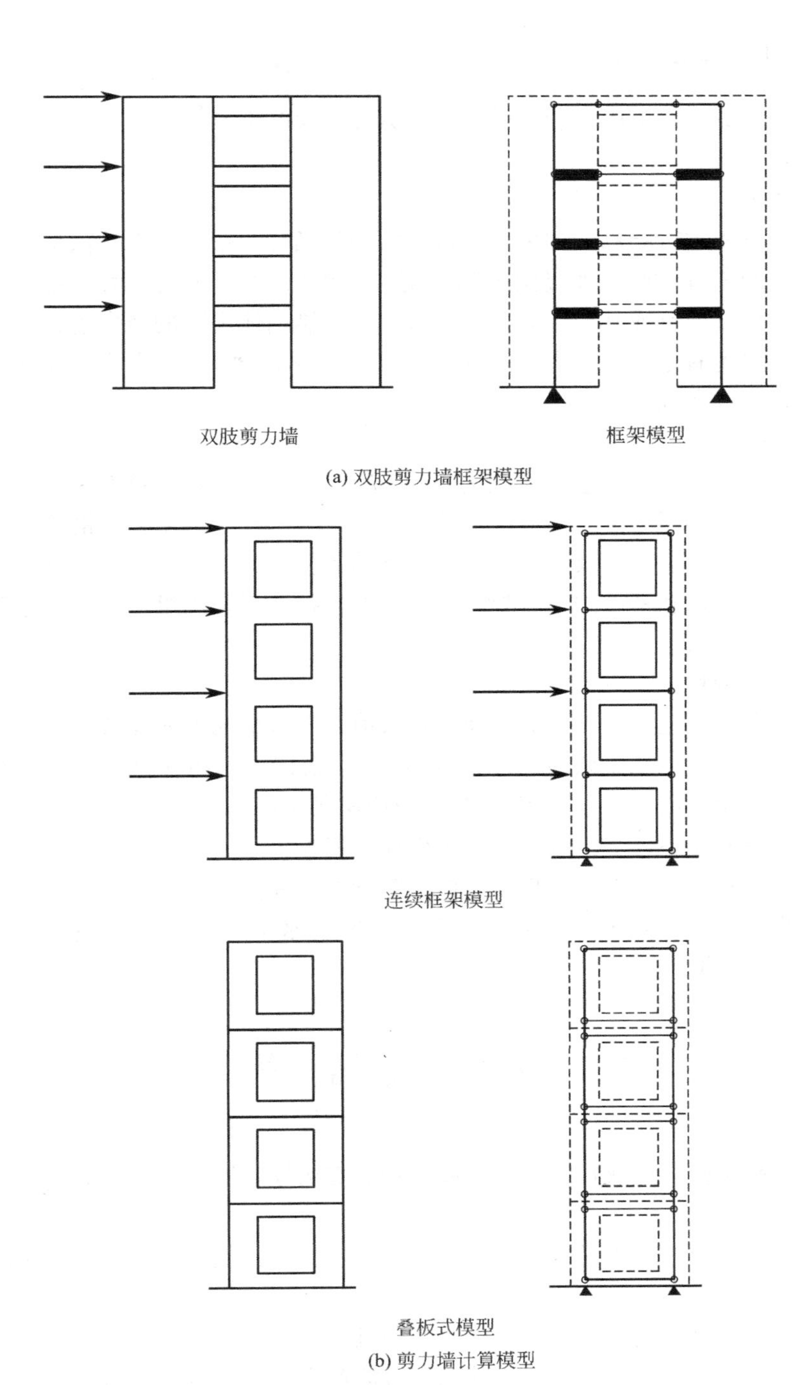

(a) 双肢剪力墙框架模型

(b) 剪力墙计算模型

图 2-30　剪力墙平面框架计算模型

2.6.8 剪力墙体系小结

当作用在剪力墙上的力确定后，需对剪力墙及结构系统做出评估，以下为设计考虑因素。

（1）倾覆

对倾覆弯矩进行验算，如果抗倾覆弯矩小于倾覆弯矩，通常的做法是在剪力墙和基础之间配置锚筋（如竖向钢筋及钢绞线等）。也可采用加大基础尺寸，或者采用抗拔桩、土钉或其他抗倾覆的方法。当预制墙体之间的竖向连接的刚度减小时，墙体仍需有足够的能力抵抗倾覆。如果这些不能满足，那么需要额外增加剪力墙数量，或者加长现有的剪力墙。

（2）底部剪力

预制墙体和基础的连接同样会有剪力传递，可采用剪切摩擦法（shear friction method）来计算。当然墙体在弯矩作用下某一端可能开裂，钢筋受拉，而另一端则会有一个在压力及弯矩综合作用下的受压区域，这个压力对剪力传递有利。有时需要在墙和基础的节点处配置额外的连接或者采用机械连接的钢筋以提供额外的抗剪能力。

（3）层间侧移

除了要考虑在地震作用下的层间侧移限值，有些情况下还要考虑由于竖向荷载移动而产生的整体二阶效应（P-Δ 效应）。如果结构侧向摇摆在墙中引起的二阶效应大于一阶效应的 10%，那么 P-Δ 效应必须考虑。

（4）尽量避免整体二阶效应（P-Δ 效应）影响

用于评估整体二阶效应（P-Δ 效应）影响的层间侧移可由线弹性分析的侧移乘以放大系数确定。对剪力墙结构，要尽量减少水平位移以避免整体二阶效应（P-Δ 效应）影响。

2.7 刚性框架结构体系

如果预制预应力梁或板能够设计成单跨简支构件，那么它们是最经济的，其主要原因如下：

（1）对预应力构件来说，抵抗跨中正弯矩的方法比抵抗支座处负弯矩的方法简单经济；

（2）在支座处实现连续性连接构造复杂且造价较高；

（3）在刚性连接处对体积变化的约束可能产生较大的裂缝和对结构不利的情况，严重时可能引起结构破坏。

因此，通常把预制预应力结构的连接设计成允许扭转及平移，而结构的整体稳定性是通过楼板和屋面层的刚性平面作用以及剪力墙来保证。

但是在有些结构中，布置过多的剪力墙可能干扰到建筑物的使用功能或者增加建筑造价。在这些情况下，结构的水平稳定性需要依靠柱脚、梁-柱框架或者两者共同的弯矩抵抗能力来保证。

如果用梁-柱的刚性连接抵抗水平力，那么最好是在施加了大部分的恒荷载以后再做刚性节点。这需要完整的节点详图、详细的施工方案以及严谨的现场检查。采用这种刚性连接，节点只需要抵抗由活荷载、水平荷载以及体积变化产生的负弯矩，这样可以降低一些工程造价。

2.7.1 柱脚抵抗弯矩的能力

没有剪力墙的建筑物可能要依靠柱脚的固定连接来抵抗水平力。基础抵抗弯矩的能力取决于基础的扭转特性。柱脚的总扭转角是一个包括基础和地基的扭转变形、柱脚钢板的弯曲以及柱脚锚栓的拉伸变形的函数，如图 2-31 所示。

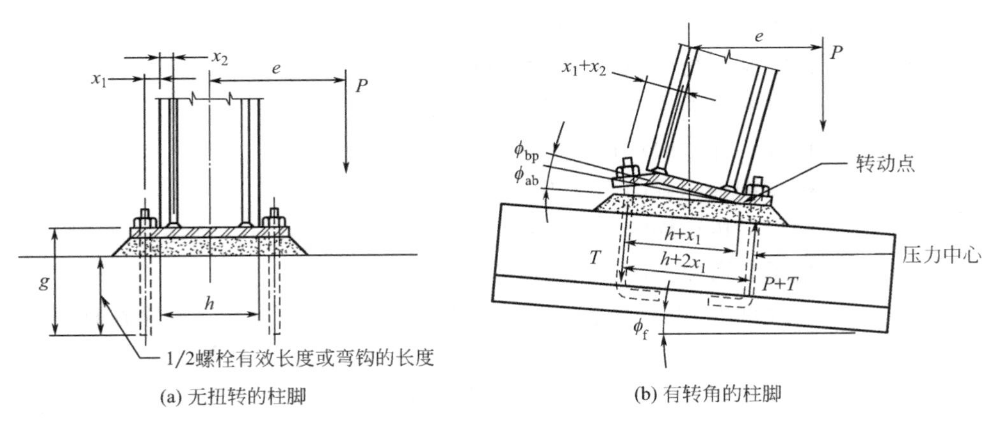

(a) 无扭转的柱脚

(b) 有转角的柱脚

图 2-31 用于导出柱脚扭转系数的简图

柱脚的总转角为：

$$\phi_b = \phi_f + \phi_{bp} + \phi_{ab} \tag{2-31}$$

如果竖向力足够大而使锚栓中不会出现拉力，那么有 ϕ_{bp} 和 ϕ_{ab} 为零，以上公式变为：

$$\phi_b = \phi_f \tag{2-32}$$

扭转特性可以表示为柔性或者刚性系数的表达式：

$$\phi = \gamma M = M/K \tag{2-33}$$

式中 M ——所施加弯矩，$M = Pe$；

e ——所施加竖向力 P 的偏心距；

γ ——柔性系数；

K ——刚性系数，$K=1/\gamma$。

如果柱脚钢板弯曲以及锚栓的应变如图 2-31 所示，柱脚的柔性系数可以进行分解，总的柱脚扭转角变为：

$$\phi_b = M(\gamma_f + \gamma_{bp} + \gamma_{ab}) = Pe(\gamma_f + \gamma_{bp} + \gamma_{ab}) \tag{2-34}$$

$$\gamma_f = \frac{1}{K_s I_f} \tag{2-35}$$

$$\gamma_{bp} = \frac{(x_1 + x_2)^3 \left[\frac{2e}{h + 2x_1} - 1\right]}{6eE_s I_{bp}(h + x_1)} \tag{2-36}$$

$$\gamma_{ab} = \frac{g\left[\frac{2e}{h + 2x_1} - 1\right]}{2eE_s A_b(h + x_1)} \tag{2-37}$$

式中 γ_f ——基础和地基相互作用的柔性系数；

γ_{bp} ——柱脚钢板的柔性系数；

γ_{ab} ——柱脚锚栓的柔性系数；

K_s ——由实验测得的地基反力系数；

I_f ——基础的平面惯性矩（平面尺寸）；

E_s ——钢板的弹性模量；

I_{bp} ——柱脚钢板的截面惯性矩（竖向截面尺寸）；

A_b ——柱脚抗拔锚栓的总面积；

h ——柱子在弯曲方向上的宽度；

x_1 ——柱表面距锚栓中心的距离，锚栓在柱外边为正，锚栓在柱里边为负；

x_2 ——柱表面到柱脚钢板柱中锚固点的距离；

g ——考虑拉伸的柱脚锚栓长度：基本锚固长度的一半加上由钢筋做成的锚栓的突出部分或者是弯钩的长度加上光滑锚栓的突出部分。

柱脚的扭转可引起柱上荷载的额外偏心，所引起的附加弯矩应加到由水平力引起的弯矩中。当 e 小于 $h/2+x_1$ 时，式（2-36）和式（2-37）中的 γ_{bp} 和 γ_{ab} 小于零，表示柱和基础之间没有扭转，只需考虑由地基变形产生的扭转。

2.7.2 柱脚的固定度

柱脚的固定度是指柱脚的扭转刚度和柱脚及柱子总扭转刚度的比值：

$$F_b = \frac{K_b}{K_b + K_c} \tag{2-38}$$

$$K_b = 1/\gamma_b$$
$$K_c = 4E_cI_c/h_s$$

式中　F_b——柱脚的固定度，表示为百分比；

E_c——柱混凝土弹性模量；

I_c——柱截面惯性矩；

h_s——柱高。

2.8　剪力墙与框架的相互作用

刚性框架和剪力墙在水平力作用下有不同的变形模式，对高层结构的内力分析有重要影响，如图 2-32 所示。

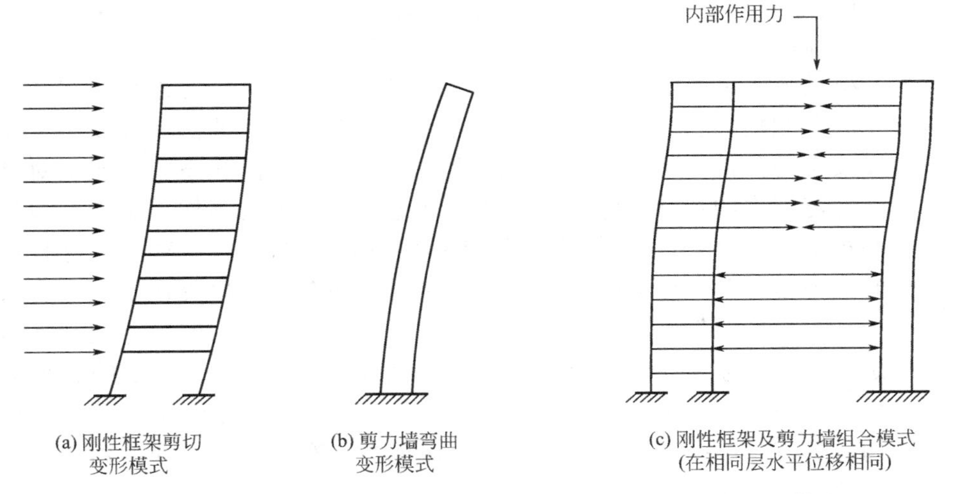

图 2-32　水平力作用下的刚性框架、剪力墙以及二者组合的变形模式

在水平力作用下，刚性框架表现为剪切变形模式（图 2-32a），而剪力墙表现为弯曲变形模式（图 2-32b）。电梯筒、楼梯筒等通常表现为弯曲变形模式。变形模式的区分并不是绝对的，如果剪力墙由一排或几排洞口削弱，此时可能更倾向于剪切变形；如果框架结构中有填充墙，那么其变形可能更倾向于弯曲变形。当剪力墙的高度比长度小，其剪切变形比弯曲变形占比更大。如果结构的所有竖向构件在水平荷载作用下表现为同一种变形模式，如纯框架结构或者纯剪力墙结构，那么水平荷载可以根据它们的各自刚度按比例分配到各个构件。但是，由于变形模式的不同，水平力在同时有框架和剪力墙的结构中分配时比较复杂，可用计算机模拟计算。

2.9 抗震分析及设计

2.9.1 综述

抗震设计与风荷载或竖向荷载设计有很大不同。抗震设计要面对的是低概率、高后果的地震作用，需要根据建筑物的重要性等级以及在某一时段内超越某一概率的基准地震作用下，建筑物能够满足不倒塌和限制损坏的要求。欧洲抗震规范 EC8 规定：与不倒塌要求对应的设计地震作用在 50 年内的超越概率为 10%（或重现期为 475 年）；与限制损坏要求对应的地震作用在 10 年内的超越概率为 10%（或重现期为 95 年）。

不倒塌要求是指设计和建造的结构在设计地震作用下，不发生局部破坏或整体倒塌，地震后能够保持结构的整体性并具有一定的剩余承载力。限制损坏要求是指设计和建造的结构在遭受出现概率大于设计地震作用的地震影响时，不产生其代价与结构成本不成比例的破坏和对使用上的限制。

为了满足不倒塌和限制损坏的要求，抗震设计时应对结构进行承载能力极限状态和限制损坏状态验算。承载能力极限状态与建筑的倒塌或发生可能危及生命安全的其他结构破坏有关。结构的承载能力极限状态验算包括对结构抗力和耗能能力的校核、保证结构在设计地震作用下的整体稳定性（包括抗倾覆和抗滑移验算）、无实质性永久变形的基础和地基的承载力。进行结构分析时应考虑二阶效应影响。应确保非结构构件在设计地震作用下不会对生命安全和结构性能带来不利影响。限制损坏状态是指结构的破坏使其不再满足规定的使用要求的状态。可以通过满足变形限制条件及 EC8 的其他规定，确保结构不发生不可接受的破坏。对于对公众安全有重要意义的建筑物，结构应具有足够的承载能力及刚度，保证在具有一定重现期的地震作用下维持其关键的使用功能。

由于地震产生的内力作用会引起某些连接或构件产生较大的非线性变形，在装配式混凝土结构中，这些变形可以通过提高连接和构件的延性性能来实现。这些延性性能会吸收建筑物中的地震作用力并避免建筑物的倒塌，但最终的扭曲会使已屈服的连接和构件产生严重破坏，而且可能引起非结构构件及机电设备的损坏。

通常的做法是限定结构中的一些构件在地震作用下集中损坏而不是使整个结构产生塑性变形。这些指定的构件将有特别详细的抗震构造措施以保证其有足够的延性。其他构件设计成具有足够强度而保持弹性。延性构件的承载能力（破坏限度）会影响作用在结构上的设计地震作用。即使设计风荷载的值大于设计地震作用力，结构同样要做抗震细节及详图。

反复循环荷载试验表明预应力混凝土梁可以经历几个荷载循环并保持其原来的强度。这种延性特性正是在地震中预期损坏构件所需要的。预应力混凝土结构可以按照规范要求设计成能够抵抗地震作用。对一些类型的建筑，箱形结构形式可以作为一种经济的方案；而对另外一些建筑，可以采用有延性的刚性框架体系。装配式结构的抗震设计主要是考虑重要的连接和构件能够抵抗地震作用力，并且把整个结构设计成在地震发生时能够表现出所期望的结构性能。

建筑物可以设计成柔性结构或者刚性结构。柔性结构会产生较大的变形及较小的内力，而刚性结构会产生较大的内力及较小的变形。任一种结构形式都可以进行安全设计以避免倒塌。但是经验表明合理考虑了较大内力的刚性结构会使建筑构件和机电设备等受到更小的破坏。

为了减少柔性结构中建筑构件或其他非结构构件的损坏，可以把这些构件和结构体系间隔开以使它们不会产生和结构构件同样大的变形。这就要求单个构件与支撑结构之间的连接设计成能够抵抗大的扭曲而不产生裂缝。正如上面所说，也可以把建筑物设计成具有较大刚性以减少变形对建筑构件的影响，这就要求结构的刚度更大以减少屈服及非弹性变形发生。在大多数的建筑物中，非结构的建筑墙板应当与抵抗水平力的结构隔开。

由于地震的地面运动在方向上是随机的，把结构形状设计成在各方向上具有相同的抵抗能力是合适的选择。经验表明，平面上对称且具有很小的扭转偏心距的结构比平面上不对称且质量中心与刚度中心分离较大的结构在地震作用下有更好的表现。

结构必须有一个清晰的传力途径以传递地震作用产生的内力至支承地基上。结构必须有一个清晰的地震作用抵抗系统，这个系统必须能够抵抗全部的地震作用及其影响。非地震抵抗系统的结构构件必须表现结构弹性或者足够的非线性能力，在地震作用下产生变形时仍能支撑竖向荷载。

非地震抵抗系统的其他刚性构件，如预制建筑墙体等，必须连接到结构构件以避免当建筑物在地震作用下发生偏斜时产生不利的影响。非地震抵抗系统构件的刚度不能参与建筑物在地震作用下的位移计算，但必须考虑以下几方面：

（1）如果所附加的刚度引起结构基本的横向周期有超过15%的折减，那么这些构件需要用于计算结构的周期；

（2）在确定结构的不规则性时，如果附加刚度会引起地震抵抗系统的非规则性趋向于规则或者会减少扭转的影响，则构件的附加刚度不能考虑；

（3）在设计地震抵抗系统的构件时，如果考虑这些非地震抵抗系统构件的刚度会对地震抵抗系统的构件产生不利影响时，应考虑这些构件的刚度。

2.9.2 欧洲抗震规范 EC8 的要求及抗震分析方法

2.9.2.1 场地与反应谱

地面运动受场地地质条件的影响，欧洲抗震规范 EC8 对场地类别做了划分（表 2-12）。地震地面运动用弹性地面加速度谱描述，如图 2-33 所示。影响反应谱形状的参数值 T_B、T_C、T_D 和 S 取决于场地类别，由国家附录给定。

场地类别（EC8 表 3.1） **表 2-12**

场地类别	土层描述	参数		
		$v_{s,30}$ (m/s)	N_{SPT} (blows/30cm)	c_u (kPa)
A	岩石或其他岩石类的地质形成，包括厚度不超过 5m 的软弱土覆盖层	>800	—	—
B	由非常密实的砂土、砂砾或非常硬的黏土组成的至少数十米厚的沉积层，其力学特性随深度逐渐增加	360～800	>50	>250
C	密实或中密的砂土、砂砾或硬黏土的深层沉积层，其厚度从数十米到几百米	180～360	15～50	70～250
D	从松散到中等密实的非黏性土（有或没有软黏土层），或主要以由软到硬的黏性土组成的沉积层	<180	<15	<70
E	v_s 值为 C 类或 D 类，深度为 5～20m 的表面冲击层，并且其下层为 v_s>800m/s 的坚硬岩石			
S_1	由（或包括）至少 10 米厚，具有高塑性指数（PI>40）和高含水量的软弱黏土/淤泥组成	<100（示意性的）	—	10～20
S_2	液化土、敏感黏土或不属于 A～E 类和 S_1 类的其他土类型			

表中 $v_{s,30}$——剪切应变等于或小于 1×10^{-5} 的覆盖层 30m 以内土层 S 波平均波速；

N_{SPT}——标准贯入试验 30cm 所需的锤击数；

c_u——土的不排水抗剪强度。

（1）地震作用水平分量的弹性反应谱有以下公式：

$$0 \leqslant T \leqslant T_B: S_e(T) = a_g S\left[1 + \frac{T}{T_B}(\eta \times 2.5 - 1)\right] \tag{2-39}$$

$$T_B \leqslant T \leqslant T_C: S_e(T)=a_g S\eta \times 2.5 \tag{2-40}$$

$$T_C \leqslant T \leqslant T_D: S_e(T)=a_g S\eta \times 2.5\left(\frac{T_C}{T}\right) \tag{2-41}$$

$$T_D \leqslant T \leqslant 4s: S_e(T)=a_g S\eta \times 2.5\left(\frac{T_C T_D}{T^2}\right) \tag{2-42}$$

式中 $S_e(T)$——弹性反应谱

T——线性单自由度体系振动周期；

T_B——谱加速度常数时间段的下限；

T_C——谱加速度常数时间段的上限；

T_D——确定位移反应谱常数段起始点的值；

S——相关场地土系数；

a_g——A类场地上的设计地面加速度，$a_g=\gamma_I a_{gR}$；

η——阻尼修正系数，$\eta=\sqrt{10/(5+\xi)}\geqslant 0.55$，当黏滞阻尼比$\xi=5$时（单位为“%”），$\eta=1$；

γ_I——重要性系数，见表2-17；

a_{gR}——A类场地上的参考峰值地面加速度。

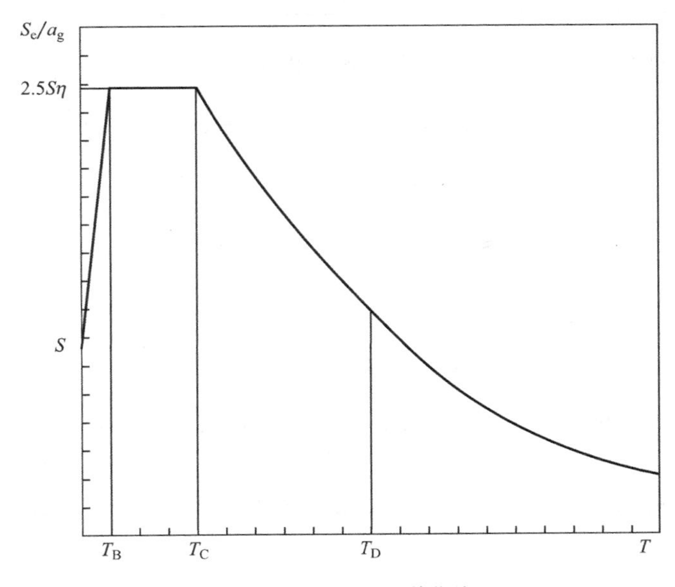

图2-33 弹性反应谱曲线

地震作用的水平分量弹性反应谱的参数值，可以参考国家附录。EC8建议采用两种类型的反应谱，即1型和2型反应谱。其谱参数值分别见表2-13及表2-14。如果在概率风险评估中，决定场地危险性的主要地震面波震级M_S不大于 5.5，建议采用 2 型反应谱。

描述 1 型弹性反应谱的参数值（EC8 表 3.2） 表 2-13

场地类型	S	T_B (s)	T_C (s)	T_D (s)
A	1.0	0.15	0.4	2.0
B	1.2	0.15	0.5	2.0
C	1.15	0.20	0.6	2.0
D	1.35	0.20	0.8	2.0
E	1.4	0.15	0.5	2.0

描述 2 型弹性反应谱的参数值（EC8 表 3.3） 表 2-14

场地类型	S	T_B (s)	T_C (s)	T_D (s)
A	1.0	0.05	0.25	1.2
B	1.35	0.05	0.25	1.2
C	1.5	0.10	0.25	1.2
D	1.8	0.10	0.30	1.2
E	1.6	0.05	0.25	1.2

（2）地震作用竖向分量的弹性反应谱有以下公式：

$$0 \leqslant T \leqslant T_B: S_{ve}(T) = a_{vg}\left[1 + \frac{T}{T_B}(3.0\eta - 1)\right] \tag{2-43}$$

$$T_B \leqslant T \leqslant T_C: S_{ve}(T) = a_{vg}\eta \times 3.0 \tag{2-44}$$

$$T_C \leqslant T \leqslant T_D: S_{ve}(T) = a_{vg}\eta \times 3.0\left[\frac{T_C}{T}\right] \tag{2-45}$$

$$T_D \leqslant T \leqslant 4s: S_{ve}(T) = a_{vg}\eta \times 3.0\left[\frac{T_C T_D}{T^2}\right] \tag{2-46}$$

影响竖向弹性反应谱形状的各参数值可以参考国家附录。EC8 规定了两种类型的竖向弹性反应谱，即 1 型和 2 型。决定 A～E 类场地竖向反应谱形状的参数值 T_B、T_C、T_D 和 a_{vg}/a_g 见表 2-15。和水平弹性反应谱一样，如果在概率风险评估中，决定场地危险性的主要地震面波震级 M_S 不大于 5.5，建议采用 2 型反应谱。

描述竖向弹性反应谱的参数建议值（EC8 表 3.4） 表 2-15

反应谱类型	a_{vg}/a_g	T_B (s)	T_C (s)	T_D (s)
1 型	0.9	0.05	0.15	1.0
2 型	0.45	0.05	0.15	1.0

在设计地震作用下，结构通过其非线性性能耗散地震能量，因此在设计中允许结构的承载能力低于根据弹性反应谱和线弹性结构分析计算的地震作用。EC8将弹性反应谱降低到与结构弹性状态相对应的水平，形成了用于结构线弹性分析的设计反应谱。设计时，利用设计反应谱对结构进行线弹性分析，即可求得结构的设计地震作用。对弹性反应谱进行折减，进而得到设计反应谱是通过引入性能系数 q 来实现的。q 的定义为阻尼比为5%的结构在完全弹性状态下受到的地震作用与设计中采用的对应于弹性分析模型，并保证结构具有足够抗震性能的地震作用的比值。对于同一结构而言，即使延性等级在各方向上相同，性能系数 q 也可以采用不同的值。

地震作用水平分量的设计反应谱有以下公式：

$$0 \leqslant T \leqslant T_{\mathrm{B}}: S_{\mathrm{d}}(T)=a_{\mathrm{g}} S\left[\frac{2}{3}+\frac{T}{T_{B}}\left(\frac{2.5}{q}-\frac{2}{3}\right)\right] \tag{2-47}$$

$$T_{\mathrm{B}} \leqslant T \leqslant T_{\mathrm{C}}: S_{\mathrm{d}}(T)=a_{\mathrm{g}} S \frac{2.5}{q} \tag{2-48}$$

$$T_{\mathrm{C}} \leqslant T \leqslant T_{\mathrm{D}}: S_{\mathrm{d}}(T)=a_{\mathrm{g}} S \frac{2.5}{q}\left[\frac{T_{\mathrm{C}}}{T}\right] \geqslant \beta a_{\mathrm{g}} \tag{2-49}$$

$$T_{\mathrm{D}} \leqslant T: S_{\mathrm{d}}(T)=a_{\mathrm{g}} S \frac{2.5}{q}\left[\frac{T_{\mathrm{C}} T_{\mathrm{D}}}{T^{2}}\right] \geqslant \beta a_{\mathrm{g}} \tag{2-50}$$

式中 $S_{\mathrm{d}}(T)$ ——设计反应谱；

q ——性能系数；

β ——水平设计反应谱的下限系数，建议值为0.2。

地震作用竖向分量的设计反应谱同样采用式（2-47）～式（2-50），式中的 a_{g} 用竖向设计地面加速度 a_{vg} 代替，取 $S=1.0$，其他参数见表2-15。

2.9.2.2 概念设计与结构的规则性

在地震区，结构设计的初期阶段就应考虑地震危险性的影响进行概念设计，从而保证设计和建造的结构以合理的代价满足不倒塌和限制损坏两水准的抗震性能要求。概念设计的基本原则为：

1）结构的简单性

2）均匀性、对称性和冗余度

3）双向的抗力和刚度

4）抗扭转的能力和刚度

5）楼板层的平面刚性性能

6）足够安全的基础

（1）结构的简单性

结构简单是指结构具有清晰、直接的地震作用传递途径。简单结构在建立计算模型、进行结构分析、确定几何尺寸、采取构造措施以及施工过程中均面对更小的不确定性，其地震反应预测更可靠。结构简单性是抗震设计的一个重要原则。

（2）均匀性、对称性和冗余度

平面的均匀性是指结构构件在平面内均匀布置，能够以较短的、直接的路径传递由建筑分布质量产生的惯性力。沿建筑物高度方向上的结构均匀性也极为重要，因为它能消除引起结构过早倒塌的应力集中或有较高延性要求的敏感区的产生。

质量分布与抗力和刚度的分布相近，可以消除质量和刚度之间的偏心。建筑物轮廓对称或准对称，并且结构构件在平面内对称布置，有利于实现均匀性。均匀分布的结构构件能够增加冗余度，并能在整个结构中产生更有利的作用效应重分布，使更多的构件参与能量耗散。

（3）双向的抗力和刚度

结构应能抵抗任意方向的水平地震作用。为此，结构的抗侧力构件应在平面内正交布置，保证在两个主轴方向上有相似的抗力和刚度。结构的刚度分布应尽量减少结构的地震作用效应影响（考虑场地条件），并应避免结构产生过大的位移而导致由于二阶效应引起的结构不稳定性或结构严重损坏。

（4）抗扭转的能力和刚度

除了侧向承载力与刚度外，结构还应具有足够的抗扭转能力和刚度，以限制扭转发展。扭转能够在不同结构构件中产生不均匀的应力。从扭转的角度考虑，宜将主要抗震构件靠近建筑物的周圈布置。

（5）楼板层的平面刚性性能

在建筑物中，楼板（包括屋面板）对结构的整体抗震性能起着重要的作用。楼板作为水平横隔板能够将惯性力集中并传递给竖向构件，并确保这些构件在抵抗水平地震作用时能够协同工作。对于复杂的或者非均匀布置的竖向结构体系，以及由具有不同水平变形特征的结构体系构成的组合体系（比如双重体系或组合结构体系），楼板的作用更加突出。楼板体系应具有一定的水平刚度和承载力，并与竖向抗侧力结构体系可靠连接。对于平面形状不紧凑的楼板、狭长或开大洞口的楼板，尤其对于大洞口位于主要竖向结构构件附近，妨碍水平结构体系与竖向结构体系有效连接的情况，应予以特别注意。

楼板应设计成有足够的平面内刚性以确保水平惯性力能够传递给竖向结构体系，特别是当竖向构件在楼板的上下不对齐或者刚度有较大变化的情况下。结构分析时，可以假定楼板平面内刚度无穷大。

（6）足够安全的基础

考虑地震作用，对基础以及基础与上部结构连接的设计和施工应确保整个建筑承受均匀的地震激励。对由不同数量、不同宽度与刚度的承重剪力墙组成的结构，通常采用刚性箱形基础。对于独立基础或桩基础，应在各独立基础之间的两个主要方向上设置基础梁。基础应能够抵抗地震作用在结构系统中产生的力，并且能够把地震作用及影响在不超过土壤及岩石承载力的情况下传递给地基。

抗震设计时，可以将结构区分为规则和不规则两种情况，分别采用不同的分析方法。结构的规则性主要从结构的平面和立面两个方面分别考虑。

（1）平面规则性准则

属于平面规则的结构应满足下列所有条件：

1）结构的侧向刚度和质量分布在平面内两个正交方向上近似对称；

2）平面布置应紧凑，楼板应有凸多边形的外边。对于平面存在缩进（凹角或边缘缩进）的情况，如果缩进部分不影响楼板的平面内刚度，并且缩进面积不超过楼层面积的5%，可认为满足平面规则性要求；

3）与竖向构件的侧向刚度比，楼板的平面内刚度足够大，这样楼板变形对力在竖向构件中的分配影响很小。对于L、C、H、I和X形平面，伸出部分应与中心部分具有相似的刚度，以满足刚性楼板的要求；

4）建筑物平面的长宽比 $\lambda = L_{max}/L_{min}$ 不大于4，其中 L_{max} 及 L_{min} 分别为正交方向上的最大和最小平面尺寸；

5）在结构的主轴 x 和 y 方向，各楼层的结构偏心距 e_0 和扭转半径 r 应满足以下条件（以分析方向为 y 向为例）：

$$e_{ox} \leqslant 0.3r_x \tag{2-51}$$

$$r_x \geqslant l_{sr} \tag{2-52}$$

式中　e_{ox}——垂直于分析方向的刚度中心与质量中心的距离；

r_x——扭转刚度与 y 方向侧向刚度比的平方根（扭转半径）；

l_{sr}——平面内楼层质量回转半径（相对于质量中心的楼层质量极惯性矩与楼层质量之比的平方根）。

6）单层建筑的刚度中心为所有主要抗震构件的侧向刚度中心，扭转半径 r 为总扭转刚度与侧向刚度比的平方根；

7）多层建筑不能给出精确的刚度中心和扭转半径，当满足下面两个条件时，可以认为结构满足平面规则性条件，并可采用近似的方法进行扭转效应分析：

① 所有抗侧力体系，如核心筒、结构墙或框架，由基础到建筑物顶部连续。

② 各抗侧力构件在水平荷载作用下的变形差别不明显。框架结构和剪力墙结构均属于这一类结构。双重体系（框-剪结构）通常不满足这一条件。

8）对于框架结构和以弯曲变形为主的细长墙结构，刚度中心的位置和各楼层的扭转半径可根据竖向构件横截面转动惯量的中心和半径计算。除弯曲变形外，如果剪切变形也很大，可以采用等效截面惯性矩。

(2) 立面规则性准则

属于立面规则的结构应满足下列所有条件：

1) 所有抗侧力体系，如核心筒、结构墙或框架，从基础到建筑的顶部（如果在不同高度处有缩进，则到建筑物相应区域的顶部）连续不断开；

2) 建筑各楼层的侧向刚度和质量从基础到顶部保持不变或逐渐缩小，没有突变；

3) 框架结构的实际楼层承载力与计算要求的承载力之比在相邻层之间不应相差过大；

4) 当有缩进时，应满足下列条件：

① 对于保持轴对称的逐渐缩进，缩进方向上的任一楼层的缩进尺寸不应大于前一楼层平面尺寸的 20%，见图 2-34 (a)、(b)。

② 对于在主体结构下部 15%总高度范围内的单个缩进，缩进尺寸不应大于前一楼层平面尺寸的 50%，见图 2-34 (c)。在此情况下，上部结构在结构底部投影部分的受剪承载力不应小于相应的底盘无放大结构中相同区域的受剪承载力的 75%。

③ 如果缩进不对称，每个侧面上各层的总缩进尺寸不应大于基础顶面或刚性地下室顶面平面尺寸的 30%，且任一楼层的缩进尺寸不应大于前一层平面尺寸的 10%，见图 2-34 (d)。

2.9.2.3 地震作用的分析方法

1. 计算模型

建立结构的计算模型应遵循下列原则：

(1) 计算模型应能充分反应实际建筑物的刚度和质量分布，合理地描述地震作用下结构的主要变形和惯性力。在非线性分析中，计算模型应能充分反应强度的分布特征；

(2) 计算模型应考虑节点区域（如框架结构的梁端和柱端区域）对结构变形的影响，以及非结构构件对主体抗震结构地震反应的影响；

(3) 通常可将结构视为由竖向和水平受力构件组成的、靠水平楼板连接的结构体系；

(4) 当楼板在其平面内视为刚性时，各层质量和惯性矩可集中于楼板重心处。当采用楼板的实际平面内刚度时，在地震设计状况下板内任何一点的水平位移均不超出刚性楼板假定条件下所计算的相应位置处的绝对水平位移的 10%，则可认为楼板是刚性的；

(5) 对于平面规则结构和满足下列条件的平面不规则结构，可分别采用沿两个相互垂直的主轴方向上的平面模型进行线弹性分析：

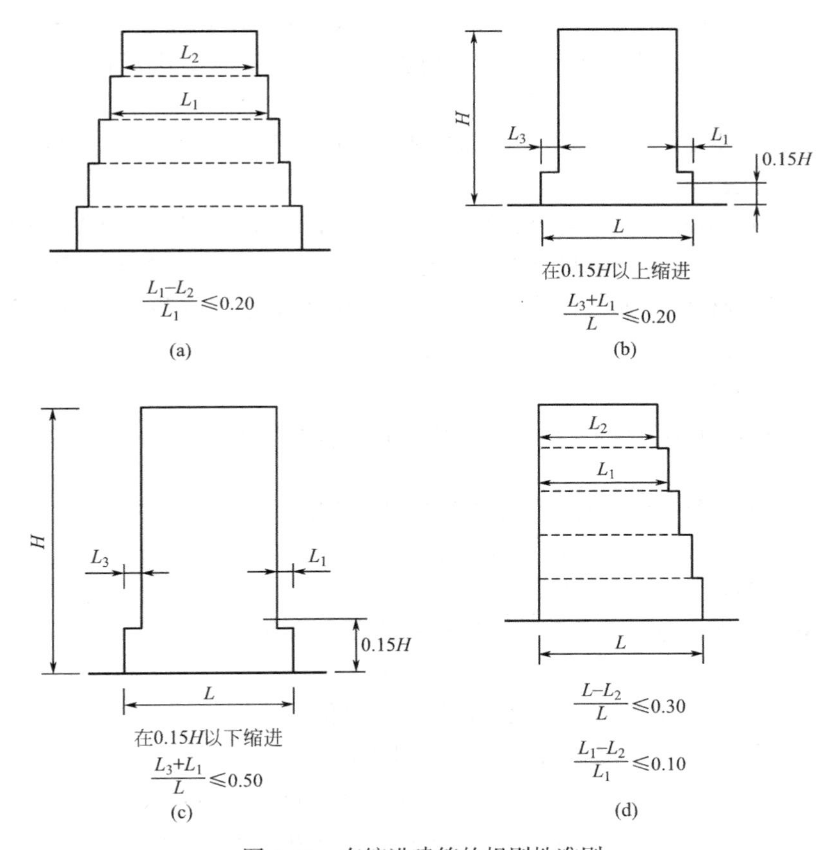

图 2-34　有缩进建筑的规则性准则

1）外挂墙和分隔墙等在建筑中分布均匀，刚度大；

2）建筑物高度不超过 10m；

3）楼板的平面内刚度和竖向结构构件的水平刚度比足够大，可视为刚性楼板；

4）刚度中心和质量中心应近似在一条竖线上，且在两个水平方向上满足 $r_x^2 > l_{sr}^2 + e_{ox}^2$，$r_y^2 > l_{sr}^2 + e_{oy}^2$，其中 l_{sr} 为回转半径；r_x 和 r_y 为扭转半径；e_{ox} 和 e_{oy} 为偏心距。

当仅满足上述 1）～3）的要求时，可对两个主轴方向的平面模型进行线弹性分析，并将计算的地震作用效应乘以 1.25；

（6）在混凝土结构或钢-混凝土组合结构中，混凝土受力构件的刚度通常应考虑开裂的影响，应采用钢筋开始屈服时的刚度；

（7）除非对开裂构件进行了更为精确的分析，混凝土构件的弹性抗弯刚度和抗剪刚度可取为构件未开裂刚度的一半；

（8）填充墙对结构的侧向刚度和承载力有很大的影响，应予以考虑；

（9）当基础变形对结构反应有不利影响时，计算模型应考虑基础变形的影响；

（10）惯性质量的计算应考虑与质量相关的所有重力荷载，见式（2-58）。

2. 分析方法

地震作用的分析方法主要分为线弹性分析法和非线性分析法。线弹性分析法是指根据结构的线弹性计算模型和设计反应谱进行分析计算，包括水平力分析法和模态反应谱分析法。非线性分析方法包括非线性静力（pushover）分析法和非线性时程（动力）分析法。下面主要介绍两种线弹性分析法：

（1）水平力分析法

EC8 规定：如果结构满足以下两个要求，便可采用水平力分析法计算地震作用：

① 结构在两个主轴方向上的基本周期 T_1 满足：

$$T_1 \leqslant \min\{4T_C;\ 2.0s\}$$

② 满足结构立面规则性要求。

1）采用水平力分析法，首先算出结构的底部剪力：

$$F_b = S_d(T_1) \cdot m \cdot \lambda \tag{2-53}$$

式中　$S_d(T_1)$ ——周期 T_1 对应的设计反应谱值；

T_1 ——分析方向上建筑物的基本周期；

m ——基础或刚性地下室以上建筑物的总质量；

λ ——修正系数，当 $T_1 \leqslant 2T_C$ 且建筑物层数超过两层时，$\lambda = 0.85$；其他情况，$\lambda = 1$。

建筑物的基本震动周期 T_1 可以采用结构动力学方法计算，也可以采用以下两种近似计算方法：

方法一：

对高度不超过 40m 的建筑，T_1 可采用下式计算：

$$T_1 = C_t H^{3/4} \tag{2-54}$$

式中　C_t ——系数，空间抗弯钢框架取 0.085，空间抗弯混凝土框架和偏心支撑钢框架取 0.075，其他结构取 0.05；

H ——从基础或刚性地下室顶面算起的建筑物高度（m）。

对于有混凝土剪力墙或砌体剪力墙的结构，式（2-54）中的 C_t 还可以取为：

$$C_t = 0.075/\sqrt{A_c} \tag{2-55}$$

式中　A_c ——建筑物底层剪力墙的总有效截面面积（m^2），$A_c = \sum[A_i(0.2+(l_{wi}/H)^2)]$；

A_i ——建筑物底层在考虑方向上第 i 道剪力墙的有效截面面积（m^2）；

l_{wi} ——建筑物底层第 i 道平行于受力方向且满足 $l_{wi}/H \leqslant 0.9$ 条件的剪力墙长度（m）。

方法二：

T_1 还可由下式计算：

$$T_1 = 2\sqrt{d} \tag{2-56}$$

式中　d ——在水平方向上施加重力荷载，建筑物顶部产生的侧向弹性位移（m）。

2）水平地震作用分布

地震作用方向上各楼层位置的水平地震作用为：

$$F_i = F_b \cdot \frac{s_i \cdot m_i}{\sum s_j \cdot m_j} \tag{2-57}$$

式中　F_i ——作用于第 i 层的水平地震作用；

F_b ——结构底部地震作用剪力；

s_i，s_j ——基本振型上质量 m_i，m_j 的位移；

m_i，m_j ——楼层惯性质量，根据式（2-58）计算。

3）惯性质量计算

计算设计地震作用的惯性力效应时应考虑与质量相关的所有重力荷载（质量源）为：

$$\sum G_{k,j} + \sum \psi_{E,i} \cdot Q_{k,i} \tag{2-58}$$

式中　$\psi_{E,i}$ ——第 i 个可变作用的组合系数，$\psi_{E,i} = \varphi \cdot \psi_{2,i}$；

φ ——系数，见表2-16；

$\psi_{2,i}$ ——伴随可变作用 i 的准永久值系数，见表2-2。

用于计算 $\psi_{E,i}$ 的 φ 值　　**表2-16**

可变作用类型	楼层	φ
A～C类建筑	屋顶	1.0
	共同使用的楼层	0.8
	独立使用的楼层	0.5
D～F类建筑或档案室		1.0

注：建筑物的可变荷载分类可参考表2-2。

4）扭转效应

对于侧向刚度和质量在平面上对称分布的结构，可分别采用下列方式考虑扭转效应：

① 当采用空间模型进行分析时，偶然扭转效应可根据由绕各楼层竖轴的扭矩计算的内力包络图确定：

$$M_{ai}=e_{ai}\cdot F_i \tag{2-59}$$

式中 M_{ai} ——作用于第 i 楼层绕其竖轴的扭矩；

F_i ——作用在第 i 楼层的水平力；

e_{ai} ——各楼层同一方向上楼层质量 i 与其名义位置的偶然偏心距，有：

$$e_{ai}=\pm 0.05L_i \tag{2-60}$$

L_i ——垂直于地震作用方向的楼板尺寸。

② 将各抗侧力构件分配的水平地震作用乘以系数 δ ：

$$\delta=1+0.6\frac{x}{L_e} \tag{2-61}$$

式中 x ——垂直于所考虑地震作用方向上受力构件距建筑物平面质心的距离；

L_e ——垂直于所考虑地震作用方向上最外侧抗侧力构件间的距离。

③ 当采用建筑物两个主轴方向上的平面模型进行分析时，偶然偏心距 e_{ai} 取式（2-60）计算值的 2 倍，并利用下式计算系数 δ ：

$$\delta=1+1.2\frac{x}{L_e} \tag{2-62}$$

（2）模态反应谱分析法

1）适用范围与参与组合的振型

对不满足水平力分析法适用条件的建筑物应采用模态反应谱分析方法进行分析。对结构总地震反应有重要贡献的振型均应参与振型组合。EC8 规定，计算方向上参与组合的振型数应遵循以下原则：

① 参与振型的有效振型质量之和不小于结构总质量的 90%；

② 有效振型质量超过总质量 5%的振型均应参与组合。

对扭转振型影响较大的建筑，应进行三维分析，参与组合的最小振型数 k 应满足以下要求：

$$k\geqslant 3\sqrt{n} \tag{2-63}$$

$$T_k\leqslant 0.2\text{s} \tag{2-64}$$

式中 k ——参与组合的振型数；

n ——基础或刚性地下室顶面以上的楼层数；

T_k ——振型 k 对应的结构自振周期。

2）振型组合

如果振型 i 和 j（包括平动振型和扭转振型）对应的自振周期 T_i 和 T_j（$T_j\leqslant T_i$）满足下列条件，则认为振型 i 和振型 j 彼此独立：

$$T_j\leqslant 0.9T_i \tag{2-65}$$

如果参与组合的所有振型彼此独立，地震作用效应最大值 E_E 可采用平方和开平方根的组合方法（SRSS 法）计算，即：

$$E_{\mathrm{E}}=\sqrt{\sum E_{\mathrm{E}i}^{2}} \tag{2-66}$$

式中　E_{E}——地震作用效应（力、位移等）；

$E_{\mathrm{E}i}$——i 振型下的地震作用效应。

如果参与组合的各振型彼此不完全独立，应采取更精确的振型组合方法，如完全二次项组合（CQC 法）。

扭转效应参考水平力分析法。

3）地震作用分量的作用效应组合

① 水平地震作用

一般认为，地震作用的各水平分量同时作用，EC8 给出了两种组合方式：

第一种组合方式：先计算地震作用两个水平分量的结构作用效应（包括轴力、弯矩、剪力等）的最大值，然后计算两个方向的结构作用效应的最大值的平方和的平方根值，即为水平地震作用的结构作用效应的最大值（SRSS 方法）。

第二种组合方式：地震作用的两个水平分量的结构作用效应还可以按下面的方式进行组合：

$$E_{\mathrm{Edx}}+0.3E_{\mathrm{Edy}} \tag{2-67}$$

$$0.3E_{\mathrm{Edx}}+E_{\mathrm{Edy}} \tag{2-68}$$

式中　E_{Edx}——作用于结构 x 轴方向的水平地震作用的作用效应；

E_{Edy}——作用于结构 y 轴方向的同一水平地震作用的作用效应。

需要注意的是，对于平面规则结构和当结构的两个水平主轴方向墙体或独立支撑体系是结构的全部主要抗震构件时，计算时可以假定地震作用分别作用在结构的两个正交的水平主轴上不需要对结构作用效应做组合。

② 竖向地震作用

如果地震的竖向加速度 a_{vg} 超过 $0.25g$（$2.5\mathrm{m/s^2}$），那么对以下情况就应考虑竖向地震作用：

a. 跨度大于等于 20m 的水平或近似水平的结构构件

b. 长度大于 5m 的水平或近似水平的悬臂构件

c. 水平或近似水平的预应力构件

d. 支撑柱的转换梁

e. 基础隔振结构

如果地震作用的水平分量与上述构件有关，需要考虑地震作用的两个正交的水平分量与竖向分量的组合。可以将 SRSS 组合方法中的两个地震分量的作用效应扩展到三个地震分量的作用效应，也可以采用下面的组合方式计算地震作用效应：

$$E_{\mathrm{Edx}}+0.3E_{\mathrm{Edy}}+0.3E_{\mathrm{Edz}} \tag{2-69}$$

$$0.3E_{\mathrm{Edx}}+E_{\mathrm{Edy}}+0.3E_{\mathrm{Edz}} \tag{2-70}$$

$$0.3E_{\mathrm{Edx}}+0.3E_{\mathrm{Edy}}+E_{\mathrm{Edz}} \tag{2-71}$$

式中 E_{Edz}——设计地震作用竖向分量的作用效应。

2.9.2.4 结构在地震作用下的水平位移及层间侧移限值

由设计地震作用引起的位移可根据线弹性结构分析，用下面的简化公式计算：

$$d_s = q_d d_e \tag{2-72}$$

式中 d_s——结构系统中某一点在地震作用下产生的位移；

q_d——位移性能系数，如无特别说明，取为 q；

d_e——根据设计地震反应谱，通过线性分析计算的结构系统中同一点的位移。

需要注意的是，d_s 不必一定大于根据弹性反应谱计算的位移。当确定位移 d_e 时，应考虑地震作用的扭转效应。对静力或动力非线性分析，位移直接由分析结果得到不必加以修正。

EC8 对地震作用下的建筑物层间侧移有以下规定：

（1）对由脆性材料组成的非结构构件和结构构件连接在一起时的建筑：

$$d_r \nu \leqslant 0.005h \tag{2-73}$$

（2）对有延性非结构构件的建筑：

$$d_r \nu \leqslant 0.0075h \tag{2-74}$$

（3）对没有非结构构件或非结构构件不受主体结构变形影响的建筑：

$$d_r \nu \leqslant 0.010h \tag{2-75}$$

式中 d_r——层间侧移设计值；

h——层高；

ν——折减系数，用来考虑对应于限制损坏要求的地震作用重现期较低这一因素，可根据建筑物重要性等级度确定。EC8 建议，对重要性等级分类为Ⅰ级及Ⅱ级的建筑物，$\nu=0.5$；对重要性等级分类为Ⅲ级及Ⅳ级的建筑物，$\nu=0.4$。建筑物重要性等级分类可参照表 2-17。

建筑物重要性等级分类及重要性系数 γ_I（EC8 表 4.3） **表 2-17**

重要性等级	建筑物	γ_I
Ⅰ	对公众安全影响很小的建筑物，例如农业建筑等	0.8
Ⅱ	不属于其他类型的普通建筑	1.0
Ⅲ	倒塌后果很严重的建筑物，例如：学校，礼堂，文化中心等	1.2
Ⅳ	对于公众保护而言地震中整体性极其重要的建筑物，如医院、消防站、发电厂等	1.4

建筑物间隔：相邻的建筑物应按照地震作用下的最大水平位移间隔开或者连接起来。如果采用连接起来的办法要考虑连接结构的质量、刚度、强度、延性、

可预见的运动模式以及连接的特性。如果采用间隔的办法，可参照第 5 章设计实例。如果建筑物采用非刚性或耗能连接，需要做特殊研究。

2.9.3　结构布置及连接

箱式结构会有大量的预制混凝土构件装配到墙体、楼面、屋面和框架中。合理设计的连接可以使预制构件组合成刚性楼板或剪力墙，连接必须设计成能够在同一刚性楼板或剪力墙中的预制构件间传递内力。建筑物的某些部分，如剪力墙等，可以设计成通过非线性变形以吸收能量的构件。水平刚性楼板通常设计成在地震作用下保持弹性。

在抗震设计中，力的传递途径要尽可能直接、明确。锚栓一般通过绑住或钩住钢筋或者采用其他方式有效地把力传递给钢筋，锚栓附近区域的钢筋要设计成能够分配力并且阻止局部破坏。混凝土的尺寸及钢筋必须足够容纳连接件。连接还要设计成能够传递通常垂直于传力平面的事故荷载。每个连接在抵抗地震作用时必须有足够的延性。

2.9.4　结构的耗能能力和延性等级

混凝土结构应具有足够的耗能能力，同时其总体抵抗水平和竖向荷载的能力没有明显降低。为此，在地震设计状况下，结构构件应具有足够的承载力，而临界区域的非线性变形要求应与计算中假设的整体延性一致。

EC8 根据混凝土结构的滞回耗能能力将其分为低延性（DCL）结构、中等延性（DCM）结构和高延性（DCH）结构。对不同的延性等级和结构类型要采用和其相对应的性能系数 q ，进而得到设计反应谱。低延性结构具有较低的耗能能力和延性，适用于低烈度区，构件设计和构造要求可以按照 EC2 的规定，但主要抗震构件的受力钢筋应采用 B 级和 C 级钢筋。对于中等延性和高延性等级的结构设计，EC8 给出了相应的材料要求和构件尺寸要求、设计作用效应调整和配筋构造规定，以确保结构在反复荷载作用下有足够的延性性能。

2.9.5　结构墙体的设计准则

结构墙体在水平地震作用下有以下设计准则：

1）有洞口的外墙表现介于无洞口墙体和柔性框架之间。在高层建筑物中，由于剪力滞后的影响，会引起内力的非线性分配；

2）有洞口的墙体的某些部位可能会有非常大的轴力，在这些墙截面配置的主筋需要有和柱一样的密置箍筋；

3）连接在一起的墙的作用如同双肢墙一样。墙体之间的连接可以通过梁或楼板实现。连接构件的设计要考虑循环往复的剪力和弯矩；

4）墙体除了承受平面内的作用力之外，还可能受到垂直于墙面的水平力，比如风荷载及地震作用等；

5）在罕遇地震作用下，结构会产生较大的位移。对单片墙以及整个结构的分析时须考虑这种水平位移产生的 $P\text{-}\Delta$ 效应影响；

6）在地震作用下结构构件可能发生偶然扭转，应设置相应的抗扭钢筋；

7）地震引起的作用力是往复的，结构节点分析要考虑这种力的性质；

8）转动能力强的构件具有较强的能量吸收能力，受弯构件吸收能量的能力由在能量转角曲线下的面积来衡量。合理配置钢筋的混凝土构件具有较高的延性性能；

9）在连接节点的应力集中部位，需要配置钢筋或机械锚固以充分地传递由地震作用引起的水平剪力和弯矩。在高烈度地区，现浇混凝土与预制混凝土相结合已证明是用于传递地震作用的经济及成功的做法。

2.9.6 外挂墙体连接的设计准则

外挂墙体在水平地震作用下有以下设计准则：

1）要尽可能把外挂墙体和支撑结构之间做成静定连接以精确计算及确定力的分配；

2）合理选择连接的数量和位置以减小内部应力及允许外挂墙体在墙体平面内移动来适应层间位移和体积变化；

3）合理布置连接以减小支撑外墙的托梁上的扭矩，特别是当支撑托梁为钢梁时；

4）在外挂墙和建筑物结构框架之间提供间隔以避免在地震时发生碰撞；

5）地震作用应与制造及安装误差而引起的偏心力相组合；

6）在连接点上，外挂墙和建筑物结构框架应间隔开以避免在地震作用下发生碰撞。在直接连接区域，外挂墙将被迫随着支撑框架移动。虽然在连接处可能有一些内附的约束，外挂墙的支撑还是应设计成静定结构，但应考虑一些内力的额外允许量。图 2-35 表示了层间位移对外挂墙的影响。

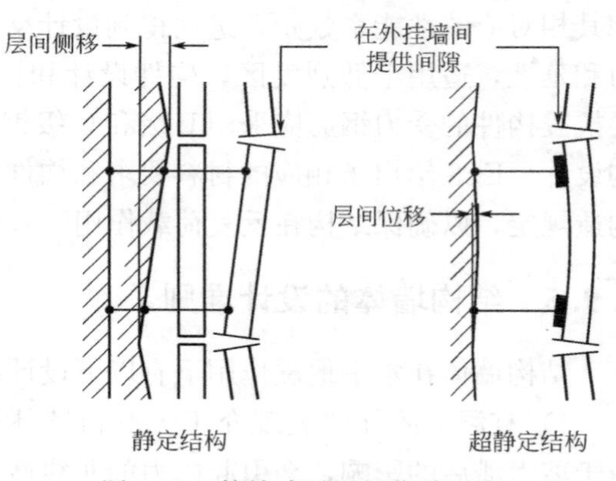

图 2-35 外挂墙对层间位移反应

2.9.7 外挂墙体分析

对外挂墙的内力分析采用结构力学理论，按照以下推荐的方法进行系统分析：

1）建立每种荷载工况下的受力分析图；

2）由静定结构的平衡方程或超静定结构的平衡与相容方程解出支撑反力；

3）把各种荷载工况和反力列成表并标记出最不利组合；

4）计算出最不利荷载组合而引起的内力（包括弯矩、剪力和轴力）。对复杂的建筑外挂墙形式，可采用有限元分析方法。

对典型外挂墙受力，可参考图 2-36。

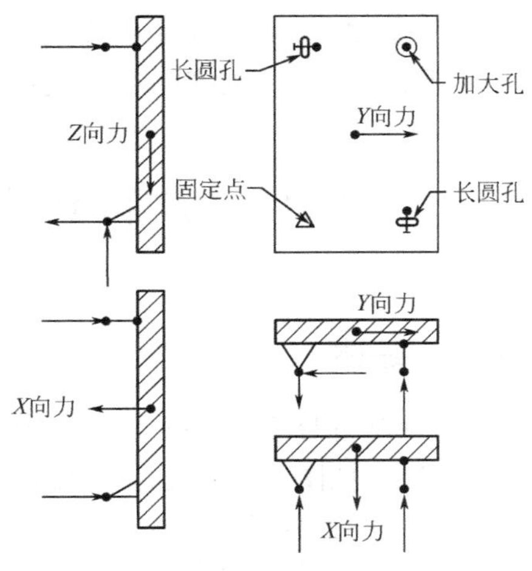

图 2-36　典型外挂墙受力分析图

2.9.8　夹心板外挂墙体

夹心板外挂墙的设计应注意以下方面：

1）非叠合夹心板外挂墙的结构层将承担全部力，通过支撑连接把力传递给支撑框架，见图 2-37；

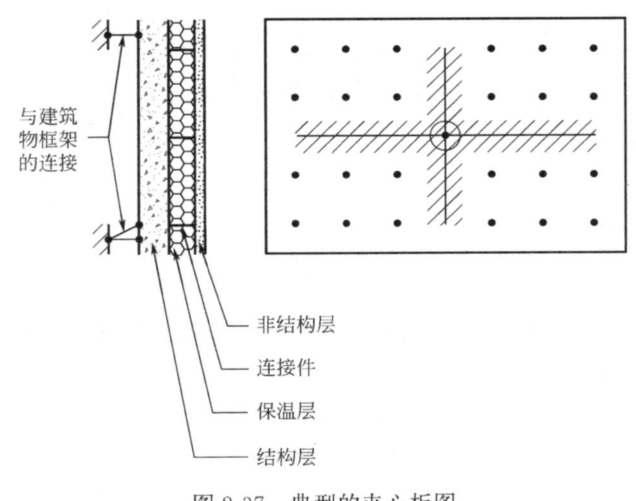

图 2-37　典型的夹心板图

2）地震作用、力学分析以及结构层和支撑框架之间的连接设计与非夹心外挂墙相同。用于确定地震作用的质量应包括夹心板外挂墙的全部组成部分；

3）结构层与非结构层之间的连接应能够传递由于非结构层及保温层的质量计算出的地震作用；

4）作用在夹心板上的地震作用应在各水平方向上与夹心板的重量进行组合；

5）非结构层应按比例配置钢筋以抵抗地震作用及其自重。

2.10　预制节段拼装连接施工方法

2.10.1　综述

分段预制拼装建造是指主要受力构件分段预制并由后张法预应力筋连接起来的施工方法，如图 2-38 所示。分段预制拼装连接需要考虑以下因素：

1）选择构件分段的大小（包括尺寸和重量）；

2）分段连接接口的构造及结构响应；

3）施工顺序、各阶段所受荷载及引起的挠度；

4）允许的连接接口误差及其影响。

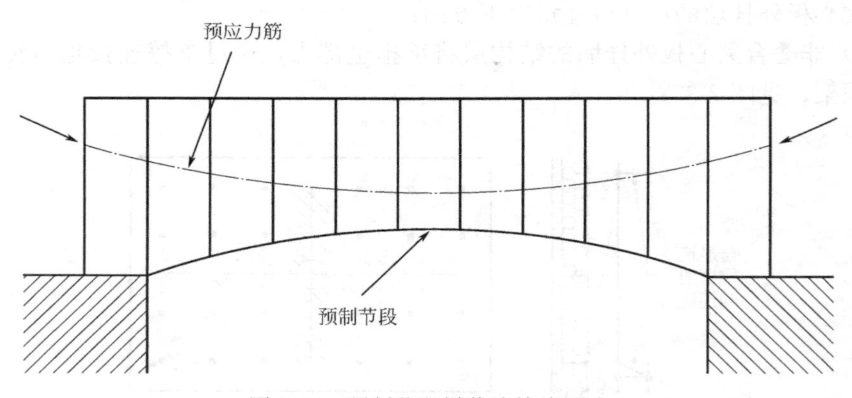

图 2-38　预制节段拼装连接施工法

分段预制拼装建造综合了全部预制混凝土的优点，并且对一些特殊的结构施工问题，可采用预制结构的经济做法。

1）减少了安装重量，可以采用较小的起重设备；

2）为规模相对较小的工厂提供制造大构件的能力；

3）由于模板可以重复使用，为形状复杂的结构提供了经济的建造方法；

4）建造深构件的能力（保持单个单元在可运输的宽度），使长距离的经济跨越做法成为可能；

5）可以便捷地建造各种结构形式，如包含上下弦杆及斜杆的桁架结构；

6）通过对柱的悬臂施工可以减少临时脚手架，就像所熟悉的桥梁悬臂施工方法。

2.10.2 接口形式及接口施工

接口有两种形式：①开放接口：允许现场浇筑完成；②窄接口：干连接或者由一层薄的胶粘剂连接完成。接口形式见图 2-39。两种接口都已成功地应用于实际工程的结构中。

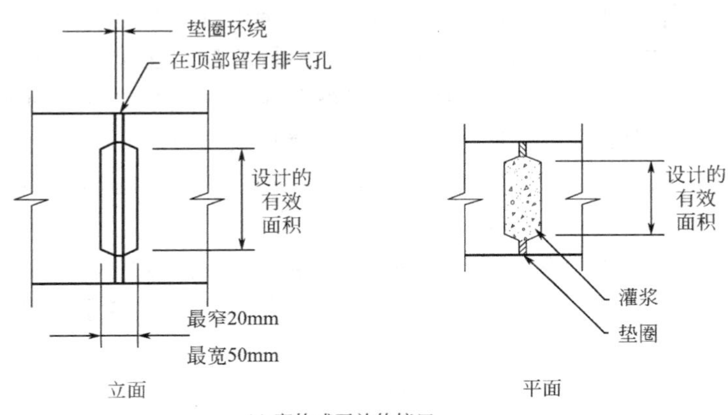

(a) 宽的或开放的接口

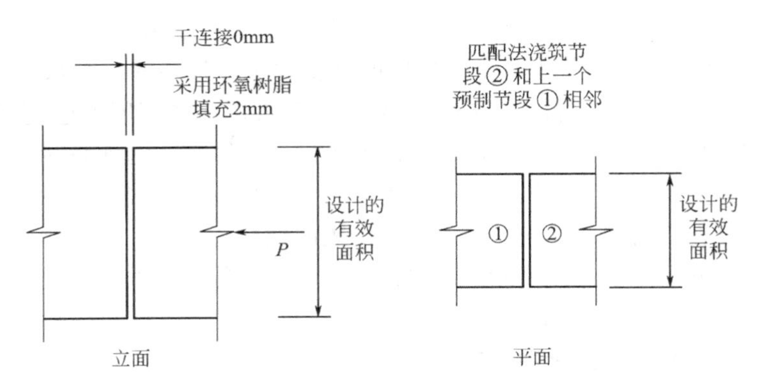

(b) 窄的或封闭的接口

对环氧树脂接口，在涂抹完环氧树脂后立即施加1个0.4MPa的临时预压应力

图 2-39 接口形式

2.10.2.1 宽的或开放的接口

这种接口的宽度介于 20～300mm 之间，可由混凝土、灌浆或干砂浆填实。

混凝土填充接口需要在接口周围提供模板并且留有 100mm 宽的缝隙以便混凝土的浇筑及振捣压实。在接口后浇混凝土中使用高效减水剂，能够解决混凝土的压实问题。在宽接口处钢绞线管道的连接很方便检查。

接口处混凝土在规定龄期的受压强度应等于相邻预制节段的混凝土强度。

可采用早强水泥。要选择合适的骨料尺寸以保证接口混凝土能有最好的振捣压实。

每次混凝土的浇筑高度应限定在某一数值以便混凝土能够彻底地固化。通常留有接口以便检查。模板必须能阻止混凝土在浇筑时泄漏，必须对混凝土做充足的养护以使其达到设计强度。

灌浆接口通常由加压注浆填实。在接口的周围用可压缩垫圈密封，密封压力可由外部设施施加或由少量的预应力施加。垫圈同样配置在单个后张法钢绞线管道周围以防止灌浆渗入到管道中而阻止钢绞线的张拉。须在接口处的顶部设置排气孔以便注浆过程中夹带的空气排出。当注浆操作快结束时，应封闭排气孔并对灌浆加压至最少 0.1N/mm^2 以保证灌浆充满。在注浆后的几天内，排气孔应重新打开，如果固结很明显，则灌注排气孔。

加压灌浆接口的宽度不应大于 50mm。灌浆的抗压强度应等于相邻预制节段的混凝土强度并不应小于 30N/mm^2。如果采用添加剂，如减水剂及膨胀剂等，应采用非染色型。

干砂浆接口多用于小预制节段并且能够容易接触到接口的各个部位时。采用干砂浆可以使后张拉尽早实施。

干砂浆的抗压强度应等于相邻预制混凝土节段的混凝土强度并不应小于 30N/mm^2。好的干砂浆应是充分混合且坍落度为零。骨料的最大尺寸不应超过 5mm。应用重锤和木夯在接口处夯实砂浆。干砂浆接口的宽度不应超过 50mm。砂浆应每次小批量地（不超过 5kg）放置到接口处，每批次的砂浆在下一批次之前必须充分夯实及压紧。砂浆接口可能需要密封，特别是在接口的底部。

所有的宽接口需要在填充之前对接口的表面做准备处理。接口的表面必须干净、无油脂，并尽量打毛或喷砂。在接口施工前，相邻节段的混凝土表面应保持充分湿润约 6h，或者采用胶粘剂。

2.10.2.2 窄的或封闭的接口

窄接口可以是干连接或由胶粘剂粘合。接口宽度对干连接为零而对胶粘剂粘合接口约为 2mm。接口表面完美地匹配对以上两种情况都是重要的，可由匹配法浇筑或采用精密的钢挡板实现。

匹配法浇筑是指新的预制节段的浇筑以它的上一预制节段作模板。粘结分离剂的采用可以让各节段分离。匹配法浇筑需要精心的组织和对节段的额外处理。

采用精密钢挡板法可以提供生产上更多的灵活性及占用更少的空间，但它的成功取决于机器加工的钢挡板的制造精度。

用匹配法浇筑的预制节段的连接通常是在相邻节段的表面涂有一层薄的（1mm）环氧树脂胶粘剂，然后把相邻的预制节段合在一起并保持它们的位置。环氧树脂并不是一定需要的，但它具有以下优点：

1）环氧树脂可作为润滑剂以帮助预制节段校准；

2）环氧树脂可以调和接触面的微小不同而使接触面均匀受力；

3）环氧树脂可以提供一个超过混凝土受拉承载力的接口，进而保证其整体性能；

4）环氧树脂可以提供接口的水密性及耐久性。

第3章

预制混凝土构件设计

3.1 预制预应力空心楼板

预制预应力空心楼板是常用的预制楼板。它的优点是自动化生产、底面光滑、节省混凝土、板厚选择多样、承载力强以及工地安装迅速，是一种经济的楼板形式。

预制预应力空心楼板的名义宽度为1200mm，其中包括空心楼板间的侧向接口，如图3-1所示。空心楼板厚度有215～500mm，参照表3-1。空心楼板在长线型预应力平台上用现代化的工艺生产。蒸养可以加速混凝土的硬化过程以缩短生产和供货周期。混凝土养护至足够强度的空心楼板便可采用高强锯片切成所需要的长度。

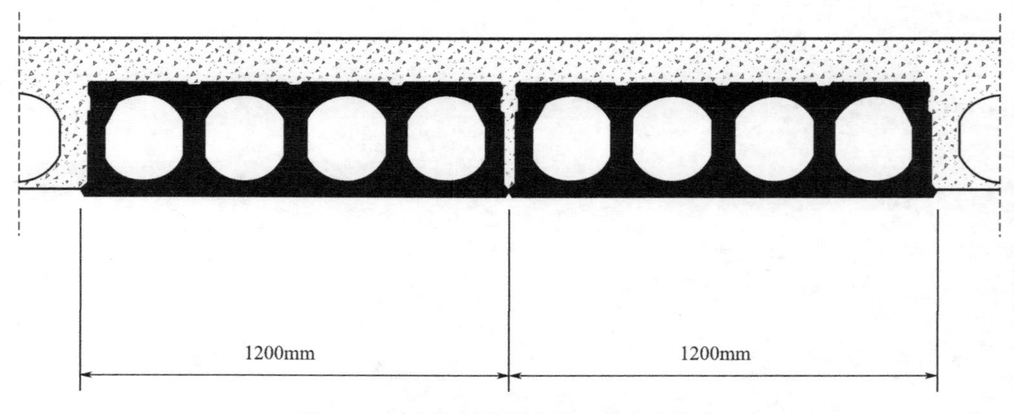

图3-1 空心楼板的侧向接口及名义宽度

预应力空心楼板通常是由强度为C40/50、坍落度为零的混凝土制成。所采用的钢绞线由强度1860MPa的7股低松弛高强钢丝组成。钢绞线的直径为9.6mm或12.9mm。空心楼板的产品允许公差如表3-2所示。

空心楼板的厚度类型及名义重量 **表 3-1**

类型	截面	类型	截面
215EV6 名义重量： 2.90kN/m^2	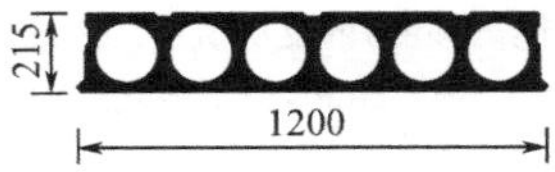 215 1200	460EV4 名义重量： 5.25kN/m^2	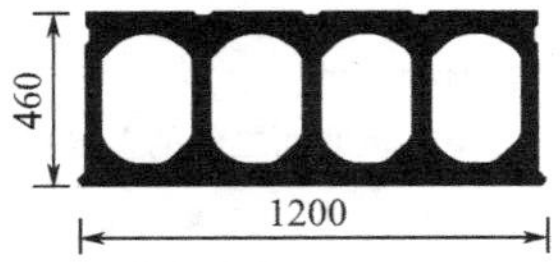 460 1200
265EV5 名义重量： 3.50kN/m^2	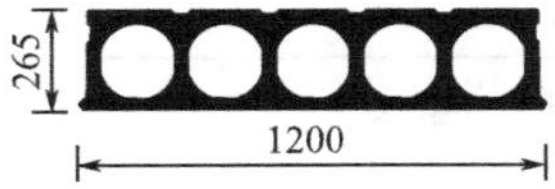 265 1200	500EV4 名义重量： 6.77kN/m^2	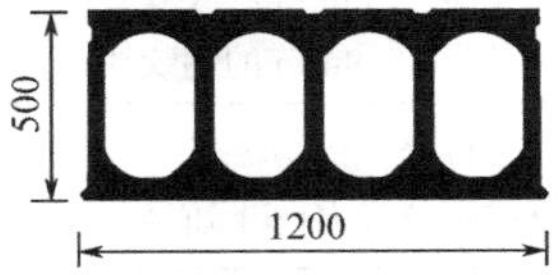 500 1200
325EV4 名义重量： 4.05kN/m^2	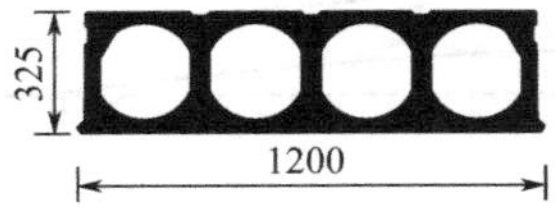 325 1200	360MV4 名义重量： 4.85kN/m^2	 360 1200
360EV4 名义重量： 4.25kN/m^2	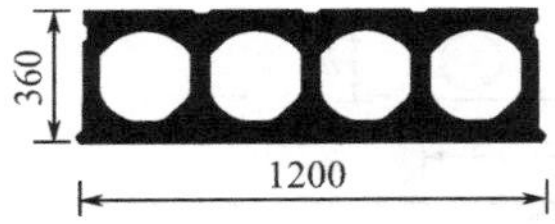 360 1200	380MV4 名义重量： 5.30kN/m^2	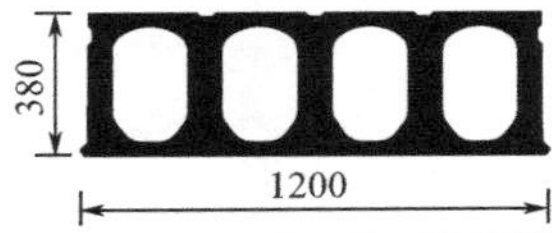 380 1200
380EV4 名义重量： 4.75kN/m^2	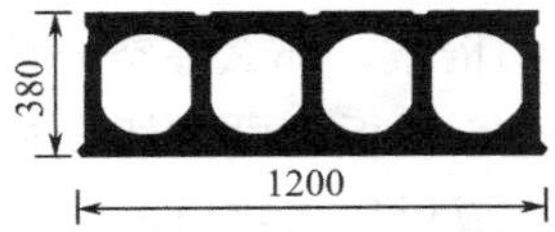 380 1200	400MV4 名义重量： 5.80kN/m^2	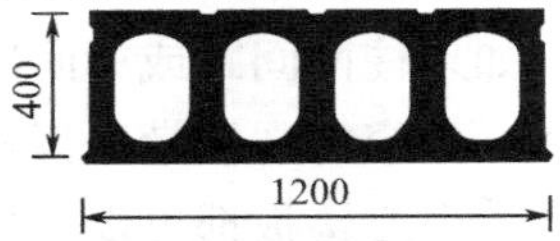 400 1200
400EV4 名义重量： 5.25kN/m^2	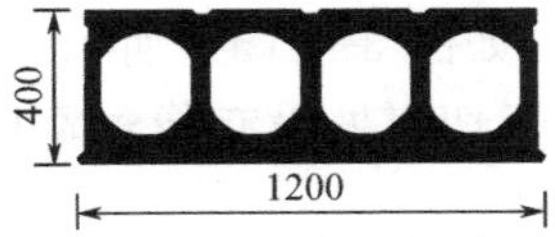 400 1200	420MV4 名义重量： 6.30kN/m^2	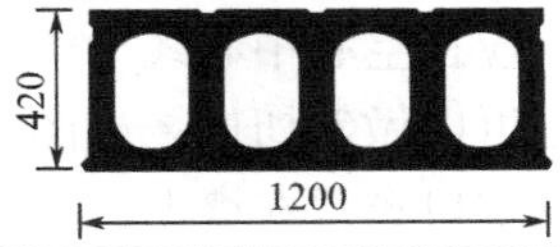 420 1200
415EV4 名义重量： 4.80kN/m^2	 415 1200		

空心楼板的产品允许公差 **表 3-2**

尺寸：	
1)构件长度	
对于正切	±15mm
对于斜切	±25mm
2)厚度(h)或深度	+10mm/−5mm或±(h/30)mm的较大值
3)宽度	
整板	±5mm
窄板	±25mm
切板	±20mm
预留洞口和预留空间：	
1)大小	±50mm
2)位置	±50mm

续表

预拱度： 1)安装时的反拱值(Δ^{d}) 2)相邻空心板底面之间的差异(跨度相同)	 计算(预测)的反拱值±50%或±10mm的较大值 每米长度2mm，但不能超过15mm
钢绞线滑移： 1)直径为9.6mm的钢绞线 2)直径为12.9mm的钢绞线	 2.5mm 3.0mm
钢绞线位置： 钢绞线张拉应力(实际值与设计值之间的差异)	±10mm 5%

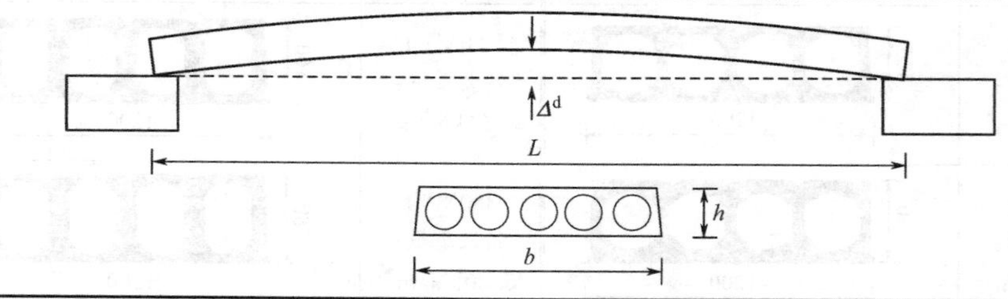

如果柱网间距或梁间净距不是1200mm的倍数，那么在空心楼板布置时就会存在一个窄的现浇带。当然如果需求量大，空心楼板也可以切成窄的宽度。所有厚度的空心楼板都可以在标准宽度的楼板挤出成形后切成所需宽度。纵向切割的位置应在空心中心线50～100mm的范围内，如图3-2（a）所示。空心楼板的端部也可以做斜切口，如图3-2（b）所示。由于切口处没有像整宽板那样的倒角，建议切口布置在墙上或梁上。

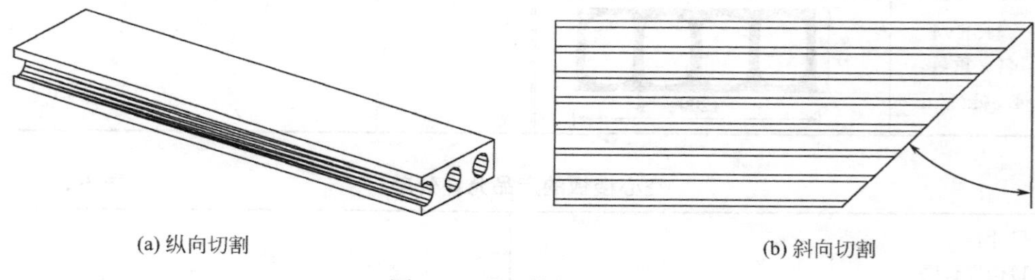

(a) 纵向切割　　(b) 斜向切割

图3-2　空心楼板的切割

预应力空心楼板可以认为是最好的受弯构件之一。横截面的空心可以使混凝土有效地用于受压和受拉区域。理论上，受压区以下多余的混凝土由纵向的孔洞代替以减轻楼板的重量，而通过钢绞线在空心楼板的截面下部施加预应力可以增加楼板的抗弯刚度，这样就可以使预应力空心楼板在大跨度及承受重载方面有明显的优势。预应力空心楼板的正截面受力分析如图3-3所示。为了使多个相互拼接的空心楼板能够形成一个整体，相邻空心板之间的板缝必须充分灌浆。通过灌缝组合起来的空心楼板可以按照一定的比例在各空心楼板间分配竖向荷载，参考图3-4～图3-7。

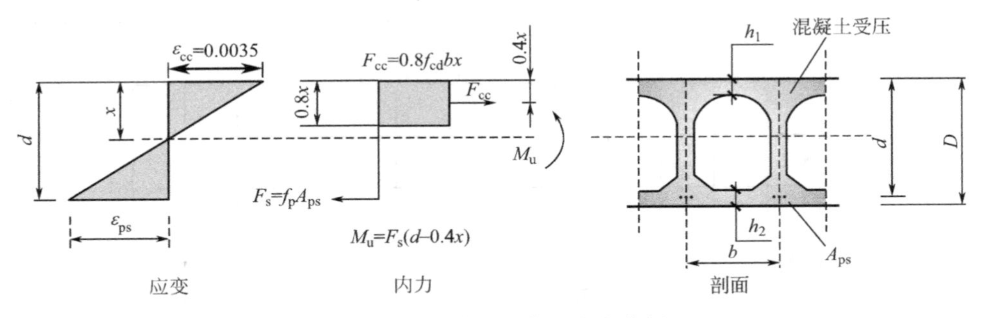

图 3-3　空心楼板正截面内力分析

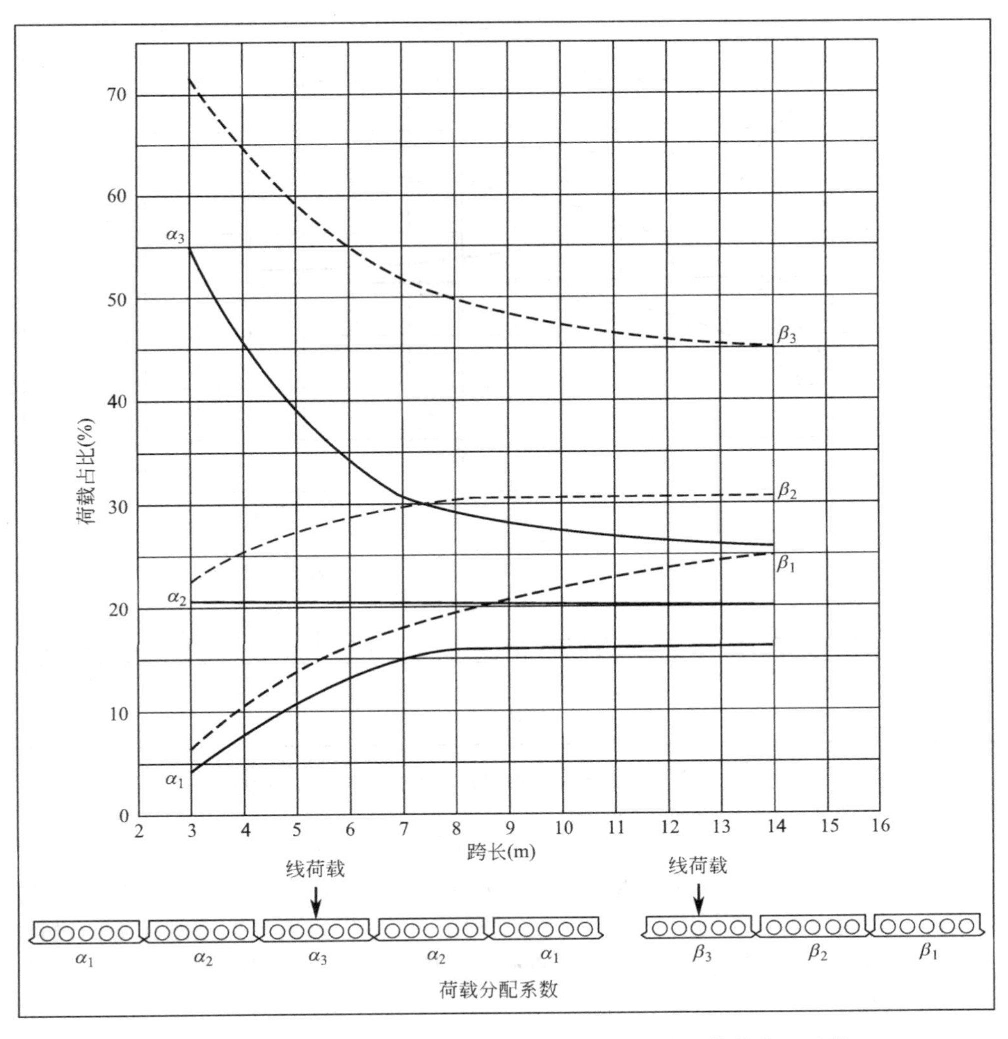

图 3-4　线荷载作用下无现浇结构叠合层的空心楼板荷载分配系数

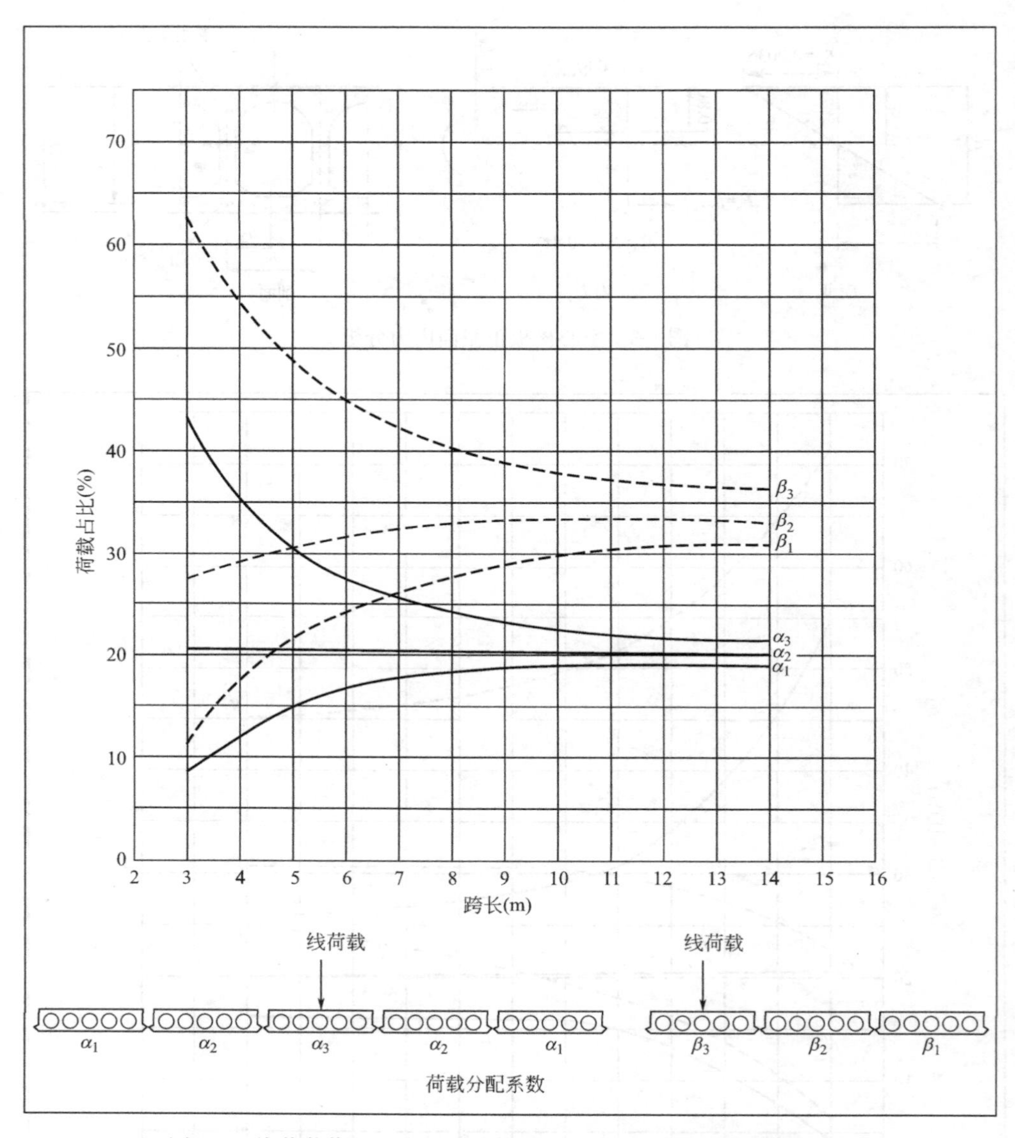

图 3-5　线荷载作用下有现浇结构叠合层的空心楼板荷载分配系数

组合起来的空心楼板可以形成一个刚性平面以传递水平力给抗侧力结构。要保证由预应力空心板组成的楼板系统能够成为刚性平面，楼板之间要有必要的连接措施。平面内的周圈钢筋起着决定性的作用，其不仅要满足抵抗刚性平面设计所需的拉力，而且要阻止空心板单元的水平位移。空心板之间的接口连接要能够抵抗相应的剪力。

为了使楼面平整，建议在预应力空心板上现浇一层混凝土结构层。现浇层还

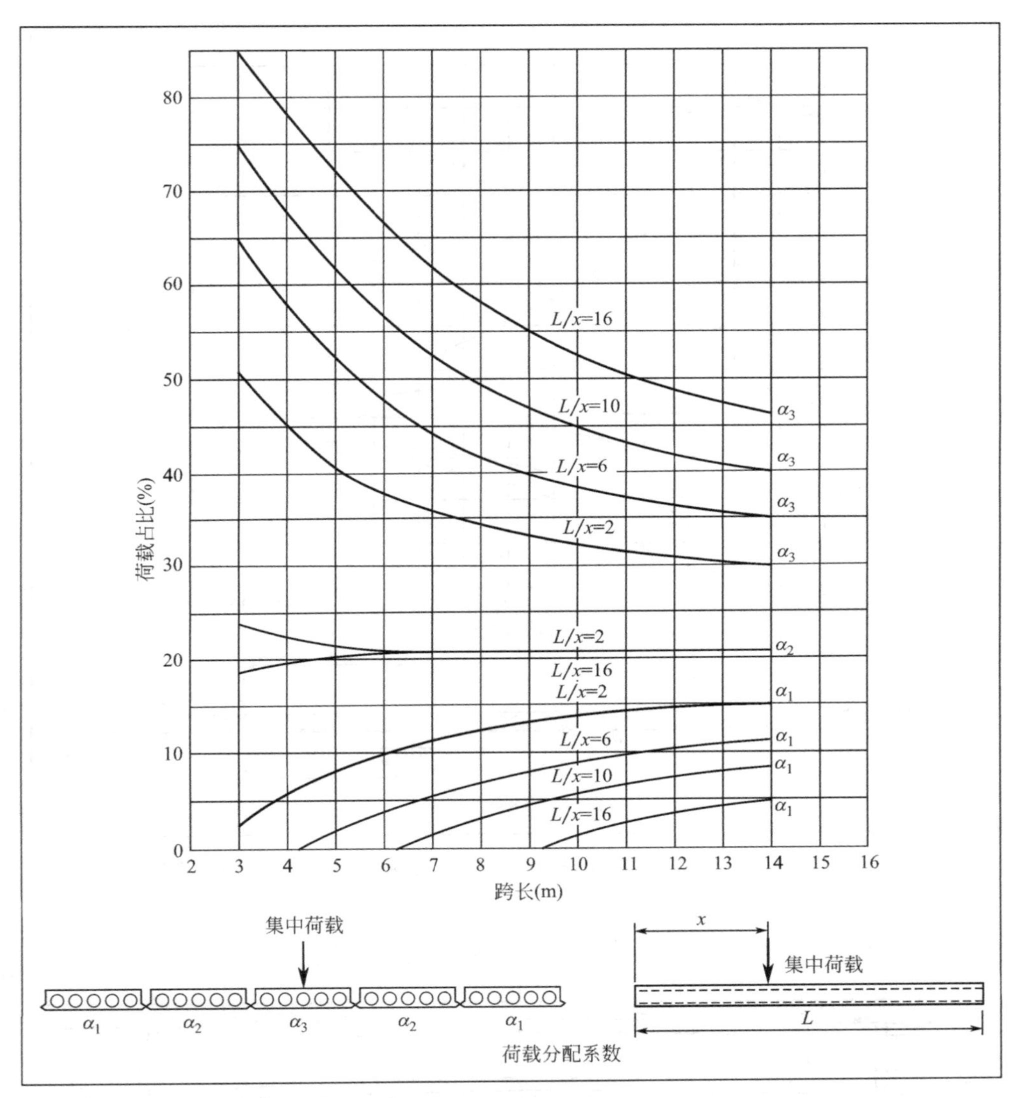

图 3-6 集中荷载作用在有现浇结构叠合层的空心楼板中心区域时的荷载分配系数

能起到减少毛细裂缝、阻止水从接口处渗漏以及埋藏电线等作用。通常现浇结构层为 50～85mm 厚，采用强度等级为 C30/37 至 C40/50 的混凝土，如图 3-8 所示。现浇结构层和预应力空心板可设计成叠合截面以提高板的承载能力。现浇结构层通常设计成在正常使用极限状态下能够阻止裂缝发生，因而在结构层中布置一层钢筋网片并且在支座处布置负弯矩所需的受拉钢筋。结构拉杆筋同样可以全部布置在现浇结构层中。空心板上结构层中的钢筋布置如图 3-9 所示。

预应力空心板的支座支承长度参照表 3-3。预应力空心板可以支承在几乎所

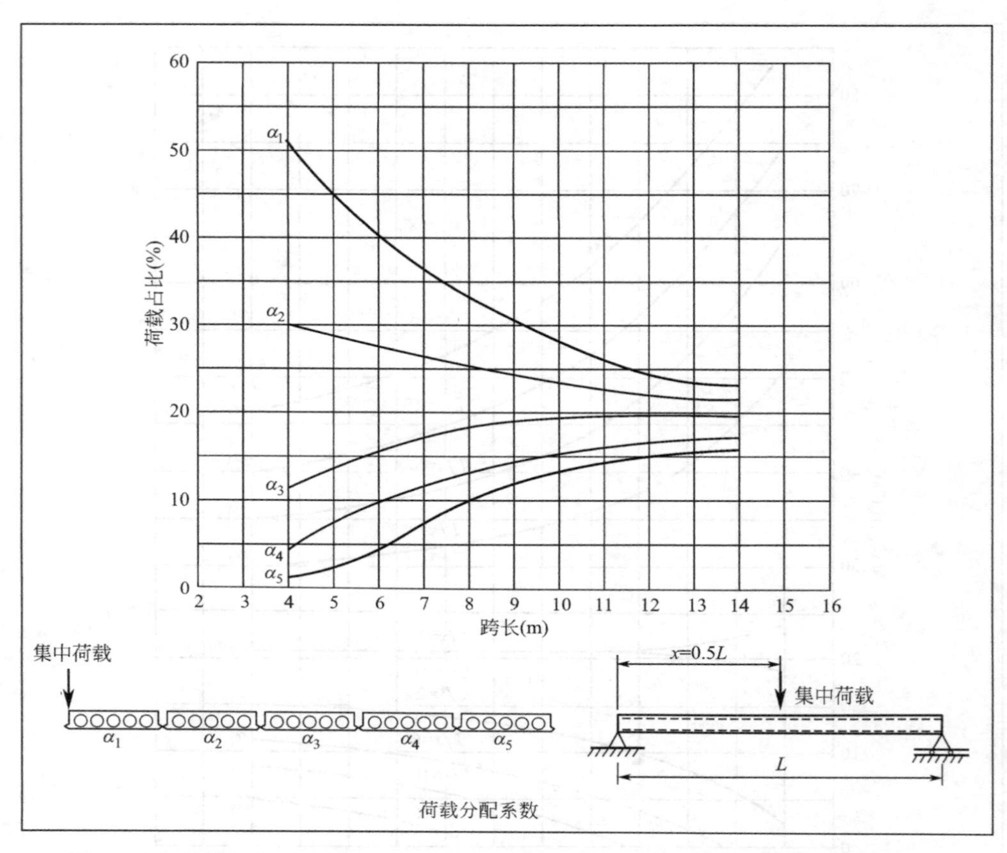

图 3-7 集中荷载作用在板跨中及边缘时无现浇结构叠合层的空心楼板荷载分配系数

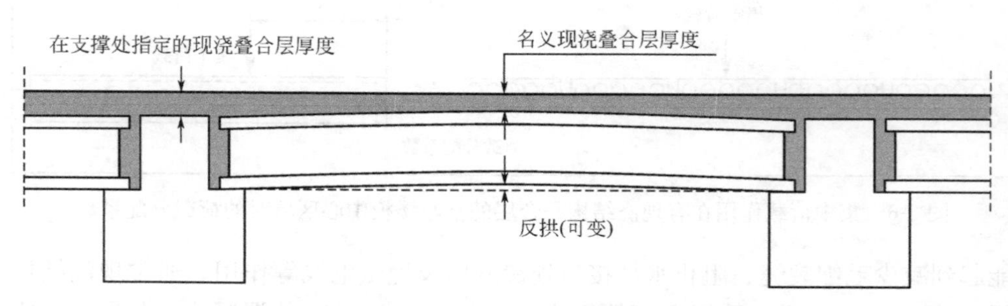

图 3-8 预应力空心板的反拱及板上面的现浇结构层

有的结构构件上，如现浇或预制混凝土梁、钢梁、砌块承重墙以及混凝土承重墙等，如图 3-10 所示。对于预制混凝土梁、钢梁或预制混凝土墙，预应力空心板可以直接放置在支承面上；而对于现浇混凝土结构，预应力空心板应放置在用于找平的橡胶垫上从而保证整个板宽度内受力均匀。

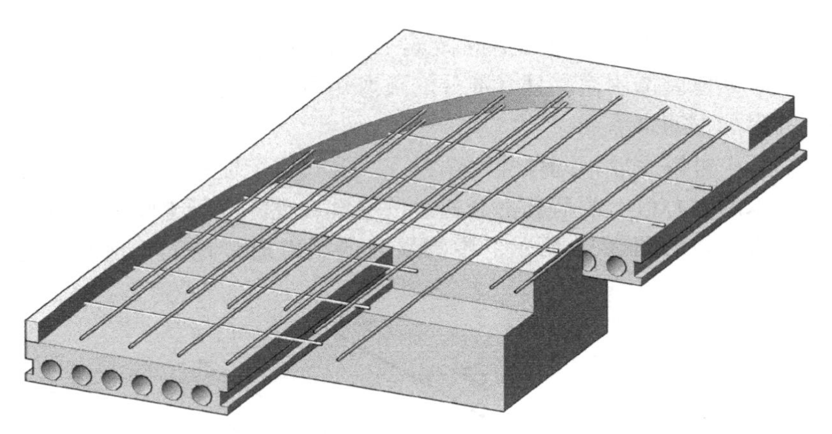

图 3-9 预应力空心板上现浇结构层中的钢筋网片及支座处的负弯矩钢筋

预应力空心板的支承长度 **表 3-3**

支承材料	空心板厚度	支承长度(a)	
		名义宽度	最小有效宽度
混凝土或钢	≤325mm	100mm	80mm
	>325mm	150mm	100mm

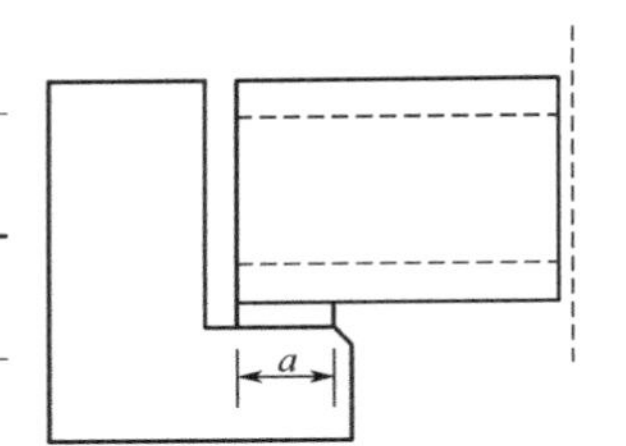

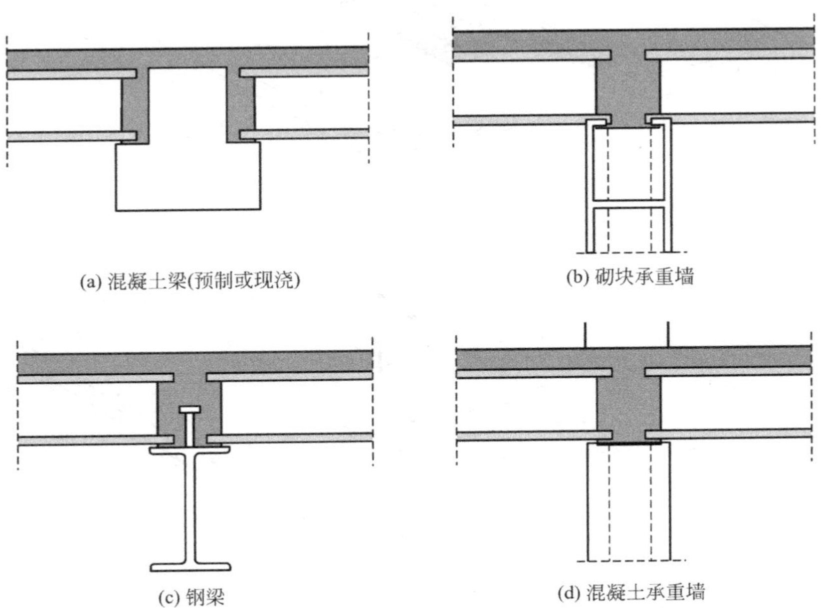

(a) 混凝土梁(预制或现浇)

(b) 砌块承重墙

(c) 钢梁

(d) 混凝土承重墙

图 3-10 预应力空心板的支承

预应力空心板可以根据板厚不同做成 1～2m 的悬臂，悬臂部分可以作为阳台、飘窗或者其他装饰用途。悬臂部分的负弯矩可由布置在空心板接口处或现浇结构层中的附加钢筋来承受。

在空心板中可以做成不同尺寸的洞口。大洞口可能使一块或多块空心板被切断，没有支承的空心板上的荷载将会通过抗剪键、现浇混凝土暗梁或钢梁传递到相邻的空心板上，如图 3-11 所示。中等尺寸的洞口通常在工厂预留，设计荷载

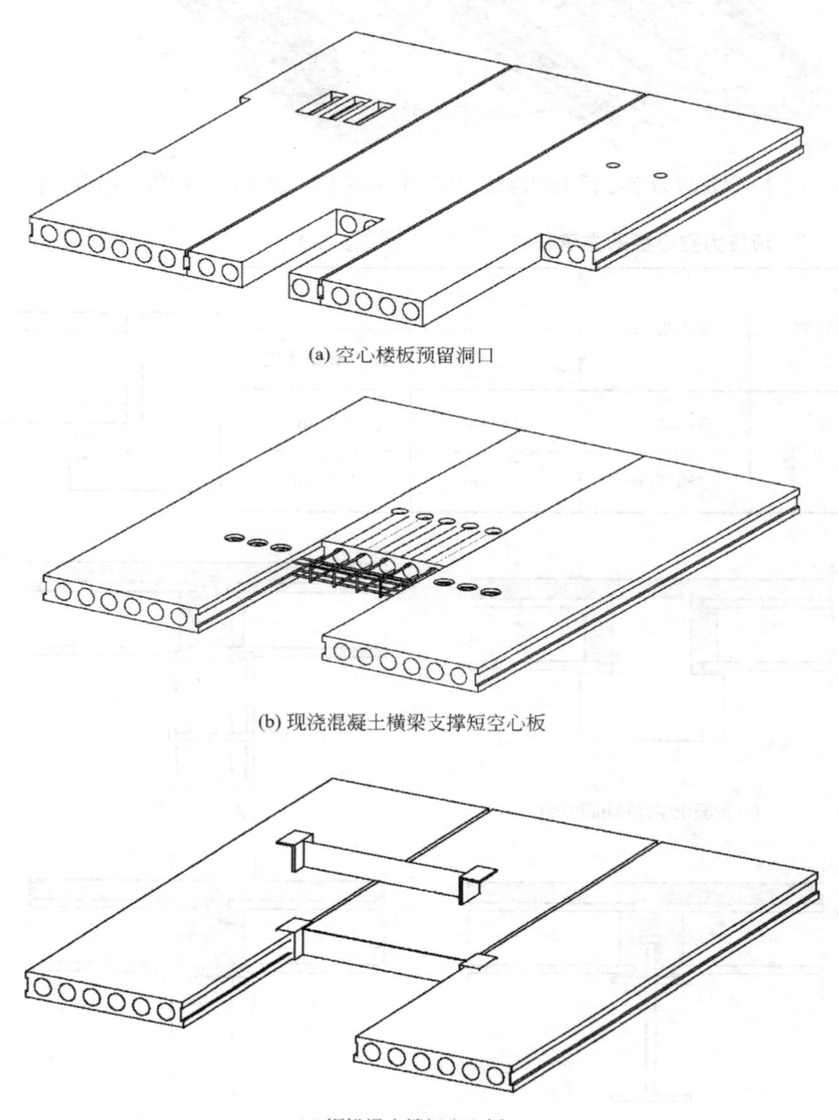

(a) 空心楼板预留洞口

(b) 现浇混凝土横梁支撑短空心板

(c) 钢横梁支撑短空心板

图 3-11 预应力空心板的洞口及支撑梁做法

由减少的截面尺寸抵抗。小的洞口和凹槽可以在现场切割，小洞口可以是圆形或方形，通常在同一个截面上不超过三个。如果洞口在同一块空心板纵向上的间距不超过 750mm，应该看作是在同一截面上。制作洞口时不要破坏空心板，特别是预应力筋，没有设计的允许不能切断。

重量较轻的顶棚悬挂件可以通过钻孔用连接螺栓固定在空心板的底面。螺栓的支撑重量及钻孔深度见表 3-4。对于较重的悬挂件，建议通过支撑在空心板的上表面或者通过穿过空心板的悬挂螺栓固定，如图 3-12 所示。G4.6 螺栓最大支撑重量见表 3-5。

轻悬挂所用螺栓的钻孔深度及支撑荷载　　表 3-4

螺栓	钻孔深度(mm)	最大悬挂重量(kN)
弹簧螺栓插头 M4	到空心	0.3
弹簧螺栓 M6	到空心	1.0
膨胀螺栓 M6	30	1.5
膨胀螺栓 M8	30	2.3
膨胀螺栓 M10	40	3.5

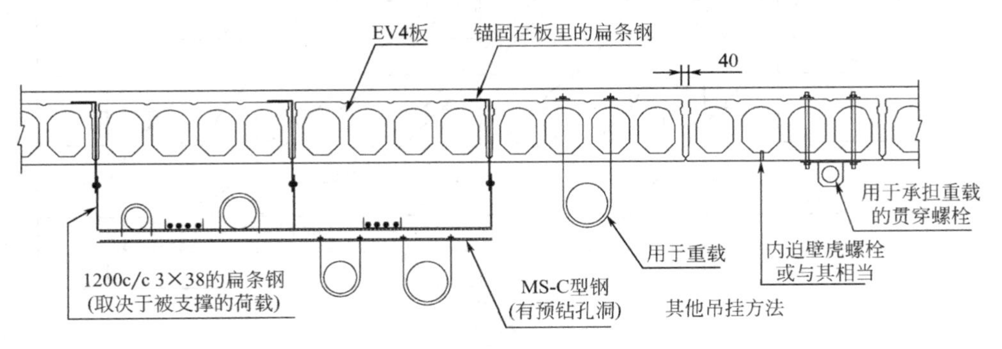

图 3-12　空心板上重悬挂件的支撑做法

G4.6 螺栓的最大支撑重量　　表 3-5

螺栓尺寸(mm)	最大支撑荷载(kN)
6	5.5
8	10
10	15
12	20

预应力空心板的设计可以参考3.2节预应力实心叠合板的设计方法。正常使用极限状态设计中要控制空心楼板在特定的预应力等级下混凝土中的拉压应力在允许范围内，同时要考虑空心楼板的挠度和反拱。承载能力极限状态设计时要考虑受弯破坏、剪切破坏、黏结及锚固破坏和局部承压破坏等。各种空心楼板的跨长和所支撑荷载的关系可参考图3-13和图3-14。

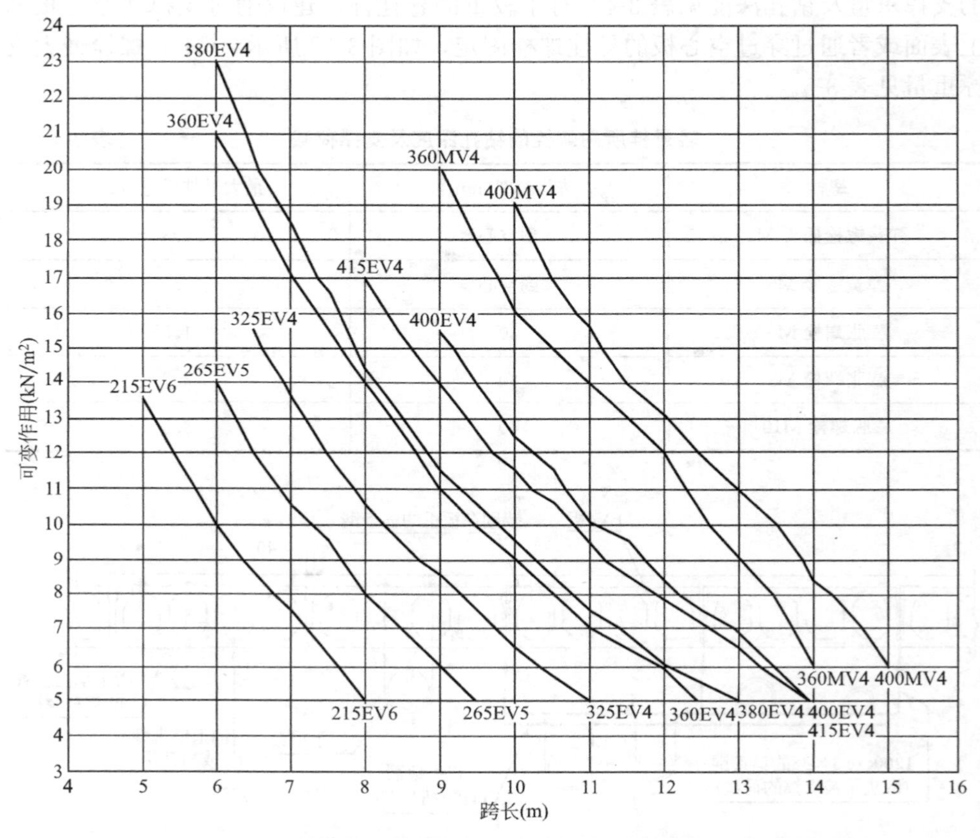

图3-13　有75mm厚现浇结构层及考虑1.2kN/m² 建筑面层荷载的各种空心楼板跨长与所支撑荷载的关系

注：空心楼板设计信息

设计规范：BS EN 1992-1-1：2004，SS EN 1992-1-1：2008；

设计方法：有75mm厚现浇叠合层及考虑1.2kN/m² 的建筑面层；

混凝土等级：空心楼板：C40/50，$f_{ck}=40\text{N/mm}^2$（圆柱体混凝土强度），$f_{ck,cube}=50\text{N/mm}^2$（混凝土立方体抗压强度）；

荷载：图表中的荷载值是指空心楼板所能承受的系数为1.0的均布荷载（包括永久及可变荷载），空心楼板及叠合层的自重已在设计时考虑；

以上图表仅供参考，不适用于集中力或轮压荷载作用。

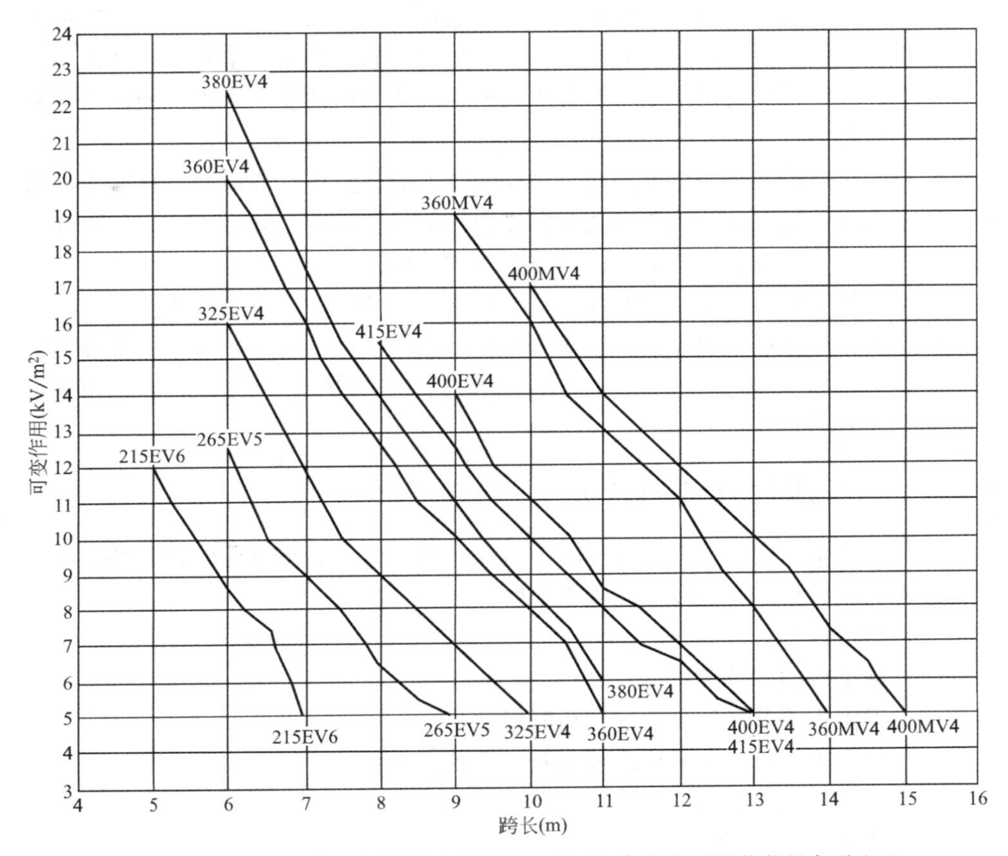

图 3-14　有 75mm 厚现浇结构层及考虑 2.7kN/m² 建筑面层荷载的各种空心楼板跨长与所支撑荷载的关系

注：空心楼板设计信息

设计规范：BS EN 1992-1-1：2004，SS EN 1992-1-1：2008；

设计方法：有 75mm 厚现浇结构层及考虑 2.7kN/m² 的建筑面层荷载；

混凝土等级：空心楼板：C40/50，$f_{ck}=40N/mm^2$（圆柱体混凝土强度），$f_{ck,cube}=50N/mm^2$（混凝土立方体抗压强度）；

荷载：图表中的荷载值是指空心楼板所能承受的系数为 1.0 的均布荷载（包括永久及可变荷载），空心楼板及叠合层的自重已在设计时考虑；

以上图表仅供参考，不适用于集中力或轮压荷载作用。

3.2　预制实心叠合板

预制实心楼板在住宅结构中常用，主要优点有底面光滑、施工迅速、板厚小等。为了增强楼板的平面内刚性及整体性，通常在预制板上设置现浇结构层形成叠合板，现浇结构层中设置钢筋网片作为水平拉杆筋及连续板中间支座处的上部受拉钢筋。预制板作为现浇结构层的永久模板，从结构性能上来说，预制叠合板和全现浇板相同。

预制叠合板包括普通钢筋混凝土板和预应力混凝土板。普通钢筋混凝土叠合板可以根据实际情况设计成单向或双向受力。但对于预应力叠合板，由于长线张拉台座的限制，应设计成单向板而忽略其双向效应。

在临时施工安装阶段，预制板应能支撑后浇层的混凝土自重和施工荷载，如果板跨度大，应在板中间提供一排或多排临时支撑。在正常使用阶段，现浇层混凝土硬化和预制层混凝土结合成一个整体协同工作，但需要校核叠合面的水平剪应力小于允许值。

3.2.1 钢筋混凝土预制叠合板

钢筋混凝土预制叠合板的设计除了需要校核叠合面的水平剪应力之外，其他和现浇板的设计相同，可以参照以下步骤：

（1）预估板厚；

（2）确定板的有效跨度；

（3）确定不同荷载分布工况和荷载组合；

（4）确定板为单向板或双向板以及计算板的内力；

（5）计算板的弯曲受拉钢筋；

（6）校核板的斜截面受剪承载力；

（7）挠度验算；

（8）叠合面水平剪应力校核。

1. 预估板厚

板的初步厚度可通过跨度与有效高度比预估：$l/d = 20 \sim 30$，参见表 3-6，表中数值是混凝土强度为 $f_{ck}/f_{ck,cube} = C30/37$、钢筋的屈服强度为 $f_{yk} = 500kN/m^2$ 的情况。当板的弯曲受拉钢筋设计完成后，便可验算实际的跨度有效高度比。

无轴向压力作用时钢筋混凝土构件跨度有效高度的基础比值（EC2 表 7.4N）

表 3-6

结构体系	K	应力较高的混凝土 $\rho = 1.5\%$	应力较低的混凝土 $\rho = 0.5\%$
简支梁，单向或双向简支板	1.0	14	20
连续梁的边跨或单向连续板的边跨或只在一个长边连续的双向板的边跨	1.3	18	26

续表

结构体系	K	应力较高的混凝土 $\rho=1.5\%$	应力较低的混凝土 $\rho=0.5\%$
梁或单向板或双向板的中间跨	1.5	20	30
由柱直接支撑的板(无梁板)(按长跨考虑)	1.2	17	24
悬臂构件	0.4	6	8

注：1. 表中给出的值一般偏于保守，计算表明较薄的构件是可行的；
2. 对于双向板，应根据较短的跨度进行检查。而对于无梁板，应采用较长的跨度；
3. 表中给出的无梁板的限值和板跨中相对于柱的挠度限值 $l/250$ 相比来说是一个不太严的限值，经验表明这一限值是合适的。

2. 确定板的有效跨度

板的设计时采用其有效跨度，即支承反力作用线之间的距离：

$$l_{eff}=l_n+a_1+a_2 \tag{3-1}$$

式中　l_n——板的支承构件外表面间的净距；

a_1，a_2——在板跨度的两端根据图 3-15 所示的各种不同支承情况确定的宽度。

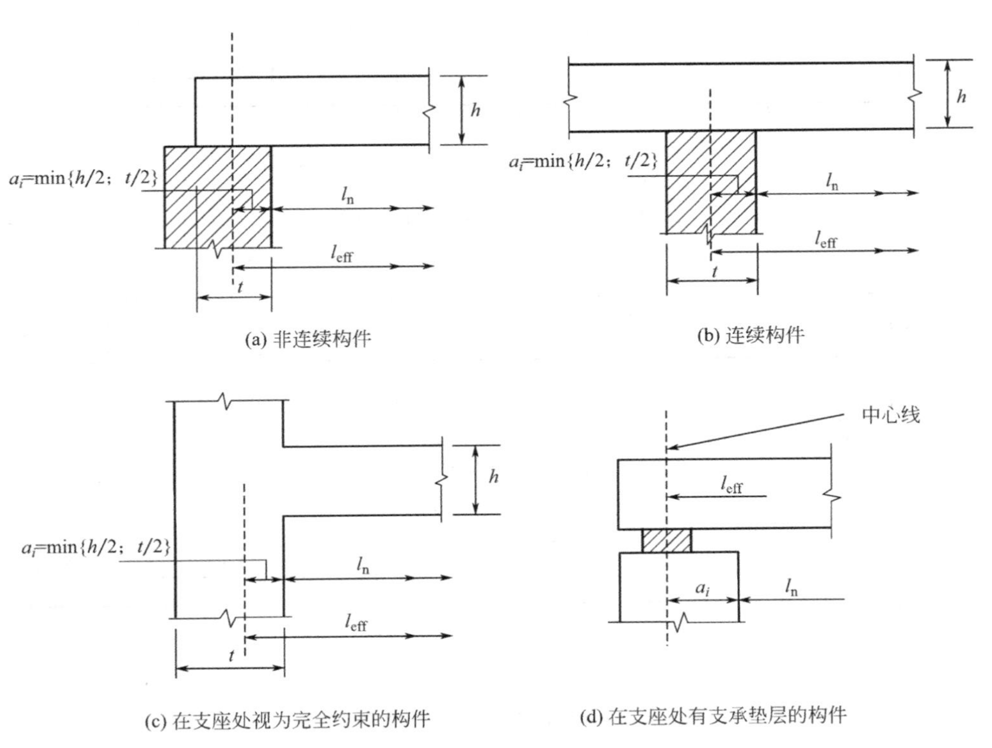

(a) 非连续构件　(b) 连续构件

(c) 在支座处视为完全约束的构件　(d) 在支座处有支承垫层的构件

图 3-15　不同支承情况下的有效跨度 l_{eff}（一）

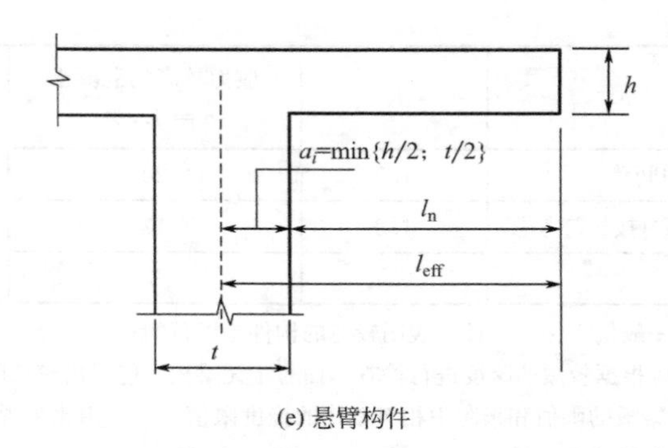

(e) 悬臂构件

图 3-15　不同支承情况下的有效跨度 l_{eff}（二）

3. 荷载分布工况和荷载组合

在进行板设计时，需要考虑多种荷载工况进而得到设计弯矩和设计剪力的包络图，然后用相应的最大弯矩及剪力设计板截面。对于多跨连续板，EC2 规定需要考虑以下三种主要的荷载工况，如图 3-16 所示。

需要注意的是：当有悬臂跨时，在荷载分布（图 3-16a）中与悬臂跨相邻的

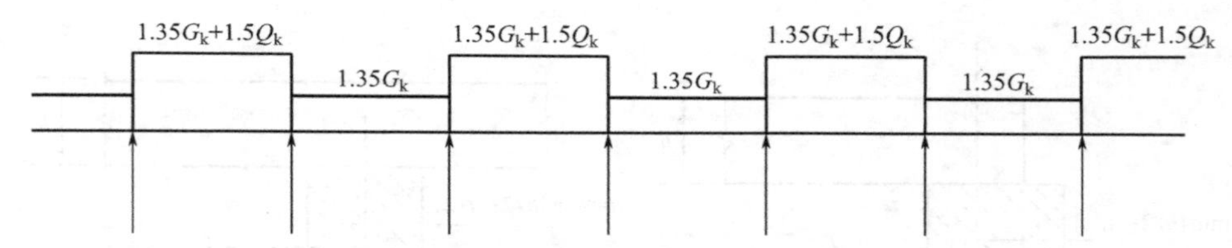

(a) 用于计算板跨中最大弯矩的荷载分布

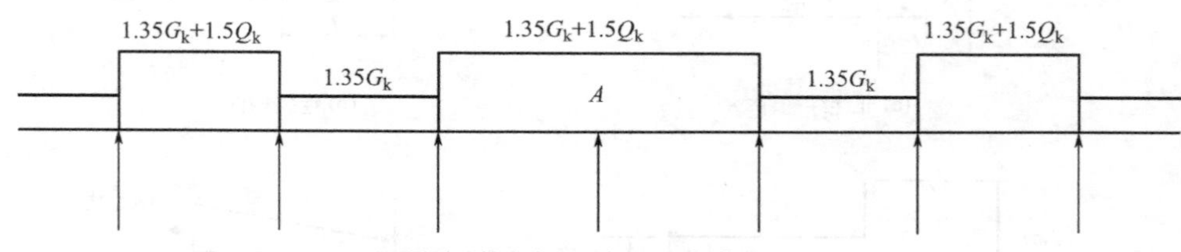

(b) 用于计算支座A处最大弯矩的荷载分布

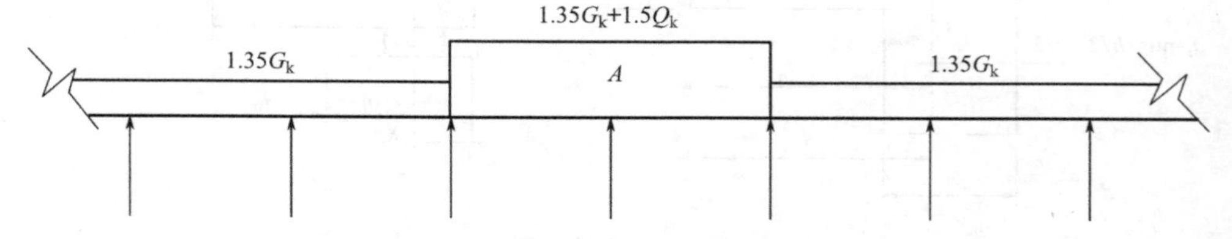

(c) 依据EC2用于计算支座处设计弯矩的荷载分布

图 3-16　用于设计的多跨连续板的荷载分布工况

板跨取最小荷载 G_k；英国国家附录对 EC2 规定的荷载分布（图 3-16c）有所改动，其建议在所有跨上施加荷载 $1.35G_k + 1.5Q_k$，用于计算支座处设计弯矩。

4. 确定板为单向板或双向板及计算板的内力

依照 EC2 的规定，如图 3-17 所示，主要受力为均布荷载的板如满足以下条件即可认为是单向板：

1）具有两个无支承的自由边及明显的平行边界；

2）长边大于短边的 2 倍的四边支承的明显矩形板的中间部分。

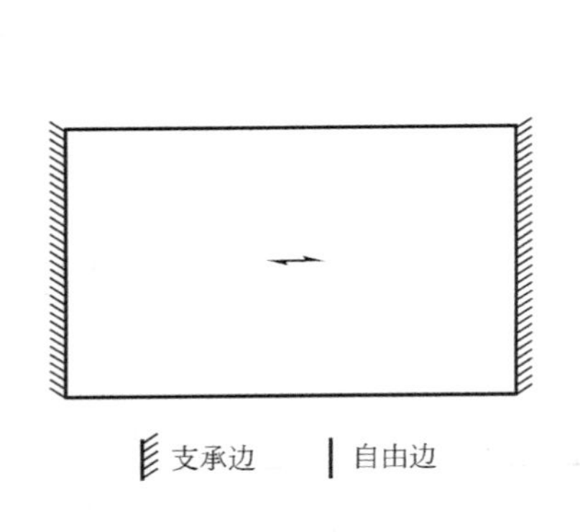

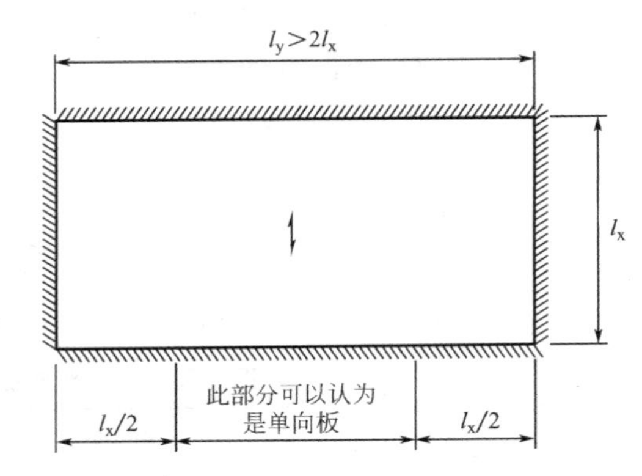

图 3-17 单向板示意

单向板的内力可以通过线性分析或查表的方法得到。表 3-7 给出了一种计算单向板承载能力极限状态的设计内力的方法。

单向板的弯矩及剪力系数 **表 3-7**

	最外端支座与板的连接方式				第一个中间支座	中间跨	中间支座
	铰接		刚接(有弯矩传递)				
	最外端支座	边跨	最外端支座	边跨			
弯矩	0	$0.086Fl$	$-0.04Fl$	$0.075Fl$	$-0.086Fl$	$0.063Fl$	$-0.063Fl$
剪力	$0.4F$		$0.46F$		$0.6F$		$0.5F$

注：1. 适用于每个板带超过 30m^2 的单向板，并且满足 $Q_k \leqslant 1.25G_k$ 及 $Q_k \leqslant 5\text{kN/m}^2$；
2. F 是总的设计荷载，$F = 1.35G_k + 1.5Q_k$；l 是有效跨度；
3. 最小跨度大于 0.85 倍最大跨度，最少 3 跨；
4. 基于在支座处有 20%的弯矩重分布和跨中弯矩不减少。

如果主要受力为均布荷载、四边支承的矩形板、其长边尺寸小于短边尺寸的 2 倍，即可认为是双向板。EC2 对双向板的计算没有给出具体的分析方法，可以采用线弹性分析、塑性分析或有限元分析等方法。当然也可以采用英国混凝土规范 BS8110 给出的如下方法：

(1) 对四边简支的双向板，没有足够抵抗板角扭转及翘起的措施，单位宽度上的最大设计弯矩可以由以下公式得出：

$$M_{sx}=\alpha_{sx}\cdot w\cdot l_x^2 \tag{3-2}$$

$$M_{sy}=\alpha_{sy}\cdot w\cdot l_x^2 \tag{3-3}$$

式中 M_{sx} —— l_x 方向上单位宽度内的最大跨中设计弯矩；

M_{sy} —— l_y 方向上单位宽度内的最大跨中设计弯矩；

α_{sx}，α_{sy} ——弯矩系数；

w ——单位面积上的设计荷载；

l_x ——双向板的短边长度。

α_{sx} 及 α_{sy} 可以由以下公式得出：

$$\alpha_{sx}=\frac{(l_y/l_x)^4}{8[1+(l_y/l_x)^4]} \tag{3-4}$$

$$\alpha_{sy}=\frac{(l_y/l_x)^2}{8[1+(l_y/l_x)^4]} \tag{3-5}$$

表 3-8 给出了一些特定情况下 α_{sx} 及 α_{sy} 的值。

四边简支矩形双向板的弯矩系数 **表 3-8**

l_y/l_x	1.0	1.1	1.2	1.3	1.4	1.5	1.75	2.0
α_{sx}	0.062	0.074	0.084	0.093	0.099	0.104	0.113	0.118
α_{sy}	0.062	0.061	0.059	0.055	0.051	0.046	0.037	0.029

（2）对有防止翘起及扭转措施的双向板，单位宽度上的最大设计弯矩可以由以下公式得出：

$$M_{sx}=\beta_{sx}\cdot w\cdot l_x^2 \tag{3-6}$$

$$M_{sy}=\beta_{sy}\cdot w\cdot l_x^2 \tag{3-7}$$

$$\beta_y=(24+2N_d+1.5N_d^2)/1000 \tag{3-8}$$

$$\gamma=\frac{2}{9}\left[3-\sqrt{18}\,\frac{l_x}{l_y}(\sqrt{\beta_y+\beta_1}+\sqrt{\beta_y+\beta_2})\right] \tag{3-9}$$

$$\sqrt{\gamma}=\sqrt{\beta_x+\beta_3}+\sqrt{\beta_x+\beta_4} \tag{3-10}$$

式中 M_{sx} ——l_x 方向上单位宽度内的最大支座或跨中设计弯矩；

M_{sy} —— l_y 方向上单位宽度内的最大支座或跨中设计弯矩；

N_d ——不连续板边的数目（$0\leqslant N\leqslant 4$）；

β_x ——短边 l_x 方向上单位宽度内的跨中弯矩除以 wl_x^2 的值，参见图 3-18；

β_y ——长边 l_y 方向上单位宽度内的跨中弯矩除以 wl_x^2 的值，参见图 3-18；

β_1，β_2 ——短边支座处单位宽度内的弯矩除以 wl_x^2 的值，参见图 3-18。对连

续边取 $\frac{4}{3}\beta_y$；对不连续边取 0；

β_3，β_4 ——长边支座处单位宽度内的弯矩除以 wl_x^2 的值，参见图 3-18。对连续边取 $\frac{4}{3}\beta_x$；对不连续边取 0；

β_{sx}，β_{sy} ——表 3-9 中所示的弯矩系数。

式（3-6）及式（3-7）的适用条件为：

1）相邻板所受的恒荷载及可变荷载与所分析的板所受荷载大致相同；

2）相邻板的垂直于共同支承梁方向上的跨度和所分析的板在同一方向上的跨度大致相同。

有防止扭转约束的四边支承矩形板的弯矩系数　　表 3-9

板的类型及弯矩	短跨系数 β_{sx}								长跨系数 β_{sy}，对所有 l_y/l_x 的值
	l_y/l_x 的值								
	1.0	1.1	1.2	1.3	1.4	1.5	1.75	2.0	
中间板：									
连续边处的负弯矩	0.031	0.037	0.042	0.046	0.050	0.053	0.059	0.063	0.032
跨中正弯矩	0.024	0.028	0.032	0.035	0.037	0.040	0.044	0.048	0.024
一个短边不连续：									
连续边处的负弯矩	0.039	0.044	0.048	0.052	0.055	0.058	0.063	0.067	0.037
跨中正弯矩	0.029	0.033	0.036	0.039	0.041	0.043	0.047	0.050	0.028
一个长边不连续：									
连续边处的负弯矩	0.039	0.049	0.056	0.062	0.068	0.073	0.082	0.089	0.037
跨中正弯矩	0.030	0.036	0.042	0.047	0.051	0.055	0.062	0.067	0.028
两个相邻边不连续：									
连续边处的负弯矩	0.047	0.056	0.063	0.069	0.074	0.078	0.087	0.093	0.045
跨中正弯矩	0.036	0.042	0.047	0.051	0.055	0.059	0.065	0.070	0.034
两个短边不连续：									
连续边处的负弯矩	0.046	0.050	0.054	0.057	0.060	0.062	0.067	0.070	—
跨中正弯矩	0.034	0.038	0.040	0.043	0.045	0.047	0.050	0.053	0.034
两个长边不连续：									
连续边处的负弯矩	—	—	—	—	—	—	—	—	0.045
跨中正弯矩	0.034	0.046	0.056	0.065	0.072	0.078	0.091	0.100	0.034
三边不连续(一个长边连续)：									
连续边处的负弯矩	0.057	0.065	0.071	0.076	0.081	0.084	0.092	0.098	—
跨中正弯矩	0.043	0.048	0.053	0.057	0.060	0.063	0.069	0.074	0.044
三边不连续(一个短边连续)：									
连续边处的负弯矩	—	—	—	—	—	—	—	—	0.058
跨中正弯矩	0.042	0.054	0.063	0.071	0.078	0.084	0.096	0.105	0.044

续表

板的类型及弯矩	短跨系数 β_{sx}								长跨系数 β_{sy}，对所有 l_y/l_x 的值
	l_y/l_x 的值								
	1.0	1.1	1.2	1.3	1.4	1.5	1.75	2.0	
四边不连续：跨中正弯矩	0.055	0.065	0.074	0.081	0.087	0.092	0.103	0.111	0.056

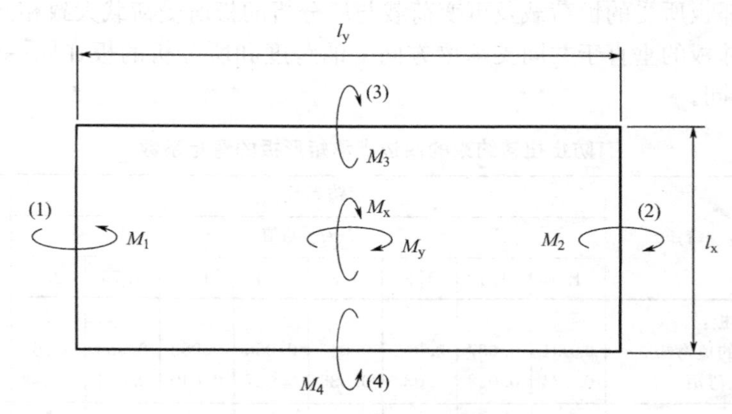

图 3-18　双向板弯矩系数示意

注：M_1、M_2 等表示在相应方向上单位宽度内的板弯矩，由 β_1、β_2 乘以 wl_x^2 得到。

（3）对支撑均布荷载的双向板的板端部剪力的计算可采用以下公式：

$$V_{sy}=\beta_{vy}\cdot w\cdot l_x \tag{3-11}$$

$$V_{sx}=\beta_{vx}\cdot w\cdot l_x \tag{3-12}$$

式中　V_{sx}——l_x 方向上单位宽度内的板端部设计剪力，作用于板边长的中间 3/4 长度，参见图 3-19；

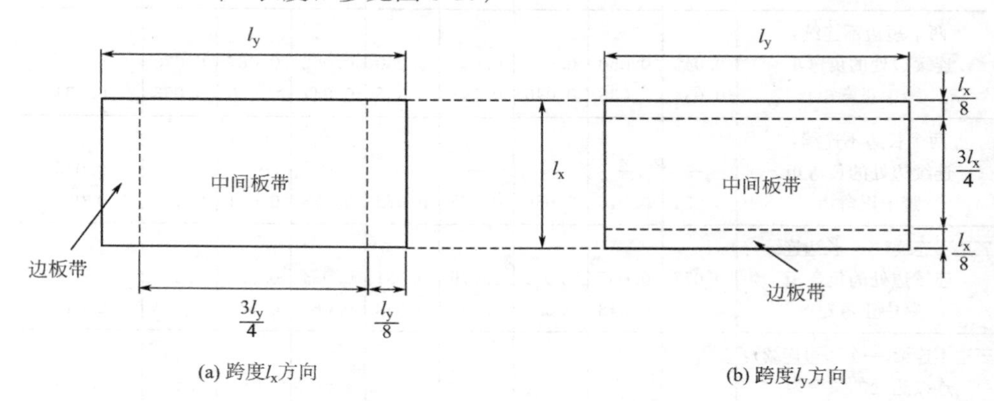

图 3-19　双向板的中间板带及边板带的划分

V_{sy} —— l_y 方向上单位宽度内的板端部设计剪力，作用于板边长的中间 3/4 长度，参见图 3-19；

β_{vx}，β_{vy} ——剪力系数，见表 3-10。

支撑均布荷载的有四边支承及有抵抗角部扭转的矩形板的剪力系数　表 3-10

板类型及位置	不同 l_y/l_x 的值时的 β_{vx}								β_{vy}
	1.0	1.1	1.2	1.3	1.4	1.5	1.75	2.0	
四边连续： 连续边	0.33	0.36	0.39	0.41	0.43	0.45	0.48	0.50	0.33
一个短边不连续： 连续边 不连续边	0.36 —	0.39 —	0.42 —	0.44 —	0.45 —	0.47 —	0.50 —	0.52 —	0.36 0.24
一个长边不连续： 连续边 不连续边	0.36 0.24	0.40 0.27	0.44 0.29	0.47 0.31	0.49 0.32	0.51 0.34	0.55 0.36	0.59 0.38	0.36 —
两个相邻边不连续： 连续边 不连续边	0.40 0.26	0.44 0.29	0.47 0.31	0.50 0.33	0.52 0.34	0.54 0.35	0.57 0.38	0.60 0.40	0.40 0.26
两个短边不连续： 连续边 不连续边	0.40 —	0.43 —	0.45 —	0.47 —	0.48 —	0.49 —	0.52 —	0.54 —	— 0.26
两个长边不连续： 连续边 不连续边	— 0.26	— 0.30	— 0.33	— 0.36	— 0.38	— 0.40	— 0.44	— 0.47	0.40 —
三边不连续(一个长边连续)： 连续边 不连续边	0.45 0.30	0.48 0.32	0.51 0.34	0.53 0.35	0.55 0.36	0.57 0.37	0.60 0.39	0.63 0.41	— 0.29
三边不连续(一个短边连续)： 连续边 不连续边	— 0.29	— 0.33	— 0.36	— 0.38	— 0.40	— 0.42	— 0.45	— 0.48	0.45 0.30
四边不连续： 不连续边	0.33	0.36	0.39	0.41	0.43	0.45	0.48	0.50	0.33

5. 计算板的弯曲受拉钢筋

板的弯曲受拉钢筋是由单位板宽的最大设计弯矩，按照单筋截面设计得到。

如果混凝土强度等级不大于C50/60，$f_{cd}=\alpha_{cc}\dfrac{f_{ck}}{\gamma_c}$，取$\alpha_{cc}=0.85$，$\gamma_c=1.5$，则板的弯曲受拉钢筋可以按照以下公式计算：

$$K=\frac{M_{Ed}}{bd^2f_{ck}}\leqslant K_{lim}=0.167 \tag{3-13}$$

$$\frac{z}{d}=0.5+\sqrt{0.25-K/1.134}\leqslant 0.95 \tag{3-14}$$

$$A_s=\frac{M_{Ed}}{0.87f_{yk}z} \tag{3-15}$$

式中　M_{Ed}——板的设计弯矩；

b——单位板宽（1000mm）；

d——板截面的有效高度；

z——内力臂。

计算出了板的弯曲受拉钢筋面积后，需要按照以下公式校核板的最小及最大配筋率：

$$A_{s,min}=0.26\frac{f_{ctm}}{f_{yk}}bd\geqslant 0.0013bd \tag{3-16}$$

$$A_{s,max}=0.04A_c \tag{3-17}$$

板的最小配筋率也可见表3-11。通常板的短边方向上的主筋布置在板的外侧。

实心板的最小配筋率要求　　**表3-11**

混凝土圆柱体强度 f_{ck}（MPa）	混凝土抗拉强度平均值 f_{ctm}（MPa）	最小配筋率（$0.26f_{ctm}/f_{yk}$）
25	2.6	0.13%
28	2.8	0.14%
30	2.9	0.15%
32	3.0	0.16%
35	3.2	0.17%
40	3.5	0.18%
45	3.8	0.20%
50	4.1	0.21%

注：$f_{yk}=500$MPa。

6. 校核板的斜截面受剪承载力

普通的钢筋混凝土板通常不需要配置斜截面抗剪钢筋。需要校核无抗剪钢筋板的斜截面受剪承载力，可以参照以下公式：

$$v_{Ed}=\frac{V_{Ed}}{bd}\leqslant v_{Rd,c}=\frac{V_{Rd,c}}{bd}=\left[\frac{0.18}{\gamma_c}k(100\rho_l f_{ck})^{1/3}\right]\geqslant v_{c,min} \tag{3-18}$$

$$k=1+\sqrt{200/d}\leqslant 2.0（d \text{ 的单位为“mm”}）$$

$$\rho_l=A_s/(bd)\leqslant 0.02$$

$$v_{c,min}=0.035k^{1.5}f_{ck}^{0.5}$$

式中　v_{Ed}——板的剪应力设计值；

V_{Ed}——板的剪力设计值；

$v_{Rd,c}$——板的允许剪应力；

$V_{Rd,c}$——板的受剪承载力；

γ_c——混凝土材料系数，取1.5。

A_s——板中受拉钢筋面积。

没有配置斜截面抗剪钢筋的板的允许剪应力值可参考表3-12。

无斜截面抗剪钢筋的板的允许剪应力 $v_{Rd,c}$（MPa）　　**表3-12**

$\rho_l=A_s/(bd)$	有效高度 d（mm）										
	≤200	225	250	275	300	350	400	450	500	600	750
0.25%	0.54	0.52	0.50	0.48	0.47	0.45	0.43	0.41	0.40	0.38	0.36
0.50%	0.59	0.57	0.56	0.55	0.54	0.52	0.51	0.49	0.48	0.47	0.45
0.75%	0.68	0.66	0.64	0.63	0.62	0.59	0.58	0.56	0.55	0.53	0.51
1.00%	0.75	0.72	0.71	0.69	0.68	0.65	0.64	0.62	0.61	0.59	0.57
1.25%	0.80	0.78	0.76	0.74	0.73	0.71	0.69	0.67	0.66	0.63	0.61
1.50%	0.85	0.83	0.81	0.79	0.78	0.75	0.73	0.71	0.70	0.67	0.65
1.75%	0.90	0.87	0.85	0.83	0.82	0.79	0.77	0.75	0.73	0.71	0.68
≥2.00%	0.94	0.91	0.89	0.87	0.85	0.82	0.80	0.78	0.77	0.74	0.71
k	2.000	1.943	1.894	1.853	1.816	1.756	1.707	1.667	1.632	1.577	1.516

表格来源于：$v_{Rd,c}=0.12k(100\rho_l f_{ck})^{1/3}\geqslant 0.035k^{1.5}f_{ck}^{0.5}$

这里 $k=1+\sqrt{(200/d)}\leqslant 2$ 和 $\rho_l=A_s/(bd)\leqslant 0.02$

注：1. 此表对应的混凝土强度为 $f_{ck}=30\text{N/mm}^2$；

2. 当混凝土为其他强度时，$v_{Rd,c}$ 可以乘以下面的系数（配筋率为0.25%的行除外）

f_{ck}	25	28	32	35	40	45	50
系数	0.94	0.98	1.02	1.05	1.10	1.14	1.19

7. 挠度验算

对混凝土实心板的挠度验算，EC2给出两种方法：

（1）控制板的跨度与有效高度比的方法，工程设计中常用；

（2）计算板的挠度，保证其小于规范给出的允许挠度值。

对双向板，应按短边方向检查。

下面介绍工程设计中常用的板挠度验算方法。板的最大允许跨度与有效高度比是通过板的基础跨度与有效高度比乘以适当的修正系数得到。板的基础跨度与有效高度比可以由以下公式算出：

当 $\rho \leqslant \rho_0$ 时

$$\frac{l}{d}=K\left[11+1.5\sqrt{f_{ck}}\frac{\rho_0}{\rho}+3.2\sqrt{f_{ck}}\left(\frac{\rho_0}{\rho}-1\right)^{3/2}\right] \tag{3-19}$$

当 $\rho > \rho_0$ 时

$$\frac{l}{d}=K\left[11+1.5\sqrt{f_{ck}}\frac{\rho_0}{\rho-\rho'}+\frac{1}{12}\sqrt{f_{ck}}\sqrt{\frac{\rho'}{\rho}}\right] \tag{3-20}$$

式中 $\frac{l}{d}$ ——板的基础跨度与有效高度比；

K ——考虑不同结构体系的系数，见表 3-6；

ρ_0 ——参考配筋率，$\rho_0=10^{-3}\sqrt{f_{ck}}$；

ρ ——用于抵抗设计荷载引起的板跨中弯矩所需的受拉钢筋的配筋率（对悬臂板是指支座处）；

ρ' ——用于抵抗设计荷载引起的板跨中弯矩所需的受压钢筋的配筋率（对悬臂板是指支座处）；对单筋截面板：$\rho'=0$；

f_{ck} ——混凝土圆柱体强度（MPa）。

实心混凝土单向或双向板的最大允许跨度与有效高度比是通过板的基础跨度与有效高度比乘以下修正系数得出。

（1）受拉钢筋应力修正系数 F_1

$$F_1=\frac{310}{\sigma_s}=\frac{500}{f_{yk}}\cdot\frac{A_{s,prov}}{A_{s,req}}$$

式中 σ_s ——正常使用状态时的跨中（悬臂时在支座）受拉钢筋的应力；

$A_{s,prov}$ ——截面中所配置的受拉钢筋面积，$A_{s,prov}\leqslant 1.5A_{s,req}$；

$A_{s,req}$ ——承载能力极限状态下截面设计所需的受拉钢筋面积。

（2）跨度修正系数 F_2

当板的跨度超过 7m 时，为保证建筑面层及隔墙等不开裂损坏，基础的跨度与有效高度比应乘以跨度修正系数 $F_2=\frac{7}{l_{eff}}$，l_{eff} 为板的有效跨度（m）。

比较计算的最大允许跨度与有效高度比 $\left(\frac{l}{d}F_1F_2\right)$ 和实际的跨度与有效高度比 $\frac{l_{act}}{d_{act}}$，如果允许值大于实际值，则挠度控制满足要求，否则应增加所配置的受拉钢筋面积或板厚。

8. 叠合面的水平剪应力校核

对于叠合板，由于预制部分和现浇部分的混凝土在不同时间浇筑，板的叠合面处的水平剪应力需要加以校核。EC2 给出了以下校核方法：

$$v_{Edi}=\beta\frac{V_{Ed}}{zb_i}\leqslant v_{Rdi}=cf_{ctd} \tag{3-21}$$

式中 v_{Edi}——叠合面处的剪应力设计值；

V_{Ed}——竖向剪力设计值；

z——叠合板的内力臂，可以取 $z=0.9d$；

b_i——单位板宽；

β——新浇筑混凝土区域中的纵向水平力和截面受拉区或受压区纵向总水平力的比值，$\beta\leqslant1.0$；

v_{Rdi}——叠合面处的允许水平剪应力，$v_{Rdi}\leqslant0.5\nu f_{cd}$，其中 $\nu=0.6(1-f_{ck}/250)$；

c——叠合面的粗糙系数，介于 0.025～0.5，见表 3-14。对表面有至少 3mm 的凸凹差，间距为 40mm 的叠合面，取 $c=0.4$；

f_{ctd}——混凝土抗拉强度设计值，$f_{ctd}=\alpha_{ct}f_{ctk,0.05}/\gamma_c$，取 $\alpha_{ct}=1.0$ 和 $\gamma_c=1.5$。

3.2.2 预制预应力混凝土叠合板

在预制预应力叠合板中，由于采用了高强钢绞线对板施加预应力，所以可以节省板中普通钢筋的用量以及有效控制板的挠度，同时也能够阻止板在吊装及运输过程中裂缝的产生。

预制预应力板的厚度通常有 70mm、90mm、110mm、125mm、150mm 和 200mm 等。混凝土强度等级为 C32/40 以上。在实际工程中通常采用有现浇结构层的预应力叠合板。预应力的抗裂设计等级通常为二级（允许板底部混凝土出现拉应力但无可见裂缝）。预应力混凝土结构的设计不同于普通混凝土结构，它是依照正常使用状态时的受力情况（荷载系数均取 1.0）设计预应力筋，然后校核承载能力极限状态下的钢筋需求量，如果预应力筋不足，则增加普通钢筋以满足要求。

预制预应力叠合板的设计可以参照以下步骤及两个例题：

设计步骤如下：

（1）正常使用极限状态设计

1）计算预制叠合板在安装时的截面弯曲应力；

2）计算正常使用时叠合板中的截面弯曲应力；

3）计算叠合板跨中截面的综合应力；

4）计算叠合板截面所需的有效预应力及钢绞线面积；

5）校核正常使用状态时最终的板截面综合应力；

6）校核安装施工状态时预制叠合板中的截面应力；

7）检查预应力施加转换阶段（预应力筋放张时）预制叠合板截面中的应力；

8）叠合板的长期挠度验算。

（2）承载能力极限状态设计

1）预制叠合板的弯曲受拉钢筋设计；

2）叠合面水平剪应力校核；

3）叠合板的受剪承载力校核。

（3）预应力损失验算

（4）吊钩设计

【例 3-1】 施工时无临时中间支撑的预制预应力叠合板

设计一个跨度为 3.6m，总厚度为 145mm 的简支单跨板，其中预制预应力板厚 80mm，现浇结构层厚 65mm。

设计条件：

（1）荷载

面层：1.2kN/m^2

设备：0.5kN/m^2

活荷载：2.0kN/m^2

（2）材料

1）钢绞线

抗拉强度标准值：$f_{pk}=1860\text{N/mm}^2$

名义屈服强度：$f_{p0.1k}=0.9f_{pk}=1674\text{N/mm}^2$

初始张拉应力：$f_{pi}=0.75f_{pk}=1395\text{N/mm}^2$

预估预应力损失比：$\eta=0.75$

2）混凝土

预制板：$f_{ck}=40\text{N/mm}^2$（水泥类别：class R）

预应力施加转换时（预应力筋放张时）：$f_{ck(t=7)}=31.3\text{N/mm}^2$

预制板安装时：$f_{ck(t=10)}=33.95\text{N/mm}^2$

现浇结构层：$f_{ck}=32\text{N/mm}^2$

3）钢筋

屈服强度标准值：$f_{yk}=500\text{N/mm}^2$

按照前面设计步骤进行设计。

【解】

（1）正常使用极限状态设计

1）计算预制叠合板在安装时的截面弯曲应力

恒荷载：预制板自重$=0.080\times25=2.00\text{kN/m}^2$

$$\begin{aligned}\underline{现浇层自重=0.065\times25=1.63\text{kN/m}^2}\\ 总重=3.63\text{kN/m}^2\\ 施工活荷载=1.90\text{kN/m}^2\end{aligned}$$

板跨中弯矩：

① 只考虑叠合板自重：

$$M_1=3.63\times3.6^2/8=5.88\ \text{kN}\cdot\text{m/m}$$

预制板截面顶部和底部的应力：

$$f_c=\pm\frac{6M_1}{bh^2}=\pm\frac{6\times5.88\times10^6}{1000\times80^2}=\pm5.51\ \text{N/mm}^2$$

② 考虑叠合板自重及施工活荷载：

$$M_1=(3.63+1.9)\times3.6^2/8=8.96\ \text{kN}\cdot\text{m/m}$$

预制板截面顶部和底部的应力：

$$f_c=\pm\frac{6M_1}{bh^2}=\pm\frac{6\times8.96\times10^6}{1000\times80^2}=\pm8.40\ \text{N/mm}^2$$

2）计算正常使用时叠合板中的截面弯曲应力

荷载：恒荷载：面层：1.2kN/m²

设备：0.5kN/m²

1.7kN/m²

活荷载：　　2.0kN/m²

总荷载：　　3.7kN/m²

板跨中弯矩：

$$M_2=3.7\times3.6^2/8=5.99\ \text{kN}\cdot\text{m/m}$$

叠合板截面顶部和底部的应力：

$$f_c=\pm\frac{6M_2}{bh^2}=\pm\frac{6\times5.99\times10^6}{1000\times145^2}=\pm1.71\ \text{N/mm}^2$$

3）计算叠合板跨中截面的综合应力

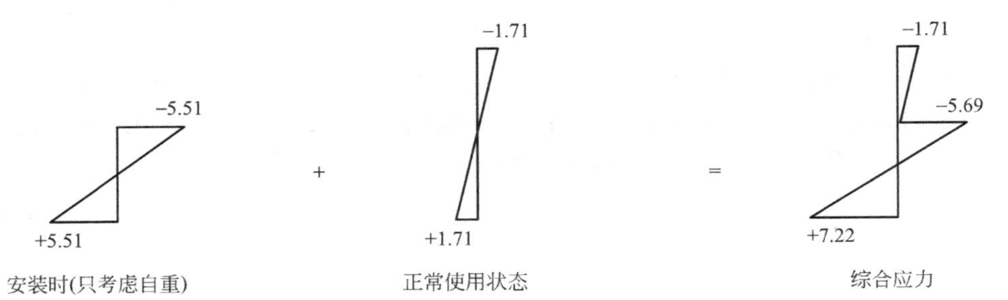

注：“+”表示混凝土拉应力；
“−”表示混凝土压应力

4）计算叠合板截面所需的有效预应力及钢绞线面积

对强度等级为C40/50的混凝土，预制板底部的混凝土允许拉应力为：$f_{ctm}=3.5N/mm^2$

预制板中的钢绞线混凝土保护层厚度 $c=25mm$，钢绞线直径 $\phi=9.6mm$，预应力对预制板截面中心的偏心距为：

$$e=80/2-25-9.6/2\approx 10\ mm$$

预制板跨中截面底部的混凝土拉应力应满足以下条件：

$$7.22-\frac{P_e}{A_c}-\frac{P_e e}{z_b}=3.5$$

$$7.22-\frac{P_e}{1000\times 80}-\frac{P_e\times 10\times 6}{1000\times 80^2}=3.5$$

则 $$P_e=170\times 10^3\ N/m$$

钢绞线的有效预应力为：$f_{Pe}=\eta\cdot f_{Pi}=0.75\times 1395=1046N/mm^2$

所需钢绞线面积为：$A_{ps,\ req}=P_e/f_{Pe}=170\times 10^3/1046=163mm^2/m$

配置 ϕ9.6mm 的钢绞线，间距为200mm，则 $A_{ps,\ pro}=275mm^2/m$

实际提供的预应力为：

$$P_e=275\times 1046=288\times 10^3\ N/m$$

$$\frac{P_e}{A_c}=-\frac{288\times 10^3}{1000\times 80}=-3.6\ N/mm^2$$

$$\frac{P_e e}{z_b}=\pm\frac{288\times 10^3\times 10}{(1000\times 80^2)/6}=\pm 2.7\ N/mm^2$$

5）校核正常使用状态时最终的板截面综合应力

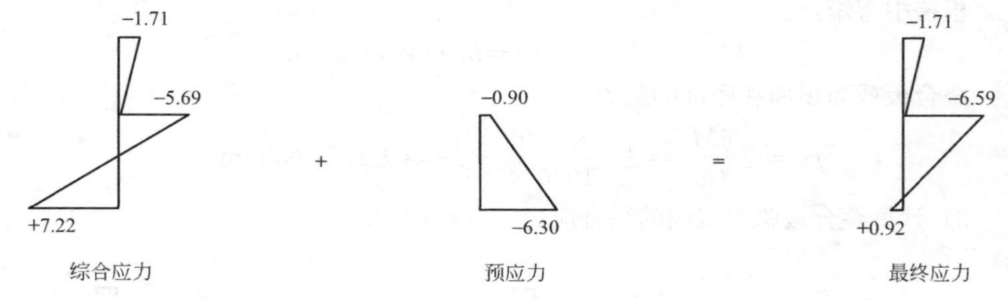

叠合板截面底部混凝土最大拉应力$=0.92N/mm^2<f_{ctm}=3.5N/mm^2$

叠合板截面的混凝土最大压应力$=6.59N/mm^2<0.45f_{ck,\ top}=14.4N/mm^2$

6）校核安装施工状态时预制叠合板中的截面应力

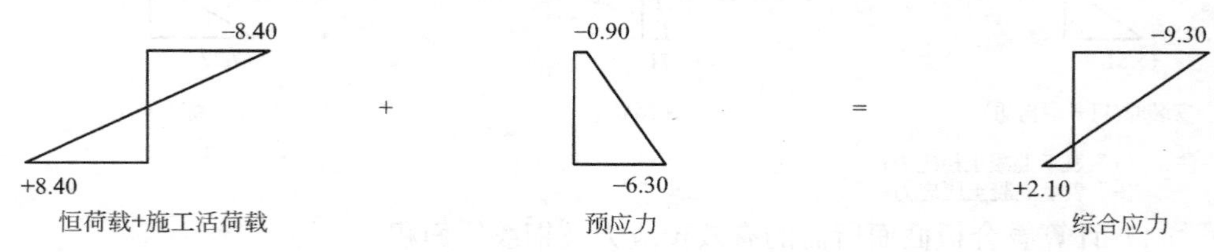

预制板截面混凝土最大拉应力=2.10N/mm²＜$f_{\mathrm{ctm(t=10)}}$=3.07N/mm²

预制板截面混凝土最大压应力=9.30N/mm²＜0.6$f_{\mathrm{ck(t=10)}}$=20.37N/mm²

7）检查预应力施加转换阶段预制叠合板截面中的应力

① 假定在预应力施加转换阶段（预应力筋放张时），预应力损失比为0.9，则有：

$$f_{pi}=0.9\times0.75\times1860=1256\ \mathrm{N/mm^2}$$

$$P_i=275\times1256=345\times10^3\ \mathrm{N/m}$$

$$\frac{P_i}{A_c}=-\frac{345\times10^3}{1000\times80}=-4.31\ \mathrm{N/mm^2}$$

$$\frac{P_ie}{z_b}=\pm\frac{345\times10^3\times10}{(1000\times80^2)/6}=\pm3.23\ \mathrm{N/mm^2}$$

假定预制板在施加预应力后两端简支，则有：

$$M=(25\times0.08)\times3.6^2/8=3.24\ \mathrm{kN\cdot m/m}$$

$$f_c=\pm\frac{6M}{bh^2}=\pm\frac{6\times3.24\times10^6}{1000\times80^2}=\pm3.04\ \mathrm{N/mm^2}$$

−3.04 −1.08 −4.12

\+ =

+3.04 −7.54 −4.50

受弯应力 转换阶段预应力 综合应力

预制板截面混凝土最大拉应力=0N/mm²＜$f_{\mathrm{ctm(t=7)}}$=2.87N/mm²

预制板截面混凝土最大压应力=4.5N/mm²＜0.6$f_{\mathrm{ck(t=7)}}$=18.78N/mm²

② 起吊阶段

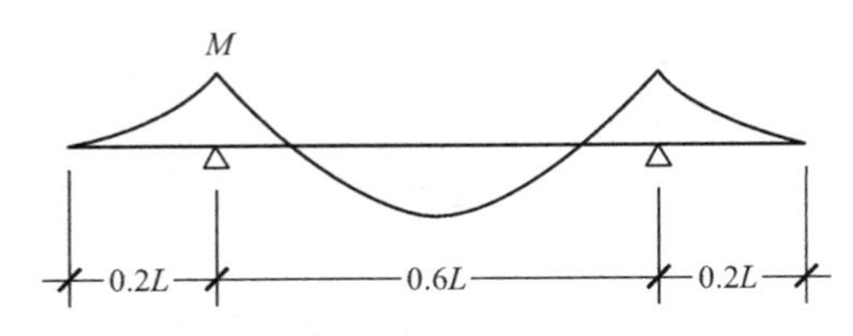

$$M=q(0.2L)^2/2=(25\times0.08)\times(0.2\times3.6)^2/2=0.52\ \mathrm{kN\cdot m/m}$$

$$f_c=\pm\frac{6M}{bh^2}=\pm\frac{6\times0.52\times10^6}{1000\times80^2}=\pm0.49\ \mathrm{N/mm^2}$$

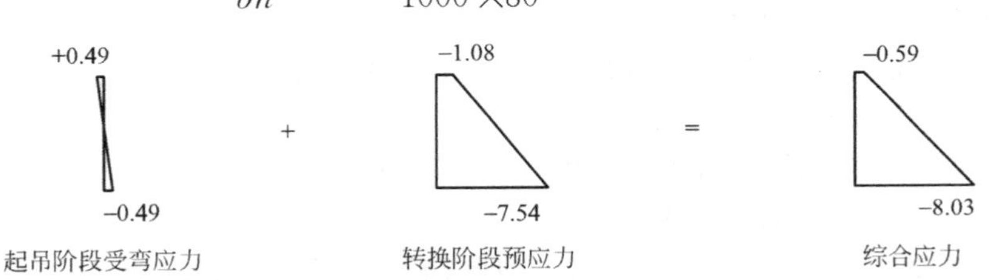

起吊阶段受弯应力 转换阶段预应力 综合应力

预制板截面混凝土最大拉应力=0N/mm²< $f_{ctm(t=7)}$ =2.87N/mm²

预制板截面混凝土最大压应力=8.03N/mm²<0.6$f_{ck(t=7)}$ =18.78N/mm²

8）叠合板的长期挠度验算

现浇层混凝土强度为C32/40，弹性模量（割线值）$E_{cm,\ top}$ =33.35kN/mm²，考虑混凝土徐变，则有：

$$E_{c,\ eff}=\frac{E_{cm}}{1+\varphi_{(\infty,\ t0)}}=\frac{33.35}{1+2}=11.12\ \text{kN/mm}^2$$

① 由恒荷载和活荷载产生的挠度：

$$M_1=(25\times0.145+1.2+0.5+2)\times3.6^2/8=11.87\ \text{kN}\cdot\text{m/m}$$

$$I=\frac{bh^3}{12}=\frac{1000\times145^3}{12}=254\times10^6\ \text{mm}^4$$

$$\delta_1=\frac{5}{48}\cdot\frac{M_1L^2}{E_{c,\ eff}I}=\frac{5}{48}\times\frac{11.87\times10^6\times3600^2}{11.12\times10^3\times254\times10^6}=5.67\ \text{mm}$$

② 由预应力产生的反拱（往上）：

$$M_2=P_e e=275\times1046\times10^{-6}\times(145/2-30)=12.23\ \text{kN}\cdot\text{m/m}$$

$$\delta_2=\frac{1}{8}\cdot\frac{M_2L^2}{E_{c,\ eff}I}=\frac{1}{8}\times\frac{12.23\times10^6\times3600^2}{11.12\times10^3\times254\times10^6}=7.01\ \text{mm}$$

③ 总挠度：

$$\delta=\delta_1-\delta_2=5.67-7.01=-1.34\ \text{mm}<L/250=14.4\ \text{mm}$$

（2）承载能力极限状态设计

1）预制叠合板弯曲受拉钢筋设计

跨中弯矩：

$$M_{ult}=(1.35\times5.325+1.5\times2.0)\times3.6^2/8=16.51\ \text{kN}\cdot\text{m/m}$$

$$K=\frac{M_{ult}}{bd^2f_{ck}}=\frac{16.51\times10^6}{1000\times115^2\times32}=0.039<0.167\quad \text{单筋截面}$$

$$z/d=0.5+\sqrt{0.25-K/1.134}=0.5+\sqrt{0.25-0.039/1.134}$$
$$=0.964>0.95$$

取 $$z=0.95d=0.95\times115=109.25\ \text{mm}$$

$$A_{s,\ req}=\frac{M_{ult}}{0.87f_{yk}z}=\frac{16.51\times10^6}{0.87\times500\times109.25}=347\ \text{mm}^2/\text{m}$$

由钢绞线提供的钢材面积：

$$A_{s,\ pro}=275\times(0.9\times1860)/500=921\text{mm}^2>347\ \text{mm}^2$$

2）叠合面水平剪应力校核

叠合板截面中和轴到板顶的距离：

$$x=2(d-z)/\lambda=2\times(115-109)/0.8=15\ \text{mm}$$

结构现浇层厚度=65mm>15mm，所以叠合面在受拉区，则β=1.0

$$V_{Ed}=(1.35\times5.325+1.5\times2)\times3.6/2=18.34\text{ kN/m}$$

$$v_{Ed}=\beta\frac{V_{Ed}}{zb}=1.0\times\frac{18.34\times10^3}{109\times1000}=0.17\text{ N/mm}^2$$

$$f_{ctd,\ top}=\alpha_{ct}f_{ctk,\ 0.05}/\gamma_c=1.0\times2.1/1.5=1.4\text{ N/mm}^2$$

$$v_{Rd}=cf_{ctd,\ top}=0.4\times1.4=0.56\text{N/mm}^2>v_{Ed}=0.17\text{ N/mm}^2$$

3）叠合板的受剪承载力校核

$$C_{Rdc}=0.18/\gamma_c=0.18/1.5=0.12$$

$$k=\min\{1+\sqrt{200/d};\ 2.0\}=\min\{1+\sqrt{200/115};\ 2.0\}=2.0$$

$$\rho_l=\min\{A_s/(bd);\ 0.02\}=\min\{275/(1000\times115);\ 0.02\}=0.0024$$

$$V_{Rdc}=C_{Rdc}k(100\rho_lf_{ck})^{1/3}bd=0.12\times2.0\times(100\times0.0024\times32)^{1/3}\times1000\times115$$
$$=54.45\times10^3\text{N/m}$$

$$V_{Rdc,\ min}=(0.035k^{1.5}f_{ck}^{0.5})bd=(0.035\times2.0^{1.5}\times32^{0.5})\times1000\times115$$
$$=64.4\times10^3\text{N/m}$$

$$\max\{V_{Rdc};\ V_{Rdc,\ min}\}=64.4\times10^3\text{ N/m}>V_{Ed}=18.34\text{ kN/m}$$

（3）预应力损失验算

ϕ9.6mm 的钢绞线，间距为 200mm，$A_{ps}=275\text{mm}^2/\text{m}$，预制板截面面积 $=80\times1000=80000\text{mm}^2$；

$E_{cm(t=7)}=33.17\text{kN/mm}^2$——预应力施加转换阶段（预应力筋放张阶段）

$E_{sp}=195\text{kN/mm}^2$；$\alpha_e=E_{sp}/E_{cm(t=7)}=195/33.17=5.88$

混凝土的徐变系数 $\varphi_{(\infty,\ t0)}=2$；混凝土收缩应变 $\varepsilon_{cs}=330\times10^{-6}$

1）混凝土在压力作用下的弹性收缩变形

P_t——预应力施加转换时（预应力筋放张时）的预压力值；

P'——混凝土弹性收缩后的预压力值。

$$P_t=0.75\times1860\times275=384\times10^3\text{ N/m}$$

$$P'=\frac{P_t}{1+\alpha_e(A_{ps}/A)(1+e^2A/I)}$$
$$=\frac{384\times10^3}{1+5.88\times(275/80000)\left(1+10^2\times\frac{80000}{1000\times80^3/12}\right)}$$
$$=375\times10^3\text{N}$$

预压力损失比 $=(P_t-P')/P_t=(384-375)/384=2.3\%$

2）混凝土在持久压力作用下的徐变

$$预压力损失值=\frac{\varphi_{(\infty,\ t0)}}{1.05E_{cm}}\cdot E_{sp}\cdot\frac{A_{ps}}{A}\cdot P'\left(1+e'^2\frac{A}{I}\right)$$
$$=\frac{2.0}{1.05\times33.35}\times195\times\frac{275}{145000}\times375\times10^3$$

$$\times\left(1+42.5^2\times\frac{145000}{1000\times145^3/12}\right)$$

$$=16.1\times10^3\text{N}$$

3）钢绞线在持久拉力作用下的松弛

钢绞线的松弛等级为第二级，对预应力松弛损失比有以下公式：

$$\Delta\sigma_{pr}/\sigma_{pi}=0.66\rho_{1000}e^{9.1\mu}\left(\frac{t}{1000}\right)^{0.75(1-\mu)}\times10^{-5}$$

其中：

$$\sigma_{pi}=P'/A_{ps}=375\times10^3/275=1364\ \text{N/mm}^2$$

$$\rho_{1000}=2.5\%$$

$$\mu=\sigma_{pi}/f_{pk}=1364/1860=0.733$$

$$t=500000\ \text{h，约为 57 年}$$

$$(t/1000)^{0.75(1-\mu)}=3.471$$

$$e^{9.1\mu}=788.64$$

所以有：

$$\Delta\sigma_{pr}/\sigma_{pi}=0.66\times2.5\times788.64\times3.471\times10^{-5}=4.52\%$$

$$\Delta\sigma_{pr}=4.52\%\times1364=61.65\ \text{N/mm}^2$$

$$\text{预压力损失值}=61.65\times275=17\times10^3\ \text{N}$$

4）混凝土收缩

$$\text{预压力损失值}=\varepsilon_{cs}E_{sp}A_{ps}=330\times10^{-6}\times195\times10^3\times275$$

$$=18\times10^3\text{N}$$

$$\text{最终预压力}=(375-16.1-17-18)\times10^3=323.9\times10^3\ \text{N}$$

$$\text{最终预压力损失比}=\frac{384-323.9}{384}=15.7\%<25\%$$

（4）吊钩设计

预制板宽：2400mm

预制板总重量 $=25\times0.08\times2.4\times3.6=17.28\text{kN}$

配置 4 个 ϕ 9.6mm 钢绞线吊钩：$A_{ps}=55\text{mm}^2$，$f_{pk}=1860\text{N/mm}^2$

吊钩总承载力 $=4\times55\times1860=409\times10^3\text{N}$

吊钩安全系数 $=409\times10^3/(17.28\times10^3)=23.67>3$

【例 3-2】 有施工临时中间支撑的预制预应力叠合板

设计一个跨度为 7.2m，总厚度为 185mm 的简支单跨板，其中预制预应力板厚 90mm，现浇结构层厚 95mm。设计荷载及材料等和例 3-1 相同。施工时在板跨中有两排等距离的临时支撑，见下图：

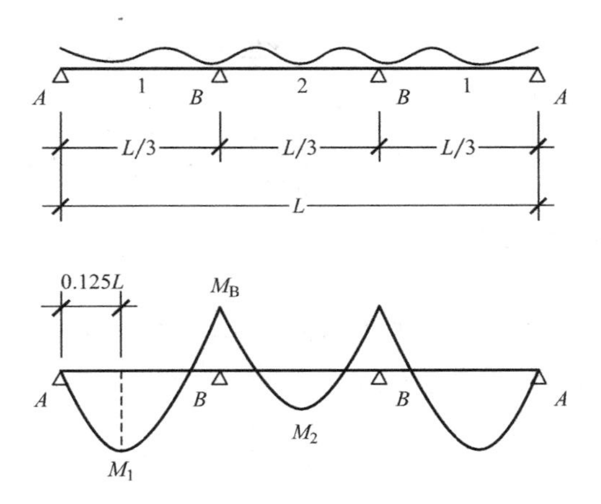

(1) 计算预制叠合板在安装时的截面弯曲应力

1) 计算正常使用时叠合板中的截面弯曲应力

恒荷载：预制板自重=0.090×25=2.25kN/m²

现浇层自重=0.095×25=2.38kN/m²

总重=4.63kN/m²

施工活荷载=1.90kN/m²

支撑 B 处的弯矩：$M_B=0.1ql^2$

① 只考虑叠合板自重：

$$M_B=0.1\times4.63\times2.4^2=2.67\ \text{kN}\cdot\text{m/m}$$

预制板截面顶部和底部的应力：

$$f_c=\pm\frac{6M_B}{bh^2}=\pm\frac{6\times2.67\times10^6}{1000\times90^2}=\pm1.98\ \text{N/mm}^2$$

② 考虑叠合板自重及施工活荷载：

$$M_B=0.1\times(4.63+1.9)\times2.4^2=3.76\ \text{kN}\cdot\text{m/m}$$

预制板截面顶部和底部的应力：

$$f_c=\pm\frac{6M_B}{bh^2}=\pm\frac{6\times3.76\times10^6}{1000\times90^2}=\pm2.79\ \text{N/mm}^2$$

第一跨跨间最大弯矩：$M_1=0.08ql^2$，位置在预制板总跨度的 $0.125L=0.9$m 处。

① 只考虑叠合板自重：

$$M_1=0.08\times4.63\times2.4^2=2.13\ \text{kN}\cdot\text{m/m}$$

预制板截面顶部和底部的应力：

$$f_c=\pm\frac{6M_1}{bh^2}=\pm\frac{6\times2.13\times10^6}{1000\times90^2}=\pm1.58\ \text{N/mm}^2$$

② 考虑叠合板自重及施工活荷载：

$$M_1 = 0.08 \times (4.63 + 1.9) \times 2.4^2 = 3.01\ \text{kN} \cdot \text{m/m}$$

预制板截面顶部和底部的应力：

$$f_c = \pm \frac{6M_1}{bh^2} = \pm \frac{6 \times 3.01 \times 10^6}{1000 \times 90^2} = \pm 2.23\ \text{N/mm}^2$$

第二跨跨中最大弯矩：$M_2 = 0.025ql^2$

① 只考虑叠合板自重：

$$M_2 = 0.025 \times 4.63 \times 2.4^2 = 0.67\ \text{kN} \cdot \text{m/m}$$

预制板截面顶部和底部的应力：

$$f_c = \pm \frac{6M_2}{bh^2} = \pm \frac{6 \times 0.67 \times 10^6}{1000 \times 90^2} = \pm 0.50\ \text{N/mm}^2$$

② 考虑叠合板自重及施工活荷载：

$$M_2 = 0.025 \times (4.63 + 1.9) \times 2.4^2 = 0.94\ \text{kN} \cdot \text{m/m}$$

预制板截面顶部和底部的应力：

$$f_c = \pm \frac{6M_2}{bh^2} = \pm \frac{6 \times 0.94 \times 10^6}{1000 \times 90^2} = \pm 0.70\ \text{N/mm}^2$$

2）计算正常使用时叠合板中的截面弯曲应力

依据正常使用状态时的荷载（应考虑撤掉支撑时的状态以及最终状态），可以得出：

距支座 0.9m 处的弯矩：

$$M = 23.60\ \text{kN} \cdot \text{m/m}$$

叠合板截面顶部和底部的应力：

$$f_c = \pm \frac{6M}{bh^2} = \pm \frac{6 \times 23.60 \times 10^6}{1000 \times 185^2} = \pm 4.14\ \text{N/mm}^2$$

距支座 2.4m 处的弯矩：

$$M = 47.95\ \text{kN} \cdot \text{m/m}$$

叠合板截面顶部和底部的应力：

$$f_c = \pm \frac{6M}{bh^2} = \pm \frac{6 \times 47.95 \times 10^6}{1000 \times 185^2} = \pm 8.41\ \text{N/mm}^2$$

距支座 3.6m 处的弯矩（跨中弯矩）：

$$M = 53.95\ \text{kN} \cdot \text{m/m}$$

叠合板截面顶部和底部的应力：

$$f_c = \pm \frac{6M}{bh^2} = \pm \frac{6 \times 53.95 \times 10^6}{1000 \times 185^2} = \pm 9.46\ \text{N/mm}^2$$

3）计算叠合板跨中三个截面的综合应力

① 距支座 0.9m 处

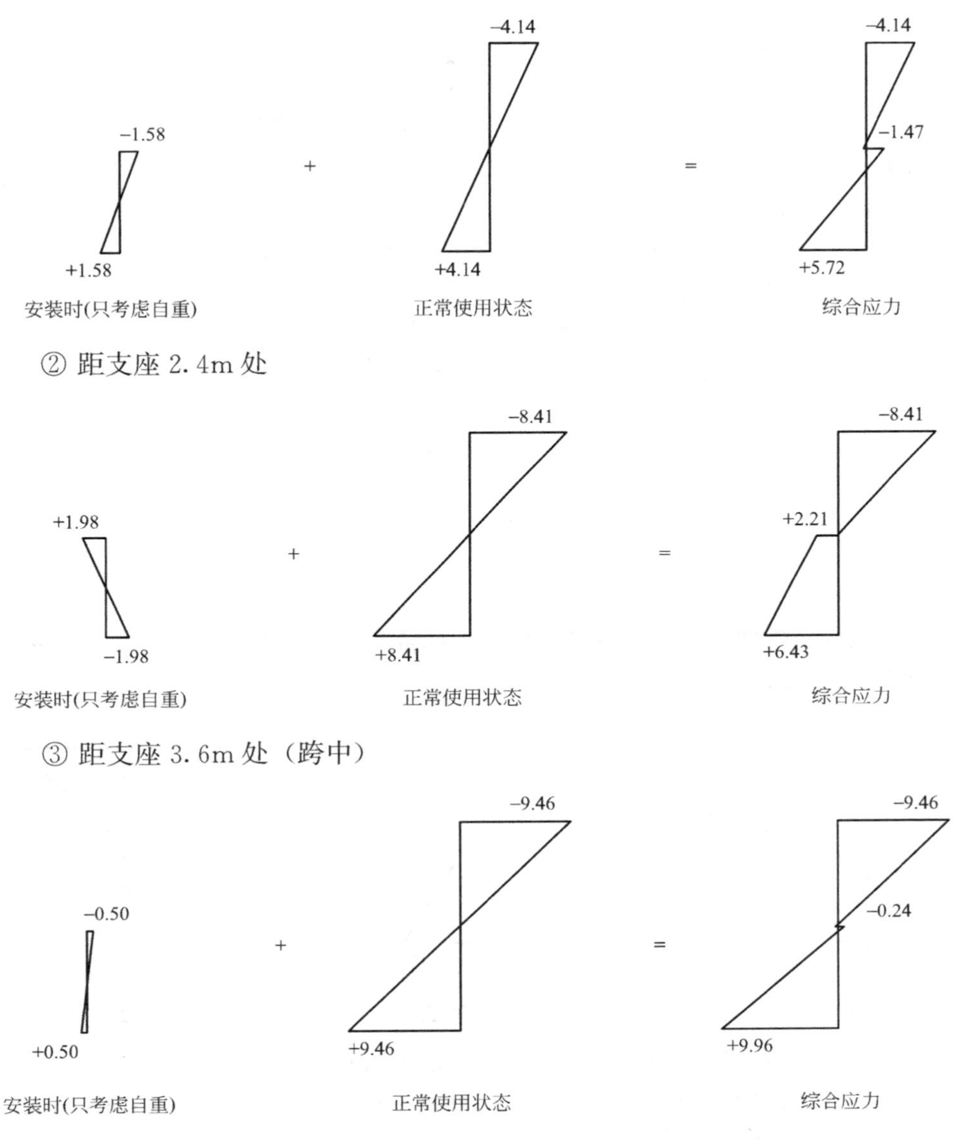

4）计算叠合板截面所需的有效预应力及钢绞线面积

对强度等级为 C40/50 的混凝土，预制板底部的混凝土允许拉应力为：$f_{ctm}=3.5\text{N/mm}^2$。

预制板中的钢绞线混凝土保护层厚度 $c=30\text{mm}$，钢绞线直径 $\phi=9.6\text{mm}$，预应力对预制板截面中心的偏心距为：

$$e=90/2-30-9.6/2\approx 10\ \text{mm}$$

预制板跨中截面底部的混凝土拉应力应满足以下条件：

$$9.96-\frac{P_{e}}{A_{c}}-\frac{P_{e}e}{z_{b}}=3.5$$

$$9.96-\frac{P_{e}}{1000\times 90}-\frac{P_{e}\times 10\times 6}{1000\times 90^{2}}=3.5$$

则 $$P_{e}=349\times 10^{3}\ \mathrm{N/m}$$

钢绞线有效预应力：

$$f_{Pe}=\eta\cdot f_{Pi}=0.75\times 1395=1046\ \mathrm{N/mm^{2}}$$

所需钢绞线面积为：

$$A_{ps,\ req}=P_{e}/f_{Pe}=349\times 10^{3}/1046=334\ \mathrm{mm^{2}/m}$$

配置 ϕ9.6mm 的钢绞线，间距为 150mm，则有 $A_{ps,\ pro}=367\mathrm{mm^{2}/m}$

实际提供的预应力：

$$P_{e}=367\times 1046=384\times 10^{3}\ \mathrm{N/m}$$

$$\frac{P_{e}}{A_{c}}=-\frac{384\times 10^{3}}{1000\times 90}=-4.27\ \mathrm{N/mm^{2}}$$

$$\frac{P_{e}e}{z_{b}}=\pm\frac{384\times 10^{3}\times 10}{(1000\times 90^{2})/6}=\pm 2.84\ \mathrm{N/mm^{2}}$$

5）校核正常使用状态时最终的板截面综合应力（撤掉临时支撑状态要考虑当时的混凝土允许应力）

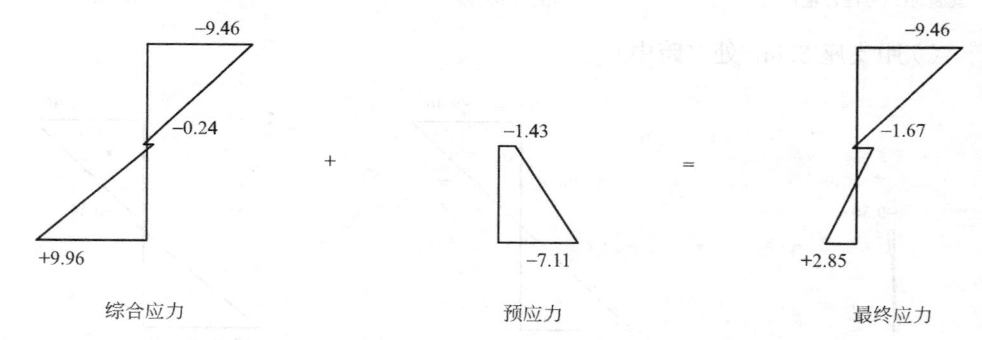

叠合板截面底部混凝土最大拉应力=2.85N/mm²< f_{ctm} =3.5N/mm²

叠合板截面的混凝土最大压应力=9.46N/mm²<0.45$f_{ck,\ top}$ =14.4N/mm

6）校核安装施工状态时预制叠合板中的截面应力

① 距支座 0.9m 处

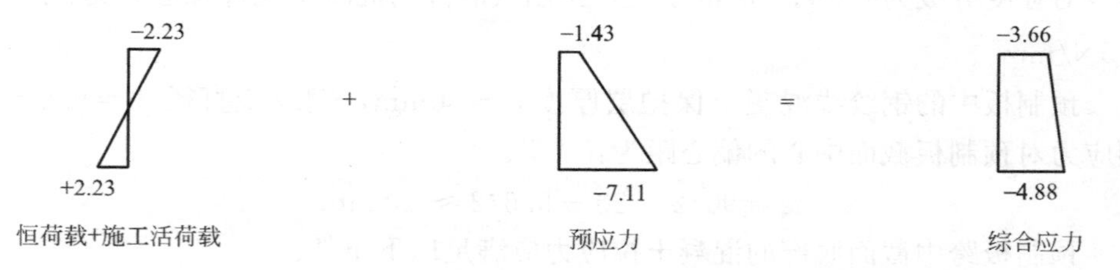

② 距支座 2.4m 处

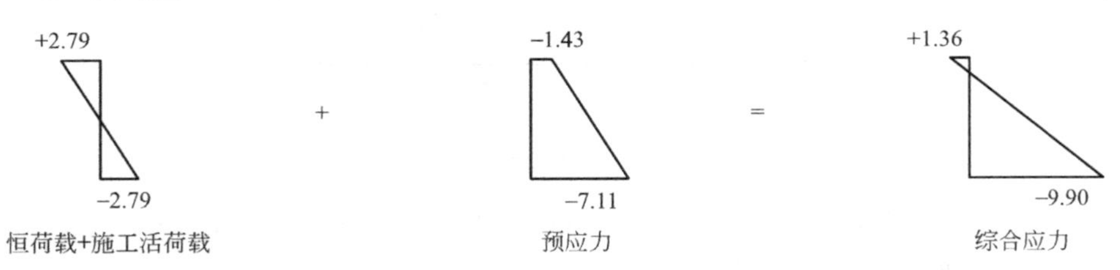

③ 距支座 3.6m 处

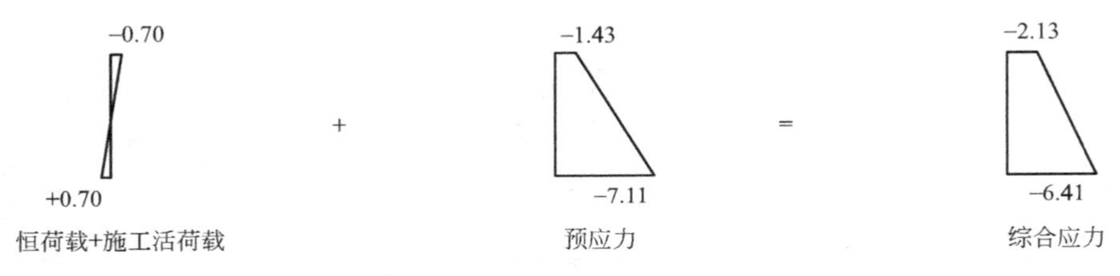

预制板截面混凝土最大拉应力$=1.36\text{N/mm}^2< f_{\text{ctm}(t=10)}=3.07\text{N/mm}^2$

预制板截面混凝土最大压应力$=9.90\text{N/mm}^2<0.6f_{\text{ck}(t=10)}=20.37\text{N/mm}^2$

7）检查预应力施加转换阶段预制叠合板截面中的应力

① 假定在预应力施加转换阶段，预应力损失比为 0.9，则有：

$$f_{pi}=0.9\times0.75\times1860=1256\ \text{N/mm}^2$$

$$P_i=367\times1256=461\times10^3\ \text{N/m}$$

$$\frac{P_i}{A_c}=-\frac{461\times10^3}{1000\times90}=-5.12\ \text{N/mm}^2$$

$$\frac{P_ie}{z_b}=\pm\frac{461\times10^3\times10}{(1000\times90^2)/6}=\pm3.41\ \text{N/mm}^2$$

假定预制板在施加预应力后两端简支，则有：

$$M=(25\times0.09)\times7.2^2/8=14.58\ \text{kN}\cdot\text{m/m}$$

$$f_c=\pm\frac{6M}{bh^2}=\pm\frac{6\times14.58\times10^6}{1000\times90^2}=\pm10.80\ \text{N/mm}^2$$

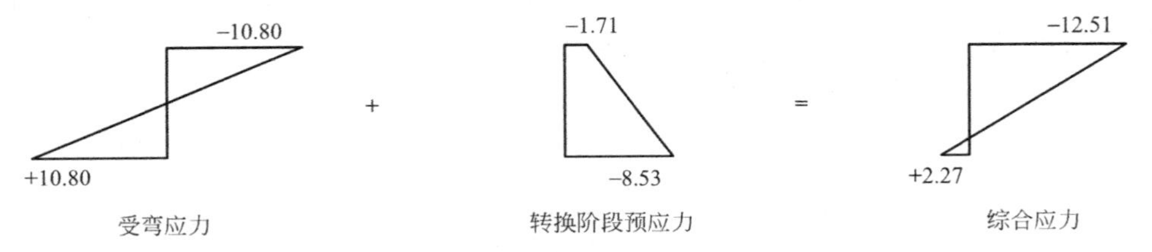

预制板截面混凝土最大拉应力$=2.27\text{N/mm}^2< f_{\text{ctm}(t=7)}=2.87\text{N/mm}^2$

预制板截面混凝土最大压应力$=12.51\text{N/mm}^2<0.6f_{\text{ck}(t=7)}=18.78\text{N/mm}^2$

② 起吊阶段

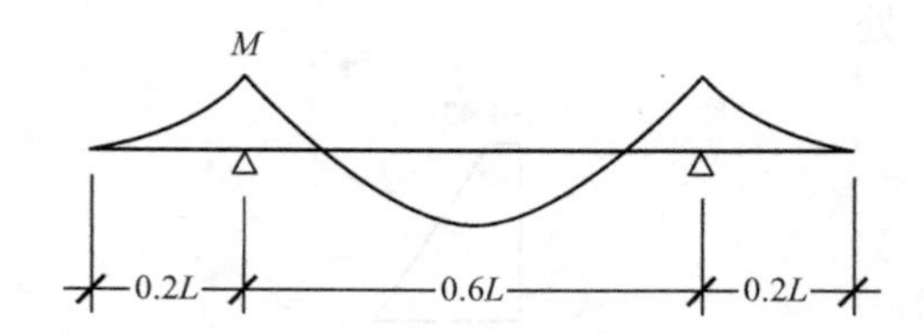

$$M = q(0.2L)^2/2 = (25 \times 0.09) \times (0.2 \times 7.2)^2/2 = 2.33\ \text{kN} \cdot \text{m/m}$$

$$f_c = \pm \frac{6M}{bh^2} = \pm \frac{6 \times 2.33 \times 10^6}{1000 \times 90^2} = \pm 1.73\ \text{N/mm}^2$$

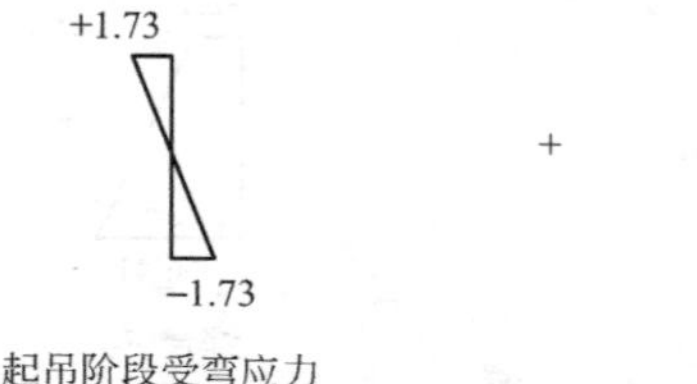

起吊阶段受弯应力

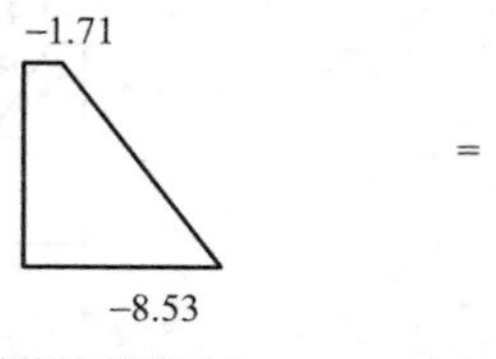

转换阶段预应力

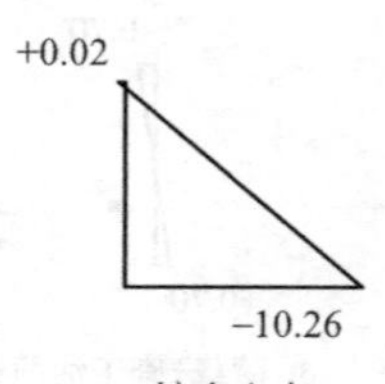

综合应力

预制板截面混凝土最大拉应力$=0.02\text{N/mm}^2 < f_{ctm(t=7)} = 2.87\text{N/mm}^2$

预制板截面混凝土最大压应力$=10.26\text{N/mm}^2 < 0.6 f_{ck(t=7)} = 18.78\text{N/mm}^2$

8）叠合板的长期挠度验算

现浇层混凝土强度等级为 C32/40，弹性模量（割线值）$E_{cm,\ top} = 33.35\text{kN/mm}^2$，考虑混凝土徐变，则有：

$$E_{c,\ eff} = \frac{E_{cm}}{1 + \varphi_{(\infty,\ t0)}} = \frac{33.35}{1+2} = 11.12\ \text{kN/mm}^2$$

① 由恒荷载和活荷载产生的挠度（活荷载未作折减）：

$$M_1 = (25 \times 0.185 + 1.2 + 0.5 + 2) \times 7.2^2/8 = 53.95\ \text{kN} \cdot \text{m/m}$$

$$I = \frac{bh^3}{12} = \frac{1000 \times 185^3}{12} = 528 \times 10^6\ \text{mm}^4$$

$$\delta_1 = \frac{5}{48} \cdot \frac{M_1 L^2}{E_{c,\ eff} I} = \frac{5}{48} \times \frac{53.95 \times 10^6 \times 7200^2}{11.12 \times 10^3 \times 528 \times 10^6} = 49.62\ \text{mm}$$

注意：根据 EC2 规范，进行板的长期挠度检查时，活荷载在频遇组合时可以折减 50%，在准永久组合时可以折减 30%。

② 由预应力产生的反拱（往上）

$$M_2 = P_e e = 367 \times 1046 \times 10^{-6} \times (185/2 - 35) = 22.07\ \text{kN} \cdot \text{m/m}$$

$$\delta_2 = \frac{1}{8} \cdot \frac{M_2 L^2}{E_{c,\ eff} I} = \frac{1}{8} \times \frac{22.07 \times 10^6 \times 7200^2}{11.12 \times 10^3 \times 528 \times 10^6} = 24.36\ \text{mm}$$

③ 总挠度：

$$\delta = \delta_1 - \delta_2 = 49.62 - 24.36 = 25.26\ \text{mm} < L/250 = 28.80\ \text{mm}$$

（2）承载能力极限状态设计

1）预制叠合板弯曲受拉钢筋设计

跨中弯矩：

$$M_{ult}=(1.35\times 6.325+1.5\times 2.0)\times 7.2^2/8=74.77\ \text{kN}\cdot\text{m/m}$$

$$K=\frac{M_{ult}}{bd^2f_{ck}}=\frac{74.77\times 10^6}{1000\times 150^2\times 32}=0.104<0.167\quad \text{单筋截面}$$

$$z/d=0.5+\sqrt{0.25-K/1.134}=0.5+\sqrt{0.25-0.104/1.134}=0.898<0.95$$

取　$z=0.898d=0.898\times 150=134.70\ \text{mm}$

$$A_{s,req}=\frac{M_{ult}}{0.87f_{yk}z}=\frac{74.77\times 10^6}{0.87\times 500\times 134.70}=1276\ \text{mm}^2/\text{m}$$

由钢绞线提供的钢材面积为：

$$A_{s1,pro}=367\times(0.9\times 1860)/500=1229\ \text{mm}^2$$

配置一层钢筋网片 WA8，$A_{s2,pro}=252\text{mm}^2$

总钢筋面积为：

$$A_{s,pro}=1229+252=1481\text{mm}^2>1276\ \text{mm}^2$$

2）叠合面水平剪应力校核

叠合板截面中和轴到板顶的距离：

$$x=2(d-z)/\lambda=2\times(150-134.7)/0.8=38\ \text{mm}$$

结构现浇层厚度=95mm>38mm，所以叠合面在受拉区，则$\beta=1.0$

$$V_{Ed}=(1.35\times 6.325+1.5\times 2)\times 7.2/2=41.54\ \text{kN/m}$$

$$v_{Ed}=\beta\frac{V_{Ed}}{zb}=1.0\times\frac{41.54\times 10^3}{134.7\times 1000}=0.31\ \text{N/mm}^2$$

$$f_{ctd,top}=\alpha_{ct}f_{ctk,0.05}/\gamma_c=1.0\times 2.1/1.5=1.4\ \text{N/mm}^2$$

$$v_{Rd}=cf_{ctd,top}=0.4\times 1.4=0.56\text{N/mm}^2>v_{Ed}=0.31\ \text{N/mm}^2$$

3）叠合板的受剪承载力校核

$$C_{Rdc}=0.18/\gamma_c=0.18/1.5=0.12$$

$$k=\min\{1+\sqrt{200/d};\ 2.0\}=\min\{1+\sqrt{200/150};\ 2.0\}=2.0$$

$$\rho_l=\min\{A_s/(bd);\ 0.02\}=\min\{(367+252)/(1000\times 150);\ 0.02\}=0.004$$

$$V_{Rdc}=C_{Rdc}k(100\rho_l f_{ck})^{1/3}bd=0.12\times 2.0\times(100\times 0.004\times 32)^{1/3}\times 1000\times 150$$
$$=84.21\times 10^3\text{N/m}$$

$$V_{Rdc,min}=(0.035k^{1.5}f_{ck}^{0.5})bd=(0.035\times 2.0^{1.5}\times 32^{0.5})\times 1000\times 150$$
$$=84.00\times 10^3\text{N/m}$$

$$\max\{V_{Rdc};\ V_{Rdc,min}\}=84.21\times 10^3\ \text{N/m}>V_{Ed}=41.54\ \text{kN/m}$$

（3）预应力损失验算

ϕ9.6mm 的钢绞线，间距为 150mm，$A_{ps}=367\text{mm}^2/\text{m}$，预制板截面面积＝$90\times 1000=90000\text{mm}^2$；

$E_{cm(t=7)}=33.17kN/mm^2$——预应力施加转换阶段（预应力筋放张阶段）

$$E_{sp}=195\ kN/mm^2;\ \alpha_e=E_{sp}/E_{cm(t=7)}=195/33.17=5.88$$

混凝土的徐变系数 $\varphi_{(\infty,\ t0)}=2$；混凝土收缩应变 $\varepsilon_{cs}=330\times10^{-6}$

1）混凝土在压力作用下的弹性收缩变形

P_t ——预应力施加转换时的预压力值；

P' ——混凝土弹性收缩后的预压力值。

$$P_t=0.75\times1860\times367=512\times10^3\ N/m$$

$$P'=\frac{P_t}{1+\alpha_e(A_{ps}/A)(1+e^2A/I)}$$

$$=\frac{512\times10^3}{1+5.88\times\ (367/90000)\left(1+10^2\times\frac{90000}{1000\times90^3/12}\right)}$$

$$=498\times10^3N$$

$$\text{预压力损失比}=(P_t-P')/P_t=(512-498)/512=2.7\%$$

2）混凝土在持久压力作用下的徐变

$$\text{预压力损失值}=\frac{\varphi_{(\infty,\ t0)}}{1.05E_{cm}}E_{sp}\cdot\frac{A_{ps}}{A}\cdot P'\left(1+e'^2\frac{A}{I}\right)$$

$$=\frac{2.0}{1.05\times33.35}\times195\times\frac{367}{185000}\times498\times10^3$$

$$\times\left(1+57.5^2\times\frac{185000}{1000\times185^3/12}\right)$$

$$=23.8\times10^3N$$

3）钢绞线在持久拉力作用下的松弛

钢绞线的松弛等级为第二级，对预应力松弛损失比有以下公式：

$$\Delta\sigma_{pr}/\sigma_{pi}=0.66\rho_{1000}e^{9.1\mu}\left(\frac{t}{1000}\right)^{0.75(1-\mu)}\times10^{-5}$$

其中：

$$\sigma_{pi}=P'/A_{ps}=498\times10^3/367=1357\ N/mm^2$$

$$\rho_{1000}=2.5\%$$

$$\mu=\sigma_{pi}/f_{pk}=1357/1860=0.730$$

$$t=500000\ h\text{，约为 57 年}$$

$$(t/1000)^{0.75(1-\mu)}=3.52$$

$$e^{9.1\mu}=767.39$$

则 $\Delta\sigma_{pr}/\sigma_{pi}=0.66\times2.5\times767.39\times3.52\times10^{-5}=4.46\%$

$$\Delta\sigma_{pr}=4.46\%\times1357=60.52\ N/mm^2$$

$$\text{预压力损失值}=60.52\times367=22.21\times10^3\ N$$

4）混凝土收缩

预压力损失值 $=\varepsilon_{cs}E_{sp}A_{ps}=330\times10^{-6}\times195\times10^{3}\times367=23.6\times10^{3}$ N

最终预压力 $=(498-23.8-22.21-23.6)\times10^{3}=428.4\times10^{3}$ N

$$最终预压力损失比=\frac{512-428.4}{512}=16.3\%<25\%$$

（4）吊钩设计

预制板宽 = 2400mm

预制板总重量 $=25\times0.09\times2.4\times7.2=38.88$kN

配置 4 个 ϕ 9.6mm 钢绞线吊钩：$A_{ps}=55\text{mm}^2$，$f_{pk}=1860\text{N/mm}^2$

吊钩总承载力 $=4\times55\times1860=409\times10^{3}$N

吊钩安全系数 $=409\times10^{3}/(38.88\times10^{3})=10.52>3$

3.3 预制预应力 T 型楼板

预制混凝土 T 型楼板起源于美国，20 世纪 40 年代以后在中等跨度（跨度不超过 25m）简支板上得以广泛应用。它的主要结构优势为深腹板及薄翼缘以获得相对于自重的最大抗弯刚度。单 T 型楼板除了在安装时缺乏稳定性，在单位面积所需混凝土用量方面经济性较差。双 T 型楼板在安装时稳定，相同情况下经济性比单 T 型楼板更好，所以实际工程中常用。双 T 型楼板截面如图 3-20 所示。早期的 T 型楼板配置普通钢筋，后来变为配置预应力钢绞线（超过 90%）以提高其结构表现。

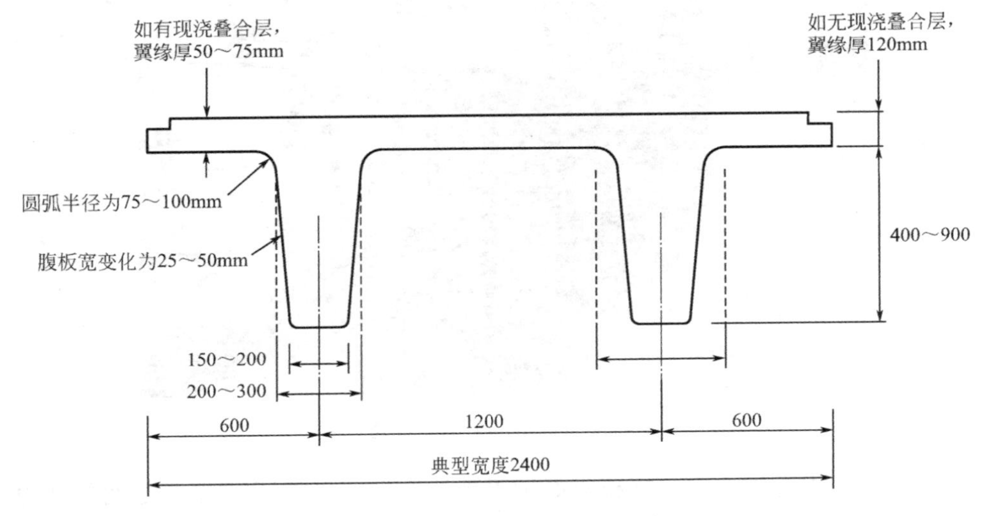

图 3-20 双 T 型楼板的截面示意

预制预应力双 T 型楼板的结构优势为：

(1) 在构件自重相同时，双 T 型楼板比矩形截面具有更高的截面受弯承载力和抗弯刚度。可以采用端部预应力释放技术（debonding）及钢绞线折线技术以控制钢绞线中的张拉力释放时（放张时）在截面上部混凝土中产生的拉应力及构件中产生的反拱。

(2) 在构件端部做成半梁接口以降低结构物的总高度，如图 3-21、图 3-22 所示。

(3) 大的板宽可以减少工地的安装数量，现在常用的宽度为 2.4m、3.0m 和 3.66m 等。

图 3-21 双 T 型板端部的半梁接口

图 3-22 双 T 型板端部半梁接口处的钢筋笼

预制预应力混凝土 T 型楼板最好配置现浇叠合层以保证 T 型板之间的剪力传递及楼板的整体平面刚性。T 型楼板应按 T 形截面设计受弯承载力、按腹板截面设计受剪承载力以及按腹板宽度设计半梁接口。对钢绞线为直线形的有现浇叠合层的 T 型楼板的设计可以参考预应力实心叠合板。对有现浇叠合层的 T 型楼板，其翼缘厚度通常为 50～75mm。对没有现浇叠合层的 T 型楼板，翼缘厚度通常为 100～120mm。预制 T 型楼板的厚度通常为 300～900mm。

图 3-23 为有 75mm 厚现浇叠合层的双 T 板的有效跨度和所支撑活荷载的相互关系，现浇叠合层自重及 1.5kN/m² 的建筑面层荷载已经考虑在内。

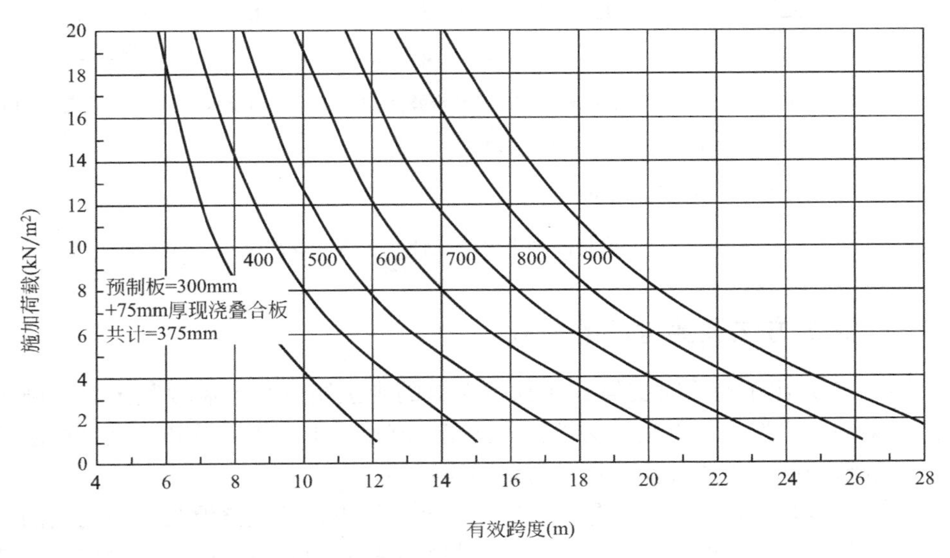

图 3-23 有 75mm 厚现浇叠合层的双 T 板的有效跨度和所支撑施加荷载的相互关系

3.4 预制混凝土梁

预制混凝土梁的设计要考虑以下因素：

（1）预制混凝土梁的截面特性；

（2）施工方法；

（3）梁所受荷载的顺序；

（4）梁在施工安装时和最终状态时的结构性能。

3.4.1 梁截面

预制混凝土梁可以根据制造方法、连接细节、起吊、运输以及吊车的承载能力等因素设计成全预制、半预制或外壳预制。梁的设计宽度及高度可参照图 3-24。

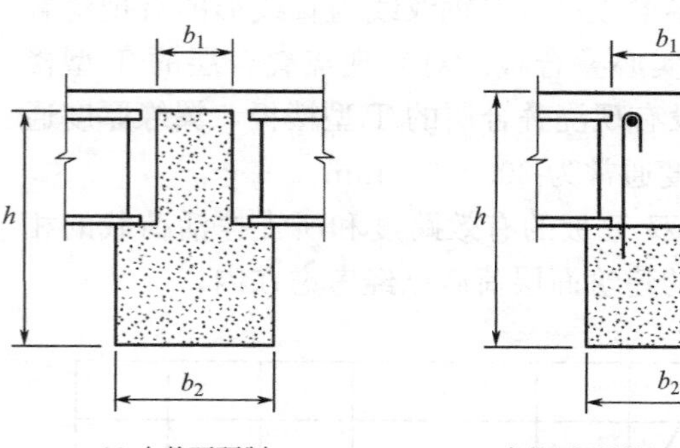

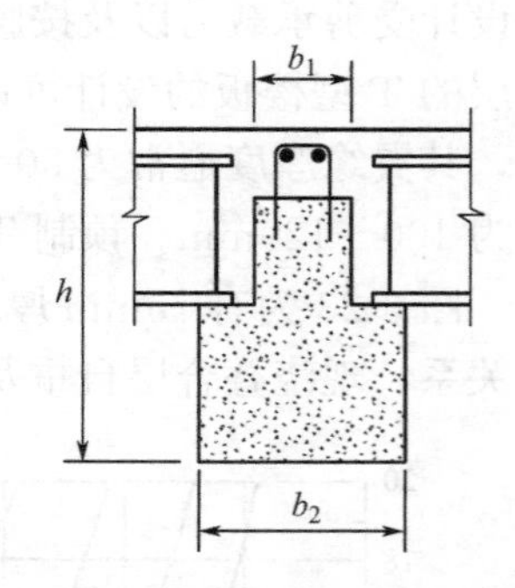

(a) 全截面预制　　(b) 半截面预制并有现浇叠合结构层　　(c) 半截面预制并有现浇叠合结构层

设计正截面受弯时采用：b_1—跨中；b_2—支座(连续梁)
设计斜截面受剪时采用：b_1
设计叠合面抗剪时采用：b_1—图(b)和(c)

图 3-24　预制混凝土梁的设计有效宽度及高度

3.4.2　施工方法及要考虑的荷载

图 3-25 列出了有临时支撑或无临时支撑的半预制或全预制混凝土梁的施工方法。梁的最终性能可以是简支梁、在支座处刚接或半刚接以及和现浇结构层组成的叠合截面并在支座处能够传递弯矩的连续梁。

在梁安装阶段，荷载主要包括预制梁、预制楼板以及现浇混凝土结构层的自重。对无临时支撑的施工，所有荷载由预制梁承担；而对有临时支撑的施工，部分或全部荷载传递到临时支撑上。当撤除临时支撑时，会产生额外的附加弯矩和剪力并由最后的叠合梁承担。因此，对预制梁的施工方法以及临时支撑（如需要）的位置要做精确说明。

全预制及半预制混凝土梁在正常使用极限状态和承载能力极限状态时的结构性能与全现浇梁相同。对半预制叠合梁的设计除了按照现浇梁的设计过程之外，还要考虑及设计叠合面的水平剪应力。在承载能力极限状态，按照规范要求的各种荷载组合计算梁的弯矩、剪力及扭矩的包络图，然后根据梁的弯矩、剪力、扭矩包络图及相应的截面尺寸设计梁的纵筋及箍筋。在正常使用状态下对梁的挠度验算可以参照前面介绍的实心混凝土板的计算方法。

3.4.3　梁截面的受弯承载力设计

梁截面的受弯承载力，可以根据其所承受弯矩的大小设计成单筋或双筋截面，对于混凝土强度等级不大于 C50/60 的梁，$f_{cd}=\alpha_{cc}\dfrac{f_{ck}}{\gamma_c}$，取 $\alpha_{cc}=0.85$，$\gamma_c=1.5$，则梁的正截面内力分析如图 3-26、图 3-27 所示。

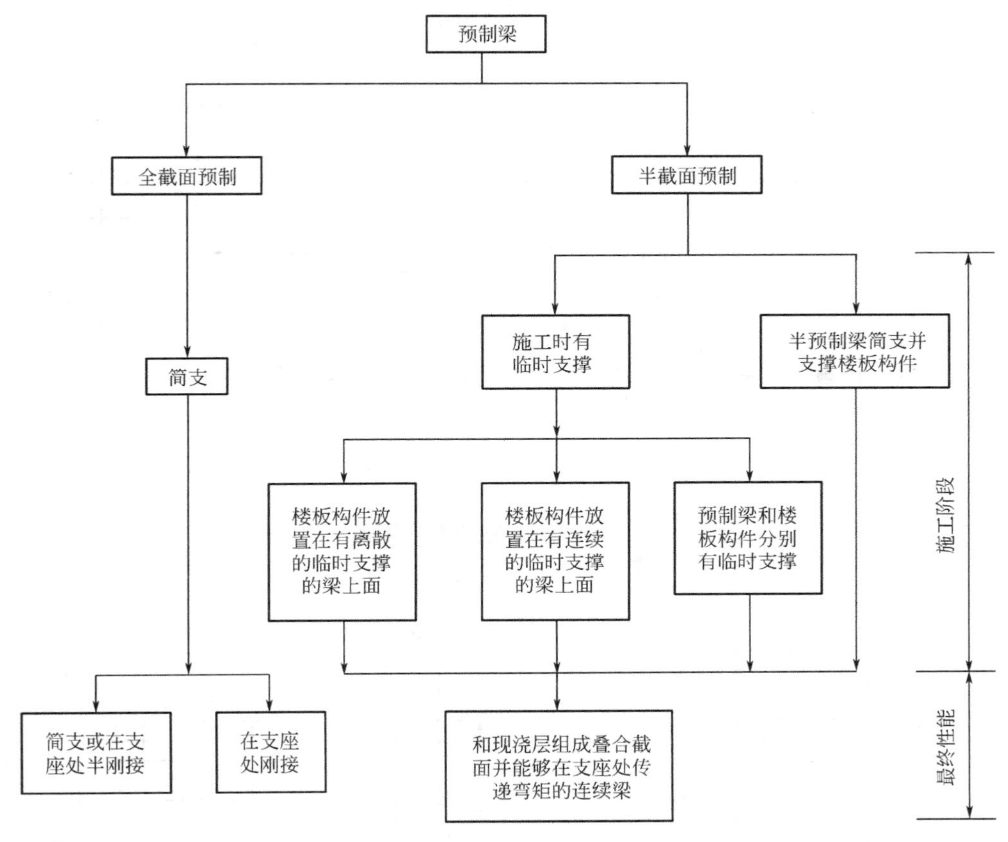

图 3-25　预制混凝土梁的施工方法和梁的性能

在承载能力极限状态，应保证梁的受拉钢筋首先屈服，从而保证梁为延性破坏而不是混凝土突然压碎的脆性破坏。同时钢筋的屈服可以在梁中形成塑性铰进而可以对梁中的最大弯矩做重分布，以便能够设计出更加经济安全的结构。因此，EC2 对截面中和轴到受压区顶面的距离做出了限制，如果不做弯矩重分布，对于混凝土强度等级不大于 C50/60 的梁，需满足 $x \leqslant 0.45d$ 。当 $x=0.45d$ 时，受拉钢筋和受压区混凝土同时达到其极限应变，单筋截面达到其最大受弯承载力。此时的 x 记作 x_{lim} ，则有 $z_{\mathrm{lim}}=d-\frac{s_{\mathrm{lim}}}{2}=d-\frac{0.8\times0.45d}{2}=0.82d$ 及 $K_{\mathrm{lim}}=0.167$。如果 $K=\frac{M_{\mathrm{Ed}}}{bd^2 f_{\mathrm{ck}}}>K_{\mathrm{lim}}$ ，则需配置受压钢筋，应按双筋截面设计。

对于图 3-26 所示的单筋截面可以按照以下公式设计受拉主筋：

$$K=\frac{M_{\mathrm{Ed}}}{bd^2 f_{\mathrm{ck}}}\leqslant K_{\mathrm{lim}}=0.167 \tag{3-22}$$

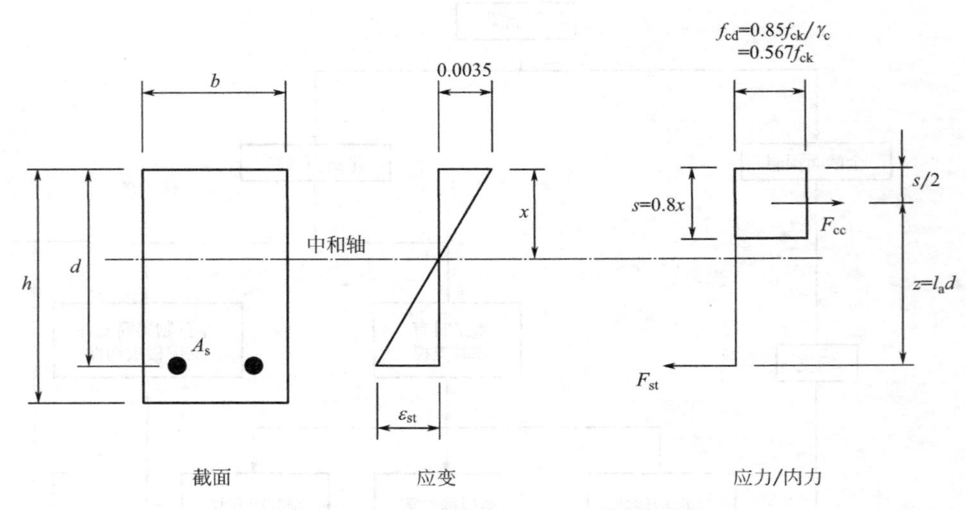

图 3-26　单筋截面梁的内力分析图

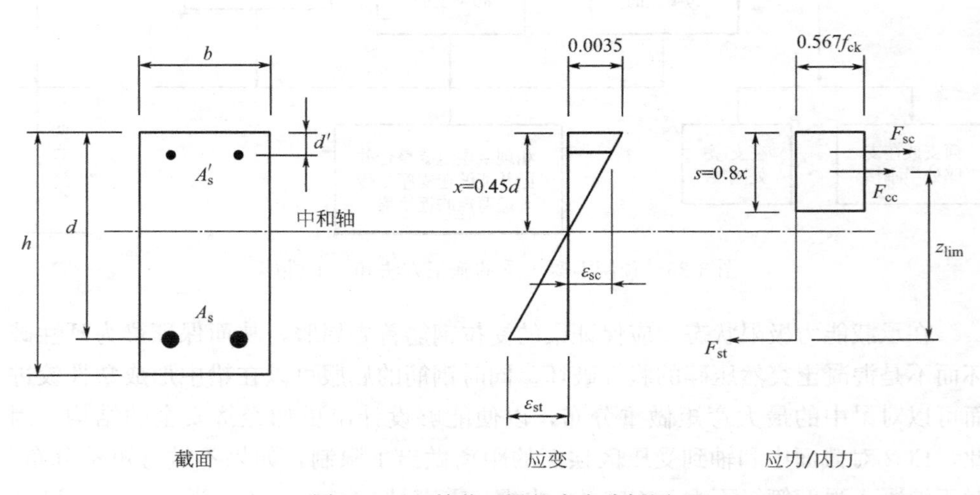

图 3-27　双筋截面梁的内力分析图

$$\frac{z}{d}=0.5+\sqrt{0.25-K/1.134}\leqslant 0.95 \tag{3-23}$$

$$A_s=\frac{M_{Ed}}{0.87f_{yk}z} \tag{3-24}$$

式中　M_{Ed} ——梁弯矩设计值。

计算出了梁的受拉钢筋面积后，须按照以下公式校核梁的最小及最大配筋率：

$$A_{s,min}=0.26\frac{f_{ctm}}{f_{yk}}bd\geqslant 0.0013bd \tag{3-25}$$

$$A_{s,max}=0.04A_c \tag{3-26}$$

对于如图 3-27 所示的双筋截面，$K=\frac{M_{Ed}}{bd^2f_{ck}}>K_{lim}=0.167$，为了使梁截面中受拉钢筋的面积不要太大，还须满足 $K<8/f_{ck}$ ，此时梁截面中的受压和受拉钢筋的面积可以分别按照以下公式计算：

$$A'_s=\frac{(K-K_{lim})bd^2f_{ck}}{f_{sc}(d-d')} \tag{3-27}$$

$$f_{sc}=700\times\left(\frac{x-d'}{x}\right)\leqslant f_{yd} \tag{3-28}$$

如果 $\frac{d'}{x}\leqslant 0.38$，即 $\frac{d'}{d}\leqslant 0.171$ 时，受压钢筋屈服，则有 $f_{sc}=f_{yd}=0.87f_{yk}$。

$$A_s=\frac{K_{lim}bd^2f_{ck}}{0.87f_{yk}z_{lim}}+A'_s \tag{3-29}$$

对双筋截面梁，除了按式（3-25）及式（3-26）校核梁截面受压及受拉钢筋的最大及最小配筋率之外，为了保证梁截面的延性性能，不使由于配置过多的受拉钢筋而导致中和轴到受压区顶面的距离 $x>0.45d$ ，还需满足以下条件：

$$A'_{s,prov}-A'_{s,req}\geqslant A_{s,prov}-A_{s,req} \tag{3-30}$$

如果考虑钢筋混凝土结构在承载能力极限状态时的塑性性能，可以对由弹性分析得到的在某些可能形成塑性铰的特定区域的较大弯矩做出重分布，以设计出更加经济的结构。EC2 对弯矩重分布后的 x_{lim} 做出了以下规定：

$$\frac{x_{lim}}{d}\leqslant(\delta-k_1)/k_2 \tag{3-31}$$

$$\delta=\frac{M_{Ed1}}{M_{Ed0}}\leqslant 1.0 \tag{3-32}$$

式中 M_{Ed1}——重分布后的截面弯矩设计值；

M_{Ed0}——未做重分布时的截面弯矩设计值；

k_1，k_2——计算常数。

对于混凝土强度等级不大于 C50/60 的梁，需满足 $x_{lim}\leqslant 0.45d$ 。K_{lim} 可以由以下公式得到：

$$K_{lim}=0.454(\delta-k_1)/k_2-0.182[(\delta-k_1)/k_2]^2 \tag{3-33}$$

确定了 K_{lim} 后，便可按照前面介绍的单筋或双筋截面设计方法计算受拉及受压钢筋。表 3-13 列出了 EC2 及英国国家附录所规定的弯矩重分布后正截面的设计参数值。

EC2 及英国国家附录所规定的弯矩重分布后正截面设计参数值　　表 3-13

重分布(%)	δ	$\frac{x_{\lim}}{d}$	$\frac{z_{\lim}}{d}$	$K_{\lim}$	$\frac{d'}{d}$
根据 EC2，$k_1=0.44$ 和 $k_2=1.25$					
0	1.0	0.448	0.821	0.167	0.171
10	0.9	0.368	0.853	0.142	0.140
15	0.85	0.328	0.869	0.129	0.125
20[a]	0.8	0.288	0.885	0.116	0.109
25	0.75	0.248	0.900	0.101	0.094
30[b]	0.70	0.206	0.917	0.087	0.079
根据 EC2 的英国国家附录，$k_1=0.4$ 和 $k_2=1.0$					
0	1.0	0.45	0.82	0.167	0.171
10	0.9	0.45	0.82	0.167	0.171
15	0.85	0.45	0.82	0.167	0.171
20[a]	0.8	0.40	0.84	0.152	0.152
25	0.75	0.35	0.86	0.137	0.133
30[b]	0.70	0.30	0.88	0.120	0.114

注：[a]采用 A 级延性等级钢材时允许的最大重分布；
[b]采用 B 级或 C 级等较高延性等级钢材时允许的最大重分布。

3.4.4 梁截面的受剪承载力设计

对钢筋混凝土梁，可以通过混凝土受压区未开裂的部分、受拉钢筋的销栓作用以及张拉裂缝平面内的骨料咬合作用等来抵抗剪力，如图 3-28 所示。

由于混凝土的抗拉能力弱，将抗剪钢筋设计成用于抵抗由剪力引起的全部拉应力。即使在如靠近梁跨中这些剪力比较小的区域，仍应配置少量的箍筋形式的抗剪钢筋，这些箍筋将和纵向钢筋组成钢筋笼进而对纵向钢筋起到支撑作用以及用于抵抗由温度变化及混凝土收缩而产生的拉应力。EC2 所采用的是斜压杆倾角可变的桁架模型（变角桁架模型）分析方法来设计梁的受剪承载力。采用这种方法可以让设计人员选出经济的箍筋配置数量，但是可能需要增加受拉主筋额外的锚固及切断长度。

（1）不需要设计抗剪钢筋的梁截面

当梁所受荷载比较小，梁混凝土截面的受剪承载力 $V_{\mathrm{Rd,c}}$ 大于梁所承受的剪力设计值 V_{Ed} 时，不需要设计梁的抗剪钢筋，只需按规范要求配置最小箍筋面积。对混凝土强度等级不大于 C50/60 的梁，截面的受剪承载力由下式给出：

$$V_{\mathrm{Rd,c}}=0.12k(100\rho_l f_{\mathrm{ck}})^{1/3}b_{\mathrm{w}}d\geqslant 0.035k^{1.5}f_{\mathrm{ck}}^{0.5}b_{\mathrm{w}}d \tag{3-34}$$

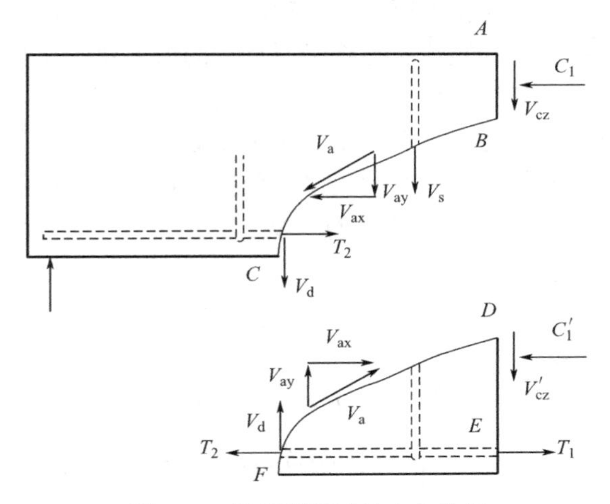

图 3-28　梁斜裂缝处的内力分析

V_{cz}—混凝土受压区的剪力；V_{ay}—在裂缝平面内通过骨料咬合作用所传递剪力的竖向部分；V_d—纵向主筋的销栓作用

$$k=(1+\sqrt{200/d})\leqslant 2.0\ (d\text{ 的单位为“mm”})$$

$$\rho_l=A_{sl}/(b_w d)\leqslant 0.02$$

式中　$V_{Rd,c}$——无箍筋配置的梁截面受剪承载力；

A_{sl}——穿过所考虑的截面并延伸最少一个锚固长度加上梁有效高度 d 的位置的受拉钢筋面积；

b_w——截面受拉区的最小宽度（mm）。

（2）需要设计抗剪钢筋的梁截面的变角桁架模型分析方法

对需要设计抗剪钢筋的梁，EC2 所采用的是变角桁架模型（斜压杆倾角可变），如图 3-29 所示。其中梁中混凝土充当上部水平压杆及与水平方向成 θ 角的斜压杆，而底部受拉钢筋及箍筋分别充当水平及竖向拉杆。需要注意的是：按照

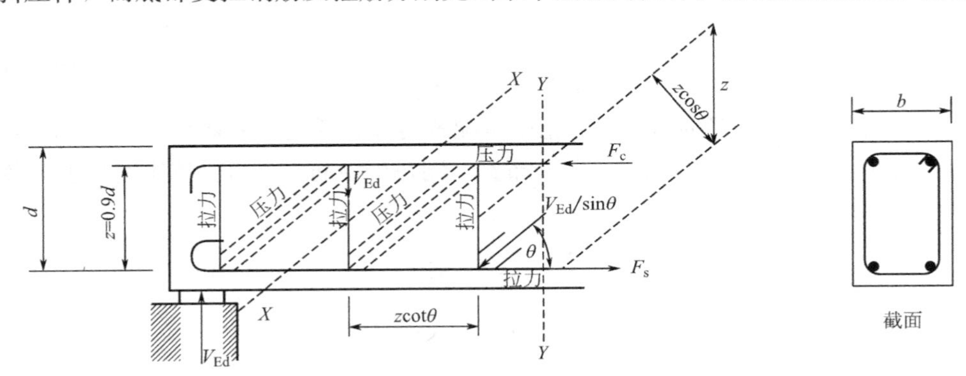

图 3-29　变角桁架模型分析

这种模型，梁中所有的剪力将由所配置的箍筋抵抗，而不考虑由混凝土本身直接贡献的抗剪能力。斜压杆的倾角 θ 随着梁所承受的剪力及斜压杆中的压力增大而增大，EC2 给出的限定值为 $22° \leqslant \theta \leqslant 45°$ 。对大多数承受均布荷载作用的梁，截面的剪力设计值不太大时，取 $\theta = 22°$ 已能满足设计要求。而对于承受较大的集中荷载的梁，可能需要采用更大的倾角以避免斜压杆混凝土压坏。

由图 3-29 分析，可以得到以下计算公式：

斜压杆的极限受压承载力：

$$C = f_{cd} b_w z \cos\theta = \frac{f_{ck}}{1.5} b_w z \cos\theta \tag{3-35}$$

斜压杆的极限受压承载力的竖向分量即为梁的极限受剪承载力：

$$V_{Rd,max} = C\sin\theta = \frac{f_{ck}}{1.5} b_w z \cos\theta \sin\theta = \frac{f_{ck} b_w z}{1.5(\cot\theta + \tan\theta)} \tag{3-36}$$

EC2 规范对上式引入了一个混凝土在剪切作用下开裂时的强度折减系数 $\nu_1 = 0.6(1 - f_{ck}/250)$ ，且取 $z = 0.9d$ ，则可得到以下公式：

$$V_{Rd,max} = \frac{0.9d \times b_w \times 0.6(1 - f_{ck}/250) f_{ck}}{1.5(\cot\theta + \tan\theta)} = \frac{0.36 b_w d (1 - f_{ck}/250) f_{ck}}{(\cot\theta + \tan\theta)} \tag{3-37}$$

为保证斜压杆不会被压坏，须满足 $V_{Ed} \leqslant V_{Rd,max}$ 。

当 $\theta = 22°$ 时，由式（3-37）可得：

$$V_{Rd,max(22)} = 0.124 b_w d (1 - f_{ck}/250) f_{ck} \tag{3-38}$$

当 $\theta = 45°$ 时，由式（3-37）可得：

$$V_{Rd,max(45)} = 0.18 b_w d (1 - f_{ck}/250) f_{ck} \tag{3-39}$$

当 $22° < \theta < 45°$ 时，取 $V_{Ed} = V_{Rd,max}$ ，则有 $V_{Ed} = V_{Rd,max} = \frac{0.36 b_w d (1 - f_{ck}/250) f_{ck}}{(\cot\theta + \tan\theta)}$ ，把 $1/(\cot\theta + \tan\theta) = 0.5\sin 2\theta$ 代入上式，可以解出以下公式：

$$\theta = 0.5\sin^{-1}\left\{\frac{V_{Ed}}{0.18 b_w d (1 - f_{ck}/250) f_{ck}}\right\} \leqslant 45° \tag{3-40}$$

正如前面所述，竖向剪力将完全由所配置的箍筋抵抗，则有 $V_{Ed} = f_{ywd} A_{sw} = 0.87 f_{yk} A_{sw}$ 。如果箍筋按间距 s 分开布置，则每个箍筋中的力会按比例减小，参考图 3-29 得：

$$V_{Ed} = 0.87 f_{yk} A_{sw} \frac{z\cot\theta}{s} = 0.87 f_{yk} \frac{A_{sw}}{s} (0.9d) \cot\theta$$

由上式变换可以得到下面计算箍筋的公式：

$$\frac{A_{sw}}{s} = \frac{V_{Ed}}{0.78 d f_{yk} \cot\theta} \tag{3-41}$$

EC2 规定了一个梁的最小配箍率：

$$\frac{A_{sw,min}}{s}=\frac{0.08b_w\sqrt{f_{ck}}}{f_{yk}} \tag{3-42}$$

需要注意：采用变角桁架模型设计梁的受剪承载力时，梁的纵向受拉钢筋应能够承担由设计剪力 V_{Ed} 引起的额外水平拉力。EC2 给出了额外水平拉力的计算公式：

$$\Delta F_{td}=0.5V_{Ed}\cot\theta \tag{3-43}$$

在任何梁截面的纵向受拉钢筋除了能满足该截面处由弯矩引起的拉力之外还必须能够承担由设计剪力引起的额外的水平拉力 ΔF_{td} 。在设计实践中，可以通过增加受拉钢筋的切断长度来满足这一要求。还要注意受拉钢筋总的设计拉力 $M_{Ed}/z+\Delta F_{td}$ 不能超过 $M_{Ed,max}/z$ ，$M_{Ed,max}$ 为沿着梁跨度方向上的最大正弯矩或负弯矩的设计值。

综上所述，对梁的受剪承载力的设计可以参照以下步骤：

1）计算梁的剪力设计值 V_{Ed} 的包络图；

2）确定梁截面混凝土的受剪承载力：$V_{Rd,c}=0.12k(100\rho_l f_{ck})^{1/3}b_w d\geqslant 0.035k^{1.5}f_{ck}^{0.5}b_w d$ ；

3）如果 $V_{Ed}\leqslant V_{Rd,c}$ ，则不需要设计梁的抗剪箍筋，只需按最小配箍率配置箍筋；

4）如果 $V_{Ed}>V_{Rd,c}$ ，所有的剪力将由箍筋抵抗。计算 $V_{Rd,max(22)}=0.124b_w d(1-f_{ck}/250)f_{ck}$ 及 $V_{Rd,max(45)}=0.18b_w d(1-f_{ck}/250)f_{ck}$ 。如果 $V_{Ed}<V_{Rd,max(22)}$ ，则箍筋面积由 $\frac{A_{sw}}{s}=\frac{V_{Ed}}{0.78df_{yk}\cot22^\circ}$ 算出；

5）如果 $V_{Rd,max(22)}<V_{Ed}<V_{Rd,max(45)}$ ，则须按 $\theta=0.5\sin^{-1}\left\{\frac{V_{Ed}}{0.18b_w d(1-f_{ck}/250)f_{ck}}\right\}$ 计算出受压杆的倾斜角，再按 $\frac{A_{sw}}{s}=\frac{V_{Ed}}{0.78df_{yk}\cot\theta}$ 算出箍筋面积。如果 $V_{Ed}>V_{Rd,max(45)}$ ，则需要加大梁截面的尺寸或者提高混凝土强度等级；

6）根据剪力包络图，按照步骤 3）～5）的计算结果，找出梁中每组类型箍筋的合理分段位置；

7）检查梁的最小配箍率 $\frac{A_{sw,min}}{s}=\frac{0.08b_w\sqrt{f_{ck}}}{f_{yk}}$ ；

8）检查梁箍筋的最大纵向配置间距 $s\leqslant s_{l,max}=0.75d$ ，及横向配置间距 $s\leqslant s_{t,max}=0.75d\leqslant 600\text{mm}$ ；

9）检查梁的纵向受拉钢筋有足够的切断和锚固长度以抵抗由剪力引起的额外水平力 $\Delta F_{td}=0.5V_{Ed}\cot\theta$ 。

3.4.5 梁截面的受扭承载力设计

扭矩引起的剪应力会在与构件纵轴约成45°方向上产生拉应力，如果这些拉应力超过混凝土的抗拉强度，便会在构件表面出现斜裂缝，裂缝将连接形成围绕构件的螺旋形，如图3-30所示。封闭箍筋和纵筋将通过桁架作用抵抗构件开裂以后持续增加的扭矩，其中钢筋作为拉杆，而混凝土将作为箍筋间的压杆，并且假定混凝土开裂以后受拉钢筋将抵抗全部的扭矩。随着裂缝的扩大，钢筋受拉屈服，A-A 线上的混凝土压碎，然后构件破坏。

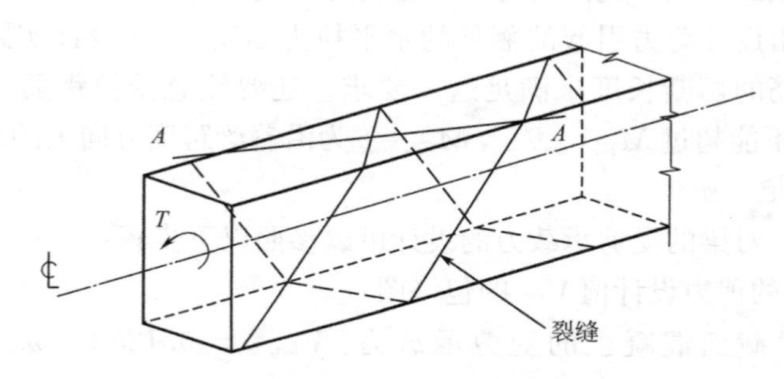

图3-30 扭矩作用下的构件裂缝

梁的受扭设计公式是假设梁受扭开裂后其工作类似薄壁箱形截面。在箱形截面的每个角配置纵筋且由封闭的箍筋作为横向拉筋，而混凝土将作为斜压杆，并且假定混凝土不用于抵抗任何拉应力。

EC2规范给出了通用截面的受扭分析原理及公式。这里是以实心或空心的矩形截面的等效箱形模型来分析并给出设计公式。如图3-31所示，构件所受扭矩 T 在箱形截面周圈上产生剪力流 q，剪力流 q 是剪应力 τ 和薄壁厚度 t 的乘积。根据经典弹性理论有：$T=2A_{\mathrm{k}}q$，其中 A_{k} 是指箱形截面壁厚中心线内所包含的面积。由于 q 是箱形截面周圈单位长度上的剪力，那么由剪力流产生的总剪力即为 q 和面积 A_{k} 的周长 u_{k} 的乘积。假定这个剪力由倾角为 θ 的混凝土受压杆以及纵筋和箍筋作为受拉杆的桁架来抵抗，如图3-31（b）所示，那么纵筋中的拉力可以由下式给出：

$$F_{sl}=\frac{qu_{\mathrm{k}}\cos\theta}{\sin\theta}=\frac{qu_{\mathrm{k}}}{\tan\theta}=\frac{Tu_{\mathrm{k}}}{2A_{\mathrm{k}}\tan\theta} \tag{3-44}$$

如用于抵抗扭矩 T 的纵向受力钢筋的设计强度取为 $f_{\mathrm{yk}}/1.15$，则纵向钢筋面积可表示为：

$$\frac{A_{sl}f_{yl\mathrm{k}}}{1.15}=\frac{Tu_{\mathrm{k}}}{2A_{\mathrm{k}}\tan\theta}=\frac{Tu_{\mathrm{k}}\cot\theta}{2A_{\mathrm{k}}} \tag{3-45}$$

把上式中的扭矩 T 变为最大设计扭矩 T_{Ed}，则有：

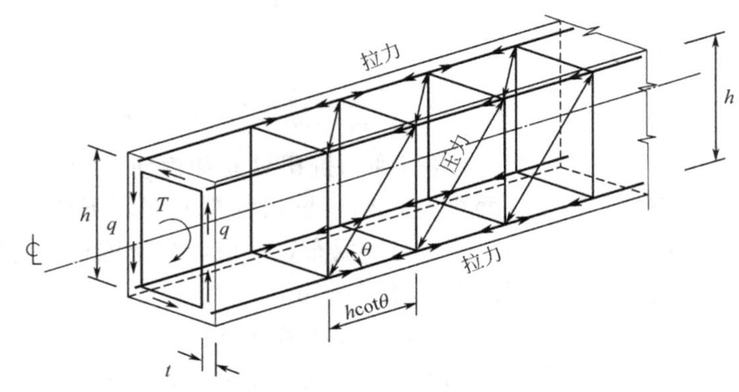

(a) 扭矩作用下薄壁管空间桁架模型

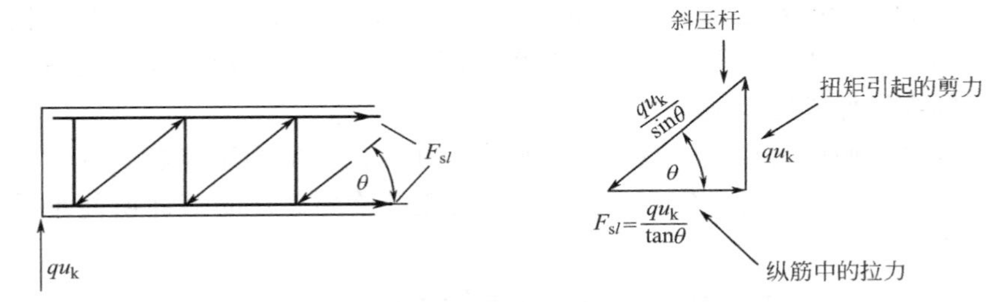

(b) 作用在整个截面的力(其中一个代表全部四个面)

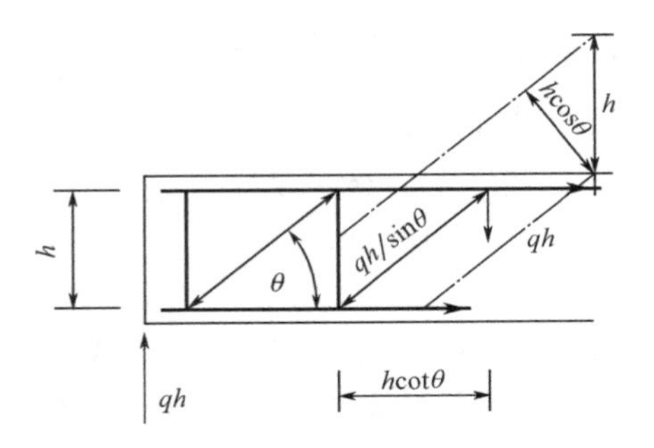

(c) 作用在截面其中一个面上的力

图 3-31　箱形截面构件的受扭结构模型

$$\frac{A_{sl}f_{ylk}}{1.15}=\frac{T_{Ed}u_k\cot\theta}{2A_k} \tag{3-46}$$

截面所需的抗扭箍筋面积可由图 3-31（c）所示的箱形截面的其中一面来确定，取抗扭箍筋的设计强度为 $f_{yk}/1.15$，那么单肢箍筋的面积可表示为：

$$\frac{A_{sw}f_{yk}}{1.15}=q\cdot h$$

如果箍筋按间距 s 分开布置，那么每肢箍筋中的所承受的力就会按比例缩小，则可以得到以下公式：

$$\frac{A_{sw}f_{yk}}{1.15}=q\cdot h\cdot\frac{s}{h\cot\theta}=\frac{qs}{\cot\theta}=\frac{T_{Ed}s}{2A_k\cot\theta} \tag{3-47}$$

由式（3-46）和式（3-47）计算得到的抗扭纵筋和箍筋面积要与抗弯纵筋和抗剪箍筋面积相叠加。需要注意的是：用于抗扭的箍筋间距不能大于 $u_k/8$。用于抗扭的纵筋在截面的各个角部位置至少要布置一根，其他抗扭纵筋应均匀地布置在截面周圈且钢筋中心的间距不超过 350mm。

所有以上截面受扭的计算公式是建立在等效薄壁箱形截面的基础上，对于用于计算的截面有效薄壁厚度 t_{ef}，EC2 建议其等于截面总面积除以截面外周长。对矩形截面，则有：$t_{ef}=bh/[2\times(b+h)]$；$A_k=(b-t_{ef})(h-t_{ef})$；$u_k=2(b+h-2t_{ef})$。对实际的空心截面，截面的总面积应包括中间空心的面积，并且所计算的壁厚不能大于实际壁厚。需要注意在任何情况下薄壁箱形截面的壁厚都不能小于两倍的纵筋保护层厚度。

分析及设计截面时还应检查桁架模型中斜压杆的压应力不能超出其设计允许值。参照图 3-31（c），并且定义 $T_{Rd,max}$ 为斜压杆临界破坏时截面所能承受的最大扭矩，则有：

$$\text{斜压杆中的压力}=(q\cdot h)/\sin\theta$$

$$\text{斜压杆的面积}=t_{ef}\cdot(h\cos\theta)$$

$$\text{斜压杆中的应力}=\frac{q\cdot h}{t_{ef}(h\cos\theta)\sin\theta}=\frac{q}{t_{ef}\cos\theta\sin\theta}\leqslant\frac{f_{ck}}{1.5}$$

把 $q=T_{Rd.max}/(2A_k)$ 代入上式，则有：

$$\frac{T_{Rd,max}/(2A_k)}{t_{ef}\cos\theta\sin\theta}\leqslant\frac{f_{ck}}{1.5}$$

或表示为：

$$T_{Rd,max}\leqslant 1.33f_{ck}t_{ef}A_k\sin\theta\cos\theta=1.33f_{ck}t_{ef}A_k/(\cot\theta+\tan\theta) \tag{3-48}$$

EC2 对上式引入了一个强度折减系数 $\nu_1=0.6(1-f_{ck}/250)$，则有：

$$T_{Rd,max}\leqslant 1.33\nu_1 f_{ck}t_{ef}A_k/(\cot\theta+\tan\theta) \tag{3-49}$$

和抗剪设计一样，EC2 规定 $22^\circ\leqslant\theta\leqslant45^\circ$。综上所述，进行梁截面的受扭设计时，可按照以下步骤进行：

1）校核梁截面所受的设计扭矩小于该截面可以承受的最大扭矩：

$$T_{Ed}\leqslant T_{Rd,max}=1.33\nu_1 f_{ck}t_{ef}A_k/(\cot\theta+\tan\theta)$$

2）计算截面的抗扭箍筋：

$$\frac{A_{sw}}{s}=\frac{T_{Ed}}{2A_k0.87f_{yk}\cot\theta}$$

式中，A_{sw} 为单肢箍筋的面积。

3）计算附加纵向钢筋：

$$A_{sl}=\frac{T_{Ed}u_k\cot\theta}{2A_k(0.87f_{ylk})}$$

当截面同时受到剪力和扭矩作用时，首先校核以下公式：

$$T_{Ed}/T_{Rd,max}+V_{Ed}/V_{Rd,max}\leqslant 1 \tag{3-50}$$

如果上式得以满足，那么截面的抗剪箍筋及抗扭箍筋可以分别计算，但是要采用相同的斜压杆倾角 θ 值。需要注意的是：由抗剪箍筋公式得出的是同一截面内箍筋各肢的全部截面面积，而由抗扭箍筋公式得出的是单肢箍筋的面积，在进行梁的总箍筋配置时要考虑到这一点。另外，进行抗剪设计时所需的附加纵筋面积只能配置在受拉区，而抗扭设计时所需的附加纵筋面积应沿截面周边均匀布置。

对于实心的矩形截面，如果所受的剪力和扭矩比较小并且满足式（3-51）的要求，那么就不需要设计抗剪和抗扭箍筋，只需按规范要求配置构造箍筋。

$$T_{Ed}/T_{Rd,c}+V_{Ed}/V_{Rd,c}\leqslant 1 \tag{3-51}$$

式中，$V_{Rd,c}$ 为无箍筋配置的梁截面受剪承载力，参照式（3-34）；$T_{Rd,c}$ 为引起混凝土截面开裂时的扭矩，即当扭矩引起的剪应力 τ 等于混凝土的设计抗拉强度 f_{ctd} 时的扭矩，则有：

$$T_{Rd,c}=\tau\cdot t_{ef}\cdot 2A_k=f_{ctd}\cdot t_{ef}\cdot 2A_k=\frac{f_{ctk}}{1.5}t_{ef}2A_k=1.33f_{ctk}t_{ef}A_k \tag{3-52}$$

3.4.6 梁叠合面的水平受剪承载力设计

由于叠合梁的预制部分和现浇部分在不同时期浇筑，那么叠合面的水平受剪承载力需要加以校核。EC2 给出了以下校核公式：

$$v_{Edi}\leqslant v_{Rdi} \tag{3-53}$$

式中 v_{Edi} ——叠合面处的剪应力设计值，由式（3-54）计算；

v_{Rdi} ——叠合面处的允许剪应力，由式（3-55）计算。

$$v_{Edi}=\beta V_{Ed}/(zb_i) \tag{3-54}$$

式中 β ——截面中新浇筑混凝土面积中的纵向力占总的受压区或受拉区中的纵向力的比值；

V_{Ed} ——截面所受的竖向剪力设计值；

z ——叠合截面的内力臂；

b_i ——叠合面的宽度，参见图 3-32 及图 3-24（b）、（c）中的 b_1 值。

$$v_{Rdi}=cf_{ctd}+\rho f_{yd}(\mu\sin\alpha+\cos\alpha)\leqslant 0.5\nu f_{cd} \tag{3-55}$$

$$\rho=A_s/A_i$$

式中 c，μ ——与叠合面粗糙度相关的系数，见表 3-14；

f_{ctd} ——混凝土的抗拉强度设计值，$f_{ctd}=\alpha_{ct}f_{ctk,0.05}/\gamma_c=f_{ctk,0.05}/1.5$；

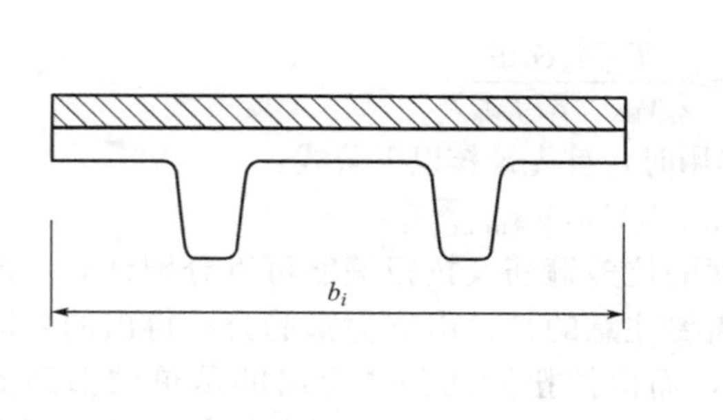

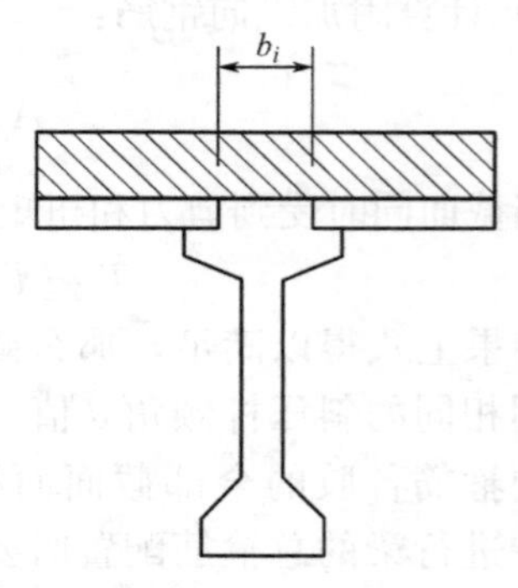

图 3-32　梁叠合面宽度

A_s——穿过叠合面并且在叠合面两侧均充分锚固的钢筋面积，包括普通箍筋；

A_i——叠合面面积；

α——如图 3-33 所示，穿过叠合面的钢筋和叠合面之间的倾角，须满足 $45° \leqslant \alpha \leqslant 90°$；

ν——强度折减系数，$\nu = 0.6(1 - f_{ck}/250)$。

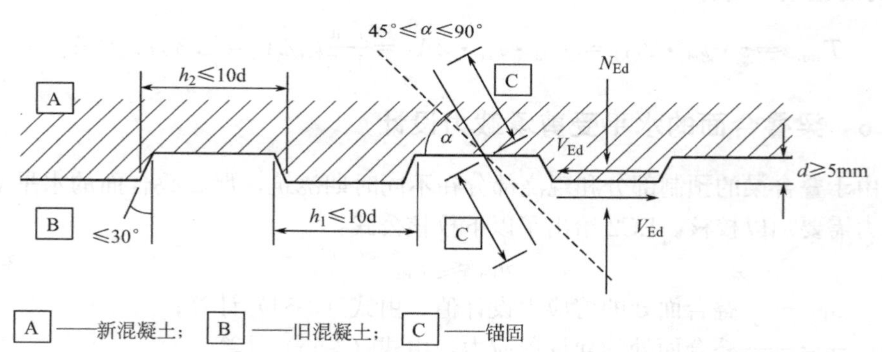

图 3-33　锯齿状的叠合面

与叠合面粗糙度相关的系数 c 和 μ　　**表 3-14**

叠合面形式	c	μ
十分光滑：表面脱模于钢模板、塑料模板或特别准备的木模板	0.025～0.1	0.5
光滑：滑模或挤压过的表面，或者振捣以后未做处理的表面	0.2	0.6
粗糙：表面有至少 3mm 的凸凹差，间距 40mm；由钢刷划痕暴露骨料或其他等效方法	0.4	0.7
锯齿状：凹槽深度大于等于 5mm，凹槽及凸面宽度小于 10 倍凹槽深度，凹槽壁倾斜角小于 30°，如图 3-33 所示	0.5	0.9

设计所需穿过叠合面的横向钢筋可以采用阶梯形布置，如图 3-34 所示。

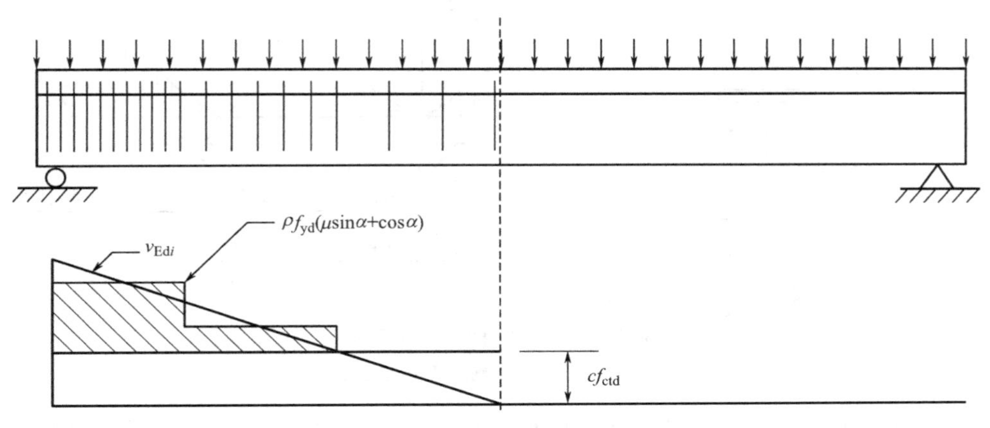

图 3-34　穿过叠合面的横向钢筋的阶梯形布置

英国 BS8110 规范对预制梁叠合面的水平受剪承载力校核及箍筋设计采用另外一种方法（PCI 和 CPCI 设计手册中采用相似的方法），具体如下：

1）确定叠合面上的水平剪力 V_h，见图 3-35；

2）确定抵抗叠合面水平剪力的有效接触长度 l_e，见图 3-36；

3）计算用于叠合作用所需的箍筋面积：

$$\frac{A_{sw}}{s}=\frac{b_e v_h}{0.87f_{yk}} \tag{3-56}$$

式中　b_e——有效接触宽度；

v_h——平均水平剪应力，$v_h=V_h/(b_e l_e)$。

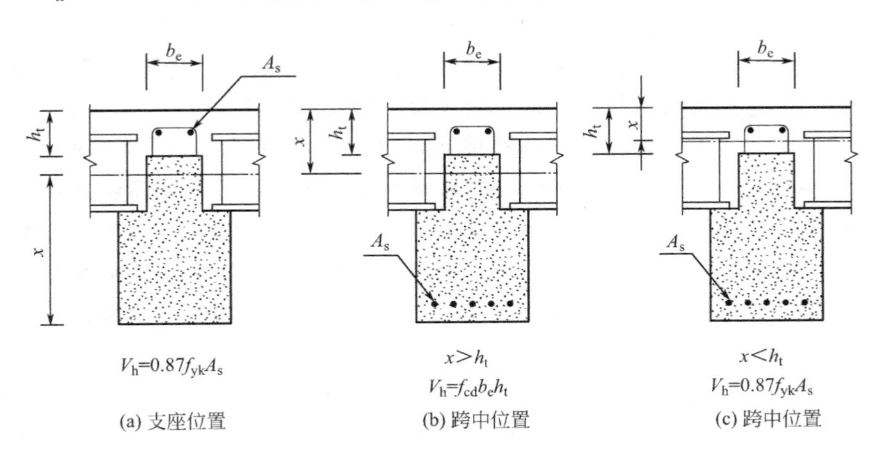

图 3-35　梁叠合面上的水平剪力 V_h

h_t——梁预制截面以上现浇部分的厚度；x——中和轴高度

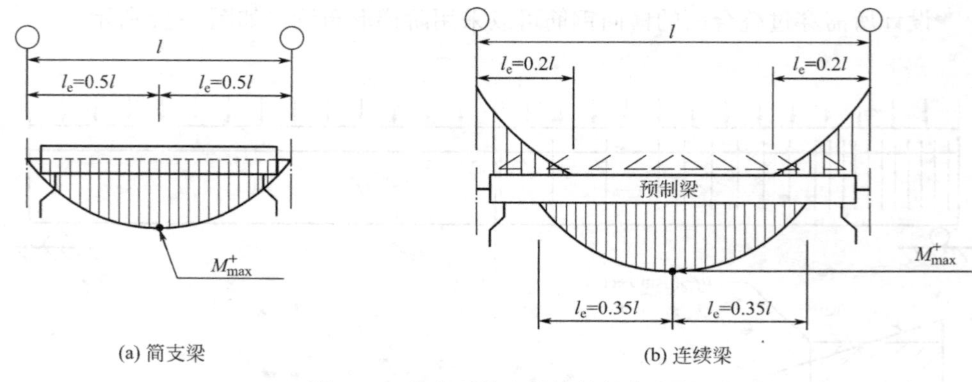

(a) 简支梁

(b) 连续梁

图 3-36 叠合面的有效接触长度 l_e

l_e——最大正或负弯矩点到零弯矩点之间的距离

需要注意的是：取按此方法设计水平剪力所需的箍筋面积和设计竖向剪力所需的箍筋面积中的较大值作为梁的最终箍筋面积，而不是将两者相加。

3.4.7 梁的挠度控制

对混凝土梁的挠度验算，EC2 同样给出两种方法，一种是控制跨度与有效高度比的方法，另一种是计算梁的跨中及悬臂端的挠度。控制跨度与有效高度比的方法在工程设计中常用，可以参考实心板的挠度控制部分。

3.5 预制混凝土柱

预制混凝土柱的设计方法和现浇柱一样。在进行预制柱设计时，设计人员要熟悉柱与基础、柱与柱、柱与梁的各种连接方法，选择适合结构的刚性连接或铰连接。需要注意的是所选用的连接不能危及结构的稳定性。

按照吊车和运输的能力，预制柱单元可以设计成单层或多层、实心或空心。在做预制混凝土柱设计时，柱不仅要能够承受竖向压力而且其配筋还必须能够满足承受规范要求的最小拉力（竖向拉杆要求）。在施工过程中的预制梁与预制柱接触面之间的局部承压能力也要校核。预制混凝土柱的设计还必须考虑由于在梁、柱连接处的柱截面面积的减少而产生的外张力。这些校核可以参考第 4 章预制构件连接节点设计。

结构中柱的作用是用于支撑梁或板并且把梁或板传递来的荷载传递给基础，因此其主要为受压构件，当然也要抵抗由于结构的连续性而产生的弯矩。柱的设计由承载能力极限状态控制。在正常使用状态，侧向挠度及裂缝控制一般都能满足要求，但要采用正确的钢筋布置和足够的保护层厚度。柱的长细比是确定柱破坏模式的一个重要因素，长细比过大可能产生较大的侧向挠度进而导致屈曲，因此做细长柱设计时有一些特殊的要求。承受着双向较大弯矩的柱，例如结构中的角柱，如果还需要支撑较大的轴力，需要做一些特殊的考虑。

3.5.1　柱的分类及荷载考虑情况

结构中的柱按在水平方向的支撑情况可分为有侧向支撑柱（braced column）和无侧向支撑柱（unbraced column）。如果作用在结构上的某一方向上的水平力由剪力墙抵抗或者由其他形式的支撑系统传递至基础，此时柱在这一方向上可认为是有侧向支撑；而当作用在结构某一方向水平力由梁、板和柱之间的刚性连接作用来抵抗，此时柱在这一方向上就认为是无侧向支撑，如图3-37所示。有侧

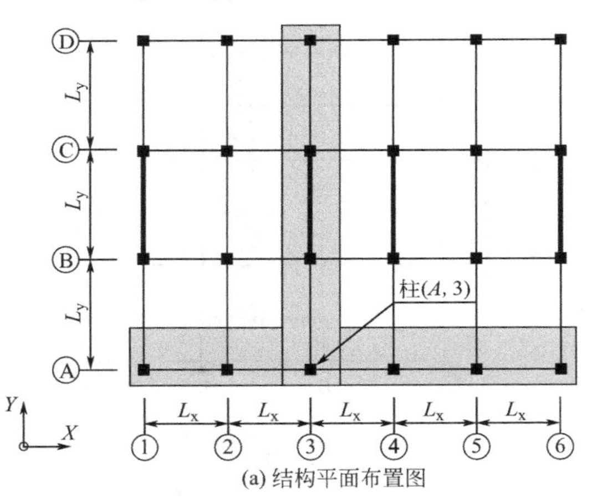

(a) 结构平面布置图

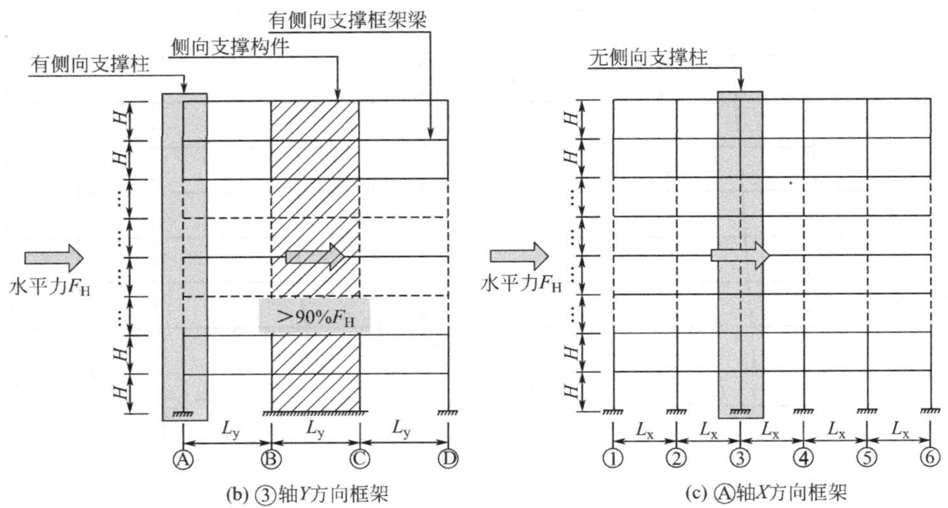

(b) ③轴Y方向框架　　(c) Ⓐ轴X方向框架

图3-37　有侧向支撑柱和无侧向支撑柱

向支撑柱和无侧向支撑柱又可分为摇摆结构柱和非摇摆结构柱，如图 3-38 所示。在摇摆结构中，由于结构的侧向摇摆会对结构产生整体二阶效应（P-Δ 效应），并且显著增加柱中弯矩的数值，如图 3-39（a）所示。而对非摇摆结构，这一影响不显著。如果柱的长细比过大，就必须考虑由于柱的局部挠曲而产生的局部二阶弯矩（P-δ 效应），如图 3-39（b）所示。如果由于结构侧向摇摆在柱中引起的整体二阶弯矩以及由于柱的挠曲而引起的局部二阶弯矩小于柱中一阶弯矩的 10%，则可以忽略结构侧向摇摆及局部挠曲对柱的影响。

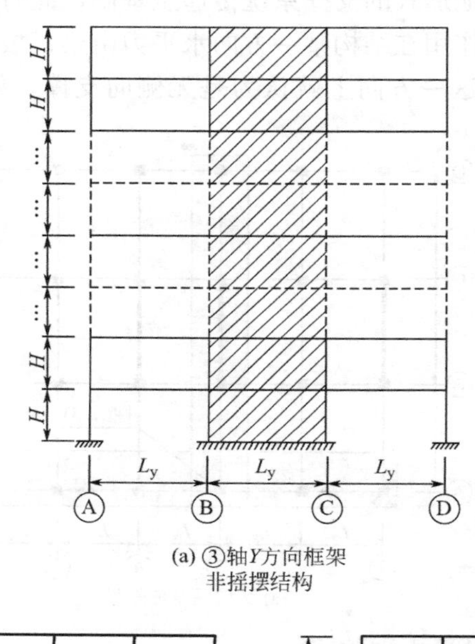

(a) ③轴Y方向框架
非摇摆结构

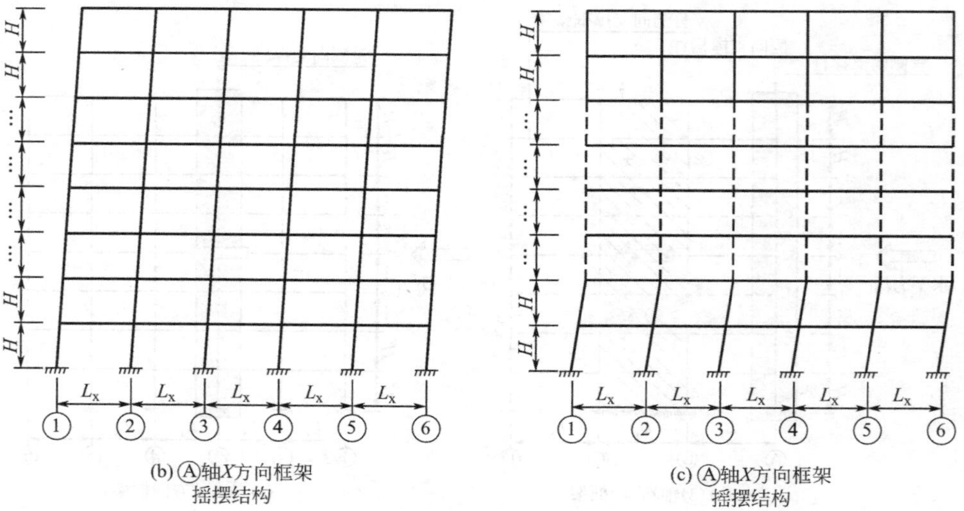

(b) Ⓐ轴X方向框架
摇摆结构

(c) Ⓐ轴X方向框架
摇摆结构

图 3-38　摇摆结构柱和非摇摆结构柱

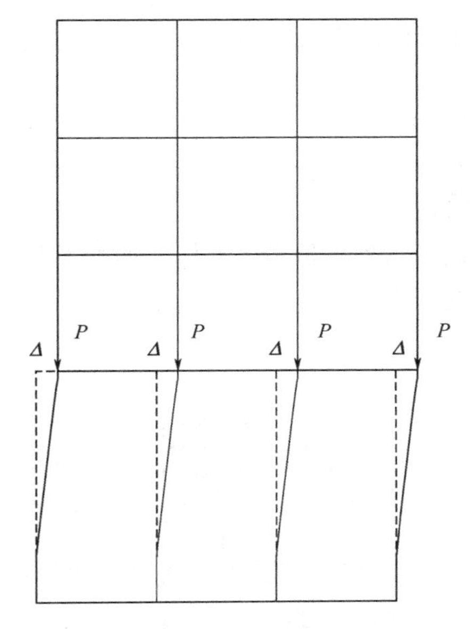

(a) 结构上的整体二阶效应影响(P-Δ效应)

(b) 单个构件的二阶效应影响(P-δ效应)

图 3-39　整体及局部二阶效应

以下介绍欧洲混凝土规范 EC2 对整体二阶效应和局部二阶效应的具体设计方法以及几何缺陷荷载的概念。在做结构和构件的承载能力极限状态受力分析时，几何缺陷荷载要与恒荷载、可变荷载、风荷载、事故荷载以及地震作用等各种荷载一起组合以找出最不利的荷载组合效应。

（1）整体 P-Δ 效应

对忽略整体 P-Δ 效应的 10%原则，EC2 给出一个替代规定，如果能满足式（3-57）的要求，则整体二阶效应可以忽略：

$$F_{\mathrm{V,Ed}} \leqslant k_1 \cdot \frac{n_s}{n_s + 1.6} \cdot \frac{\sum E_{\mathrm{cd}} I_c}{L^2} \tag{3-57}$$

式中　$F_{\mathrm{V,Ed}}$——总竖向荷载（包括作用在侧向支撑构件上的荷载）；

n_s——楼层数；

L——弯矩约束层以上的建筑物总高；

E_{cd}——混凝土的弹性模量设计值，$E_{\mathrm{cd}} = E_{\mathrm{cm}}/\gamma_{\mathrm{CE}}$，$\gamma_{\mathrm{CE}} = 1.2$；

I_c——侧向支撑构件的截面惯性矩（未开裂混凝土截面）；

k_1——系数，$k_1 = 0.31$，如果可以证明侧向支撑构件在承载能力极限状态不开裂，那么 k_1 可用 $k_2 = 0.62$ 替代。

采用式（3-57）时，应首先满足以下条件：

1）结构的平面扭转不起控制作用，即结构应在平面内合理对称布置；

2）总的结构剪切变形可以忽略（如主要由没有大的洞口的剪力墙组成的侧向支撑系统）；

3）侧向支撑构件在基础处刚接，即转动可以忽略；

4）侧向支撑构件的刚度在整个高度上应均匀恒定；

5）总的竖向荷载在每层增加大致相同的数量。

对不满足以上条件的结构，EC2 附录中给出了另外一种考虑整体弯曲变形和整体剪切变形（整体弯曲变形和整体剪切变形的定义见图 3-40）的方法。

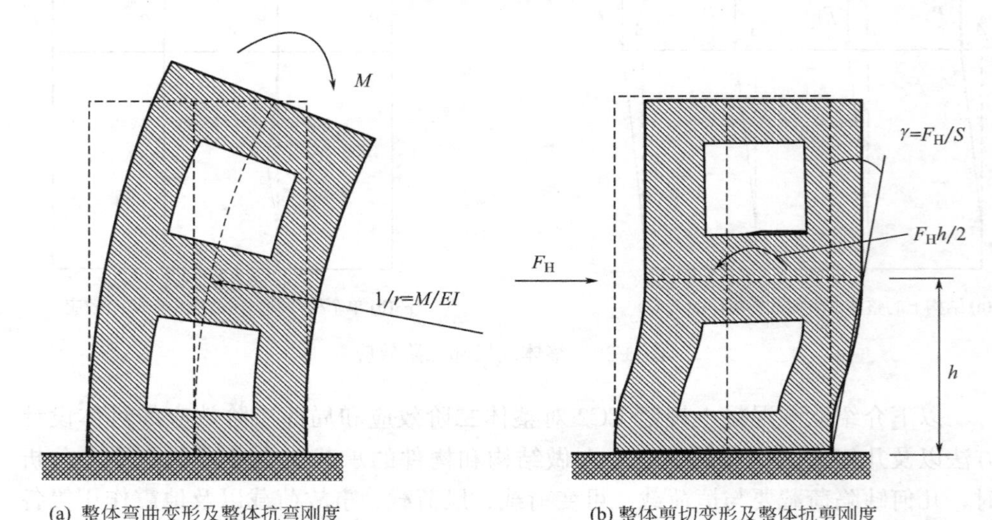

图 3-40 结构整体弯曲和剪切变形的定义（$1/r$ 和 γ）以及相应的刚度（EI 和 S）

1）对无显著剪切变形的侧向支撑体系（如无洞口的剪力墙结构），如能满足以下条件，则整体二阶效应可以忽略。

$$F_{V,Ed} \leqslant 0.1F_{V,BB} \tag{3-58}$$

$$F_{V,BB} = \xi \cdot \sum EI/L^2 \tag{3-59}$$

式中 $F_{V,Ed}$ ——总竖向荷载（包括作用在侧向支撑构件上的荷载）；

$F_{V,BB}$ ——整体弯曲时的名义整体压屈荷载，见式（3-59）；

ξ ——与楼层数、刚度变化、基础约束刚度以及荷载分布相关的系数，见式（3-61）；

$\sum EI$ ——侧向支撑构件在所考虑方向上的刚度总和，包括开裂的可能影响；

L ——弯矩约束层面以上的建筑物总高。

如果对开裂的侧向支撑构件刚度没有更精确的计算方法，可按式（3-60）

计算。

$$EI \approx 0.4E_{cd}I_c \tag{3-60}$$

式中 E_{cd}——混凝土弹性模量的设计值，$E_{cd}=E_{cm}/\gamma_{CE}=E_{cm}/1.2$；

I_c——侧向支撑构件的截面惯性矩。

如果截面在承载能力极限状态未开裂，那么式（3-60）中的系数0.4可以替换为0.8。

如果侧向支撑构件沿高度方向上刚度不变，并且竖向荷载在每层的增加值相同，那么系数ξ可由式（3-61）求出：

$$\xi=7.8\times\frac{n_s}{n_s+1.6}\times\frac{1}{1+0.7k} \tag{3-61}$$

$$k=(\theta/M)(EI/L) \tag{3-62}$$

式中 n_s——楼层总数；

k——基础约束的相对柔度；

θ——弯矩M作用下的结构基础的扭转角，对刚性约束$\theta=0$。

2）对有显著剪切变形的侧向支撑体系，如能满足以下条件，则整体二阶效应可以忽略：

$$F_{V,Ed}\leqslant 0.1F_{V,B}=0.1\times\frac{F_{V,BB}}{1+F_{V,BB}/F_{V,BS}} \tag{3-63}$$

式中 $F_{V,B}$——考虑整体弯曲和剪切的整体压屈荷载；

$F_{V,BB}$——纯弯时的整体压屈荷载；

$F_{V,BS}$——纯剪时的整体压屈荷载，$F_{V,BS}=\sum S$，$\sum S$为侧向支撑构件的总抗剪刚度。

3）对不满足式（3-58）和式（3-63）的结构，则需要考虑整体二阶效应，EC2给出了水平力放大系数法的公式：

$$F_{H,Ed}=\frac{F_{H,0Ed}}{1-F_{V,Ed}/F_{V,B}} \tag{3-64}$$

式中 $F_{H,0Ed}$——由风及几何缺陷等引起的一阶水平力。

如果整体压屈荷载$F_{V,B}$未定义，式（3-64）可以由式（3-65）替代：

$$F_{H,Ed}=\frac{F_{H,0Ed}}{1-F_{H,1Ed}/F_{H,0Ed}} \tag{3-65}$$

式中 $F_{H,1Ed}$——虚拟水平力，与在变形结构上施加竖向力$F_{V,Ed}$产生相同的弯矩，变形由$F_{H,0Ed}$引起（一阶变形），刚度采用名义刚度。

（2）局部P-δ效应

对忽略局部P-δ效应的10%原则，EC2同样给出了一个替代规定。其定义了一个柱长细比的限值λ_{lim}，如果柱的长细比小于λ_{lim}，则可以不考虑局部二阶效应，此时柱为短柱；当柱的长细比大于λ_{lim}，此时柱为细长柱，要考虑局部二阶效应。λ_{lim}的计算方法以及考虑局部二阶效应的细长柱的设计方法分别见第3.5.2节和3.5.4节。

(3) 几何缺陷荷载

EC2在结构整体分析及单个构件分析时引入了几何缺陷（geometric imperfections）这一概念，由结构可能的几何偏差（尺寸不精确或者竖向构件的垂直度偏差）以及荷载位置引起的不利影响在做结构及构件的分析时要加以考虑。需要注意的是：构件截面尺寸的偏差通常考虑在材料的安全系数中，并不包括在结构分析中。几何偏差作用只在持久状况和事故情况下的承载能力极限状态加以考虑，而不在正常使用极限状态考虑。图3-41给出了几种几何偏差影响的例子。EC2规定：由几何偏差产生的荷载在做以下三个方面的分析时要考虑：①结构整体分析；②单个竖向构件分析；③分配水平荷载的楼层及屋面横隔板分析。

几何缺陷可以由一个倾角θ_i表示：

$$\theta_i=\theta_0\cdot\alpha_h\cdot\alpha_m \tag{3-66}$$

式中 θ_0——倾角基本值，$\theta_0=1/200$；

α_h——长度或高度的折减系数，$\alpha_h=2/\sqrt{l}$，$2/3\leqslant\alpha_h\leqslant1$；

α_m——构件数量的折减系数，$\alpha_m=\sqrt{0.5(1+1/m)}$；

l——长度或高度。对单个构件，l为构件实际长度；对侧向支撑系统，l为建筑物高度；对分配水平力的楼层及屋面横隔板，l为楼层高度；

m——对几何缺陷影响有作用的竖向构件总数。对单个构件，$m=1$；对侧向支撑系统，m为对作用在侧向支撑系统的水平力有贡献的竖向构件总数；对分配水平力的楼层及屋面横隔板，m为对该层全部水平荷载有贡献的竖向构件总数。

对单个构件，几何缺陷的影响可以表达为以下两种形式：

1）表达为偏心距e_i：

$$e_i=\theta_i\cdot l_0/2 \tag{3-67}$$

式中，l_0为有效长度，参考式（3-74）和式（3-75）。

对有侧向支撑系统中的墙或单个柱，上式可简化为$e_i=l_0/400$，相当于取$\alpha_h=1$。

2）表达为引起最大弯矩位置处的侧向力H_i：

对无侧向支撑构件（见图3-41（a1））：

$$H_i=\theta_i N \tag{3-68}$$

对有侧向支撑构件（见图3-41（a2））：

$$H_i = 2\theta_i N \tag{3-69}$$

式中，N 为轴向力。

对结构整体，倾角 θ_i 的影响可以表达为侧向力，在做结构整体分析时，需要和其他作用一起包含在荷载组合中。

对侧向支撑系统（见图3-41（b））：

$$H_i = \theta_i (N_b - N_a) \tag{3-70}$$

对楼层横隔板（见图3-41（c1））：

$$H_i = \theta_i (N_b + N_a)/2 \tag{3-71}$$

对屋面横隔板（见图3-41（c2））：

$$H_i = \theta_i N_a \tag{3-72}$$

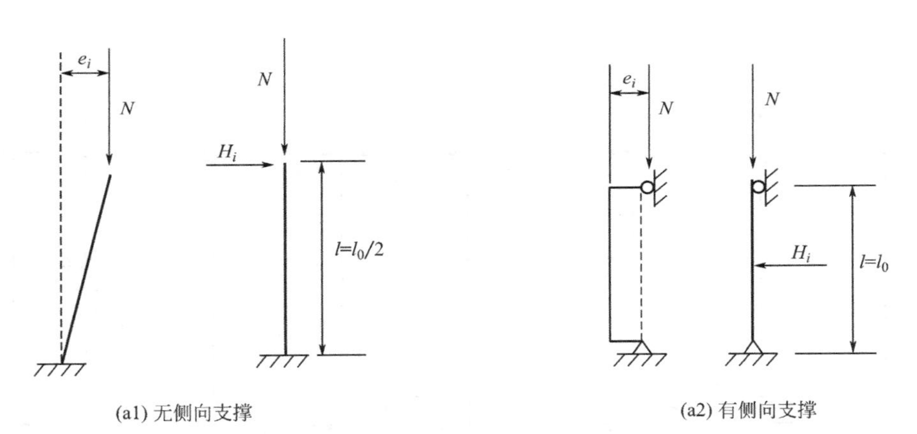

(a1) 无侧向支撑

(a2) 有侧向支撑

(a) 受偏心轴力或侧向力的单个构件

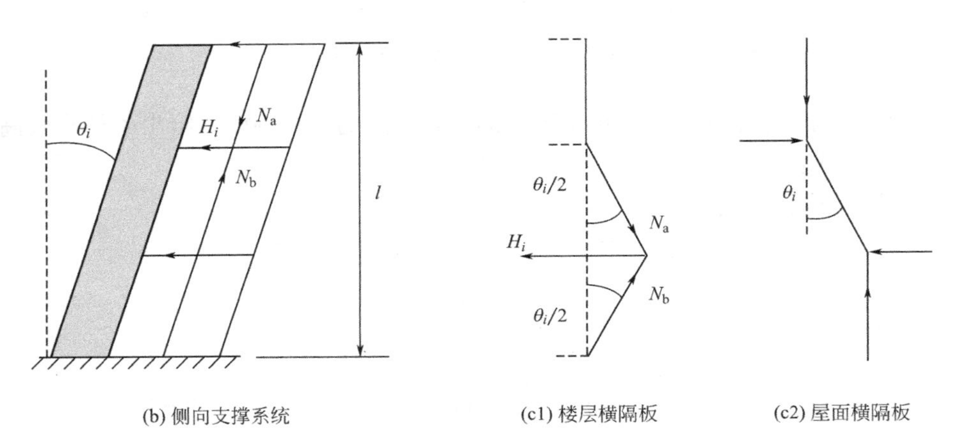

(b) 侧向支撑系统

(c1) 楼层横隔板

(c2) 屋面横隔板

图3-41 几何缺陷影响示例

3.5.2 柱的长细比和破坏模式

（1）柱对某一轴弯曲的长细比由式（3-73）求出：

$$\lambda = \frac{l_0}{i} = \frac{l_0}{\sqrt{(I/A)}} \tag{3-73}$$

式中 l_0——柱的有效高度；

i——对所考虑轴的回转半径；

I——对所考虑轴的截面惯性矩；

A——柱截面面积。

（2）柱的有效高度 l_0

柱的有效高度 l_0 是指用于计算柱挠度曲线形状的长度，也可定义为柱压屈长度，其取决于柱上下两端的约束情况。图 3-42 给出了单个构件的不同压屈模式以及相应的有效高度 l_0 值。

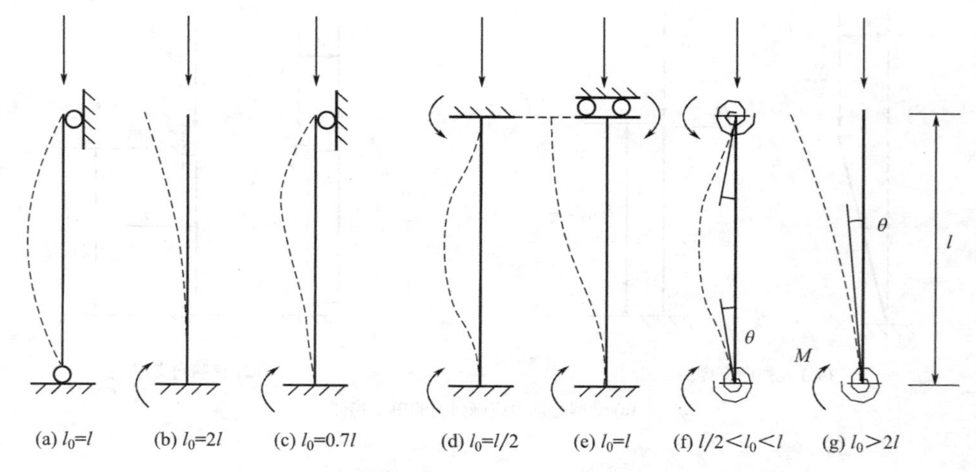

图 3-42　单个构件的不同压屈模式及相应的有效高度

EC2 根据柱上下两端的约束情况，即柱梁之间的相对刚度，给出了柱有效高度的计算公式：

对有侧向支撑柱：

$$l_0 = 0.5l\sqrt{\left(1+\frac{k_1}{0.45+k_1}\right)\left(1+\frac{k_2}{0.45+k_2}\right)} \tag{3-74}$$

对无侧向支撑柱：

$$l_0 = l \cdot \max\left\{\sqrt{1+10\cdot\frac{k_1\cdot k_2}{k_1+k_2}};\left(1+\frac{k_1}{1+k_1}\right)\left(1+\frac{k_2}{1+k_2}\right)\right\} \tag{3-75}$$

式中 l——柱的净高度；

k_1，k_2——柱两个约束端 1 和 2 对其转动约束的相对柔度。EC2 给出的做法是先计算约束构件在弯矩 M 作用下的扭转角度 θ，见图 3-42（f）、（g），然后按 $k=(\theta/M)(EI/l)$ 计算，其中 EI 为柱的抗弯刚度。对柱的转动完全刚性约束时，$k=0$；对柱的转动无约束时，$k=\infty$。考虑到实际工程中很少刚性约束，k 的最小值取 0.1。k 值通常需要由框架分析软件计算。英国国家附录给出了一种根据柱及与其相连的梁的相对刚度简化计算 k_1 及 k_2 的算法。

$$k=\frac{(EI/l)_c}{\sum 2(EI/l)_b}\geqslant 0.1 \tag{3-76}$$

式中　I_c，I_b——未开裂柱、梁的截面惯性矩；

l_c，l_b——柱、梁的长度。

以上公式是假定所考虑的柱段上下的柱对本段柱的转动没有影响，和柱连接的梁刚度取 $2(EI/l)$ 是为了允许梁开裂。

有了 k_1 及 k_2 值，便可由式（3-74）或式（3-75）计算出柱的有效高度。也可以直接由表 3-15 或表 3-16 查出有效高度系数 F，然后按 $l_0=Fl$ 计算出柱的有效高度。

有侧向支撑柱的有效高度系数 F　　　　**表 3-15**

k_2 \ k_1	0.10	0.20	0.30	0.40	0.50	0.60	0.70	0.80	0.90	1.00	2.00	5.00	7.00	10.0	100
0.10	0.59	0.62	0.64	0.66	0.67	0.68	0.69	0.70	0.70	0.71	0.73	0.75	0.76	0.76	0.77
0.20	0.62	0.65	0.68	0.69	0.71	0.72	0.73	0.73	0.74	0.74	0.77	0.79	0.80	0.80	0.81
0.30	0.64	0.68	0.70	0.72	0.73	0.74	0.75	0.76	0.76	0.77	0.80	0.82	0.82	0.83	0.84
0.40	0.66	0.69	0.72	0.74	0.75	0.76	0.77	0.78	0.78	0.79	0.82	0.84	0.84	0.85	0.86
0.50	0.67	0.71	0.73	0.75	0.76	0.77	0.78	0.79	0.80	0.80	0.83	0.86	0.86	0.86	0.87
0.60	0.68	0.72	0.74	0.76	0.77	0.79	0.80	0.80	0.81	0.82	0.85	0.87	0.87	0.88	0.89
0.70	0.69	0.73	0.75	0.77	0.78	0.80	0.80	0.81	0.82	0.82	0.86	0.88	0.88	0.89	0.90
0.80	0.70	0.73	0.76	0.78	0.79	0.80	0.81	0.82	0.83	0.83	0.86	0.89	0.89	0.90	0.91
0.90	0.70	0.74	0.76	0.78	0.80	0.81	0.82	0.83	0.83	0.84	0.87	0.89	0.90	0.90	0.91
1.00	0.71	0.74	0.77	0.79	0.80	0.82	0.82	0.83	0.84	0.85	0.88	0.90	0.91	0.91	0.92
2.00	0.73	0.77	0.80	0.82	0.83	0.85	0.86	0.86	0.87	0.88	0.91	0.93	0.94	0.94	0.95
5.00	0.75	0.79	0.82	0.84	0.86	0.87	0.88	0.89	0.89	0.90	0.93	0.96	0.96	0.97	0.98
7.00	0.76	0.80	0.82	0.84	0.86	0.87	0.88	0.89	0.90	0.91	0.94	0.96	0.97	0.97	0.98
10.0	0.76	0.80	0.83	0.85	0.86	0.88	0.89	0.90	0.90	0.91	0.94	0.97	0.97	0.98	0.99
100	0.77	0.81	0.84	0.86	0.87	0.89	0.90	0.91	0.91	0.92	0.95	0.98	0.98	0.99	1.00

无侧向支撑柱的有效高度系数 F **表 3-16**

k_2 \ k_1	0.10	0.20	0.30	0.40	0.50	0.60	0.70	0.80	0.90	1.00	2.00	5.00	7.00	10.0	100
0.10	1.23	1.29	1.34	1.40	1.46	1.50	1.54	1.58	1.61	1.64	1.82	2.00	2.05	2.08	2.17
0.20	1.29	1.41	1.48	1.53	1.56	1.60	1.65	1.69	1.72	1.75	1.94	2.14	2.19	2.23	2.32
0.30	1.34	1.48	1.58	1.65	1.70	1.73	1.76	1.78	1.81	1.85	2.05	2.26	2.31	2.35	2.45
0.40	1.40	1.53	1.65	1.73	1.80	1.84	1.88	1.92	1.94	1.96	2.14	2.36	2.41	2.46	2.56
0.50	1.46	1.56	1.70	1.80	1.87	1.93	1.98	2.02	2.05	2.08	2.24	2.44	2.50	2.55	2.65
0.60	1.50	1.60	1.73	1.84	1.93	2.00	2.06	2.10	2.15	2.18	2.37	2.52	2.58	2.63	2.74
0.70	1.54	1.65	1.76	1.88	1.98	2.06	2.12	2.18	2.22	2.26	2.49	2.67	2.71	2.75	2.82
0.80	1.58	1.69	1.78	1.92	2.02	2.10	2.18	2.24	2.29	2.33	2.59	2.81	2.86	2.90	2.99
0.90	1.61	1.72	1.81	1.94	2.05	2.15	2.22	2.29	2.35	2.40	2.69	2.94	3.00	3.04	3.15
1.00	1.64	1.75	1.85	1.96	2.08	2.18	2.26	2.33	2.40	2.45	2.77	3.06	3.12	3.18	3.30
2.00	1.82	1.94	2.05	2.14	2.24	2.37	2.49	2.59	2.69	2.77	3.32	3.91	4.07	4.20	4.54
5.00	2.00	2.14	2.26	2.36	2.44	2.52	2.67	2.81	2.94	3.06	3.91	5.10	5.49	5.86	6.97
7.00	2.05	2.19	2.31	2.41	2.50	2.58	2.71	2.86	3.00	3.12	4.07	5.49	6.00	6.49	8.15
10.0	2.08	2.23	2.35	2.46	2.55	2.63	2.75	2.90	3.04	3.18	4.20	5.86	6.49	7.14	9.59
100	2.17	2.32	2.45	2.56	2.65	2.74	2.82	2.99	3.15	3.30	4.54	6.97	8.15	9.59	22.40

（3）短柱和细长柱的长细比限值 $\lambda_{\lim}$

EC2 对短柱的最大长细比限值规定如下：

$$\lambda_{\lim}=\frac{20A\cdot B\cdot C}{\sqrt{n}} \tag{3-77}$$

$A=1/(1+0.2\varphi_{ef})$　如果 φ_{ef} 未知，A 可取 0.7

$B=\sqrt{1+2\omega}$　如果 ω 未知，B 可取 1.1

$C=1.7-r_m$　如果 r_m 未知，C 可取 0.7

式中　φ_{ef}——有效徐变系数，见式（3-95）；

ω——力学配筋率，$\omega=A_s f_{yd}/(A_c f_{cd})$；

A_s——柱纵筋的总面积；

n——轴压比，$n=N_{Ed}/(A_c f_{cd})$；

r_m——弯矩比，$r_m=M_{01}/M_{02}$。M_{01}、M_{02} 为一阶柱端弯矩，$|M_{02}|\geqslant|M_{01}|$。如果 M_{01}、M_{02} 引起柱的相同表面受拉，r_m 应取正值，此时 $C\leqslant1.7$；如果相反，r_m 应取负值，此时 $C>1.7$。对有侧向支撑柱，如果一阶弯矩主要是由结构缺陷或横向荷载引起，则 r_m 取 1.0，即 $C=0.7$；对无侧向支撑柱，r_m 取 1.0，即 $C=0.7$。

当柱双向弯曲时，长细比可以分别按单个方向检查，会有三种结果：①二阶弯矩在两个方向均可忽略；②二阶弯矩需要在一个方向上考虑；③二阶弯矩需要在两个方向上均考虑。

（4）柱的破坏模式

短柱通常是混凝土压碎破坏而细长柱倾向于压屈破坏。作用在细长柱的柱端弯矩会引起柱产生侧向位移进而产生附加弯矩 Ne_{add}（即 P-δ 效应）。附加弯矩会引起更大的侧向位移，当轴力 N 超过某一个界限值，侧向位移和附加弯矩会自我强化直至柱压屈失稳。欧拉给出了两端铰接的细长柱失稳破坏的临界轴向压力值：$N_{crit}=\pi^2EI/l^2$。而单纯轴心受压柱的压碎破坏轴力值（即截面承载力）可取为：$N_{ud}=0.567f_{ck}A_c+0.87f_{yk}A_s$，其中 A_c 为混凝土面积，A_s 为纵向钢筋面积。

由典型柱截面的 N_{crit}/N_{ud} 及 l/i 的值可以绘出图3-43。图中 N_{crit}/N_{ud} 的值大小确定柱的破坏模式。当 $l/i\leqslant50$ 时，柱通常是压碎破坏；当 $l/i\geqslant110$ 时，$N_{crit}<N_{ud}$，柱为失稳破坏；当 $50<l/i<110$ 时，虽然 $N_{ud}<N_{crit}$，柱也可能发生失稳破坏，其取决于柱的初始曲率以及荷载的实际偏心距。

综上所述，柱的破坏模式有以下三种情况：

1）侧向位移可以忽略的材料破坏，通常发生在短柱情况，对中等长细比的柱，当柱端弯矩比较大时，也有可能发生材料破坏；

2）由侧向位移及附加弯矩而加剧的材料破坏。这是典型的具有中等长细比柱的破坏模式；

3）由过大侧向位移引起的细长柱失稳破坏。

3.5.3 短柱设计

（1）柱的正截面设计

对于短柱，在承载能力极限状态，设计弯矩只考虑一阶弯矩，其中包括由结构整体分析得到的 M 加上考虑单个构件的几何缺陷引起的弯矩 e_iN_{Ed}，即 $M_{02}(M_{01})=M+e_iN_{Ed}$，参考图3-41（a）和图3-54。需要注意的是：在做结构整体分析时，几何缺陷荷载应作为一种荷载工况包括在荷载组合当中。即结构整体分析和单个构件分析均要考虑几何缺陷荷载。同时EC2对有对称配筋的受压构件规定了一个最小偏心距 $e_{min}=h/30(b/30)\geqslant20\text{mm}$，设计弯矩须满足 $M_{02}\geqslant M_{min}=e_{min}N_{Ed}$。有了设计轴力、设计弯矩、混凝土截面尺寸以及钢筋布置情况，便可做截面的应变及内力分析，如果混凝土强度等级不大于C50/60，$f_{cd}=\alpha_{cc}\cdot f_{ck}/\gamma_c$，取 $\alpha_{cc}=0.85$，$\gamma_c=1.5$，则有如图3-44所示的在轴力 N 及单轴弯矩 M 作用下的截面应变及内力分析图。

图3-44中截面在受力状态下的应变关系同样基于平截面假定得到。当 $x<h$

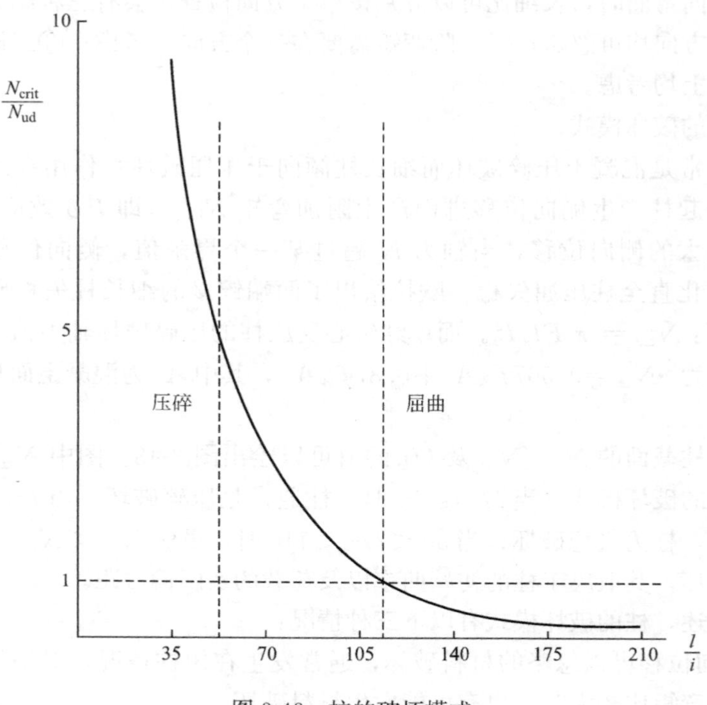

图 3-43　柱的破坏模式

时，中和轴在截面内，混凝土极限压应变取为 0.0035；当 $x>h$ 时，全截面受压，取截面高度中间处的压应变限值为 0.00175，此时截面边缘处的最大允许应变限值介于 0.00175～0.0035 之间。如果 $M=0$，截面为单纯轴心受压，此时全截面应变取为 0.00175，柱截面的应变限值情况见图 3-45。

所施加的设计轴力 N_{Ed} 应和截面中产生的内力相平衡，则有：

$$N_{Ed}=F_{cc}+F_{sc}+F_{s}$$

在此式中，如果钢筋受拉，则 F_s 为负值，如图 3-44（a）所示。把上式中的内力变换为混凝土和钢筋的应力和面积乘积形式，则有：

$$N_{Ed}=0.567f_{ck}bs+f_{sc}A'_{s}+f_{s}A_{s} \quad (3\text{-}78)$$

设计弯矩 M_{Ed} 应和截面中产生的内力所组成的抵抗弯矩相平衡，内力对截面高度中心轴取矩，则有：

$$M_{Ed}=F_{cc}\left(\frac{h}{2}-\frac{s}{2}\right)+F_{sc}\left(\frac{h}{2}-d'\right)+F_{s}\left(\frac{h}{2}-d\right)$$

或表达为：

$$M_{Ed}=0.567f_{ck}bs\left(\frac{h}{2}-\frac{s}{2}\right)+f_{sc}A'_{s}\left(\frac{h}{2}-d'\right)-f_{s}A_{s}\left(d-\frac{h}{2}\right) \quad (3\text{-}79)$$

当 $s>h$ 时，如图 3-44（b）所示，柱全截面混凝土受压，且混凝土的压应力均

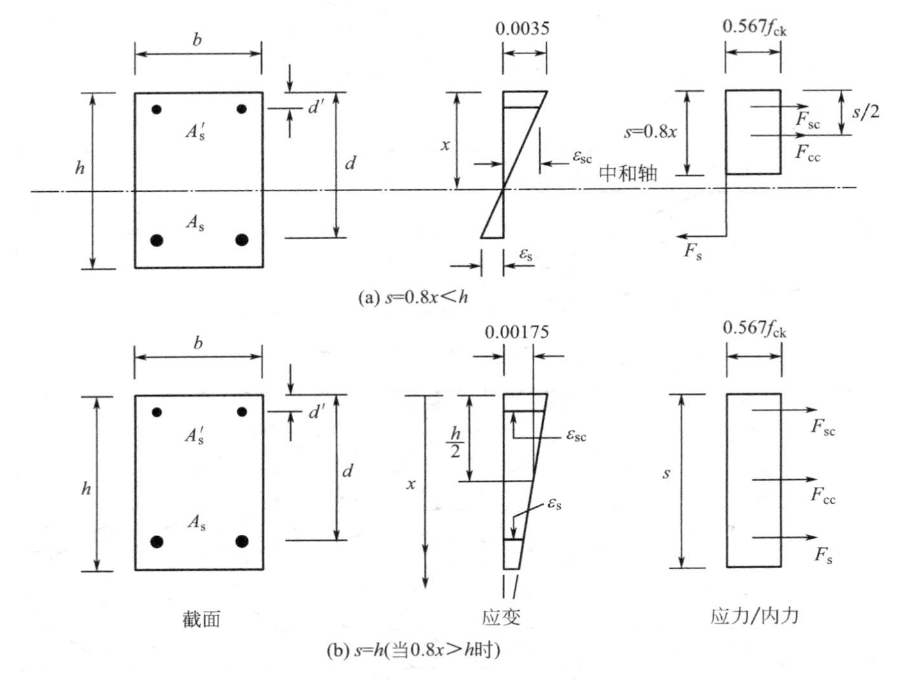

图 3-44　在轴力及单轴弯矩作用下截面的应变及内力分析

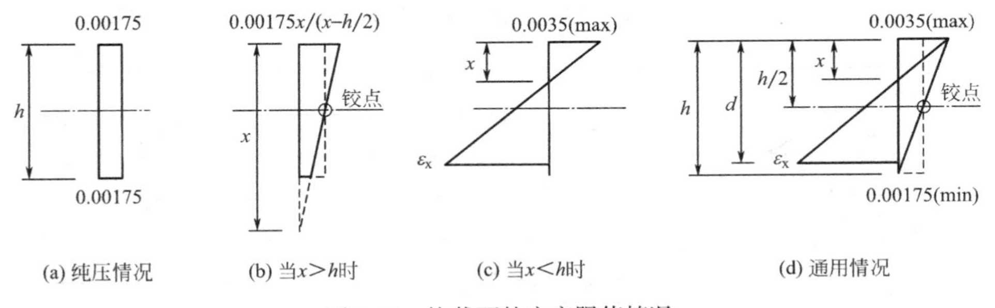

图 3-45　柱截面的应变限值情况

为 $0.567f_{ck}$，此时截面混凝土对抵抗弯矩无贡献，式（3-79）的右面第一项消失。

对布置对称配筋的截面（$A_s = A'_s = A_{sc}/2$ 及 $d' = h - d$），式（3-78）和式（3-79）可以变换为：

$$\frac{N_{Ed}}{bhf_{ck}} = \frac{0.567s}{h} + \frac{f_{sc}A_s}{f_{ck}bh} + \frac{f_sA_s}{f_{ck}bh} \tag{3-80}$$

$$\frac{M_{Ed}}{bh^2f_{ck}} = \frac{0.567s}{h}\left(0.5 - \frac{s}{2h}\right) + \frac{f_{sc}A_s}{f_{ck}bh}\left(\frac{d}{h} - 0.5\right) - \frac{f_sA_s}{f_{ck}bh}\left(\frac{d}{h} - 0.5\right) \tag{3-81}$$

以上公式中的钢筋应变及相应的应力 f_{sc} 和 f_s 随中和轴高度 x 值的变化而变化。对于给定的 $A_s/(bh)$ 及 x/h 值，可计算出 $N/(bhf_{ck})$ 和 $M/(bh^2f_{ck})$，由此便可绘出单轴弯曲对称配筋柱的设计图表。由式（3-80）和式（3-81）直接计算柱的配筋十分繁琐，通常采用查表法或者电脑程序设计。图 3-46～图 3-50 为几种单轴弯曲对称配筋柱的设计图表。

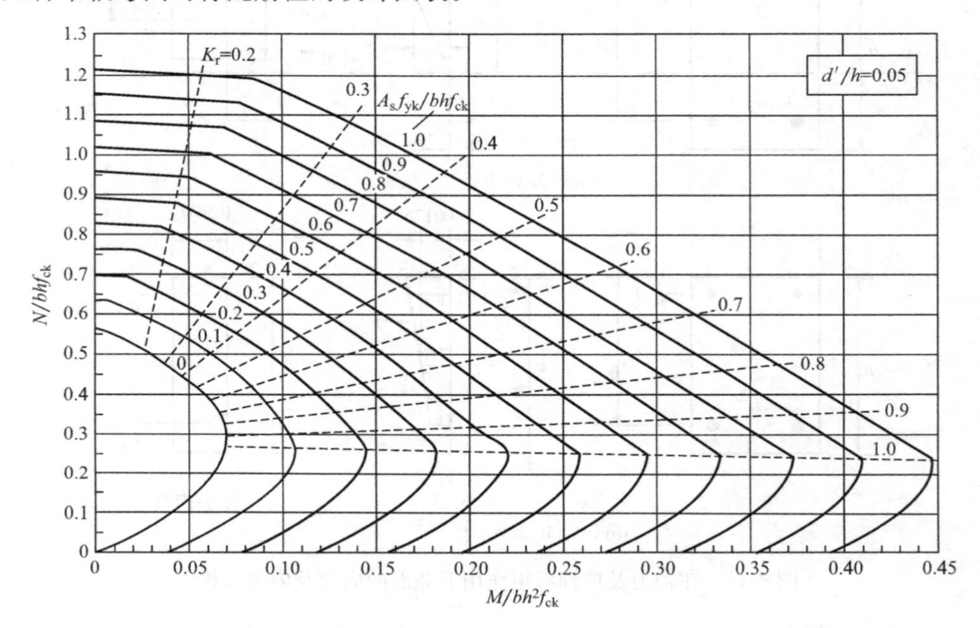

图 3-46　单轴弯曲、对称配筋的矩形截面柱，当 $d'/h=0.05$ 时的设计图表

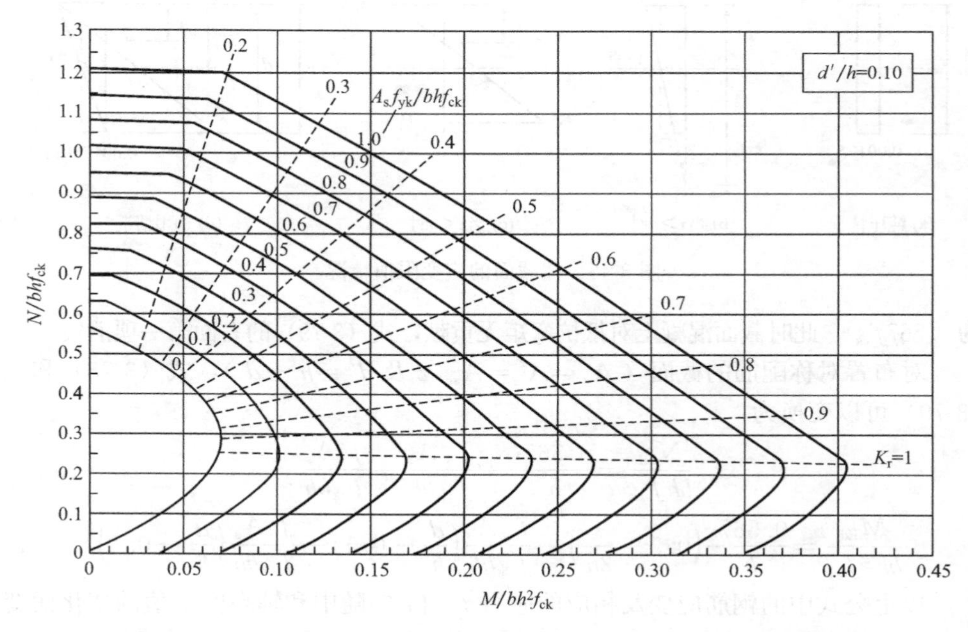

图 3-47　单轴弯曲、对称配筋的矩形截面柱，当 $d'/h=0.10$ 时的设计图表

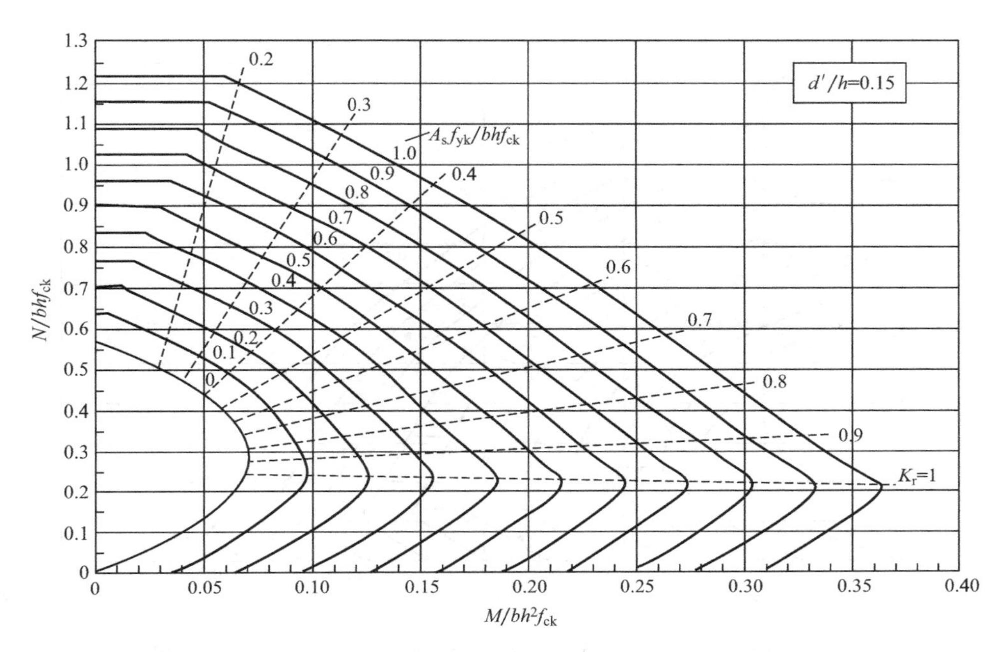

图 3-48　单轴弯曲、对称配筋的矩形截面柱，当 $d'/h=0.15$ 时的设计图表

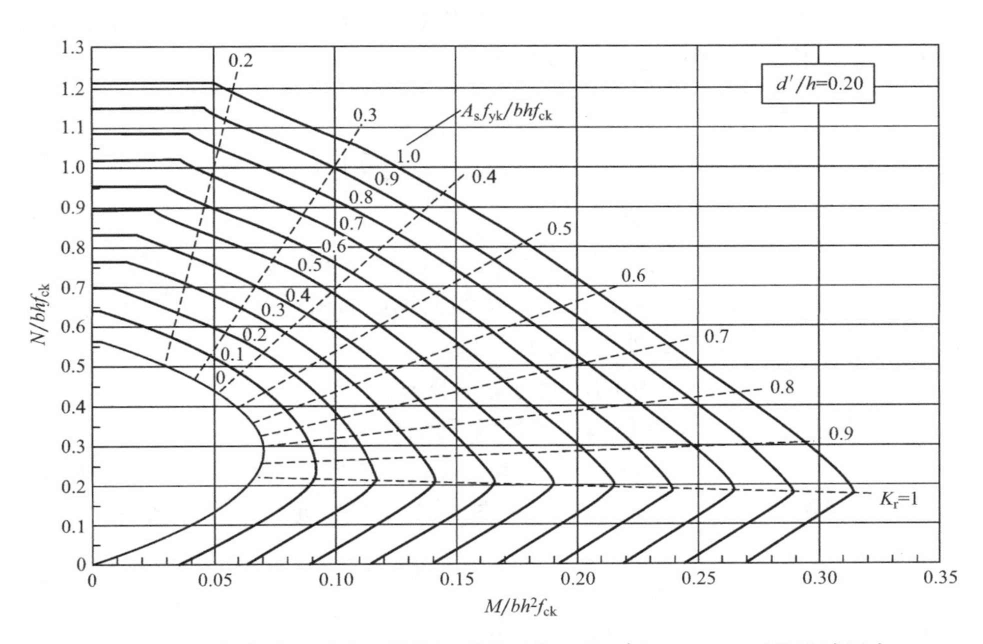

图 3-49　单轴弯曲、对称配筋的矩形截面柱，当 $d'/h=0.20$ 时的设计图表

对受轴力及双向弯矩作用的短柱，EC2 建议的简单考虑方法如下：

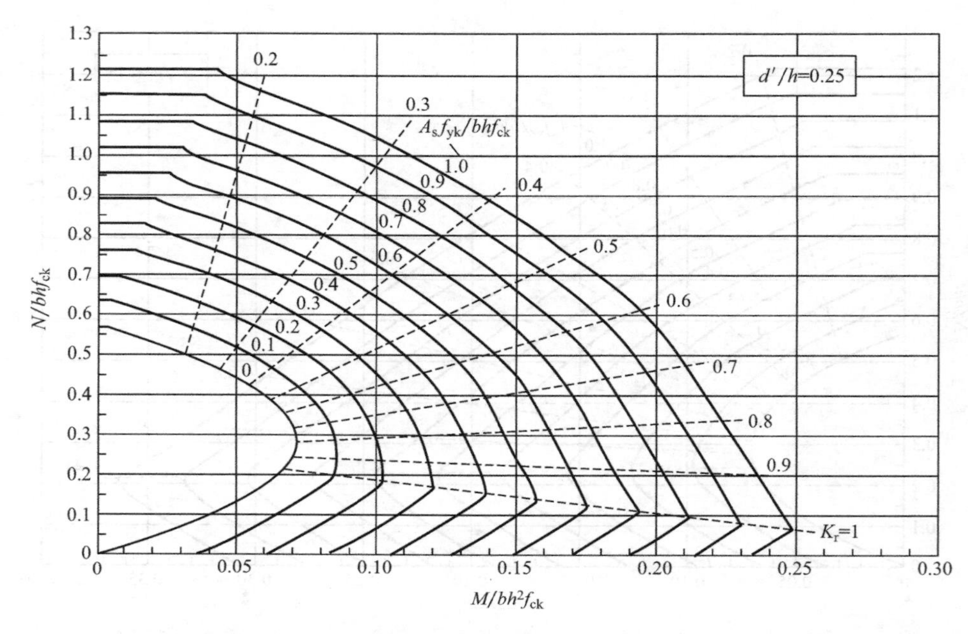

图 3-50 单轴弯曲、对称配筋的矩形截面柱，当 $d'/h=0.25$ 时的设计图表

1）首先分别在两个主轴方向校核轴力及单向弯矩，其中构件缺陷荷载只需包括在一个最不利的方向上，即可表示为：

当 $N_{Ed}=N_{Rd}$ 时，须满足：

$$\frac{M_{Edy}}{M_{Rdy}}\leqslant 1.0 \quad 或 \quad \frac{M_{Edz}}{M_{Rdz}}\leqslant 1.0 \tag{3-82}$$

式中 N_{Ed}——柱轴力设计值；

N_{Rd}——柱截面轴向承载力设计值，$N_{Rd}=0.567f_{ck}A_c+0.87f_{yk}A_s$，$A_c$ 为混凝土截面面积，A_s 为纵向钢筋面积；

M_{Edy}、M_{Edz}——绕 y 轴、z 轴的弯矩设计值；

M_{Rdy}、M_{Rdz}——绕 y 轴、z 轴的截面弯矩承载力。

2）如果柱两个方向上的长细比满足以下条件：

$$\lambda_y/\lambda_z\leqslant 2 \quad 和 \quad \lambda_z/\lambda_y\leqslant 2 \tag{3-83}$$

并且相对偏心距 e_y/h_{eq} 和 e_z/b_{eq}（见图 3-51），能满足以下条件之一：

$$\frac{e_y/h_{eq}}{e_z/b_{eq}}\leqslant 0.2 \quad 或 \quad \frac{e_z/b_{eq}}{e_y/h_{eq}}\leqslant 0.2 \tag{3-84}$$

则不需要再校核双轴弯曲的综合作用。

式中 b，h——柱截面的宽度和高度；

b_{eq}，h_{eq}——等效矩形截面的宽度和高度，对任一截面有：$b_{eq}=i_y\sqrt{12}$ 和

$h_{eq}=i_z\sqrt{12}$；

λ_y，λ_z——关于 y 轴和 z 轴的长细比，$\lambda=l_0/i$；

i_y，i_z——关于 y 轴和 z 轴的回转半径；

e_y——沿 y 轴方向的偏心距，$e_y=M_{Edz}/N_{Ed}$；

e_z——沿 z 轴方向的偏心距，$e_z=M_{Edy}/N_{Ed}$。

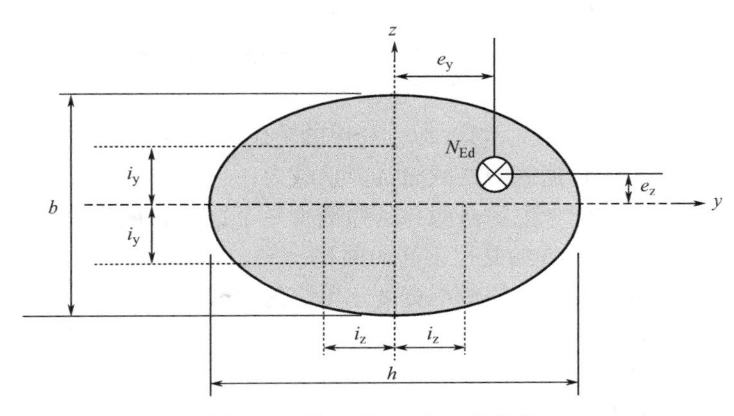

图 3-51　偏心距 e_y 及 e_z 的定义

3）如果柱两个方向上的长细比以及相对偏心距不能满足式（3-83）和式（3-84）的要求，则需要考虑双向弯曲的综合作用，须满足以下公式：

$$\left(\frac{M_{Edy}}{M_{Rdy}}\right)^a+\left(\frac{M_{Edz}}{M_{Rdz}}\right)^a\leqslant 1.0 \tag{3-85}$$

式中　a——指数，对圆形或椭圆形截面，$a=2$；对矩形截面，按表 3-17 取值，表中未给出的值，按线性内插确定，参考图 3-52。

矩形截面 a 的值　　**表 3-17**

N_{Ed}/N_{Rd}	0.1	0.7	1.0
a	1.0	1.5	2.0

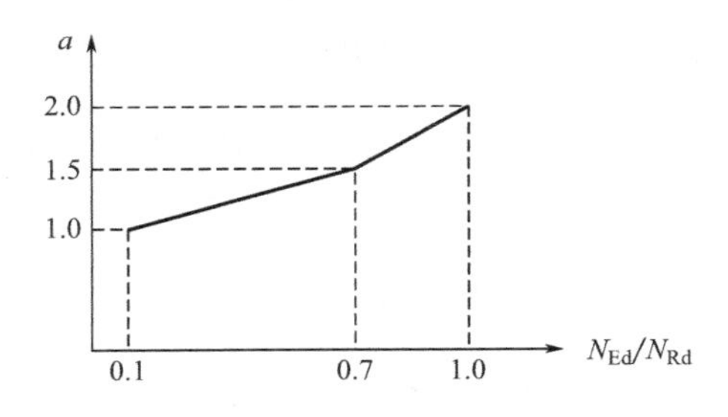

图 3-52　矩形截面 a 的定义值

(2) 柱中的剪力设计

如果柱中的剪力设计值 V_{Ed} 小于柱混凝土截面的受剪承载力 $V_{Rd,c}$，则不需要设计柱的抗剪箍筋，只需按规范要求配置构造箍筋。柱混凝土截面的受剪承载力由式（3-86）给出：

$$V_{Rd,c} = [C_{Rd,c}k(100\rho_l f_{ck})^{1/3} + k_1\sigma_{cp}]b_w d \geqslant (0.035k^{1.5}f_{ck}^{0.5} + k_1\sigma_{cp})b_w d \tag{3-86}$$

$$C_{Rd,c} = 0.18/\gamma_c = 0.18/1.5 = 0.12$$

$$k = (1 + \sqrt{200/d}) \leqslant 2.0 \quad (d \text{ 的单位为“mm”})$$

$$\rho_l = A_{sl}/(b_w d) \leqslant 0.02$$

$$\sigma_{cp} = N_{Ed}/A_c < 0.2f_{cd} \ (\sigma_{cp} \text{ 的单位为“MPa”})$$

式中 $V_{Rd,c}$——无配置箍筋的柱截面抗剪承载力；

A_{sl}——穿过所考虑的截面并延伸最少一个锚固长度加上柱截面有效高度 d 位置的受拉钢筋的面积；

b_w——截面受拉区的最小宽度，单位为“mm”；

N_{Ed}——柱截面中的轴力设计值，单位为“N”，受压时 $N_{Ed} > 0$；

A_c——柱混凝土截面的面积，单位为“mm^2”；

k_1——系数，$k_1 = 0.15$。

如果柱中的剪力设计值 V_{Ed} 大于柱混凝土截面的受剪承载力 $V_{Rd,c}$，则需要设计柱的抗剪箍筋，设计方法和梁的箍筋设计相似，同样是采用变角桁架模型，如图 3-53 所示，但是增加了一个考虑受压弦杆应力状态的系数 α_{cw}。

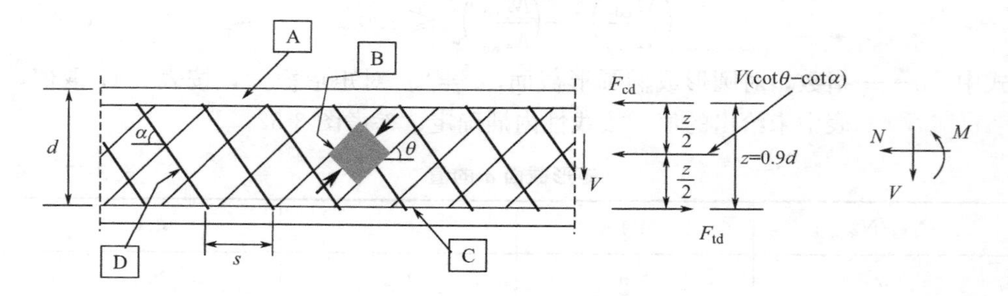

A—受压弦杆；B—斜压杆；C—受拉弦杆；D—抗剪钢筋

图 3-53 配置抗剪箍筋构件的桁架模型及注释

EC2 规定：对需要配置抗剪箍筋的构件，构件的受剪承载力应取以下两公式计算所得的较小值：

$$V_{Rd,s} = \frac{A_{sw}}{s}z \cdot f_{ywd}\cot\theta \tag{3-87}$$

$$V_{Rd,max} = \alpha_{cw}b_w z\nu_1 f_{cd}/(\cot\theta + \tan\theta) \tag{3-88}$$

式中 A_{sw}——箍筋的截面面积；

s ——箍筋间距；

z ——与构件中弯矩相对应的内力臂，通常取 $z=0.9d$ ；

f_{ywd} ——箍筋的设计强度，$f_{ywd}=f_{yk}/\gamma_s=0.87f_{yk}$ ；

θ ——变角桁架模型中斜压杆和柱纵向（和剪力方向垂直）的倾角，$22°\leqslant\theta\leqslant45°$；

ν_1 ——混凝土在剪切作用下开裂时的强度折减系数，$\nu_1=0.6(1-f_{ck}/250)$ ；

α_{cw} ——考虑受压弦杆中应力状态的系数：当 $0<\sigma_{cp}\leqslant0.25f_{cd}$ 时，$\alpha_{cw}=1+\sigma_{cp}/f_{cd}$ ；当 $0.25f_{cd}<\sigma_{cp}\leqslant0.5f_{cd}$ 时，$\alpha_{cw}=1.25$；当 $0.5f_{cd}<\sigma_{cp}<1.0f_{cd}$ 时，$\alpha_{cw}=2.5(1-\sigma_{cp}/f_{cd})$ 。$\sigma_{cp}=N_{Ed}/A$ ，A 为柱截面总面积，包括钢筋面积；

f_{cd} ——混凝土设计强度，$f_{cd}=\alpha_{cc}f_{ck}/\gamma_c$ ；

b_w ——柱的有效宽度。对含有灌浆金属波纹管的柱截面，当金属波纹管直径 $\phi>b_w/8$ 时，式（3-88）中的 b_w 应取名义宽度 $b_{w,nom}=b_w-0.5\sum\phi$ ，其中 ϕ 为金属波纹管外径；当金属波纹管直径 $\phi\leqslant b_w/8$ 时，取 $b_{w,nom}=b_w$ 。

EC2 给出了柱配筋的构造要求：

纵筋：

1）对矩形柱截面，最少需配置 4 根钢筋（每角 1 根）；对圆形截面，最少配置 6 根钢筋，钢筋直径不小于 12mm；

2）最小钢筋面积为：$A_{s,min}=\dfrac{0.10N_{Ed}}{0.87f_{yk}}\geqslant0.002A_c$ ；

3）最大钢筋面积：

在钢筋搭接处：$A_{s,max}\leqslant0.08A_c$ ；在钢筋非搭接处：$A_{s,max}\leqslant0.04A_c$ 。

箍筋：

1）最小箍筋直径为 1/4 倍受压纵筋直径且不小于 6mm；

2）最大箍筋间距为以下三项中的最小值：

① 12 倍最小纵筋直径；

② 0.6 倍柱截面短边尺寸，即 $0.6\times\min\{B, H\}$ ；

③ 240mm。

对位于梁或板上面或下面超出柱长边尺寸的距离范围内的柱，箍筋间距可以乘以 1.67 的系数。

3）当纵筋的方向有改变时，箍筋的间距需要考虑外张力作用通过计算得出。如果纵筋的方向改变小于等于 1/12，则不需要计算；

4）每个角部的纵筋必须有箍筋约束；

5）有横向钢筋约束的受压纵筋的间距不得超过 150mm。

3.5.4 细长柱设计

当柱的长细比 $\lambda > \lambda_{\text{lim}}$ 时，定义为细长柱，设计时需要考虑柱中的二阶效应弯矩。EC2 对细长柱的设计给出了以下方法：

1）依据结构非线性分析并且允许二阶效应的一般方法，需要应用电脑分析；

2）依据梁和柱的名义刚度值的二阶分析法，同样需要采用有交互分析过程的电脑分析；

3）由一阶弯矩乘以一个系数而得到弯矩设计值的弯矩放大法；

4）由预估柱曲率确定二阶弯矩的名义曲率法，这些二阶弯矩要和一阶弯矩相加而得到最终弯矩设计值，如图 3-54 和图 3-55 所示。

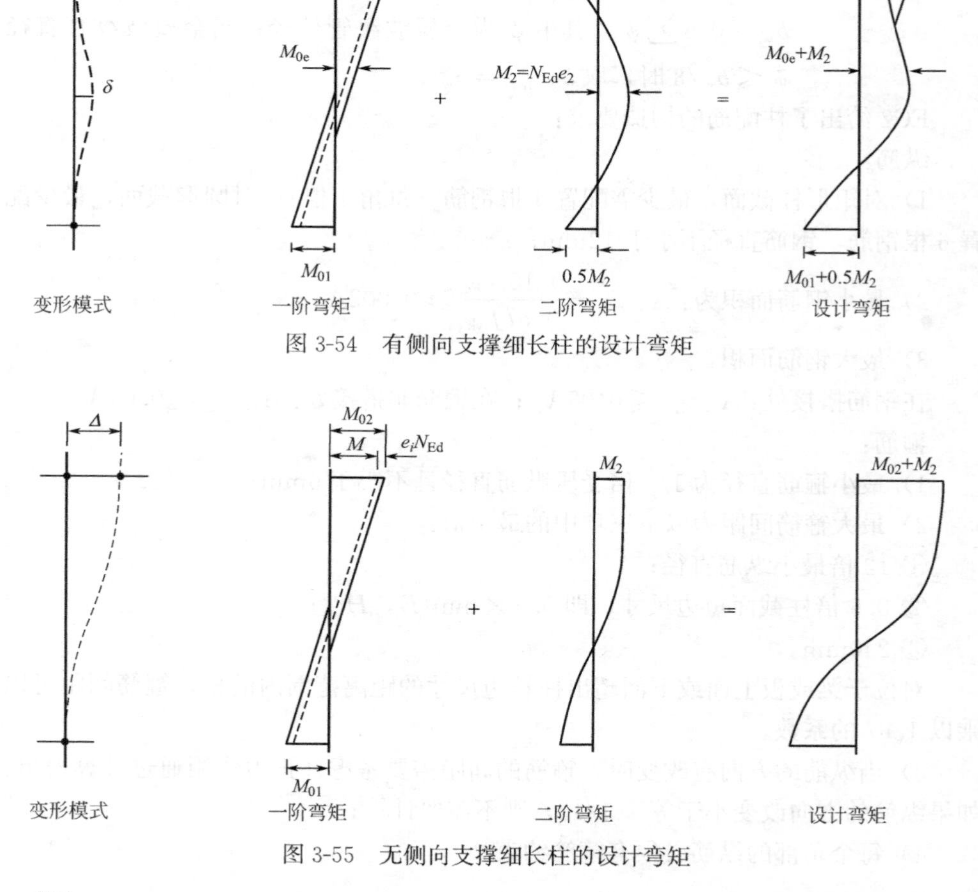

图 3-54 有侧向支撑细长柱的设计弯矩

图 3-55 无侧向支撑细长柱的设计弯矩

这里只介绍第四种方法。EC2 规定的第四种方法的最终设计弯矩为：

$$M_{Ed} = M_{0Ed} + M_2 \geqslant \max\{M_{02}; N_{Ed}e_{min}\} \tag{3-89}$$

$$M_{02} = M + e_i N_{Ed}$$

式中　M_{0Ed}——一阶弯矩，包括几何缺陷荷载的作用；

M_2——名义二阶弯矩；

M——由结构整体分析得到的柱第 2 端的一阶弯矩；

N_{Ed}——柱轴力设计值；

e_i——柱几何缺陷偏心距；

e_{min}——柱最小偏心距，$e_{min}=h/30(b/30)\geqslant 20\text{mm}$。

（1）对有侧向支撑的柱，采用了一个区别于一阶柱端弯矩 M_{01} 和 M_{02} 的等效一阶弯矩 M_{0e}：

$$M_{0e} = 0.6M_{02} + 0.4M_{01} \geqslant 0.4M_{02} \tag{3-90}$$

如果 M_{01} 和 M_{02} 引起柱的相同表面受拉，则它们取相同的正负值；反之，它们取相反的正负值。此外，$|M_{02}|\geqslant|M_{01}|$。

（2）对无侧向支撑的柱：

$$M_{0e} = M_{02} \tag{3-91}$$

名义二阶弯矩 M_2 可以表示为：

$$M_2 = N_{Ed}e_2 \tag{3-92}$$

式中　e_2——柱的水平挠度，$e_2=(1/r)\cdot l_0^2/\pi^2$，$1/r$ 为柱曲率；l_0 为柱有效高度。

对恒定并且对称的柱截面（包括钢筋对称），柱曲率可以表示为：

$$1/r = K_r \cdot K_\varphi \cdot 1/r_0 \tag{3-93}$$

$$1/r_0 = \varepsilon_{yd}/(0.45d); \varepsilon_{yd} = f_{yd}/E_s$$

式中　K_r——取决于柱轴力的修正系数；

K_φ——考虑混凝土徐变的系数；

d——有效高度，$d=(h/2)+i_s$，i_s 为所有钢筋面积的回转半径。

K_r 可以表示为：

$$K_r = (n_u - n)/(n_u - n_{bal}) \leqslant 1 \tag{3-94}$$

$$n_u = 1 + \omega; \omega = A_s f_{yd}/(A_c f_{cd})$$

式中　n——轴压比，$n=N_{Ed}/(A_c f_{cd})$；

A_s——柱中纵筋总面积；

A_c——柱截面混凝土面积；

n_{bal}——当截面能抵抗最大弯矩时的轴压比，可取为 0.4。

混凝土徐变系数 K_φ 可以表达为：

$$K_\varphi = 1 + \beta\varphi_{ef} \geqslant 1 \tag{3-95}$$

$$\beta = 0.35 + f_{ck}/200 - \lambda/150$$

式中 φ_{ef}——有效徐变系数，$\varphi_{ef}=\varphi_{(\infty,t0)} \cdot M_{0Eqp}/M_{0Ed}$；

$\varphi_{(\infty,t0)}$——最终徐变系数；

M_{0Eqp}——准永久荷载组合作用下的一阶弯矩；

M_{0Ed}——承载能力极限状态荷载组合作用下的一阶弯矩；

λ——长细比。

3.6 预制混凝土墙

根据预制混凝土墙在不同结构中的功能，可以作以下区分：

1）框架结构：预制混凝土墙用作非承重填充墙，也可以设计成为整个结构提供侧向刚度的墙；

2）剪力墙结构：预制墙体配有钢筋，用于抵抗竖向力、水平力及平面内弯矩等。墙体作为抗侧移构件可以是单片墙或多片墙的组合，如电梯筒或楼梯筒等。

在框架-剪力墙结构中，以上两种功能的墙均可配置。预制混凝土墙也可代替砖墙用于非承重隔墙，进而获得优良的墙面装修质量并减少工地现场抹灰工作。

预制墙的厚度取决于设计要求从 75～300mm 不等。预制墙尽量设计成整体单元以减少现场接口。对于很长的墙，可以设计成两片或多片并配置现浇接口。门窗或其他设施的洞口可以在预制墙中预留，但不能影响结构的整体性以及墙的连续性，尤其是采用斜压杆模型设计时。当洞口的尺寸比较大时，必须考虑竖向荷载及水平荷载的替代传力途径。

对于筒形墙体的施工，可以由单片的预制墙组合而成，或者是由单层或部分层高的整体筒形或局部筒形的墙体组合而成。

预制墙的接口有多种形式，包括：

1）由现浇混凝土及拉杆钢筋连接；

2）通过焊接充分锚固的钢板连接；

3）通过螺栓连接；

4）由配置交错钢筋或无交错钢筋的抗剪键连接；

5）简单的砂浆垫层连接。

预制墙接口的设计可以参考第 4.15、4.16 节。

3.6.1 框架结构中的填充墙设计

在框架结构中预制混凝土墙通常用于框架构件之间的填充并作为侧向稳定

墙。这些预制墙不用于承受建筑物的竖向荷载，即使预制墙和框架梁之间的缝隙充分灌浆，墙体上下的梁也可认为是分开的独立构件。填充墙不用于直接抵抗墙平面内及平面外的风荷载。填充墙通常设计成素混凝土墙，但配有一定的钢筋用于抵抗平面内斜裂缝并且保持墙体的固有形状，特别是在墙体拐角处的形状。混凝土的斜向抗拉强度在设计中忽略。混凝土填充墙在水平力作用下的反应及设计原理可参考图 3-56。

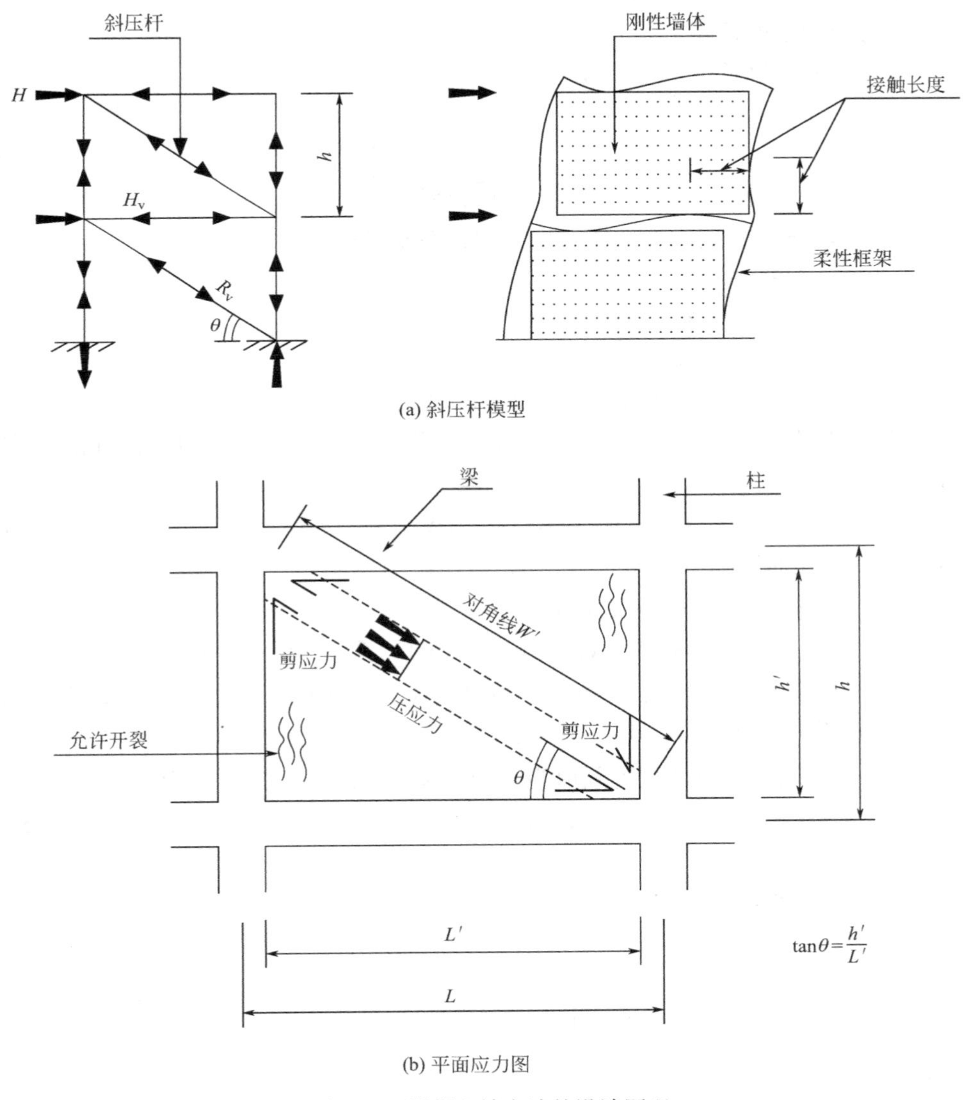

图 3-56 混凝土填充墙的设计原理

极限水平荷载由填充墙中的斜压杆抵抗。当柔性框架结构在水平荷载作用下产生变形时，压力会通过填充墙与框架之间两个锁定的拐角接触面之间的剪应力传递。由于传递到填充墙中斜压杆的力要通过一定的接触长度，这就给出了一个斜压杆的大致有效宽度。斜压杆的有效宽度还取决于框架与填充墙之间的相对刚度以及墙的高宽比。通常用于设计的斜压杆的上限宽度为 $0.1W'$ 并且要同时考虑长细比对填充墙强度折减的影响。

填充墙和框架结构构件的接触长度可取为：

1）与梁的接触长度 $=0.5L'$；

2）与柱的接触长度为：$\alpha=\pi/(2\lambda)$。

其中：

$$\lambda=\sqrt[4]{\frac{E_i t\sin 2\theta}{4E_c I h'}}$$

式中 E_i，E_c——分别为填充墙或框架的弹性模量；

t——填充墙厚度；

I——梁或柱截面惯性矩的较小值；

h'——填充墙的净高度；

θ——填充墙的角度，$\tan\theta=h'/L'$。

根据 EC2 规范，素混凝土填充墙的设计受压强度如考虑墙的延性性能应作 0.8 倍折减，则 $f_{cd,pl}=0.8\times0.85f_{ck}/1.5=0.453f_{ck}$，参考图 3-56，得：

$$R_v=0.453f_{ck}\times0.1W'(t-2e_i) \tag{3-96}$$

式中 e_i——几何缺陷，$e_i=h'/400$。

R_v 的水平分量即为水平抵抗力：

$$H_v=R_v\cos\theta=R_vL'/W'=0.0453f_{ck}L'(t-2e_i) \tag{3-97}$$

如果填充墙的长细比 $L_e/t>6.5$，则式（3-96）应加入一个修正系数 Φ。其中：$L_e=\beta W'$，当 $L'<h'$ 时，$\beta=L'/(2h')$；当 $L'>h'$ 时，$\beta=[1+(h'/L')^2]^{-1}$。填充墙长细比的最大限值为 $L_e/t\leqslant25$。则式（3-96）变为：

$$R_v=0.453f_{ck}\times0.1W't\Phi \tag{3-98}$$

其中：

$$\Phi=1.14(1-2e_i/t)-0.02L_e/t\leqslant(1-2e_i/t)$$

式（3-97）变为：

$$H_v=0.0453f_{ck}L't\Phi \tag{3-99}$$

填充墙拐角处的剪切抵抗力可以由下式计算：

墙柱之间：

$$V_{Rv}=cf_{ctd}\alpha t \tag{3-100}$$

墙梁之间：

$$H_{Rv}=(cf_{ctd}+\mu\sigma_n)(0.5L't) \tag{3-101}$$

式中 c——与接触面粗糙度相关的系数，可取为 0.2；

f_{ctd}——混凝土的抗拉强度设计值，$f_{ctd}=\alpha_{ct}f_{ctk,0.05}/\gamma_c=f_{ctk,0.05}/1.5=0.14(f_{ck})^{2/3}$；

μ——剪切摩擦系数，可取为 0.6；

σ_n——梁和填充墙之间的压应力，$\sigma_n=R_v\sin\theta/(0.5L't)\leqslant\min\{f_{bed};0.85f_{cd}\}$。

当拐角处接触面上的水平力超出其剪切抵抗力时，需要在填充墙与框架梁之间布置两端充分锚固的销栓钢筋或其他机械连接形式。当拐角处接触面上的竖向力超出其剪切抵抗力时，超出的部分由梁柱连接来抵抗。

3.6.2 预制混凝土承重剪力墙

根据 EC2 规范，如果竖向构件的长宽比大于 4，则定义为墙；如果竖向构件的长宽比不超过 4，并且高度超过长度的 3 倍，则定义为柱。承重剪力墙的设计和柱相似，同样要考虑剪力、轴力及弯矩作用下的截面抵抗情况并做出相应的配筋设计。水平力在单层中各剪力墙的分配可参考第 2.6 节，荷载在单片剪力墙竖向上的传递可参考图 3-57。

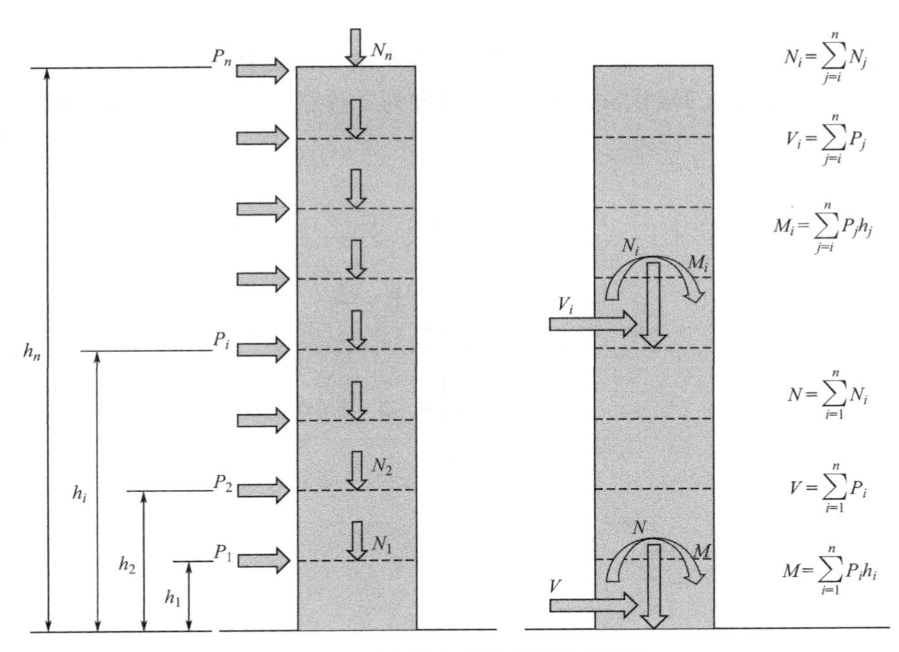

图 3-57 单片剪力墙的荷载传递情况

EC2 同样给出了墙配筋的构造要求：

（1）竖向钢筋（各一半布置在墙的两个面）：

1）最小钢筋面积：$A_{s,vmin} \geqslant 0.002A_c$；

2）最大钢筋面积：

在钢筋搭接处：$A_{s,vmax} \leqslant 0.08A_c$；在钢筋非搭接处：$A_{s,vmax} \leqslant 0.04A_c$。

3）相邻竖向钢筋的间距不能超过3倍墙厚或400mm。

（2）水平钢筋（布置在墙的双面）：

1）最小钢筋面积：$A_{s,hmin} \geqslant \max\{0.001A_c;\ 0.25A_{s,vmin}\}$；

2）相邻水平钢筋的间距不能超过400mm。

（3）箍筋：

1）在墙的任何部分当墙的双面竖向配筋面积超过$0.02A_c$时，应按照柱箍筋的要求配置箍筋；

2）如果墙的主筋配置在靠近墙表面时，在每平方米的墙面中最少要配置4肢箍筋。当墙的配筋为钢筋网片或直径不大于16mm钢筋并且保护层厚度大于2倍的钢筋直径时，可不配置箍筋。

3.7 预制混凝土楼梯

如图3-58所示预制混凝土板式楼梯，通常的做法是楼梯踏步板预制，楼梯平台板现浇。平台板和踏步板的连接可以分为干连接和湿连接两种，如图3-59所示。

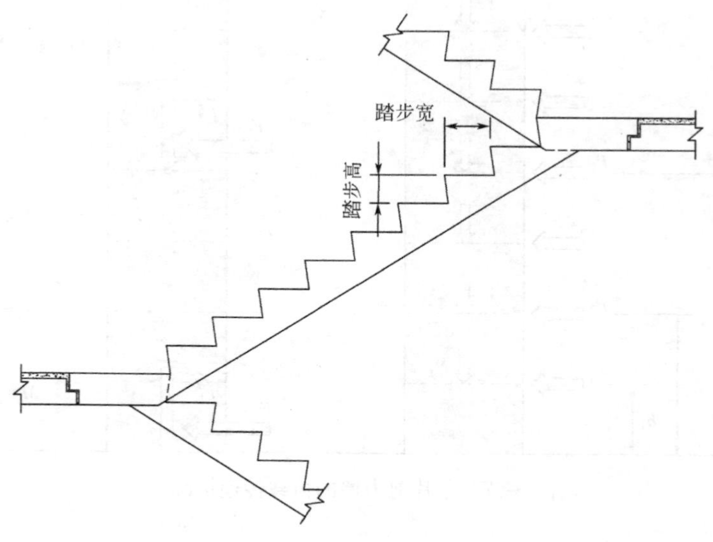

图3-58 预制楼梯剖面

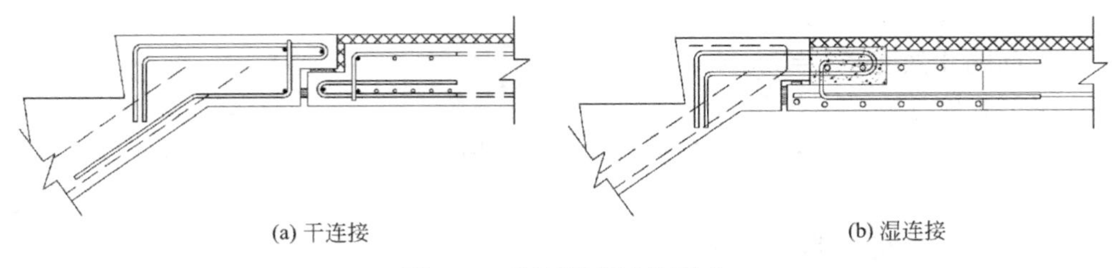

图 3-59　预制楼梯连接形式

楼梯踏步板设计主要包括主踏步板的正截面受弯设计、挠度验算以及接口板的正截面受弯设计、弯曲钢筋的最小心轴直径检查、吊筋的设计以及斜截面受剪承载力校核等。

对于干连接楼梯踏步板的设计可以参考下面的设计实例，如图 3-60 所示。

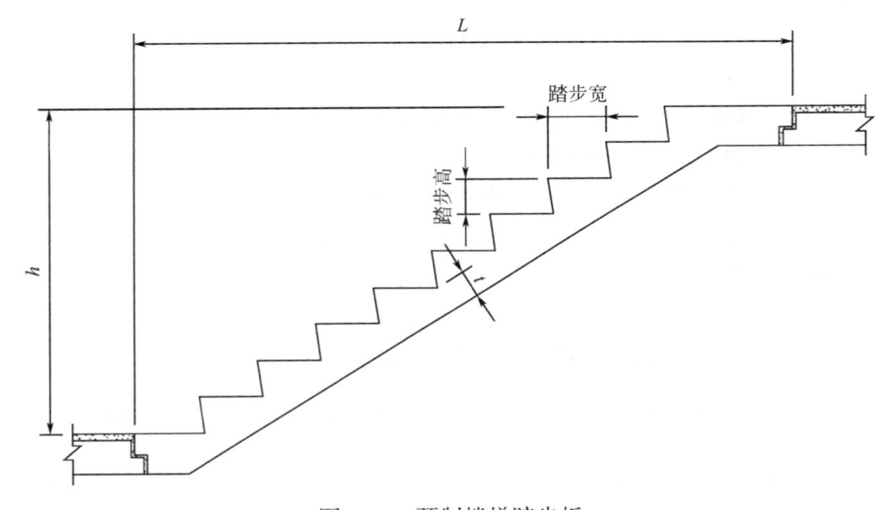

图 3-60　预制楼梯踏步板

(1) 设计参数

楼梯跨长 $L=2900$mm

楼梯高度 $h=1575$mm

单踏步高 $=175$mm

单踏步宽 $=275$mm

踏步板厚 $t=125$mm

踏步鼻宽度 $=25$mm

总踏步数 $n=9$

1) 材料

混凝土强度等级为 C32/40，$f_{ck}=32\text{N/mm}^2$

主钢筋强度 $f_{yk}=500\text{N/mm}^2$

钢筋网片强度 $f_{yk}=500\text{N/mm}^2$

吊筋强度 $f_{yk}=500\text{N/mm}^2$

混凝土保护层 30mm，1.5h 防火要求，环境暴露等级为 XC2/XC3

2）荷载

设计活荷载 $Q_k=3.0\text{kN/m}^2$

设计恒荷载：考虑 1m 宽楼梯踏步板：

楼梯踏步板倾斜长度：$L_1=\sqrt{(L^2+h^2)}=3.3\text{m}$

楼梯踏步板及踏步部分的总重量：

$$G_{k1}=(L_1t+(0.275+0.025)\times(0.175)\times(n/2))\times25$$

$$=(3.3\times0.125+(0.275+0.025)\times0.175\times(9/2))\times25=16.22\text{kN/m}$$

活荷载：

$$Q_{k1}=3.0L=3.0\times2.9=8.7\text{kN/m}$$

极限设计荷载：

$$F=1.35G_{k1}+1.5Q_{k1}=1.35\times16.22+1.5\times8.7=34.95\text{kN/m}$$

（2）主踏步板中的受拉钢筋设计

假设在干连接处无转动约束，则板跨中的最大设计弯矩为：

$$M=FL/8=34.95\times2.9/8=12.67\text{kN}\cdot\text{m/m}$$

板的有效高度：

$$d=t-c-\phi/2=125-30-10/2=90\text{mm}$$

其中 ϕ 为底部受拉钢筋直径，假设为 10mm。

$$K=\frac{M}{bd^2f_{ck}}=\frac{12.67\times10^6}{1000\times90^2\times32}=0.049<0.167 \quad 单筋截面$$

$$z/d=0.5+\sqrt{0.25-K/1.134}=0.5+\sqrt{0.25-0.049/1.134}=0.955>0.95$$

取 $z=0.95d=85.5\text{mm}$

$$A_s=\frac{M}{0.87f_{yk}z}=\frac{12.67\times10^6}{0.87\times500\times85.5}=341\text{mm}^2/\text{m}$$

配置 WB10 钢筋网片，$A_{s,prov}=785\text{mm}^2/\text{m}$

（3）挠度验算（检查最小跨度与有效高度比）

$$\rho_0=10^{-3}\sqrt{f_{ck}}=10^{-3}\sqrt{32}=0.0057$$

$$\rho=A_s/(bd)=341/(1000\times90)=0.0038<\rho_0=0.0057$$

基础的跨度与有效高度比限值为：

$$\frac{l}{d}=K\left[11+1.5\sqrt{f_{ck}}\frac{\rho_0}{\rho}+3.2\sqrt{f_{ck}}\left(\frac{\rho_0}{\rho}-1\right)^{3/2}\right]$$

$$=1.0\times\left[11+1.5\times\sqrt{32}\times\frac{0.0057}{0.0038}+3.2\times\sqrt{32}\times\left(\frac{0.0057}{0.0038}-1\right)^{3/2}\right]=30.13$$

受拉钢筋应力修正系数：

$$F_1=\frac{310}{\sigma_s}=\frac{500}{f_{yk}}\cdot\frac{A_{s,\ prov}}{A_{s,\ req}}=\frac{500}{500}\times\frac{785}{341}=2.30\text{，取最大限值 }1.50$$

跨长修正系数 $F_2=7/l_{eff}$，取最小值 1.0

最终的计算允许跨度与有效高度比限值为：

$$\frac{l_1}{d_1}=\min\left\{\left(\frac{l}{d}\right)F_1F_2；40K\right\}=\min\{(30.13\times1.5\times1.0)；(40\times1.0)\}=40$$

实际跨度与有效高度比 $\frac{l_{act}}{d_{act}}=\frac{2900}{90}=32.22<40$，所以踏步板挠度满足要求。

(4) 支撑接口板设计

如图 3-61 所示，$a_1=75\text{mm}$，$a_2=135\text{mm}$，$d=t-c-\phi/2=135-30-8/2=101\text{mm}$，假定接口板中采用直径 8mm 的钢筋。

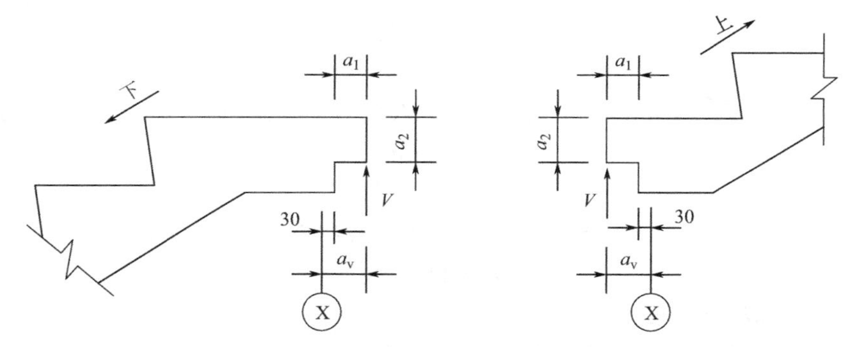

图 3-61 楼梯踏步板与平台板接口

1) 受拉钢筋设计

支撑接口板处的反力：$V=F/2=34.95/2=17.47\text{kN/m}$

反力力臂：$a_v=a_1+30=75+30=105\text{mm}$

弯矩：$M=Va_v=17.47\times0.105=1.83\text{kN}\cdot\text{m/m}$

$$K=\frac{M}{bd^2f_{ck}}=\frac{1.83\times10^6}{1000\times101^2\times32}=0.006<0.167\quad\text{单筋截面}$$

$z/d=0.5+\sqrt{0.25-K/1.134}=0.99>0.95$，取 $z=0.95d=0.95\times101=96\text{mm}$

$$A_s=\frac{M}{0.87f_{yk}z}=\frac{1.83\times10^6}{0.87\times500\times96}=44\text{mm}^2/\text{m}$$

配置 H8-200，$A_s=251\text{mm}^2/\text{m}$。

2) 弯曲钢筋的最小心轴直径检查

接口板中的钢筋锚固、弯曲心轴直径及拉力情况如图 3-62 所示。由前面设计可知：

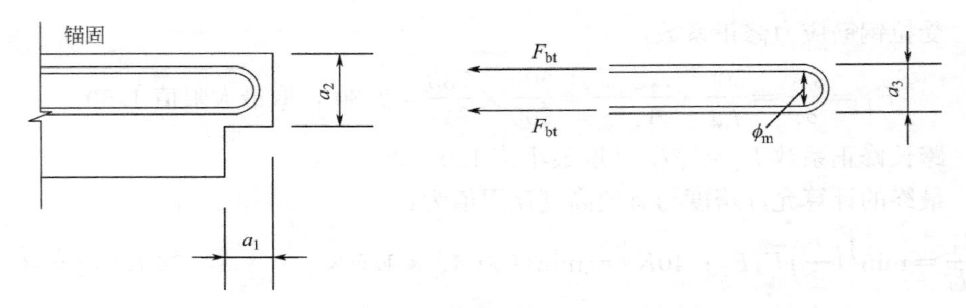

图 3-62 钢筋锚固检查

$$\phi=8\text{mm}，a_b=200/2=100\text{mm}$$

$$F_{bt}=0.87f_{yk}A_s=0.87\times500\times50\times10^{-3}=21.87\text{kN}$$

每根钢筋的实际拉力为：

$$F_{bt(a)}=F_{bt}(A_{s,req}/A_{s,prov})=21.87\times(44/251)=3.83\text{kN}$$

$$f_{cd}=\alpha_{cc}f_{ck}/\gamma_c=0.85\times32/1.5=18.13\text{N/mm}^2$$

最小心轴直径为：

$$\phi_{m,min}\geqslant F_{bt(a)}[1/a_b+1/(2\phi)]/f_{cd}=3.83\times10^3\times[1/100+1/(2\times8)]/18.13$$
$$=15\text{mm}$$

配置：

$$\phi_m=4\phi=4\times8=32\text{mm}\geqslant15\text{mm}$$

$$a_3=\phi_m+2\phi=32+2\times8=48\text{mm}$$

式中 ϕ——钢筋直径；

a_b——弯曲钢筋之间中心到中心距离的一半（垂直于弯曲钢筋平面）。

3）吊筋计算

吊筋面积：

$$A_{sh}=V/(0.87f_{yk})=17.47\times10^3/(0.87\times500)=40\text{mm}^2/\text{m}$$

实际设计中，每根接口板受拉钢筋就会配置一个吊筋，如图 3-63 所示。预制踏步板和平台板的上接口、下接口详图如图 3-64、图 3-65 所示。

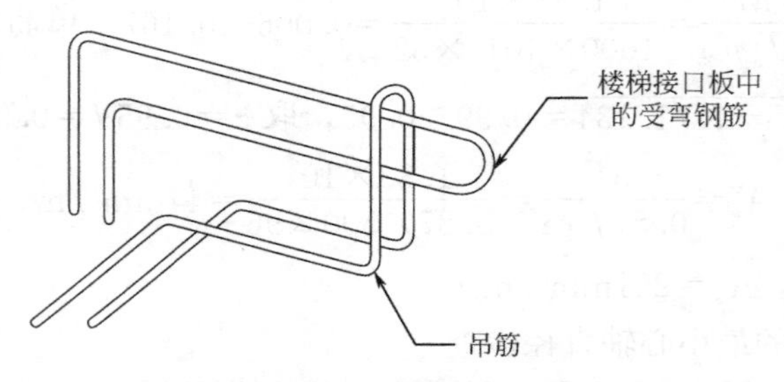

图 3-63 吊筋和受拉钢筋配置示意

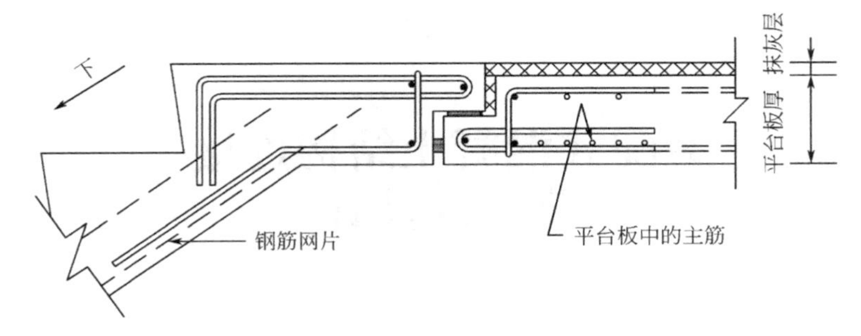

图 3-64 预制踏步板上接口

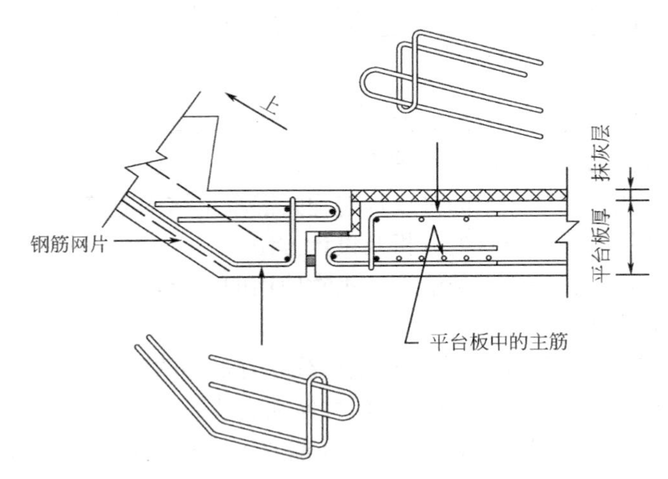

图 3-65 预制踏步板下接口

4）剪力校核

接口板剪力设计值：$V_{Ed}=F/2=34.95/2=17.47\text{kN}$

$k=\min\{1+\sqrt{200/d}；2\}=\min\{1+\sqrt{200/101}；2\}=2$

$\rho_l=\min\{A_{sl}/(b_w d)；0.02\}=\min\{251/(1000\times101)；0.02\}=0.0025$

$(100\rho_l f_{ck})^{1/3}=(100\times0.0025\times32)^{1/3}=2.00$

$C_{Rd,c}=0.18/\gamma_c=0.18/1.5=0.12$

接口板剪力允许值：

$V_{Rd,c}=[C_{Rd,c}k(100\rho_l f_{ck})^{1/3}]b_w d=(0.12\times2\times2)\times1000\times101=48.5\times10^3\text{N}$

$V_{Rd,c,min}=v_{min}b_w d=0.035k^{1.5}f_{ck}^{0.5}b_w d=0.035\times2^{1.5}\times32^{0.5}\times1000\times101=56.56\times10^3\text{N}$

$\max\{V_{Rd,c}；V_{Rd,c,min}\}=56.56\text{kN}>17.47\text{kN}$

如果用现浇楼梯平台板支撑预制楼梯踏步板，平台板的设计同样要考虑弯矩、剪力及挠度的要求。需要注意的是：用于支撑楼梯踏步板的平台板的宽度不应大于其跨度的 0.3 倍。

第4章

装配式混凝土结构连接节点的设计

4.1　装配式混凝土结构连接节点的设计准则及考虑因素

预制构件之间的连接是装配式混凝土结构中至关重要的部分。研究人员和工程设计人员在过去的几十年中对各种连接形式进行了实验研究、理论分析，并给出了设计计算公式。本章介绍的是设计装配式混凝土结构连接节点时所要考虑的因素以及目前常用的连接节点的分析及设计方法。

连接节点必须能够满足承载能力及正常使用的要求，合理的连接设计及细部构造应满足以下准则：

1）连接节点必须能够抵抗设计极限荷载并有足够的延性；

2）预制构件的制造相对经济、操作方便和安装简单；

3）预制构件的制造及现场安装的允许偏差不能对其在最终使用状态时的结构受力性能产生损害或不利的影响；

4）连接节点的工作性能必须能够满足防火、耐久性和美观的要求。

（1）连接节点的设计考虑因素

1）强度

连接节点必须能够抵抗在其设计使用期内所承担的荷载。其中有些荷载是明确的，包括竖向的恒荷载和可变荷载、风荷载、土压力和水压力等。但是有些荷载容易被忽视，如预制构件中由于约束体积变化而产生的内力等。连接节点可以根据受力情况分为受压、受拉、受剪、受弯和受扭等。连接可能对某一种力的抗力较大而对其他力提供的抗力较小或者没有抵抗。设计人员不应专注于让一个连接抵抗全部可预见的力，而是采用超过一种类型的节点以获得整体抵抗的效果。

2）延性

延性是指连接节点经历很大的塑性变形而不破坏的能力。塑性变形是指连接所用的结构材料从首次屈服到承载能力失效阶段的变形。结构的延性通常与由钢筋或型钢作为受拉筋的截面抗弯能力相关。承载能力失效可能是由于钢筋断裂、混凝土压碎、连接件或混凝土中预埋件失效等引起。

3）体积变化

由于混凝土徐变、收缩以及温度降低所产生的体积变化受到约束，会在混凝土构件中引起内力，这些内力在连接设计时应加以考虑：可在非约束连接中设计应力释放的构造做法；或在约束连接中设置附加钢筋用于抵抗体积变化产生的拉力。

4）耐久性

连接中暴露的钢截面部分应按时检查及维护。耐久性差通常表现为暴露钢构件的腐蚀、混凝土的开裂及剥落等。暴露于环境中的钢材要有足够的混凝土或灌浆保护层，或者采用涂漆、电镀等方法保护，或者采用不锈钢材料。

5）防火

可能暴露于火灾的连接节点应用混凝土或灌浆保护层加以保护，或采用包裹或喷涂防火材料的方法处理。连接节点应采用和建筑构件相同的防火等级。

（2）连接节点的制造考虑因素

连接节点应尽可能简单并且方便工地安装，从而降低建造费用。设计时要考虑以下几种制造方面的因素：

1）避免拥挤

如某部位需要配置大量的钢筋、预埋钢板、预埋型钢或其他预留空间时，可能出现局部拥挤。当出现这种情况时，用大比例图纸画出此处的详细构造，对图中的钢筋、钢板、型钢或螺栓采用实际尺寸而不是用一条线代表。还要特别关注那些为了满足钢筋最小弯曲半径要求而无配筋的区域。如果有需要，应加大预制构件的尺寸以避免拥挤，并保证有足够的空间便于混凝土浇筑及避免浇捣不密实现象。

2）避免穿透模板

需要切断模板的突出部分，如牛腿、板托和甩筋等会引起模板放置困难并且费用较高。如有可能，在浇筑混凝土时突出部分应布置在构件的上表面。

3）尽量减少预埋件

型钢、连接件、钢板等预埋件需要精确的定位和可靠的固定，费时费工，应尽量减少预埋件的数量。

4）避免脱模以后的操作工序

尽量避免脱模以后的操作，如特别的清洗、表面处理以及型钢预埋件上的焊接等，因为这些操作施工比较麻烦。

5）允许制造偏差

比工业标准更严格的尺寸允许偏差要求不容易达到。应尽量避免需要特殊配件并且留给现场很小调整幅度的连接。

6）采用标准预埋件

如有可能，型钢、钢板、螺栓等预埋件应采用标准形式，预埋件的标准化能够减少失误、提高效率。

7）采用重复的连接大样

尽可能采用相似的大样，这样会导致某些连接具有更多的安全储备。相似连接的重复应用可以牵涉更少的模板改动。

8）允许替代

如果能满足设计要求，应允许制造厂商建议的其他类型连接方法和连接细节。允许替代通常能获得更加经济和表现更优的连接。

（3）连接节点的施工考虑因素

起重和吊装设备的工时费占装配式混凝土结构建造费用的比率较大。连接节点的设计应保证预制构件能够尽快起吊、安装及脱钩。吊装时临时支撑、拉绳、垫片以及其他松散附件（如角钢、螺栓、螺母以及钢板等）应准备充分。为了提高预制构件的安装效率，在设计时应考虑以下几方面：

1）允许工地调整

连接的设计应允许合理的公差，允许一定量的工地调整，比如为螺栓或甩筋提供大一点的孔洞，或者通过焊接或灌浆等方法连接钢材。

2）工作的可到达性及可操作性

连接构造应便于操作，比如扳手需要有上紧螺栓的摆动空间等，同时应尽量避免设计成抬头操作。

3）重复和标准的连接大样

连接大样要尽可能重复并且标准化。应尽量减少需要特殊技术的连接（比如焊接、施加预应力等），以使施工更简便。

4）坚固结实的突出物

预制构件中的突出物，如甩筋、螺栓、型钢等应足够坚固稳定以避免在操作过程中损坏。突出螺栓的螺纹部分要涂油并包好以避免腐蚀和损坏。

5）允许替代

应允许预制厂商和安装方建议的其他类型连接方法和连接细节。允许替代通常能获得更加经济和容易建造的预制构件。

4.2 受压节点

相邻预制构件之间的压力传递可以通过直接接触或者通过其他中介物，如现浇砂浆、细石混凝土、承压垫或其他承压物等。

预制构件之间的直接接触只适用于当制造及安装非常精确或者压应力相对较小时，通常是指压应力小于 $0.3f_{cd}$ 时（EC2 第 10.9.4.3 条）。此种连接要特别注意由于防火要求而需要较大的混凝土保护层以及高强度钢筋需要较大的弯曲半径时预制构件中的钢筋细节。

对压力的传递，通常及推荐的做法是在预制构件之间采用中间垫层材料以解决连接表面的不平整问题。水泥矿化材料，如现浇普通砂浆、细石混凝土或灌浆等常用于各种承重构件（如柱、墙、梁和板）之间的连接。通常普通砂浆和灌浆垫层的名义厚度为10～30mm，而细石混凝土垫层的名义厚度为30～50mm。垫层通常不需要钢筋。这种受压节点的破坏模式分为垫层砂浆压碎或者与其接触的预制构件劈裂。

虽然普通砂浆、灌浆和细石混凝土垫层在主要平面压应力状态下是高约束的状态并且能够达到比立方体强度 $f_{ck,cube}$ 更高的受压强度，但是由于垫层的边缘可能剥落，通常会采用一个比较低的设计强度。垫层的剥落会引起压应力的非均匀分布。由于施工质量、附加的偏心、节点处的弯矩及剪力会增大压应力的非均匀分布。另一个会引起连接节点强度降低的因素是当垫层材料强度与预制构件的材料强度有很大的不同时，这样会引起应力集中、水平方向上的拉应力和劈裂力，如图4-1所示。当垫层的厚度超过50mm时，这些影响将更大。

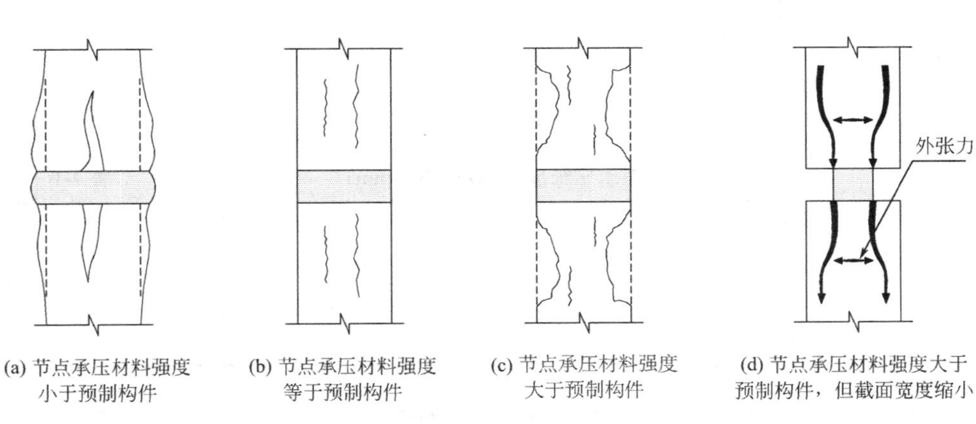

(a) 节点承压材料强度小于预制构件　(b) 节点承压材料强度等于预制构件　(c) 节点承压材料强度大于预制构件　(d) 节点承压材料强度大于预制构件，但截面宽度缩小

图4-1　压力的竖向传递

欧洲混凝土规范EC2对受压节点的承压面积（见图4-2）及承压强度有以下规定：

（1）承压面长度可以由以下公式计算：

$$a = a_1 + a_2 + a_3 + \sqrt{\Delta a_2^2 + \Delta a_3^2} \tag{4-1}$$

式中　a_1——静承压长度，由压应力计算得出，$a_1 = F_{Ed}/(b_1 f_{Rd})$，但不小于表4-1中的最小值；

F_{Ed}——支承反力的设计值；

b_1——承压面净宽度。如果采用了能使承压面有一个均匀的压应力分布的措施，如采用砂浆垫层、橡胶垫层或其他类似的垫层，那么设计承压宽度可以取为实际的承压宽度；否则，如缺乏精确的分析，b_1 不应超过 600mm；

f_{Rd}——承压强度设计值；

a_2——假定的支承构件外端对承压无效的长度，见图 4-2 及表 4-2；

a_3——假定的被支承构件外端对承压无效的长度，见图 4-2 及表 4-3；

Δa_2——支承构件间距离的允许偏差，见表 4-4；

Δa_3——被支承构件长度的允许偏差，$\Delta a_3 = l_n/2500$，l_n 为构件长度。

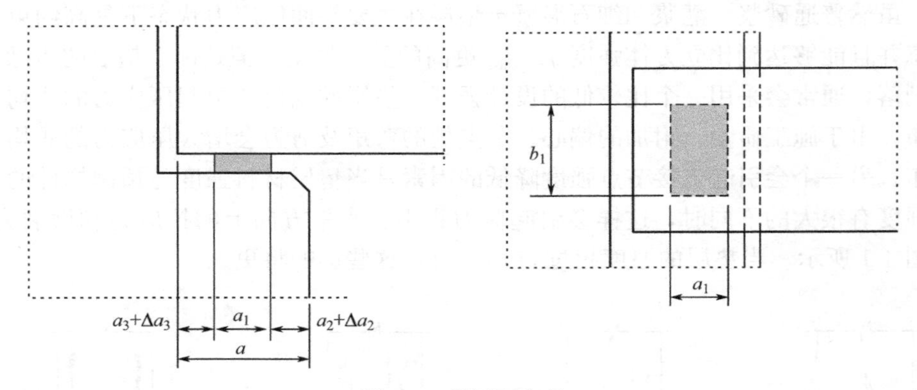

图 4-2　承压面定义

净承压长度 a_1 最小值 (mm)　　表 4-1

相对承压应力 σ_{Ed}/f_{cd}	≤0.15	0.15~0.4	>0.4
线支座(楼板、屋面)	25	30	40
肋梁楼板和檩条	55	70	80
集中支座(梁)	90	110	140

假定的支承构件外端不起作用的距离 a_2 值 (mm)　　表 4-2

支座材料和类型	σ_{Ed}/f_{cd}	≤0.15	0.15~0.4	>0.4
钢材	线荷载	0	0	10
	集中荷载	5	10	15
钢筋混凝土强度等级大于等于 C30	线荷载	5	10	15
	集中荷载	10	15	25
素混凝土和钢筋混凝土强度等级小于 C30	线荷载	10	15	25
	集中荷载	20	25	35
砌砖	线荷载	10	15	(—)
	集中荷载	20	25	(—)

注：(—) 的情况应采用混凝土垫块。

假定的被支承构件外端不起作用的距离 a_3 值（mm）　　表 4-3

钢筋细部大样	支座	
	线荷载	集中荷载
连续钢筋贯通支座(受约束或不受约束)	0	0
直钢筋，水平拐角环筋，靠近构件端部	5	15，且不小于端部保护层厚度
预应力筋或直钢筋暴露于构件端部	5	15
竖向拐角环筋	15	端部保护层厚度＋钢筋弯钩内径

支承端面间净距离的允许偏差值 Δa_2（mm）　　表 4-4

支座材料	Δa_2
钢或预制混凝土	$10 \leqslant l/1200 \leqslant 30$
砖或现浇混凝土	$15 \leqslant l/1200+5 \leqslant 40$

注：l 为跨长。

（2）如无其他规定，以下数值可以作为节点的承压强度设计值：

$$f_{Rd}=0.4f_{cd} \quad \text{干连接} \tag{4-2}$$

$$f_{Rd}=f_{bed}\leqslant 0.85f_{cd} \quad \text{干连接之外的所有其他连接} \tag{4-3}$$

式中　f_{cd}——支承及被支承构件的混凝土强度设计值中的较小值；

f_{bed}——垫层材料的强度设计值。

以上所给出的节点混凝土承压强度设计值常用于承压宽度相对较大的情况，比如板和板托的连接或者板和墙的连接等，不用于构件局部承压情况。

对于混凝土构件局部均匀受压时（见图 4-3 和图 4-1（d））的承载力计算，EC2 给出了以下公式：

$$F_{Rdu}=A_{c0}f_{cd}\sqrt{\frac{A_{c1}}{A_{c0}}}\leqslant 3.0f_{cd}A_{c0} \tag{4-4}$$

或表示为：

$$f_{Rdu}=f_{cd}\sqrt{\frac{A_{c1}}{A_{c0}}}\leqslant 3.0f_{cd} \tag{4-5}$$

式中　F_{Rdu}——连接的最大受压承载力；

f_{Rdu}——连接处混凝土的最大承压强度设计值；

A_{c0}——承压面积；

A_{c1}——和 A_{c0} 形状相似的最大设计分布面积。

用于局部受压承载力 F_{Rdu} 的设计分布面积 A_{c1} 应符合以下条件：

1）在压力方向上的荷载分布高度应符合图 4-3 的条件；

2）设计分布面积 A_{c1} 的中心应和承压面积 A_{c0} 的中心在荷载方向上的同一条直线上；

3）如果在混凝土截面上作用有超过一个的压力，各设计分布面积不能重叠。

当承压面积 A_{c0} 上的荷载非均匀分布或者有比较大的剪力存在时，F_{Rdu} 的值应做适当折减。

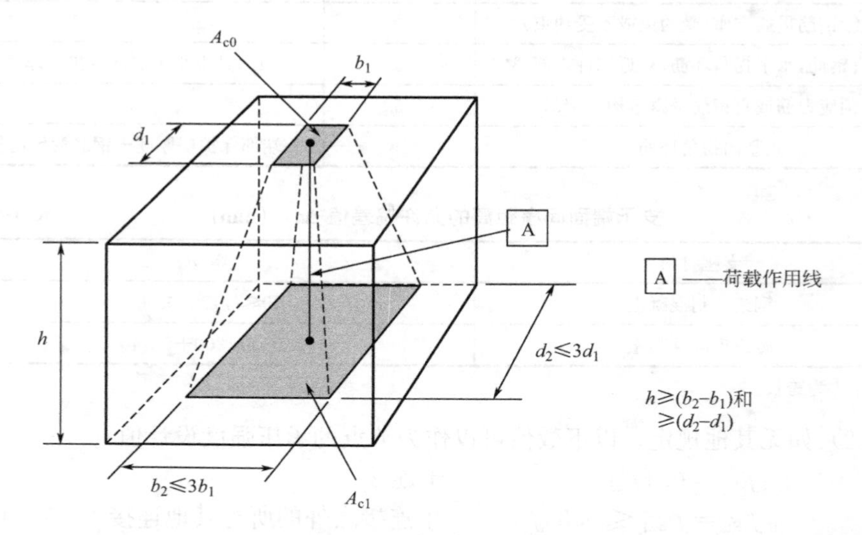

图 4-3　局部承压面积的设计分布

混凝土局部受压情况下承压强度的提高是考虑了混凝土在受约束情况下的强度提高作用，约束可以由封闭箍筋或者横向拉杆筋产生，这些钢筋会由于混凝土的横向变形而达到塑性状态。EC2 对约束混凝土给出了如图 4-4 所示的应力-应变关系和以下公式：

当 $\sigma_2 \leqslant 0.05f_{ck}$ 时

$$f_{ck,c}=f_{ck}\left(1.000+\frac{5.0\sigma_2}{f_{ck}}\right) \tag{4-6}$$

当 $\sigma_2 > 0.05f_{ck}$ 时

$$f_{ck,c}=f_{ck}\left(1.125+\frac{2.5\sigma_2}{f_{ck}}\right) \tag{4-7}$$

$$\varepsilon_{c2,c}=\varepsilon_{c2}\left(\frac{f_{ck,c}}{f_{ck}}\right)^2 \tag{4-8}$$

$$\varepsilon_{cu2,c}=\varepsilon_{cu2}+\frac{0.2\sigma_2}{f_{ck}} \tag{4-9}$$

式中　$f_{ck,c}$——约束混凝土的强度标准值；

$\sigma_2(=\sigma_3)$——承载能力极限状态下由约束所产生的有效侧向压应力；

$\varepsilon_{c2,c}$——约束混凝土达到最大强度时所对应的应变；

$\varepsilon_{cu2,c}$——约束混凝土的极限压应变。

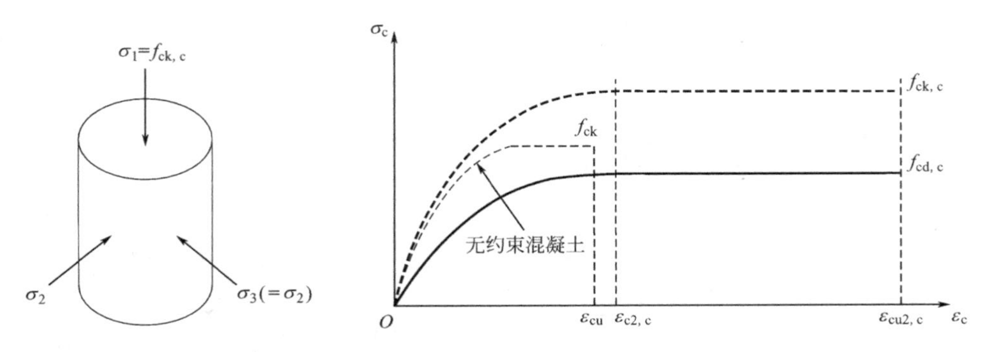

图 4-4　约束混凝土的应力-应变关系

由式（4-7）可以看出，当约束应力为 $0.15f_{ck}$ 时，混凝土抗压强度可以提高 50%；当约束应力为 $0.35f_{ck}$ 时，混凝土的抗压强度可以提高 1 倍。

橡胶垫等软的垫层材料，可消除接触面的不规则。垫层厚度从 2mm 到 20mm，或者更大。较大厚度的垫层可用于允许产生位移及扭转，以减小在连接处产生的附加外力，如图 4-5 所示。

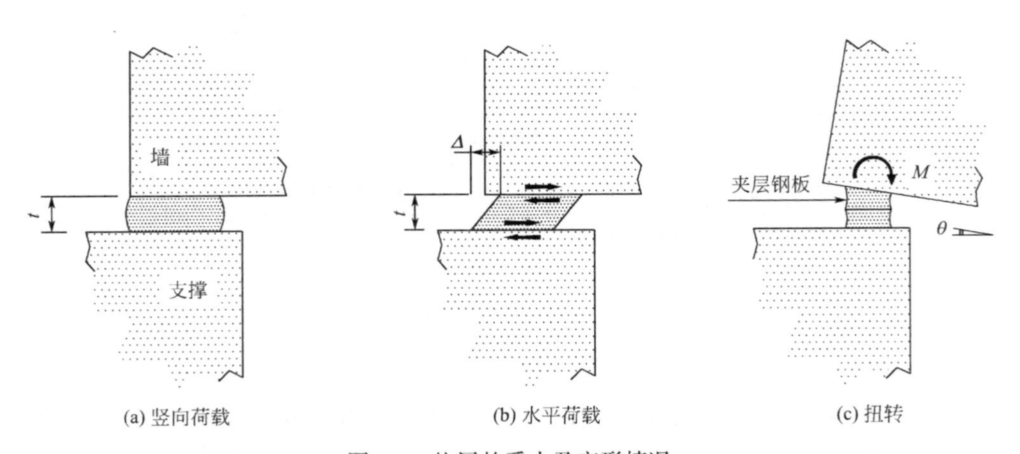

图 4-5　垫层的受力及变形情况

4.3　受拉节点

混凝土构件之间的拉力传递可以通过锚固到各自构件中的钢筋的搭接、钢筋的销栓作用、螺栓以及钢材焊接等方法来实现，如图 4-6 所示。

连接的受拉承载力由连接钢材的强度或混凝土的锚固承载力来确定。锚固承载力和钢材与混凝土之间的黏结力或者钢材端部的锚固设施有关。

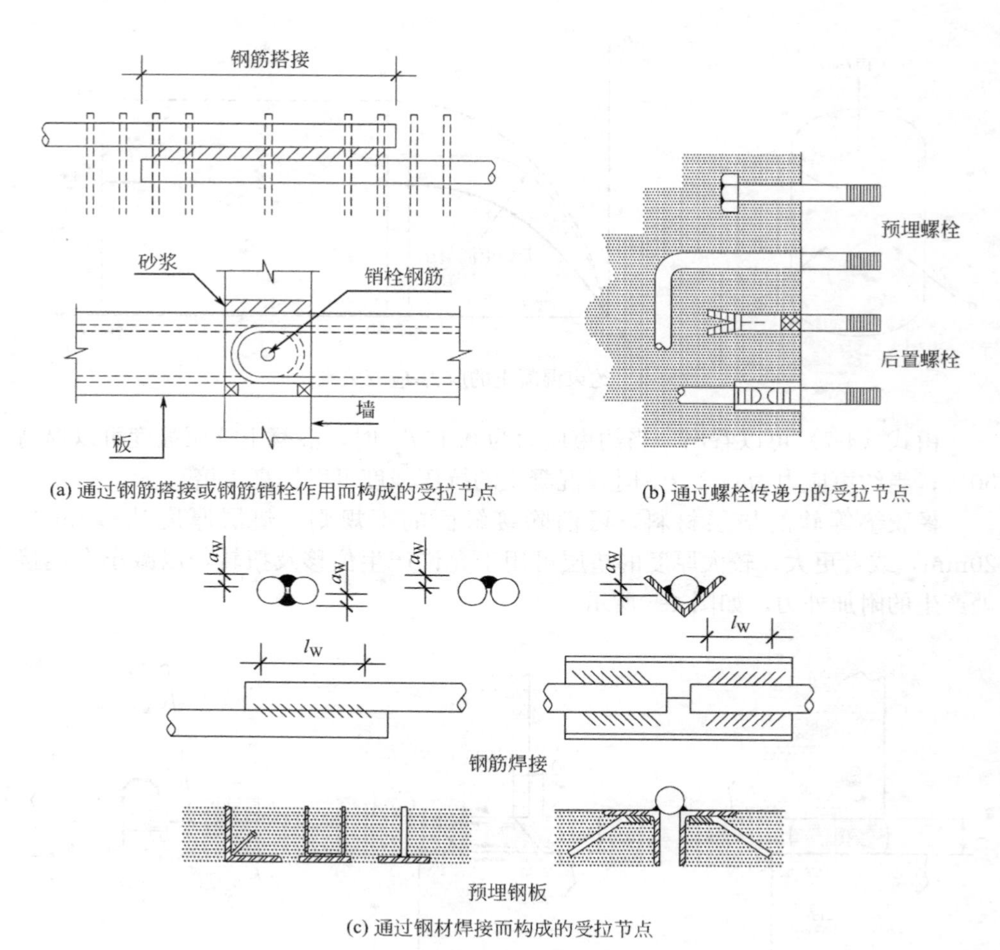

(a) 通过钢筋搭接或钢筋销栓作用而构成的受拉节点

(b) 通过螺栓传递力的受拉节点

(c) 通过钢材焊接而构成的受拉节点

图 4-6　拉力传递形式

对竖向拉杆中的拉力或者在弯矩作用下产生的拉力的传递，一个常用的做法是采用金属波纹管和钢筋搭接。金属波纹管的直径要比预留甩筋直径大 20～30mm。安装时将甩筋插入金属波纹管中，从底部预留孔中加压灌浆或者从上面孔中将砂浆灌入波纹管，需要注意灌浆时不能在波纹管中有气孔形成。需要搭接的钢筋可以放在金属波纹管的一侧或两侧。如普通搭接一样，钢筋之间力的传递可视为通过一系列的拉压杆模型。为了保证力的有效传递，须在搭接长度范围内布置起拉结作用的箍筋。另一个常用的钢筋连接方式是钢筋套筒连接，可以参见第 4.15 节墙柱水平连接中钢筋套筒连接部分。

螺栓被广泛地用于传递拉力及剪力。螺栓带螺纹的部分要暴露在预制构件之外用于连接其他构件。连接部位的预留孔要大于螺栓直径以满足施工偏差要求。

焊接通常用于在相邻构件中有预埋钢板时，可以把相邻钢板直接焊接在一起或者通过另一钢板焊在一起。

4.4　受剪节点

相邻预制混凝土构件之间的剪力传递可以通过混凝土的黏结力、接触面之间的摩擦力、凸凹面形成的咬合力、钢筋的销栓作用、钢材焊接以及其他方式的机械连接等。

当剪应力比较小时，预制和现浇混凝土之间的剪力可以通过接触面之间的黏结力传递。预制构件的表面处理情况应根据接触面之间的剪应力大小来确定，并不是所有的预制构件表面都需要做成粗糙面，有时混凝土自然脱模或挤压表面便可满足要求。

由接触面之间的剪切摩擦传递剪力时需要一个正截面压力。这个正截面压力可以由永久荷载的重力或者预应力或者穿过接触面的钢筋张拉应变而产生。

如果抗剪键用于预制构件之间的剪力传递，其获得方式是通过有凹凸面的预制构件之间的现浇混凝土或灌浆来完成。在剪力作用下，抗剪键的作用就像机械锁一样阻止接触面之间的滑移。

当钢筋或螺栓等布置在穿过节点受剪面时，剪力可通过钢材的销栓作用传递，如图 4-7 所示。销栓筋在剪切面处所受的剪力会在销栓筋和混凝土之间产生接触应力并引起销栓筋的弯曲变形。在承载能力极限状态，接触面处的混凝土会局部压碎并在销栓筋中形成塑性铰。连接的抗剪能力取决于销栓筋直径以及混凝土强度。如果销栓筋所受的剪力远离剪切面，即对剪切面有偏心，则会引起连接的销栓作用承载力显著降低。在销栓筋周围应布置抗劈裂钢筋，特别是当销栓筋布置在构件的边角处时。如果销栓筋是通过黏结或端部设施锚固在两边的混凝土

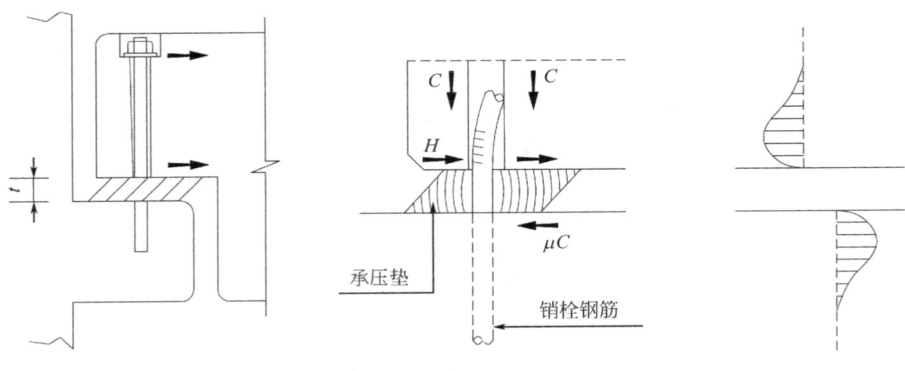

图 4-7　剪力通过钢材的销栓作用传递

中，那么剪切摩擦和销栓作用可以同时考虑。

4.5 弯扭节点

作用在连接节点上的弯矩和扭矩均可以分解为拉压力偶。弯扭节点中拉力和剪力的传递是基于预制构件中钢材的连接，包括搭接、焊接或螺栓连接等。一种主要的受弯连接节点如图 4-8（a）所示，其中混凝土受压、钢筋受拉和受剪，对这种连接处受压区新旧混凝土之间的接触面要做处理，可以做成凹凸面或采用胶粘剂。对连接处混凝土的充分约束也是重要的，通常通过配置箍筋来约束混凝土。连接中的受拉连接件（包括钢筋、钢板和螺纹插座等）要在相邻的预制构件中有充分的锚固。对预制构件中半圆环甩筋的连接要求，如图 4-8（b）所示，当弯曲半径大于 7 倍钢筋直径时，则环筋内混凝土的压应力能够满足规范对混凝土爆裂应力的要求；如不能满足以上条件，则需要增加环筋搭接的直线部分。穿过环筋的销栓钢筋直径应不小于环筋直径。

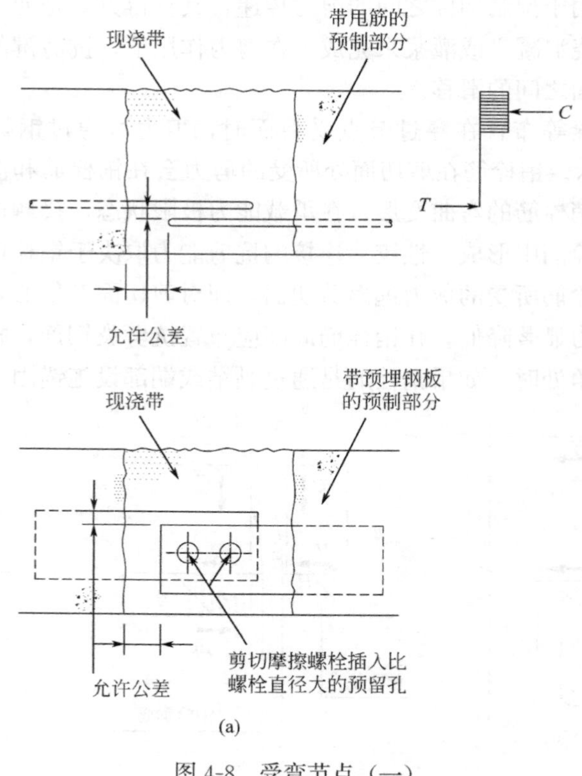

图 4-8　受弯节点（一）

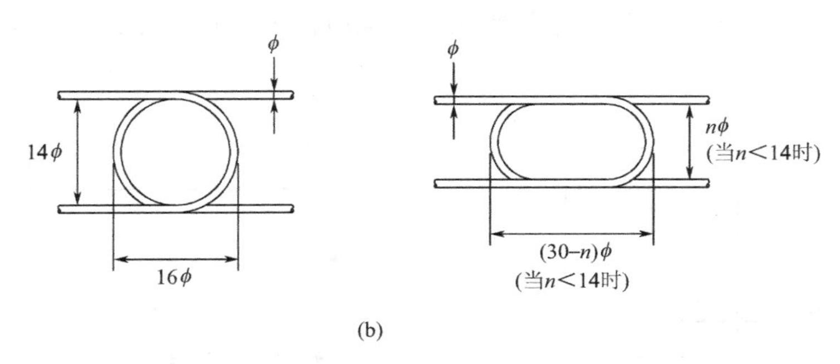

图 4-8 受弯节点（二）

后张法预应力可用于抵抗拉力或者通过在连接处施加的夹紧力来抵抗剪力，见图 2-38。张拉管道要预埋在预制混凝土构件中或放置在预制构件周围的空间中，现场安装后，在预留管道中放入钢绞线并张拉。受拉承载力根据预应力构件的应力状态计算，受剪承载力可以根据剪切摩擦法计算。

如果在连接节点处有扭矩，设计时要考虑此扭矩在支承构件中所产生的弯矩。

4.6 剪切摩擦设计法和静摩擦设计法

（1）剪切摩擦设计法

剪切摩擦设计法（shear friction design method）是用于节点连接设计和组合结构设计的一种简单实用的方法。这种方法的基本假设是裂缝发生在剪应力较大的可能破坏平面上或者是施工造成的实际薄弱面上。布置在与裂缝相交的延性钢筋会阻止裂缝的发展。这些剪切摩擦钢筋中的拉力会在垂直于裂缝平面上产生压力，如图 4-9 所示。这种正截面压力和裂缝表面的摩擦组合能够提供抗剪切能力。剪切摩擦设计法常用于设计牛腿、梁端局部承压、半梁节点等。采用剪切摩擦法设计以上连接时，忽略叠合结构设计时要考虑的混凝土叠合面的黏结作用，只考虑剪切摩擦作用。如果在可能出现裂缝平面的剪切摩擦系数是 μ（见表 4-5），那么对在平行于裂缝方向上的剪力抵抗值有以下公式：

$$V=0.87f_{yk}A_s\mu \tag{4-10}$$

或表示为：

$$A_s=V/(0.87f_{yk}\mu) \tag{4-11}$$

式中 V——剪切摩擦承载力设计值；

A_s——剪切摩擦钢筋面积。

需要注意的是：剪切摩擦钢筋在可能裂缝面的两边都要有足够的锚固，以使钢筋应力能够达到设计强度。钢筋锚固可以采用合适的锚固长度或者焊接横向钢筋、角钢或钢板等。

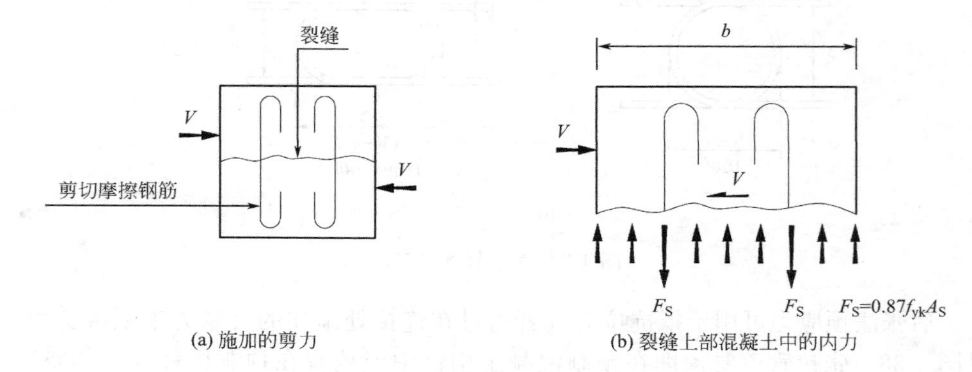

(a) 施加的剪力　　(b) 裂缝上部混凝土中的内力

图 4-9　剪切摩擦设计方法的示意

不同混凝土表面的剪切摩擦系数　　**表 4-5**

混凝土表面形式	μ
十分光滑：表面脱模于钢模板、塑料模板或特别准备的木模板	0.5
光滑：滑模或挤压过的表面，或者振捣以后未做处理的表面	0.6
粗糙：表面有至少 3mm 的凸凹差，间距 40mm；由钢刷划痕暴露骨料或其他等效方法	0.7
锯齿状：凹槽深度大于等于 5mm，凹槽及凸面宽度小于 10 倍凹槽深度，凹槽壁倾斜角小于 30°，见图 3-33	0.9
整浇混凝土	1.05[a]

注：上标“a”表示根据 PCI 给定的值，乘以强度折减系数 $\phi=0.75$ 得到。

如果在垂直于裂缝平面上有轴向力 N，那么式（4-11）可修正为：

当 N 为压力时：

$$A_s=(V/\mu-N)/(0.87f_{yk}) \tag{4-12}$$

当 N 为拉力时：

$$A_s=(V/\mu+N)/(0.87f_{yk}) \tag{4-13}$$

当裂缝平面上的剪应力达到最大允许剪应力时，剪切摩擦力不再增加，最大允许剪应力提供了在裂缝平面上的配筋率的界限：

$$\rho_{s,\max}=\frac{0.5\nu f_{cd}}{0.87f_{yk}\mu} \tag{4-14}$$

式中，$\nu=0.6\left[1-\frac{f_{ck}}{250}\right]$；$f_{cd}=\frac{\alpha_{cc}f_{ck}}{\gamma_c}$；$\alpha_{cc}=0.85$ 及 $\gamma_c=1.5$。

（2）静摩擦设计法

静摩擦设计法中由于竖向力作用而在剪切面上产生的最大摩擦阻力可根据下式确定：

$$N = \mu_s V \tag{4-15}$$

式中 N——水平摩擦承载力；

μ_s——静摩擦系数；

V——竖向力设计值。

材料间的静摩擦系数见表 4-6。表中的摩擦系数是基于干燥环境，如在潮湿环境时，摩擦系数值要折减 15%～20%。当临时施工荷载的支撑依赖于静摩擦力时，材料摩擦系数的附加安全系数取为 5。

干燥材料间的静摩擦系数 **表 4-6**

材料	μ_s
弹性垫与混凝土或钢材之间	0.7
叠层棉织物与混凝土之间	0.6
混凝土与混凝土之间	0.8
钢材与钢材之间(未生锈)	0.25
混凝土与钢材之间	0.4
硬纸板与混凝土之间	0.5
聚合物塑料(防滑)与混凝土之间	1.2
聚合物塑料(光滑)与混凝土之间	0.4

4.7 拉-压杆模型设计法

依据欧洲混凝土设计规范 EC2，拉-压杆模型分析法可以用于承载能力极限状态下结构中 D 区域的设计。D 区域（其中 D 表示不连续/被扰乱—Discontinuity/Disturbed）是指截面应变呈现非线性分布的区域，即结构中与不连续或被扰乱处相邻的区域，相邻是指与不连续处有一个截面深度的距离。典型的 D 区域包括集中力作用区域、截面洞口区域、截面尺寸变化和折角处等。而对于 D 区域以外的区域，如应变分布呈线性，则称为 B 区域（其中 B 表示梁/伯努利—Beam/Bernouli），可以采用普通的弯曲理论进行设计。区域划分见图 4-10。

在 D 区域，弹性应力场受裂缝干扰，引起内力转向，导致其主要部分的传力途径沿拉-压杆模型直接传递至支座。对于拉-压杆模型，只需满足平衡条件和屈服准则，而不需要考虑变形协调。拉-压杆模型由拉杆、压杆和节点组成，见图 4-11。拉杆和压杆是桁架的受力构件，而节点将这些构件连接在一起。

压杆：压杆是拉-压杆模型中理想化的受压构件。混凝土压杆有瓶形、扇形和棱柱形等，设计时通常理想化为棱柱形。

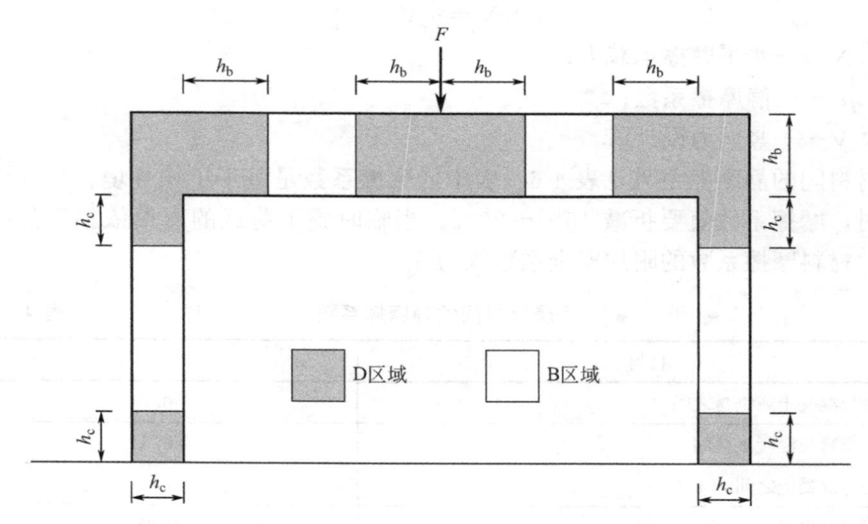

图 4-10　结构中 D 区域和 B 区域的划分

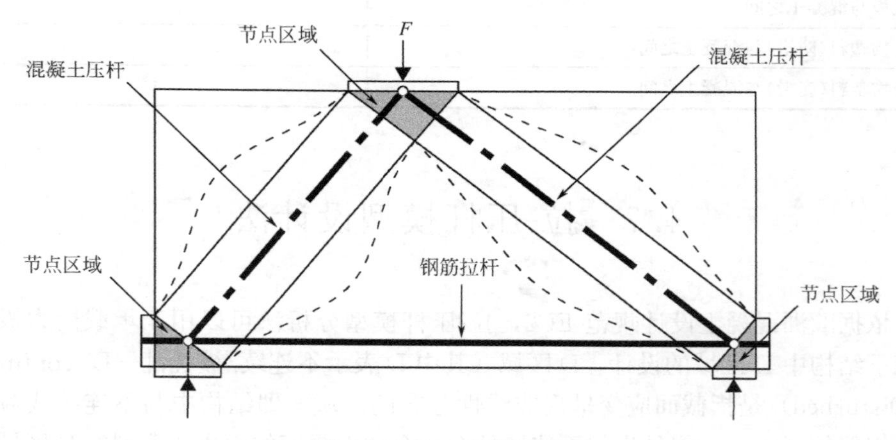

图 4-11　拉-压杆分析模型

拉杆：拉杆是拉-压杆模型中的受拉构件，包括普通钢筋和预应力筋。

节点：节点是拉-压杆模型中拉杆、压杆与集中力轴线相交的点。从平衡考虑，拉-压杆模型的一个节点至少应作用三个力。实际设计时，要保证节点区域有足够的宽度。

拉-压杆模型的破坏形式有以下几种：①拉杆筋屈服破坏；②混凝土压杆压碎破坏；③节点区域破坏；④拉杆筋锚固破坏。第一种破坏形式更具有延性，设计时应优先考虑。

EC2 对拉-压杆模型中的压杆、拉杆和节点有以下规定：

(1) 压杆（Struts）

混凝土压杆按轴压构件验算压杆的承载力，压杆的有效截面积取决于端部支承、锚固、受力和几何边界条件。压杆混凝土的抗压强度受其多轴应力状态影响，侧向压应力是有利的，而侧向拉应力则会减小压杆混凝土的抗压强度。EC2中给出了两种受力状态下压杆混凝土的极限设计强度。

1）当有侧向压应力或侧向应力为0时，如图4-12（a）所示。压杆混凝土的极限设计强度可按以下公式计算：

$$\sigma_{\mathrm{Rd,max}}=f_{\mathrm{cd}} \tag{4-16}$$

式中　f_{cd}——混凝土抗压强度设计值。

对有多轴压应力存在的区域，压杆混凝土的极限设计强度可以采用一个更高的值。

2）当有侧向拉应力并允许开裂时，如图4-12（b）所示。压杆混凝土的极限设计强度可按以下公式计算：

$$\sigma_{\mathrm{Rd,max}}=0.6\nu' f_{\mathrm{cd}} \tag{4-17}$$

$$\nu'=1-\frac{f_{\mathrm{ck}}}{250}$$

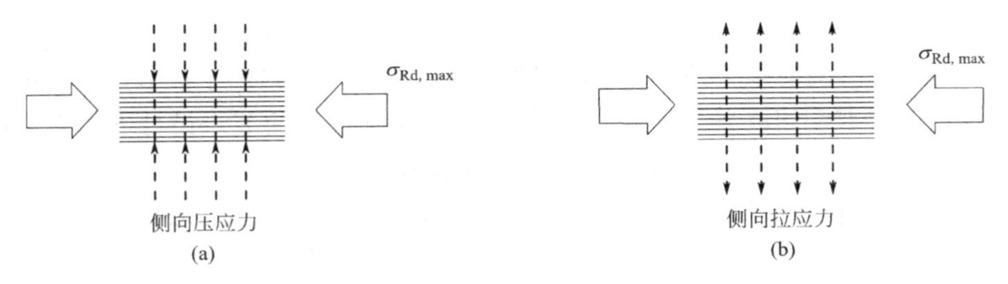

图4-12　混凝土压杆受力状态

(2) 拉杆（Ties）

在承载能力极限状态计算时，拉杆钢筋的实际应力应小于其强度设计值 f_{yd}，且必须在节点处有足够的锚固长度。拉杆钢筋的面积按以下公式计算：

$$A_{\mathrm{s}}=\frac{F}{f_{\mathrm{yd}}}=\frac{F}{0.87f_{\mathrm{yk}}} \tag{4-18}$$

对于瓶形混凝土压杆，由于集中力在传递时会向四周扩散，会在混凝土内部产生横向拉力，EC2给出了两种简化情形下拉力 T 的计算公式。

对于部分不连续区域（$b\leqslant H/2$），如图4-13（a）所示，则：

$$T=\frac{1}{4}\cdot\frac{b-a}{b}\cdot F \tag{4-19}$$

对于完全不连续区域（$b>H/2$），如图4-13（b）所示，则：

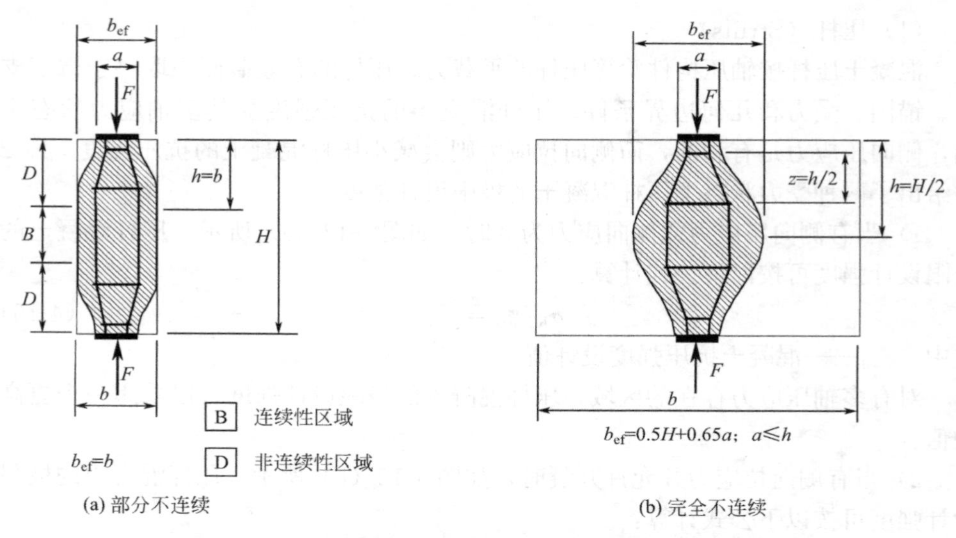

图 4-13 在有约束钢筋的受压区域用于确定横向拉力的参数

$$T=\frac{1}{4}\left(1-0.7\frac{a}{h}\right)F \tag{4-20}$$

（3）节点（Nodes）

节点的设计与支承于该节点上的混凝土压杆的强度、锚固于该节点区域的钢筋拉杆之间有着密切联系。设计时所选用的拉-压杆模型的节点设计方法会影响拉压杆模型中力的传递，最终的设计目的是使拉杆、压杆和节点均满足设计要求。EC2 对三种不同类型的节点，给出了节点处混凝土受压强度的极限设计值。

1）对于无拉杆锚固的受压节点，如图 4-14 所示，有以下公式：

$$\sigma_{\mathrm{Rd,max}}=k_1\nu' f_{\mathrm{cd}} \tag{4-21}$$

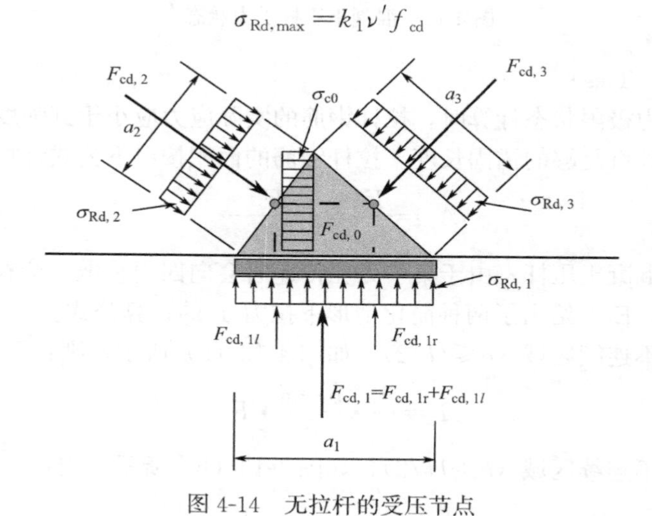

图 4-14 无拉杆的受压节点

式中，$k_1=1.0$；$\nu'=1-\frac{f_{ck}}{250}$；$\sigma_{Rd,max}$ 为可以作用在节点各边上的最大压应力。

2）对于在一个方向上有拉杆锚固的压-拉节点，如图 4-15 所示，有以下公式：

$$\sigma_{Rd,max}=k_2\nu' f_{cd} \tag{4-22}$$

式中，$k_2=0.85$；$\nu'=1-\frac{f_{ck}}{250}$；$\sigma_{Rd,max}$ 为 $\sigma_{Rd,1}$ 和 $\sigma_{Rd,2}$ 中的较大值。

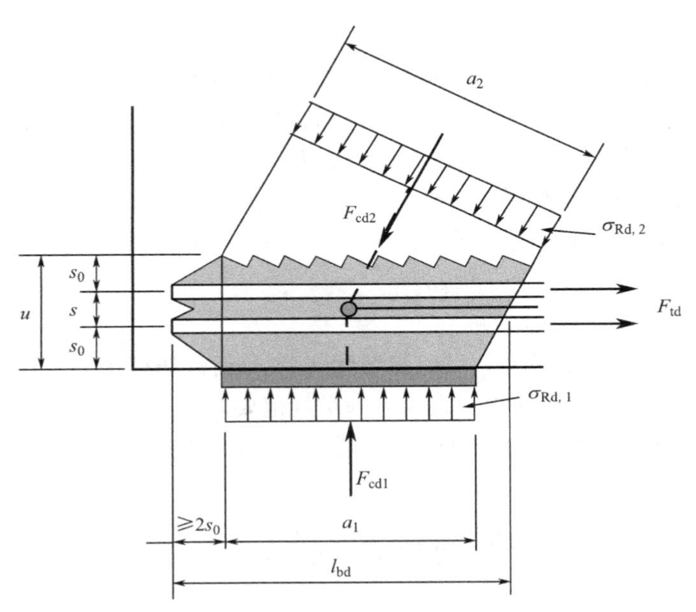

图 4-15　一个方向上配置拉杆的压-拉节点

3）对于在超过一个方向上有拉杆锚固的压-拉节点，如图 4-16 所示，有以下公式：

$$\sigma_{Rd,max}=k_3\nu' f_{cd} \tag{4-23}$$

式中，$k_3=0.75$；$\nu'=1-\frac{f_{ck}}{250}$。

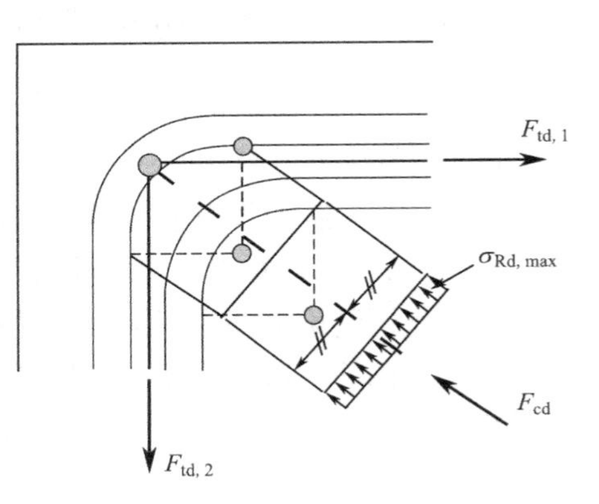

图 4-16　两个方向上配置拉杆的压-拉节点

4）当至少满足下面一个条件时，对上面三种情况所给出的混凝土抗压强度设计值可以提高 10%：

① 节点处于三轴受压状态；

② 节点上压杆与拉杆之间所有夹角均大于 55°；

③ 作用于支座或集中荷载作用处的应力是均匀的，并且节点区配置了箍筋约束；

④ 节点区范围内受力钢筋多层布设；

⑤ 节点处有足够的支撑或可靠的摩擦作用约束。

5）对三轴受压节点，混凝土抗压强度标准值可以按式（4-6）和式（4-7）计算，其最大的抗压强度设计值按以下公式计算：

$$\sigma_{\mathrm{Rd,max}}=k_4\nu' f_{\mathrm{cd}} \tag{4-24}$$

式中，$k_4=3.0$。

6）对于压-拉节点处的钢筋锚固，应从节点的开始部位算起，比如在支座处的钢筋锚固从其内面算起，见图 4-15。锚固长度应延伸过整个节点长度。在某些特定的情况下，钢筋可能需要锚固到节点后面。

7）在三个压杆连接处的平面受压节点，如图 4-14 所示，最大的平均主节点应力（σ_{c0}，σ_{c1}，σ_{c2}，σ_{c3}）应按照式（4-21）检查，通常有以下假定：

$F_{\mathrm{cd},1}/a_1=F_{\mathrm{cd},2}/a_2=F_{\mathrm{cd},3}/a_3$

则有：$\sigma_{\mathrm{cd},1}=\sigma_{\mathrm{cd},2}=\sigma_{\mathrm{cd},3}=\sigma_{\mathrm{cd},0}$

8）对钢筋有弯曲的节点，可以参照图 4-16 分析。压杆中的平均应力按第 4）条的规定检查。弯曲钢筋的心轴直径应满足规范要求。

拉-压杆模型设计法的应用可以参考第 4.9 节的牛腿设计。

4.8 预制梁端局部承压设计

依据欧洲混凝土设计规范 EC2 中对预制混凝土构件和垫层承压强度设计值的规定，可以按下式计算预制梁端所需要的有效承压面积：

$$A=\frac{V}{f_{\mathrm{Rd}}} \tag{4-25}$$

式中 V——梁端压力设计值；

f_{Rd}——承压强度设计值，参照第 4.2 节中的规定：对干连接有：$f_{\mathrm{Rd}}=0.4f_{\mathrm{cd}}$；对干连接之外的所有其他连接有：$f_{\mathrm{Rd}}=f_{\mathrm{bed}}\leqslant 0.85f_{\mathrm{cd}}$。

为了防止预制梁端部局部承压位置的混凝土劈裂，需要在垂直于可能出现裂缝的方向配置钢筋，所需钢筋的面积可以由剪切摩擦设计方法计算得出。图 4-17 表示了在局部承压部位由竖向力 V 及水平力 N 所引起的可能出现裂缝处钢筋配置情况。

1）图 4-17（a）所示的水平剪切摩擦钢筋面积可以由下式计算：

$$A_{\mathrm{s}}=V_{\theta}/(0.87f_{\mathrm{ynk}}\mu) \tag{4-26}$$

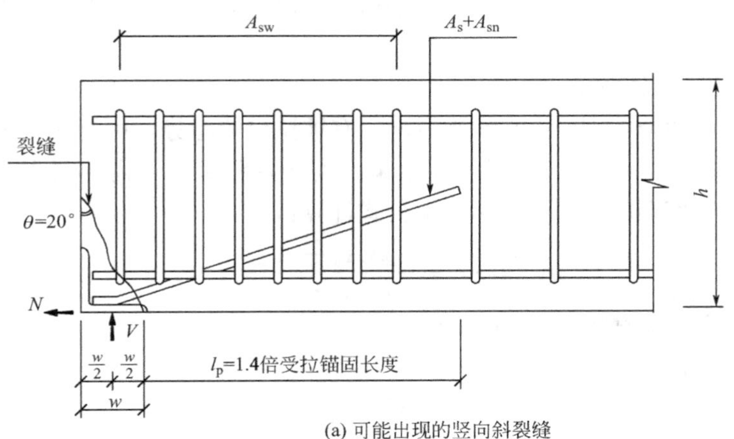

(a) 可能出现的竖向斜裂缝

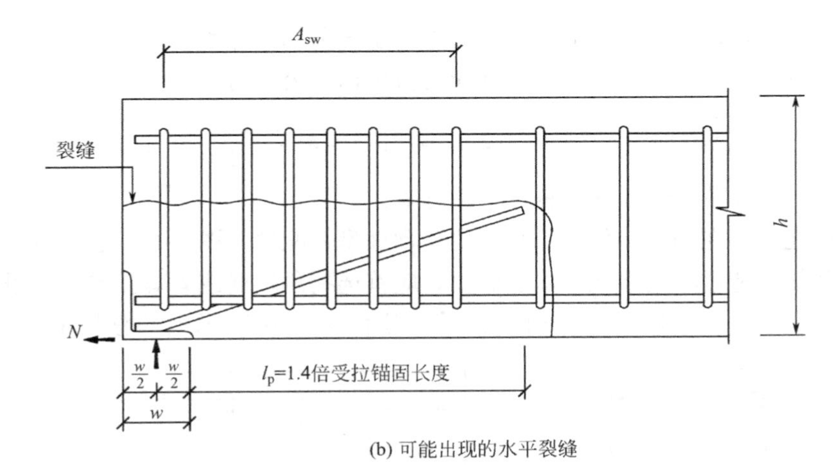

(b) 可能出现的水平裂缝

图 4-17　在承压位置可能出现裂缝处的剪切摩擦钢筋

w—承压面宽度；l_p—水平剪切摩擦钢筋的锚固长度

$$V_\theta = V/\cos\theta$$

式中　θ——剪切角度，假定为 20°；

μ——剪切摩擦系数；

f_{ynk}——水平剪切摩擦钢筋的强度标准值。

在斜裂缝平面上的平均剪应力由下式给出：

$$v_\theta = \frac{V\tan\theta}{bw} \leqslant 0.5\nu f_{cd} = 0.3\left[1-\frac{f_{ck}}{250}\right] f_{cd} \tag{4-27}$$

如果 N 是拉力，抵抗拉力 N 所需的钢筋面积可按下式计算：

$$A_{sn} = \frac{N}{0.87 f_{ynk}} \tag{4-28}$$

由于裂缝准确位置的不确定性，水平剪切摩擦钢筋的埋置长度最小为 1.4 倍受拉锚固长度。

2）竖向剪切摩擦钢筋

由于水平剪切摩擦钢筋有在水平方向上有被拉出的趋势，可能在其全部锚固长度上形成如图 4-17（b）所示的水平裂缝。对于这种破坏所需的与水平裂缝垂直的竖向剪切摩擦钢筋面积可以由以下公式计算：

$$A_{sw}=\frac{0.87f_{ynk}(A_s+A_{sn})}{0.87f_{ywk}\cdot\mu} \tag{4-29}$$

式中　f_{ywk}——竖向钢筋的强度标准值。

如果 $f_{ynk}=f_{ywk}$，则有：

$$A_{sw}=\frac{A_s+A_{sn}}{\mu} \tag{4-30}$$

用于抵抗斜向拉力的箍筋可以同时作为水平剪切摩擦钢筋 A_{sw}。

沿水平裂缝方向上的平均水平剪应力可由以下公式得出：

$$v_h=\frac{0.87f_{ywk}A_{sw}}{bl_p}\leqslant 0.5\nu f_{cd}=0.3\left(1-\frac{f_{ck}}{250}\right)f_{cd} \tag{4-31}$$

式中　l_p——水平剪切摩擦钢筋的埋置长度。

需要注意：在预制构件局部承压位置预埋型钢配件（图 4-17）会增加构件制作费用并使制造过程复杂化。除非必要，应首选拐角环筋或者焊接端头钢筋用于预制构件端部承压，如图 4-18 所示。所需拐角环筋面积的设计方法同上。

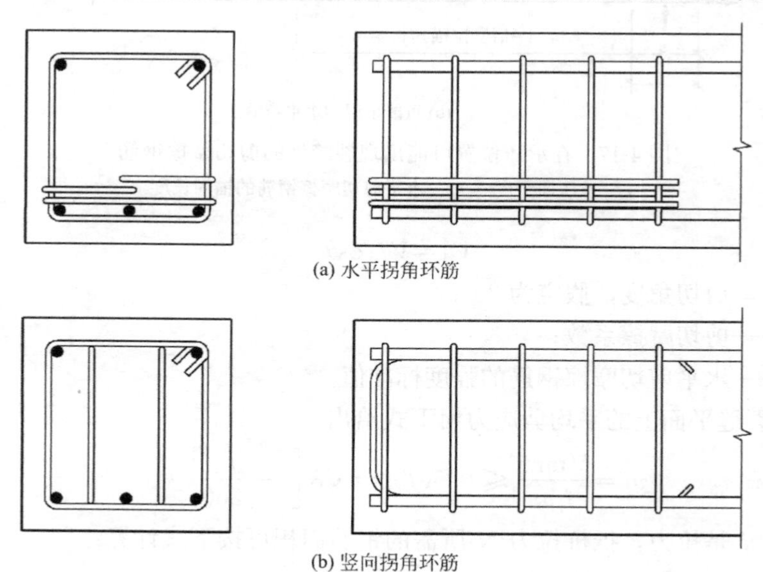

(a) 水平拐角环筋

(b) 竖向拐角环筋

图 4-18　拐角环筋用于预制构件局部承压（一）

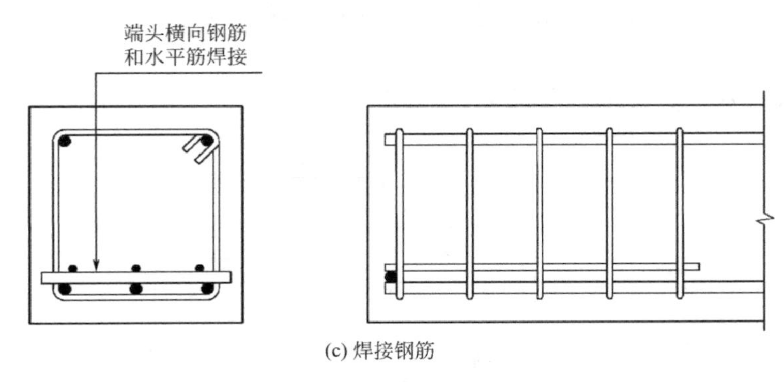

(c) 焊接钢筋

图 4-18　拐角环筋用于预制构件局部承压（二）

预制梁端局部承压算例见例 4-1。

【例 4-1】 预制梁截面尺寸为 400mm×600mm（宽×高），在支座处的竖向反力为 500kN，水平反力为 100kN。预制梁和支承构件的混凝土强度等级均为 C35/45（$f_{ck}=35\text{N/mm}^2$），梁中所用钢筋强度等级为 B500（$f_{yk}=500\text{N/mm}^2$）。如图 4-19 所示的预制梁端部的剪切摩擦钢筋等强焊接到预埋的竖向梁端钢板上。

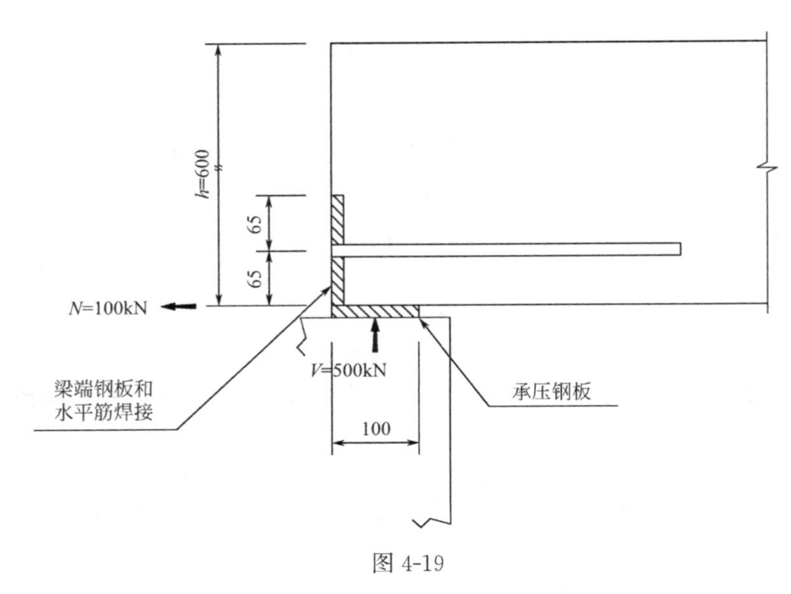

图 4-19

（1）计算有效承压宽度

采用承压钢板作为梁端支承的垫层，假定钢板的长度为 300mm，则所需的钢板承压宽度由下式得出：

$$w=\frac{V}{0.85f_{cd}\cdot l_b}=\frac{500\times10^3}{0.85\times0.85\times(35/1.5)\times300}=99\text{mm}$$

取有效承压宽度为100mm。考虑竖向剪切裂缝的最不利情况，承压钢板应和梁端面对齐。

（2）计算水平剪切摩擦钢筋（图4-20）

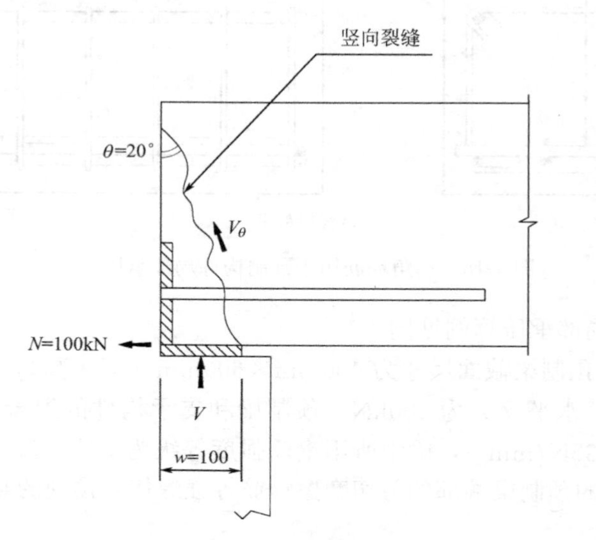

图4-20 竖向剪切裂缝

1）确定A_s

由式（4-26）得，垂直于竖向斜裂缝的剪切摩擦钢筋面积为：

$$A_{s\theta}=V_\theta/(0.87f_{ynk}\mu)$$

取$\theta=20°$，$\mu=1.05$（整浇混凝土），而$f_{ynk}=500\text{N/mm}^2$，$V_\theta=V/\cos\theta$，所以有：

$$A_{s\theta}=\frac{500\times10^3}{0.87\times500\times1.05\times\cos20°}=1165\text{mm}^2$$

裂缝和水平剪切摩擦钢筋有70°夹角，把V_θ分解成垂直于剪切摩擦钢筋方向，则可得到：

$$A_s=A_{s\theta}\cos20°=1165\times\cos20°=1095\text{mm}^2$$

注意：在计算垂直于剪力方向上的剪切摩擦钢筋面积时，可以直接采用$A_s=V/(0.87f_{yk}\mu)$计算。

2）确定A_{sn}（图4-21）

首先求出作用在梁底的水平力N在剪切摩擦钢筋中心位置处（从梁底面往上65mm处）的拉力值N'：

$$N'=N\left(\frac{h}{z}-\frac{d}{z}+1\right)$$

式中，z是指受拉钢筋面积中心到受压区混凝土面积中心的内力臂，可以偏于安

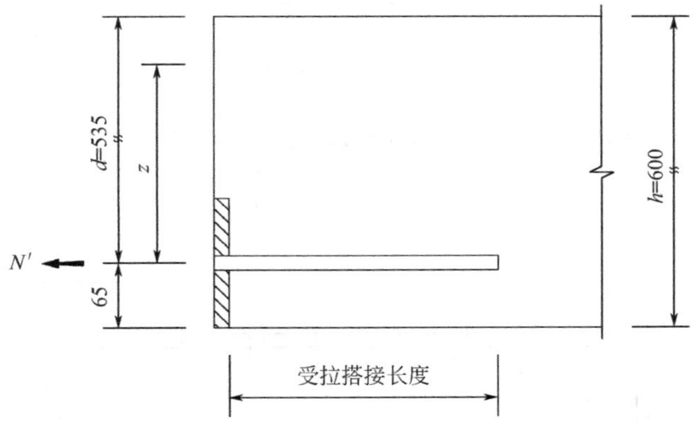

图 4-21　梁端承压处的水平力

全的假定 $z=0.8d$，则有：

$$N'=1.25N\left(\frac{h}{d}-0.2\right)=1.25\times 100\times\left(\frac{600}{535}-0.2\right)=115\text{kN}$$

$$A_{sn}=115\times 10^3/(0.87\times 500)=264\text{mm}^2$$

3）总的水平剪切摩擦钢筋面积

$$A_s+A_{sn}=1095+264=1359\text{mm}^2$$

配置 5H20（$A_s=1570\text{mm}^2$）的钢筋并等强焊接于梁端竖向钢板上。

4）检查竖向斜裂缝上的剪应力

由式（4-27）得：

$$v_\theta=\frac{V\tan\theta}{bw}=\frac{500\times 10^3\times\tan 20°}{400\times 100}=4.55\text{N/mm}^2$$

$$v_{\text{Rd,max}}=0.5\nu f_{cd}=0.3\times\left(1-\frac{35}{250}\right)\times 0.85\times\frac{35}{1.5}=5.12\text{N/mm}^2>v_\theta$$

（3）计算竖向剪切摩擦钢筋

由式（4-30）得：

$$A_{sw}=\frac{A_s+A_{sn}}{\mu}=\frac{1359}{1.05}=1294\text{mm}^2$$

计算出的竖向剪切摩擦钢筋面积要与梁中所配置的箍筋面积相比较，如果所配置的箍筋面积小于 A_{sw}，则需要在梁端配置竖向剪切摩擦钢筋面积 A_{sw}。

校核潜在水平裂缝处的剪应力：

钢筋 H20 的锚固长度为：

$$l_p=1.4\times 31\phi+w=1.4\times 31\times 20+100=968\text{mm}$$

由式（4-31）得：

$$v_{\mathrm{h}}=\frac{0.87 f_{\mathrm{ywk}} A_{\mathrm{sw}}}{b \cdot l_{\mathrm{p}}}=\frac{0.87 \times 500 \times 1294}{400 \times 968}=1.45 \mathrm{N/mm}^{2}<v_{\mathrm{Rd,max}}$$

（4）预制梁端承压处的配筋详图（图 4-22）

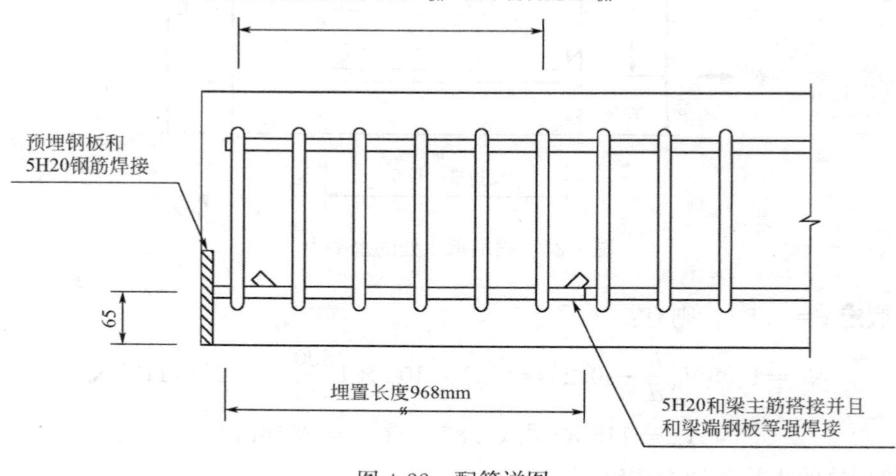

图 4-22　配筋详图

4.9　牛腿设计

钢筋混凝土牛腿是指从柱中伸出的用于支撑外部构件的短悬臂结构，尺寸规定如图 4-23、图 4-24 所示。PCI 和 BS8110 给出牛腿尺寸要求只是与牛腿的受力位置相关（图 4-23），而 EC2 给出的牛腿尺寸要求和牛腿的受力位置及大小都相关（图 4-24）。

对钢筋混凝土牛腿的分析及设计可以采用以下两种方法：

1）拉-压杆（strut and tie）模型分析法。

2）剪切摩擦分析法。

4.9.1　用拉-压杆模型分析法设计牛腿

欧洲混凝土设计规范 EC2 对采用拉-压杆模型分析法设计牛腿有以下规定（参照图 4-24）：

1）竖向外力到柱外表面的距离应小于牛腿拉压杆在柱表面处的内力臂（$a_{\mathrm{c}}<z_{0}$），斜压杆的倾斜角须满足 $45°\leqslant\theta\leqslant68°$，或者表示为：$1.0\leqslant\tan\theta\leqslant2.5$。

2）如果 $a_{\mathrm{c}}<0.5h_{\mathrm{c}}$，除主受拉筋外，还应配置封闭的水平或倾斜箍筋。箍筋

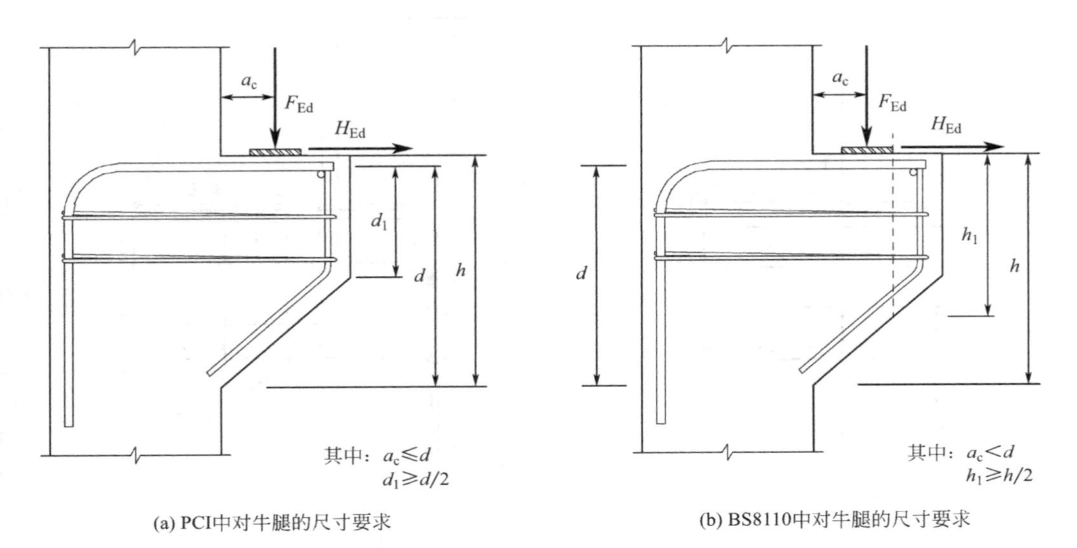

(a) PCI中对牛腿的尺寸要求　　(b) BS8110中对牛腿的尺寸要求

图 4-23　钢筋混凝土牛腿尺寸要求

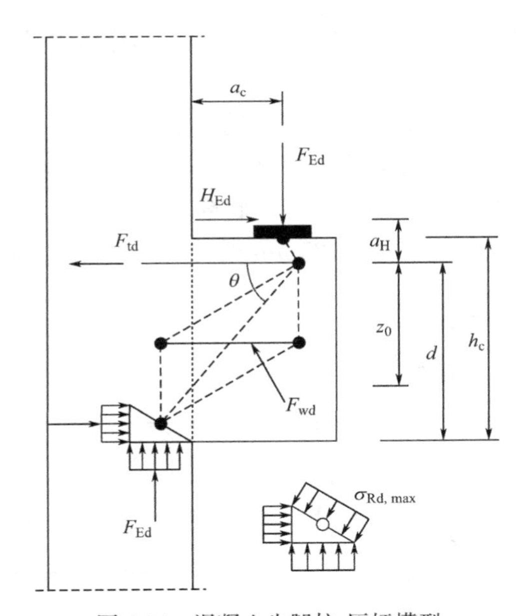

图 4-24　混凝土牛腿拉-压杆模型

面积 $A_{s,lnk} \geqslant k_1 A_{s,main}$，$k_1$ 建议值为 0.25，见图 4-25（a）。

3）如果 $a_c > 0.5h_c$ 且 $F_{Ed} > V_{Rd,c}$，除主受拉筋外，还应配置封闭的竖向箍筋。箍筋面积 $A_{s,lnk} \geqslant k_2 F_{Ed}/f_{yd}$，$k_2$ 建议值为 0.5，见图 4-25（b）。

4）主受拉筋在柱中和牛腿中都要充分锚固。在柱中应锚固到柱的远端面并

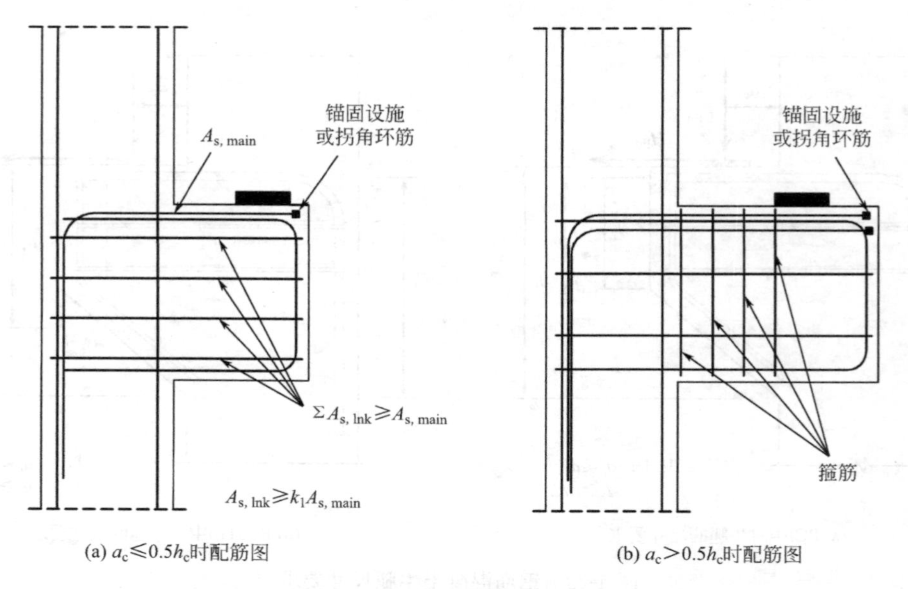

(a) $a_c \leqslant 0.5h_c$时配筋图　　(b) $a_c > 0.5h_c$时配筋图

图 4-25　混凝土牛腿配筋示意

且锚固长度从柱近端面的竖向钢筋处算起。在牛腿中锚固的长度应从承压板的内边算起。

用拉-压杆模型分析法设计牛腿的算例见例 4-2。

【例 4-2】 采用拉-压杆模型设计如图 4-26 所示的牛腿，其中柱截面尺寸为 400mm×400mm；牛腿宽 b=400mm，牛腿高 h=400mm，牛腿长 l=250mm。竖向力 F_{Ed}=600kN 作用在距柱边 125mm 处，承压垫尺寸为 300mm×150mm。

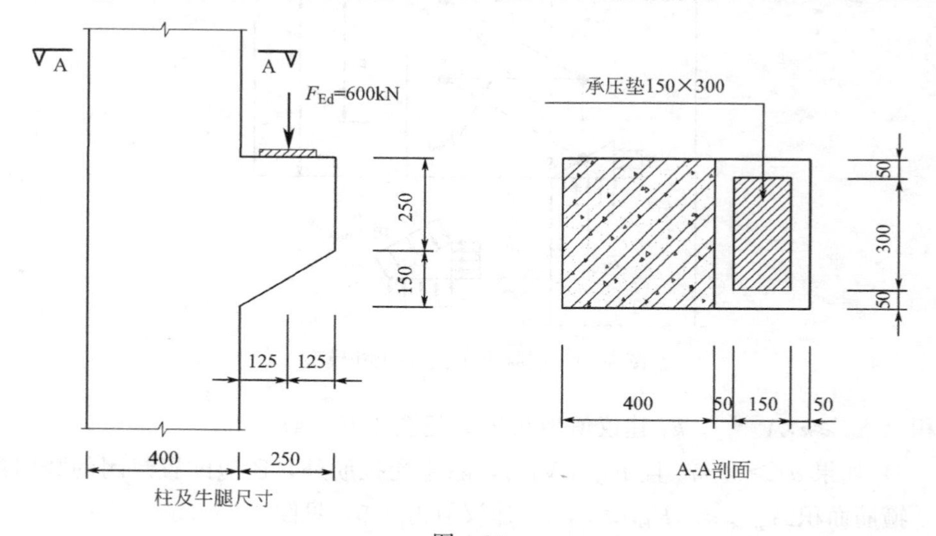

图 4-26

【解】

（1）材料强度

混凝土：C35/45，$f_{ck}=35\text{N/mm}^2$，$f_{cd}=\alpha_{cc}\cdot f_{ck}/\gamma_c=0.85\times35/1.5=19.83\text{N/mm}^2$

钢筋：B500，$f_{yk}=500\text{N/mm}^2$，$f_{yd}=f_{yk}/\gamma_s=500/1.15=434.78\text{N/mm}^2$

（2）确定节点混凝土极限受压强度

1）无拉杆锚固的受压节点

$$\sigma_{1\text{Rd,max}}=k_1\nu'f_{cd}=1.0\times\left(1-\frac{35}{250}\right)\times19.83=17.05\text{N/mm}^2$$

2）一个方向上有拉杆锚固的压-拉节点

$$\sigma_{2\text{Rd,max}}=k_2\nu'f_{cd}=0.85\times\left(1-\frac{35}{250}\right)\times19.83=14.50\text{N/mm}^2$$

3）在超过一个方向上有拉杆锚固的压-拉节点

$$\sigma_{3\text{Rd,max}}=k_3\nu'f_{cd}=0.75\times\left(1-\frac{35}{250}\right)\times19.83=12.79\text{N/mm}^2$$

（3）确定柱中节点及拉、压杆内力

假定受拉钢筋中心到牛腿上表面的距离为 40mm，则有 $d=400-40=360$mm，如果取拉杆 T_1 和压杆 C_1 之间的力臂为 $0.9d=0.9\times360=324$mm。则可把牛腿的受力情况简化成图 4-27 所示的拉-压杆模型。

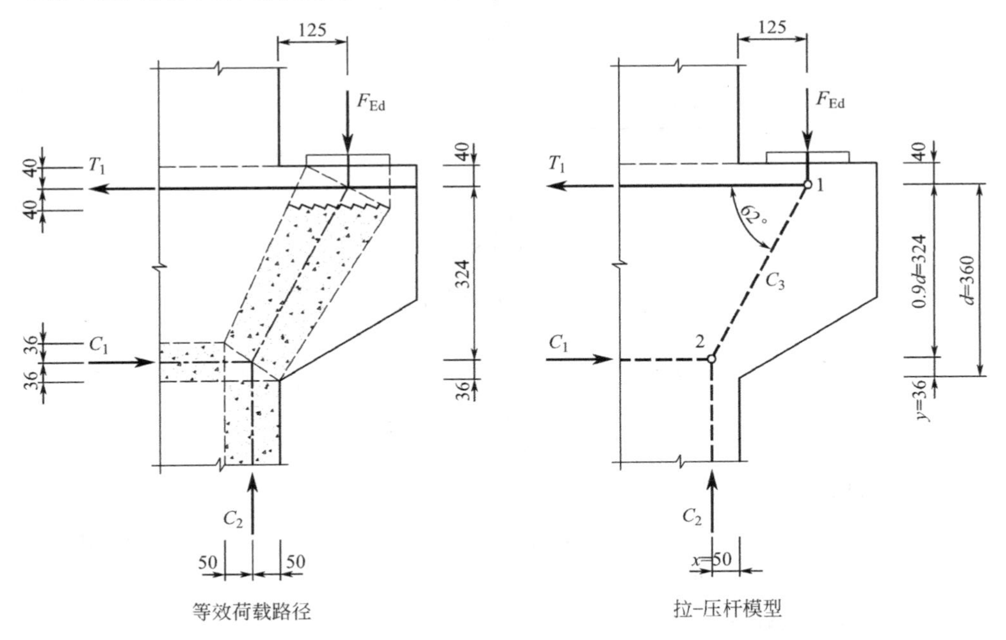

图 4-27

节点 2 为无拉杆锚固的受压节点，由竖向力平衡有：

$$C_2 = F_{Ed} = 600\text{kN}$$

而对于受压节点 2 的承压底面宽度，须满足：

$$2x \geqslant \frac{C_2}{b\sigma_{1Rd,\ max}} = \frac{600 \times 10^3}{400 \times 17.05} = 88\text{mm}$$

取 $x=50$mm，则有 $2x=100$mm。由于 $y=0.1d=36$mm，则有 $2y=72$mm，由此便可确定节点 2 处的合力作用点以及节点 1 处的拉杆和压杆之间的夹角（$\theta=\arctan(324/175)=61.625°\approx62°$），斜压杆 C_3 的宽度为 122～158mm。

节点处的力平衡情况如图 4-28 所示。

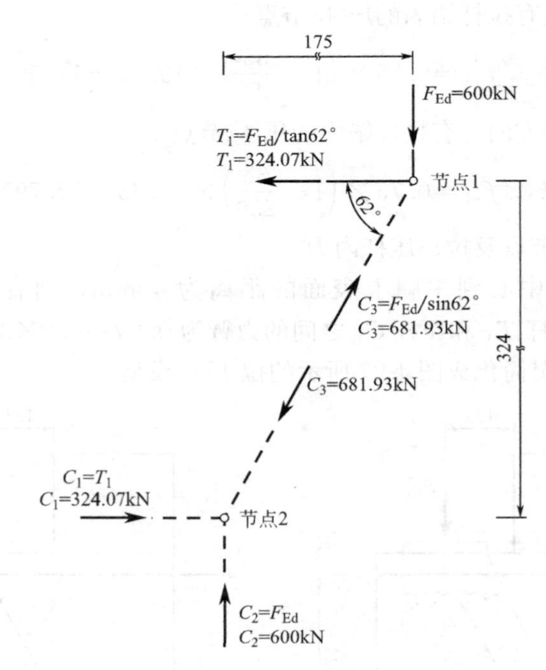

图 4-28　节点处的力平衡图

拉杆 T_1 所需的钢筋面积为：

$$A_{s1} = \frac{T_1}{f_{yd}} = \frac{324.07 \times 10^3}{434.78} = 745\text{mm}^2$$

配置 3H20，$A_{s1}=942\text{mm}^2$

需要注意的是：如果在牛腿上面作用水平力 H_{Ed} 时，牛腿需要配置相应的受拉钢筋 $A_s=H_{Ed}/f_{yd}$ 抵抗 H_{Ed}。

(4) 检查节点处的混凝土压应力

1) 节点 1 处，在一个方向上有拉杆锚固的压-拉节点（图 4-29）

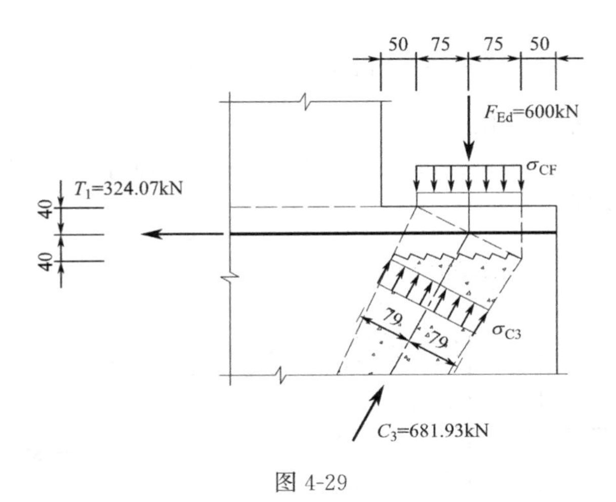

图 4-29

$$\sigma_{CF}=\frac{600\times10^3}{300\times150}=13.3<\sigma_{2Rd,max}=14.50\text{N/mm}^2$$

$$\sigma_{C3}=\frac{681.93\times10^3}{400\times158}=10.8<\sigma_{2Rd,max}=14.50\text{N/mm}^2$$

2）节点 2 处，无拉杆锚固的受压节点（图 4-30）

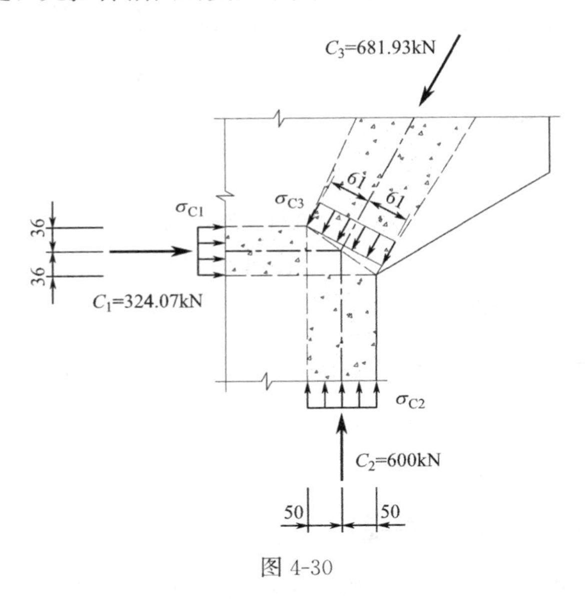

图 4-30

$$\sigma_{C1}=\frac{324.07\times10^3}{400\times72}=11.3<\sigma_{1Rd,max}=17.05\text{N/mm}^2$$

$$\sigma_{C2}=\frac{600\times10^3}{400\times100}=15.0<\sigma_{1Rd,max}=17.05\text{N/mm}^2$$

$$\sigma_{C3}=\frac{681.93\times10^3}{400\times122}=14.0<\sigma_{1Rd,max}=17.05\text{N/mm}^2$$

（5）计算次层钢筋面积

由于 $a_c=125<0.5h_c=200\text{mm}$，所以需要配置横向箍筋，参考如图 4-31 所示的计算简图，则有：

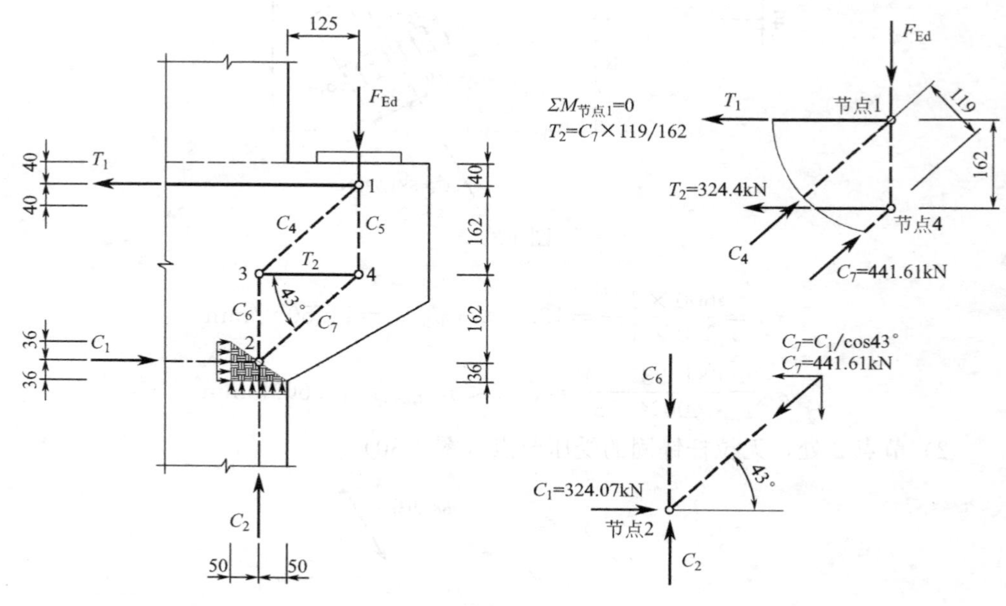

图 4-31

$$C_7=C_1/\cos42.7909°=324.07/0.73384=441.61\text{kN}$$

$$T_2=C_7\times119/162=441.61\times119/162=324.39\text{kN}$$

在拉杆 T_2 处所需的钢筋面积：

$$A_{s2}=\frac{T_2}{f_{yd}}=\frac{324.39\times10^3}{434.78}=746>k_1A_{s,main}=0.25\times745=187\text{mm}^2$$

配置 5×2H10 钢筋，$A_{s2}=785\text{mm}^2$

（6）牛腿配筋详图（图 4-32）

4.9.2 用剪切摩擦法设计牛腿

用剪切摩擦法设计牛腿要考虑如图 4-33 所示的几种可能的破坏形式，并且为每个可能出现的裂缝平面配置相应的钢筋：

1）由于在牛腿突出部分受弯（悬臂受弯）及轴向受拉，需要配置钢筋 A_s（偏心弯矩所需的受拉钢筋）及 A_{sn}（轴向受拉钢筋）；

2）牛腿突出部分与主要支承构件之间的直接竖向剪切裂缝，配置剪切摩擦

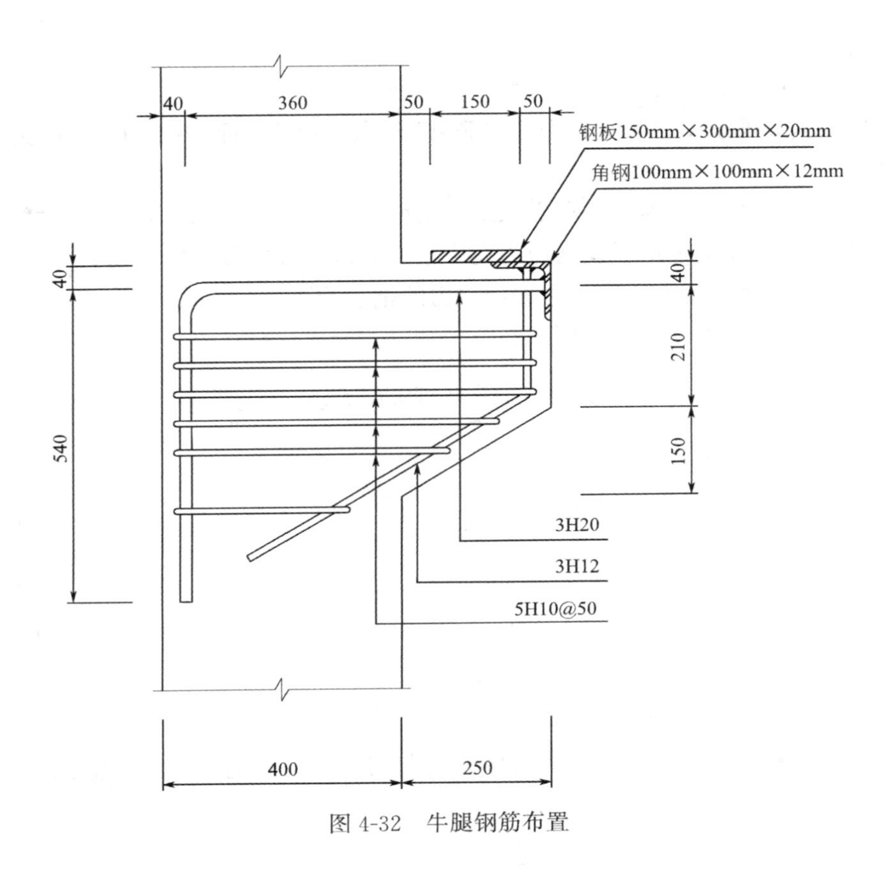

图 4-32　牛腿钢筋布置

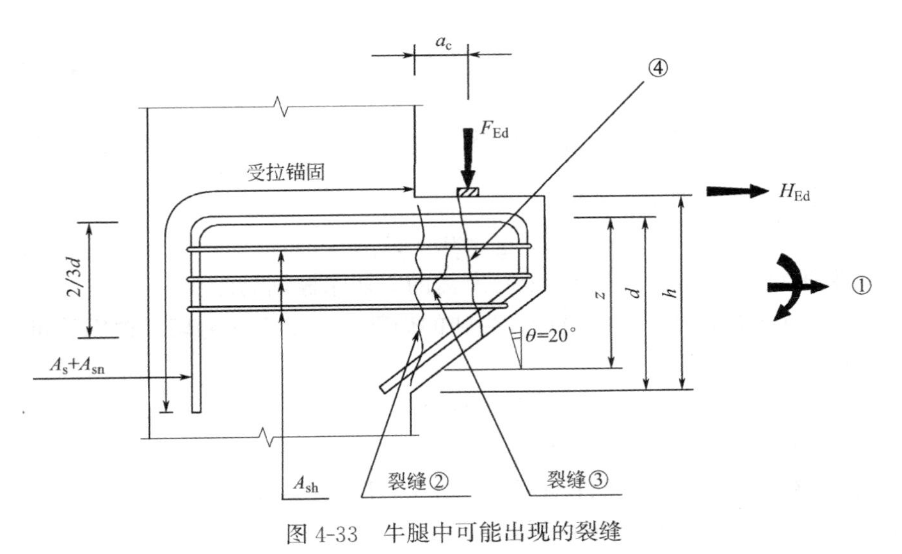

图 4-33　牛腿中可能出现的裂缝

钢筋 A_s 及 A_{sh}；

3）牛腿中的斜拉裂缝，配置钢筋 A_{sh}；

4）牛腿局部承压斜裂缝，配置钢筋 A_s 及 A_{sn} 并且保证这些钢筋有足够的锚固长度。

以上计算出的各项钢筋面积需取最大值而不是累加。正如4.6节剪切摩擦法中所介绍，沿每条裂缝的平均剪应力均应小于规范允许的最大值 $0.5\nu f_{cd}$。

1）用于承受牛腿偏心弯矩及轴向拉力的钢筋面积

偏心弯矩所需的受拉钢筋面积：

$$A_s = F_{Ed}\left(\frac{a_c}{z}\right)/(0.87f_{yk}) \tag{4-32}$$

轴向受拉所需的钢筋面积：

$$A_{sn} = H_{Ed}\left(\frac{h}{z} - \frac{d}{z} + 1\right)/(0.87f_{yk}) \tag{4-33}$$

假定 $z=0.8d$，则有：

$$A_s = 1.25F_{Ed}\left(\frac{a_c}{d}\right)/(0.87f_{yk}) \tag{4-34}$$

$$A_{sn} = 1.25H_{Ed}\left(\frac{h}{d} - 0.2\right)/(0.87f_{yk}) \tag{4-35}$$

2）牛腿和主支承构件之间的直接竖向剪切裂缝（裂缝2处）所需的剪切摩擦钢筋面积

$$A_s = \frac{2}{3}F_{Ed}/(0.87f_{yk}\mu) \tag{4-36}$$

$$A_{sh} = \frac{1}{3}F_{Ed}/(0.87f_{yk}\mu) \tag{4-37}$$

A_{sn} 参照式（4-35）计算。A_{sh} 应均匀地布置在牛腿的 $\frac{2}{3}d$ 深度范围内，并且满足公式：

$$A_{sh} \geqslant A_{sh,min} = 0.5(A_s + A_{sn}) \tag{4-38}$$

3）牛腿的局部承压（裂缝4处）所需的剪切摩擦钢筋面积

参照预制梁端的局部承压设计，牛腿的局部承压所需的剪切摩擦钢筋可按以下公式计算：

$$A_s = F_{Ed}/(0.87f_{yk}\mu) \tag{4-39}$$

用剪切摩擦法设计牛腿的算例见例4-3。

【例4-3】 牛腿的设计条件和例4-2相同，$F_{Ed}=600\text{kN}$，$a_c=125\text{mm}$，$d=360\text{mm}$，$\mu=1.05$，混凝土强度等级为C35/45，钢筋强度为B500。

【解】 根据上文介绍的牛腿剪切摩擦分析方法，则有：

(1) 弯曲受拉钢筋

由式(4-34),竖向力引起的偏心弯矩所需的受拉钢筋面积为:

$$A_s = 1.25F_{Ed}\left(\frac{a_c}{d}\right)/(0.87f_{yk}) = 1.25\times600\times10^3\times\left(\frac{125}{360}\right)/(0.87\times500) = 599\text{mm}^2$$

(2) 牛腿和主支撑构件之间的直接竖向剪切裂缝处所需的剪切摩擦钢筋面积

由式(4-36)得:

$$A_s = \frac{2}{3}F_{Ed}/(0.87f_{yk}\mu) = \frac{2}{3}\times600\times10^3/(0.87\times500\times1.05) = 876\text{mm}^2$$

由式(4-37)得:

$$A_{sh} = \frac{1}{3}F_{Ed}/(0.87f_{yk}\mu) = \frac{1}{3}\times600\times10^3/(0.87\times500\times1.05) = 438\text{mm}^2$$

(3) 牛腿的局部承压所需的剪切摩擦钢筋面积

由式(4-39)得:

$$A_s = F_{Ed}/(0.87f_{yk}\mu) = 600\times10^3/(0.87\times500\times1.05) = 1314\text{mm}^2$$

(4) 检查承压斜裂缝平面上的平均剪应力(图4-34)

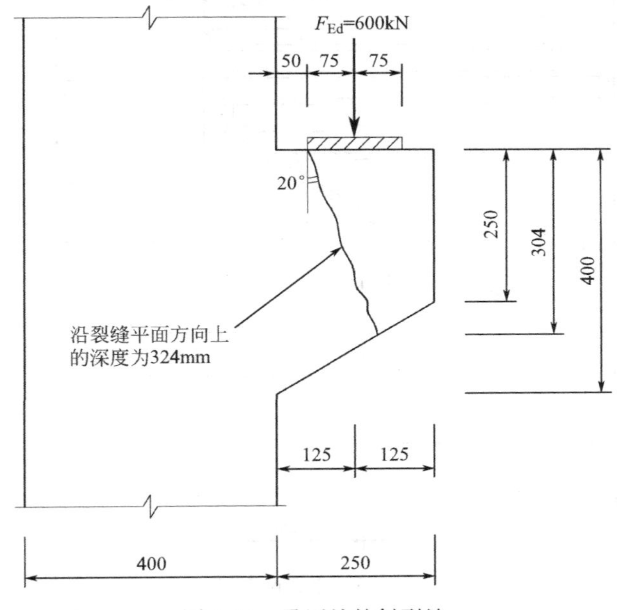

图4-34 承压处的斜裂缝

$$v_\theta = \frac{F_{Ed}/\cos\theta}{bh_\theta} = \frac{600\times10^3/\cos20^\circ}{400\times324} = 4.93\text{N/mm}^2$$

$$v_{Rd,max} = 0.5\nu f_{cd} = 0.3\times\left(1-\frac{35}{250}\right)\times0.85\times\frac{35}{1.5} = 5.12\text{N/mm}^2 > v_\theta$$

（5）综合步骤（1）到（3）计算出牛腿配筋

1）最大的 A_s

$A_s=1314mm^2$，配置 5H20，$A_s=1570mm^2$

2）最大 A_{sh}

$A_{sh}=438mm^2$

检查 $A_{sh,\ min}=0.5(A_s+A_{sn})=0.5\times1314=657mm^2$，配置 5×2H10 钢筋，$A_{sh}=785mm^2$。均匀地布置在牛腿的$\frac{2}{3}d$ 深度范围内。

（6）牛腿配筋图（图 4-35）

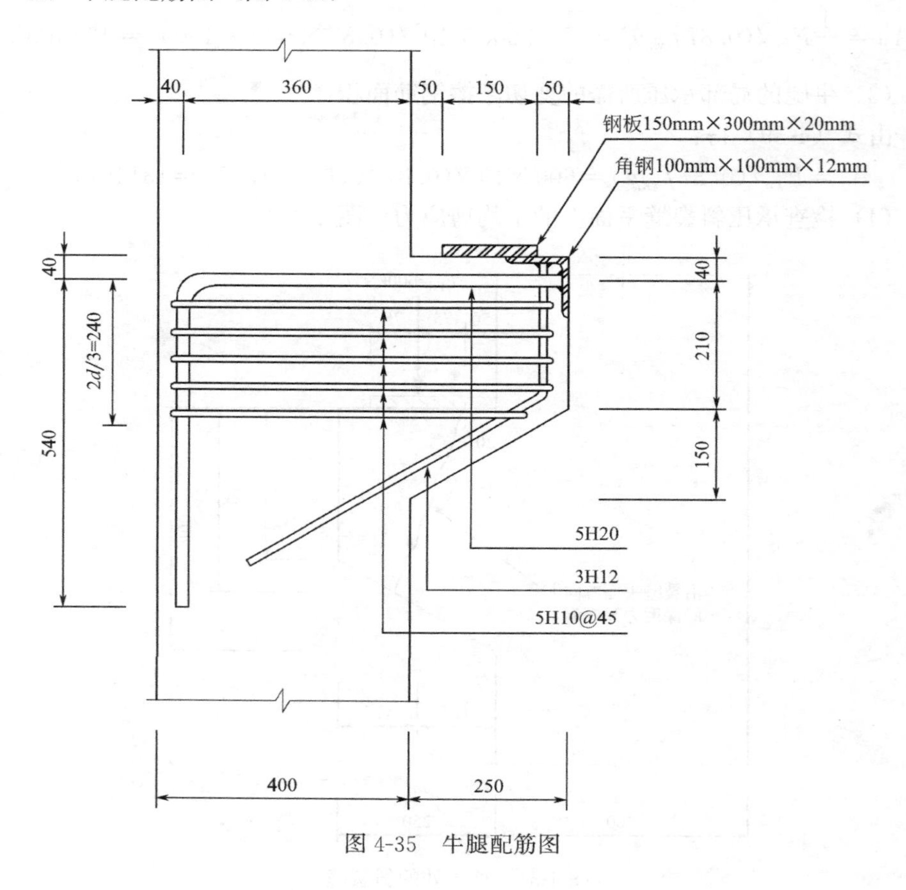

图 4-35　牛腿配筋图

4.10　板托（Nib）设计

钢筋混凝土板托（Nib）是指从墙、柱或者梁中突出的短悬臂部分，可作为楼板构件的支承。板托的厚度通常小于300mm，并且竖向外力到主支承构件竖向钢筋的距离 a_v 大于其有效高度 d。图4-36表示了几种竖向力作用线的位置及 a_v。

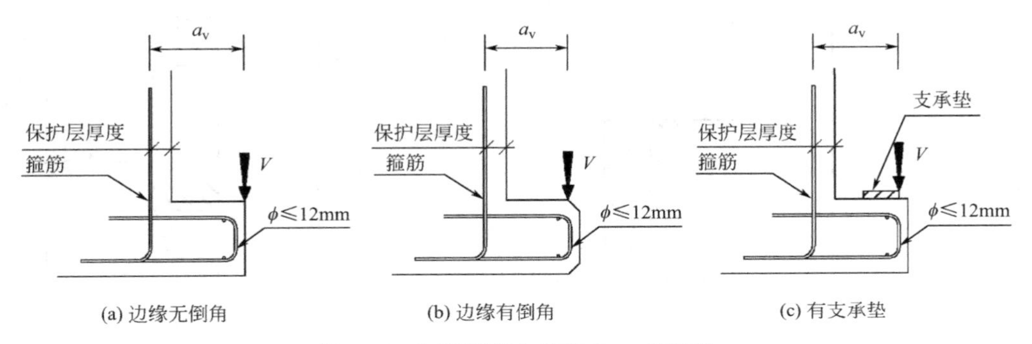

图4-36　钢筋混凝土板托中 a_v 的取法

钢筋混凝土板托可以按照悬臂板设计，设计弯矩取为：

$$M_{Ed} = V \cdot a_v \tag{4-40}$$

由于竖向力作用在板托的上表面并且靠近主支承构件，根据EC2规定，当校核板托的混凝土受剪承载力时，设计剪力可以乘以一个折减系数 $\beta = a_v/(2d)$，其中 $0.5d \leqslant a_v \leqslant 2d$。与设计板的情况一样，板托应有足够的厚度以避免配置抗剪箍筋。板托中主受拉钢筋直径应不大于12mm，其在主支承构件和板托中均应充分锚固，具体可以参考前面介绍的牛腿主受拉钢筋的锚固要求。主支承构件中的竖向钢筋应能够抵抗板托中的设计弯矩 M_{Ed}，比如支撑板托梁中的箍筋除了能够抵抗梁所受的剪力之外，还要能够抵抗由板托传来的垂直于梁跨度方向的侧向弯矩。作用在连续板托上的集中力，力的有效传递宽度可以采用45°线的方法，如图4-37所示。

板托的设计可以参照以下过程：

（1）弯曲受拉钢筋设计

如果混凝土强度等级不大于C50/60，$f_{cd} = \alpha_{cc} \dfrac{f_{ck}}{\gamma_c}$，取 $\alpha_{cc} = 0.85$，$\gamma_c = 1.5$，则板托的弯曲受拉钢筋可以按照以下公式计算：

$$K = \frac{M_{Ed}}{bd^2 f_{ck}} = \frac{Va_v}{b_e d^2 f_{ck}} \leqslant K_{lim} = 0.167 \tag{4-41}$$

$$\frac{z}{d} = 0.5 + \sqrt{0.25 - K/1.134} \leqslant 0.95 \tag{4-42}$$

$$A_s = \frac{M_{Ed}}{0.87 f_{yk} z} \tag{4-43}$$

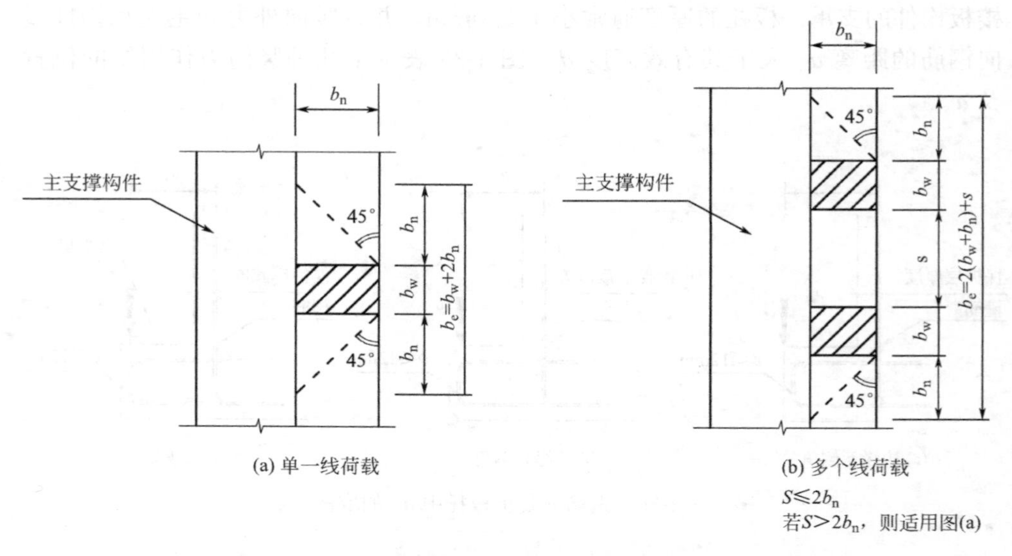

图 4-37　板托设计中的单个或多个线荷载的有效设计宽度

计算出板托的弯曲受拉钢筋面积后，需要按 $A_{s,min}=0.26(f_{ctm}/f_{yk})b_e d\geqslant 0.0013b_e d$ 及 $A_{s,max}=0.04A_c$ 校核板托的最小及最大配筋率。

（2）校核钢筋的最小心轴弯曲直径，此要求是为了避免钢筋产生弯曲裂纹或钢筋弯曲内的混凝土破坏。

$$\phi_{m,min}\geqslant \max\{F_{bt}[(1/a_b)+1/(2\phi)]/f_{cd};4\phi\} \tag{4-44}$$

式中　F_{bt}——承载能力极限状态下板托中弯曲受拉钢筋中的内力，$F_{bt}=0.87f_{yk}(A_{s,req}/A_{s,prov})$；

a_b——垂直于钢筋弯曲平面方向上相邻钢筋中心到中心距离的一半，对靠近构件表面的弯曲钢筋，a_b 可取为保护层厚度 c 加上钢筋直径的一半；

ϕ——钢筋直径，板托中的弯曲受拉钢筋直径应不大于 12mm。

（3）剪力校核

剪力设计值：

$$V_{Ed}=a_v/(2d)V\geqslant 0.25V \tag{4-45}$$

板托混凝土截面的受剪承载力：

$$V_{Rd,c}=\left[\frac{0.18}{\gamma_c}k(100\rho_l f_{ck})^{1/3}\right]b_e d\geqslant v_{c,min}b_e d \tag{4-46}$$

须同时满足：$V_{Ed}\leqslant V_{Rd,c}$ 和 $V\leqslant 0.3b_e d(1-f_{ck}/250)f_{cd}$

式中　γ_c——混凝土材料系数，取 1.5；$k=1+\sqrt{200/d}\leqslant 2.0$；$\rho_l=A_s/(b_e d)\leqslant 0.02$，其中 A_s 为板托中受拉钢筋面积；$v_{c,min}=0.035k^{1.5}f_{ck}^{0.5}$。

4.11 半梁节点设计

半梁节点的设计同样可以采用剪切摩擦设计法或拉-压杆模型设计法。

4.11.1 半梁节点的剪切摩擦设计法

半梁节点可以通过考虑如图 4-38、图 4-39 所示的几种可能的裂缝平面采用剪切摩擦法进行设计。

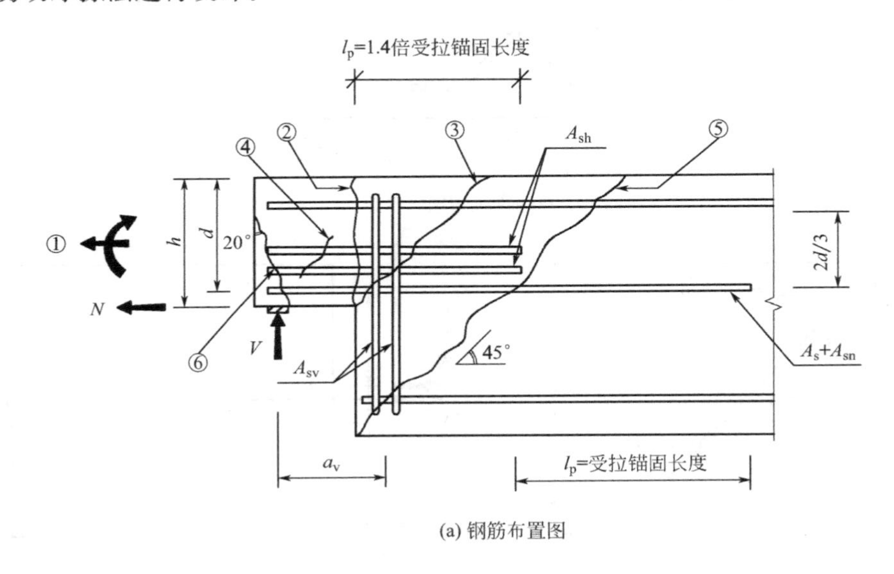

(a) 钢筋布置图

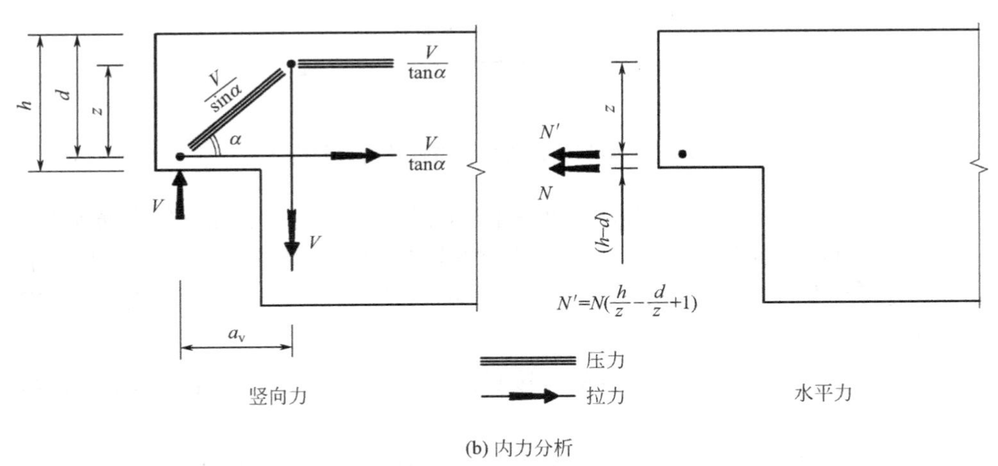

(b) 内力分析

图 4-38 半梁节点处的钢筋布置及内力分析 1

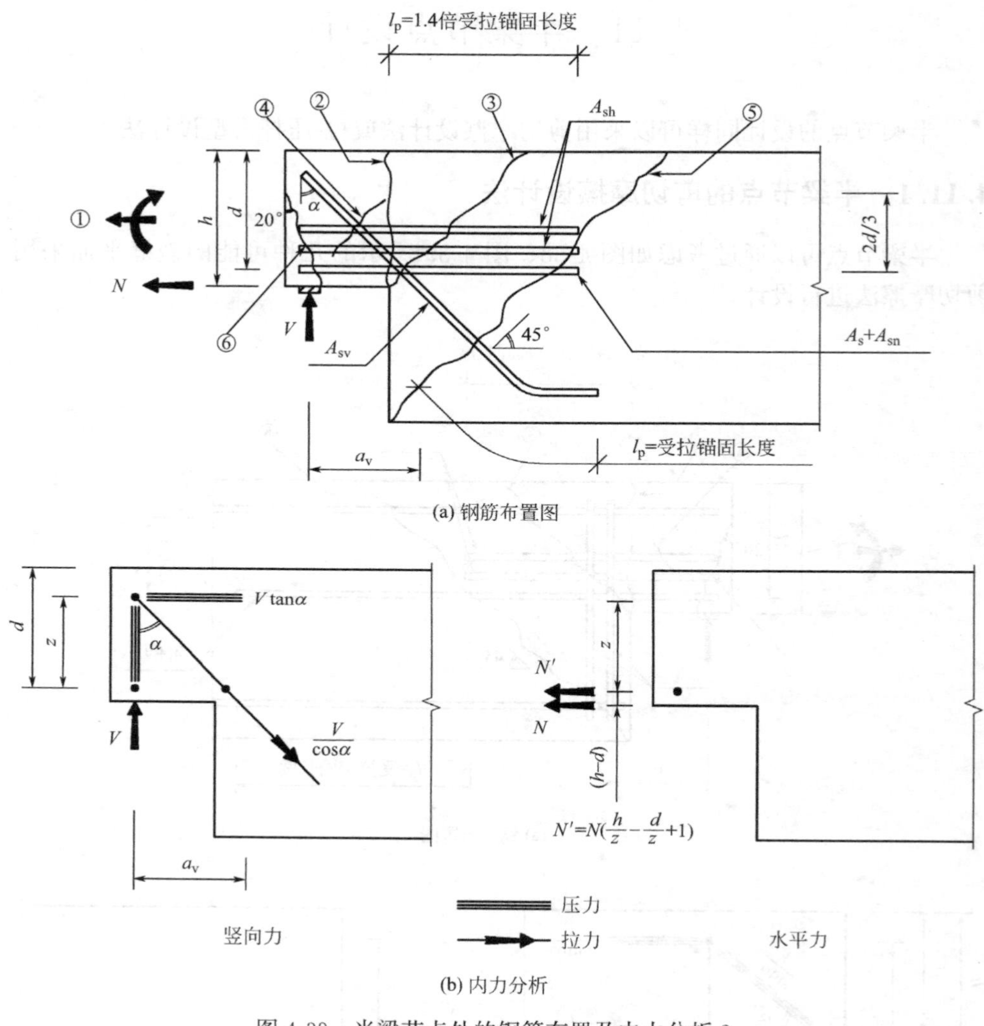

(a) 钢筋布置图

(b) 内力分析

图 4-39　半梁节点处的钢筋布置及内力分析 2

在图 4-38、图 4-39 中，需要为每一个可能出现裂缝的平面配置的钢筋如下：

1）为抵抗半梁部分的偏心弯矩（从全梁端悬臂出的半梁在支承反力作用下在半梁根部产生的弯矩）和轴向拉力，配置的钢筋 A_s（偏心弯矩所需的受拉钢筋）和 A_{sn}（轴向受拉钢筋）；

2）为抵抗半梁和全梁接口处的直接竖向剪力（裂缝 2），配置剪切摩擦钢筋 A_s 及 A_{sh}；

3）为抵抗内凹角处的斜拉力（裂缝 3），配置剪切摩擦钢筋 A_{sv}；

4）为抵抗半梁部分的斜拉力（裂缝 4），配置钢筋 A_{sh}；

5）为抵抗全梁部分的斜拉力（裂缝 5），配置钢筋 A_s 及 A_{sv}（钢筋到潜在裂缝平面应有足够的受拉锚固长度)；

6）为抵抗半梁部分的梁端局部承压（裂缝6），配置剪切摩擦钢筋 A_s 及 A_{sn}（可参考第4.8节）。

以上确定的钢筋面积并不是相互累加，而是应按照下面的原则处理：

A_s——取1)、2)、5）和6）所确定的最大值；

A_{sh}——取2）和4）所确定的最大值；

A_{sv}——取3）和5）所确定的最大值。

按照剪切摩擦法，穿过半梁节点处每一条潜在裂缝的钢筋可以按下面的公式计算：

对图4-38中所示的钢筋布置：

1）半梁部分偏心弯矩所需的受拉钢筋及轴向受拉所需的钢筋

偏心弯矩所需的受拉钢筋面积：

$$A_s = V\left(\frac{a_v}{z}\right)/(0.87f_{yk}) \tag{4-47}$$

轴向受拉所需的钢筋面积：

$$A_{sn} = N\left(\frac{h}{z} - \frac{d}{z} + 1\right)/(0.87f_{yk}) \tag{4-48}$$

假定 $z=0.8d$，则有：

$$A_s = 1.25V\left(\frac{a_v}{d}\right)/(0.87f_{yk}) \tag{4-49}$$

$$A_{sn} = 1.25N\left(\frac{h}{d} - 0.2\right)/(0.87f_{yk}) \tag{4-50}$$

2）半梁和全梁接口处的直接竖向剪切裂缝（裂缝2）所需的剪切摩擦钢筋面积

$$A_s = \frac{2}{3}V/(0.87f_{yk}\mu) \tag{4-51}$$

$$A_{sh} = \frac{1}{3}V/(0.87f_{yk}\mu) \tag{4-52}$$

钢筋 A_{sh} 应均匀的布置在半梁接口的 $\frac{2}{3}d$ 深度范围内。半梁接口处的最大剪应力应满足以下要求：

$$v_{max} \leqslant 0.5\nu f_{cd} = 0.3\left(1 - \frac{f_{ck}}{250}\right)f_{cd} \tag{4-53}$$

式中，$f_{cd} = \frac{\alpha_{cc}f_{ck}}{\gamma_c}$；$\alpha_{cc}=0.85$ 及 $\gamma_c=1.5$。

3）内凹角处的斜拉裂缝处（裂缝3）所需的钢筋面积

$$A_{sv} = V/(0.87f_{yk}) \tag{4-54}$$

4）半梁部分的梁端局部承压所需的钢筋面积 A_s 及 A_{sn} 可参考第4.8节的计

算方法。

对图 4-39 中所示的钢筋布置：

1）轴向受拉所需的钢筋面积

如假定 $z=0.8d$，则有与式（4-50）相同的公式：

$$A_{sn}=1.25N\left(\frac{h}{d}-0.2\right)/(0.87f_{yk})$$

2）内凹角斜拉裂缝处所需的钢筋面积

$$A_{sv}=V/(0.87f_{yk}\cos\alpha) \tag{4-55}$$

式中，α 是剪力 V 和斜拉钢筋之间的夹角。

$$\cos\alpha=\frac{z}{\sqrt{a_v^2+z^2}} \tag{4-56}$$

假定 $z=0.8d$，则有：

$$A_{sv}=\frac{1.25V}{0.87f_{yk}d}\sqrt{a_v^2+(0.8d)^2} \tag{4-57}$$

对于如图 4-39 所示半梁节点的钢筋布置，不需要设计偏心弯矩所需的受拉钢筋；梁端局部承压所需配置的钢筋与图 4-38 所示的配筋模式相同。

4.11.2 半梁节点的拉-压杆模型设计法

对半梁节点的拉-压杆模型设计法，EC2 给出了两种建议的模型分析，如图 4-40 所示。可以根据第 4.7 节给出的方法采用其中一种模型进行分析和设计，也可以同时考虑两种模型而给出综合的半梁节点配筋。

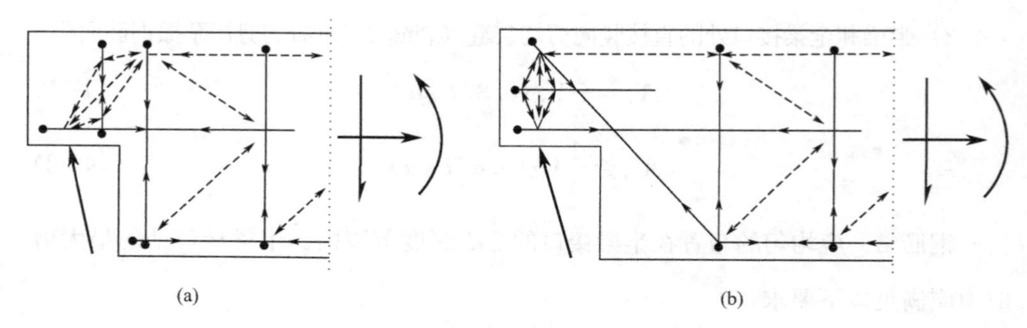

图 4-40 半梁节点的拉-压杆模型

4.12 型钢预埋件设计

预制构件之间的连接可以通过预埋在构件中的型钢作简单承压连接或螺栓连

接，如图 4-41 所示。最小的型钢预埋件预留长度应不小于 75mm，以便即使连接破坏也是由于混凝土压坏而不是混凝土劈裂破坏。工字钢、角钢、槽钢、钢板以及方钢管等常用于型钢预埋件连接。

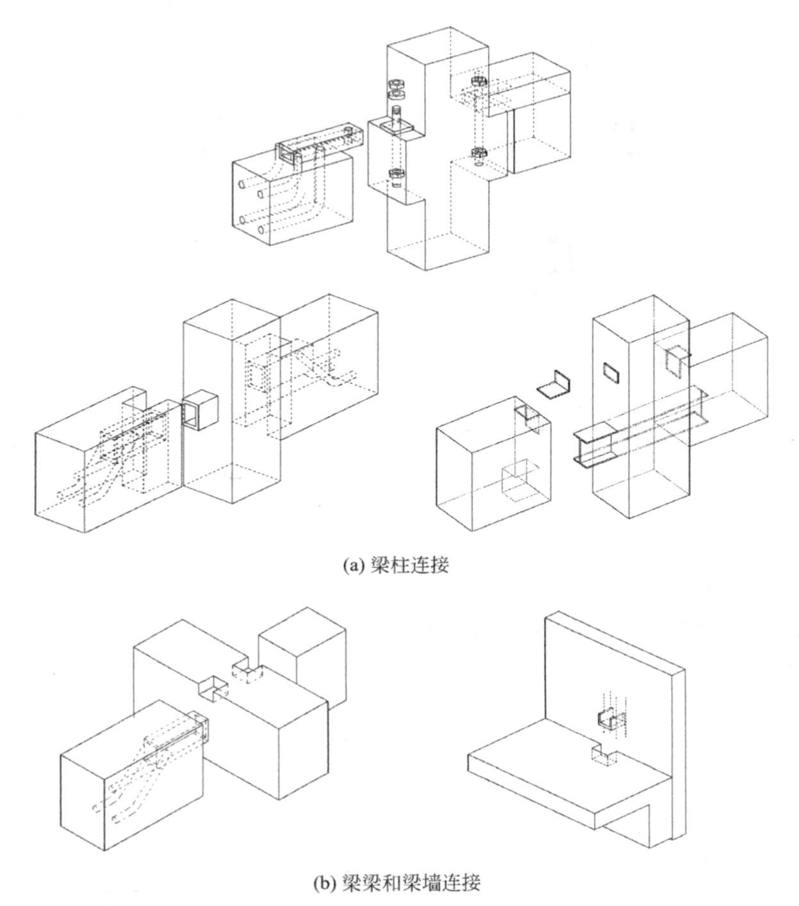

(a) 梁柱连接

(b) 梁梁和梁墙连接

图 4-41　型钢预埋件连接示意

4.12.1　柱中的型钢预埋件

如图 4-42 所示，柱中型钢预埋件一端受力，预埋长度为 L_4，外力 V 到有效承压部位边缘的长度为 L_1。混凝土承压应力的分布长度定义为 L_2 及 L_3。根据欧洲混凝土规范，混凝土的极限承压应力为 $0.85f_{cd}$。考虑混凝土局部承压以及约束混凝土的强度增大作用，计算柱中型钢预埋件时，混凝土的承压强度可以乘以一个增大系数 $S_q=\sqrt{A_{c1}/A_{c0}}\leqslant 3.0$（参考式（4-4））。

由图 4-42 可以得出以下公式：

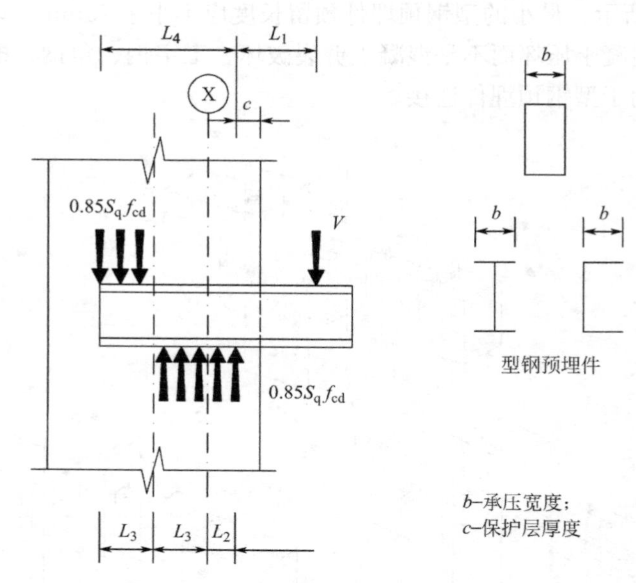

图 4-42　柱中型钢预埋件的受力分析

几何等式：

$$2L_3+L_2=L_4 \tag{4-58}$$

竖向力综合：

$$V=0.85S_q f_{cd} bL_2 \tag{4-59}$$

对 x 轴求矩：

$$0.85S_q f_{cd} b(L_3^2+0.5L_2^2)=(L_1+L_2)V \tag{4-60}$$

综合以上三个公式便可以得到下面的公式：

$$V=0.85S_q f_{cd} b\alpha L_4 \tag{4-61}$$

其中：

$$\alpha=\sqrt{\left(1+\frac{2L_1}{L_4}\right)^2+1}-\frac{2L_1}{L_4}-1 \tag{4-62}$$

α 与 L_1/L_4 的变化关系见图 4-43。

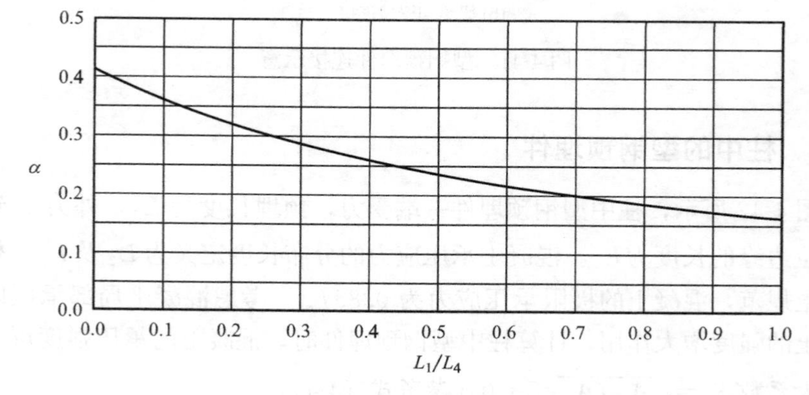

图 4-43　α 与 L_1/L_4 的变化关系

如不考虑混凝土局部承压的增强系数，还可以采用如图 4-44 所示的方法来提高型钢预埋件的承载力。

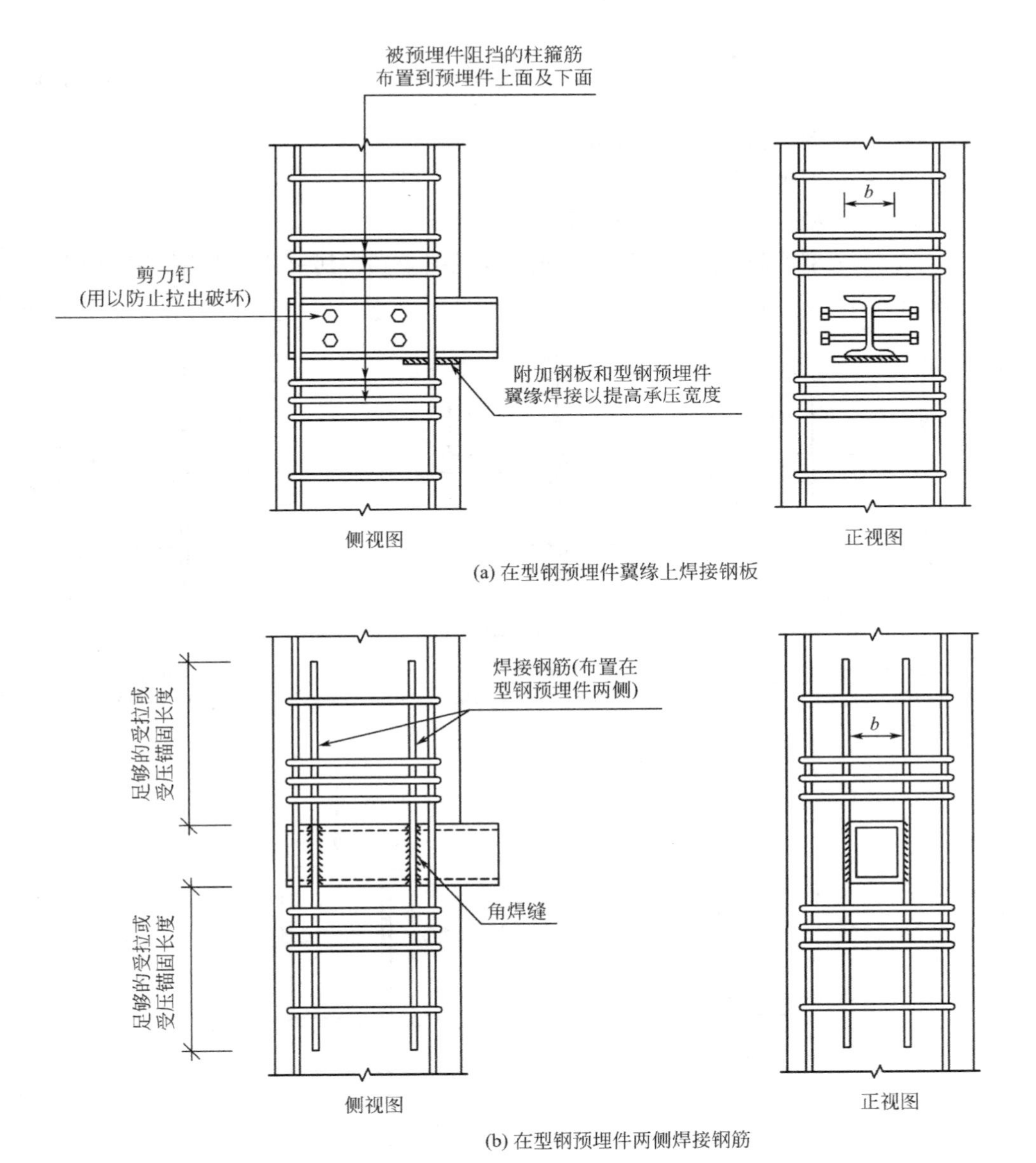

(a) 在型钢预埋件翼缘上焊接钢板

(b) 在型钢预埋件两侧焊接钢筋

图 4-44　提高型钢预埋件承载力的方法

1）在型钢上焊接额外的翼缘板以提高承压宽度。

2）在型钢上焊接竖向钢筋。

根据欧洲钢结构设计规范 EN1993-1-1 中的第 6.2.5 条和第 6.2.6 条，预埋型钢的截面尺寸可以通过以下公式确定：

受弯承载力：
$$M_{pl,Rd}=\frac{W_{pl}f_y}{\gamma_{M0}} \tag{4-63}$$

受剪承载力：
$$V_{pl,Rd}=\frac{A_v f_y}{\sqrt{3}\gamma_{M0}} \tag{4-64}$$

式中 W_{pl}——型钢截面的塑性抵抗矩；

f_y——型钢的材料屈服强度；

γ_{M0}——型钢截面分项系数，取 1.0；

A_v——型钢截面的有效抗剪面积，参见图 4-45，其中 A 为型钢截面面积。

截面设计弯矩：$M_{Ed}=VL_1$

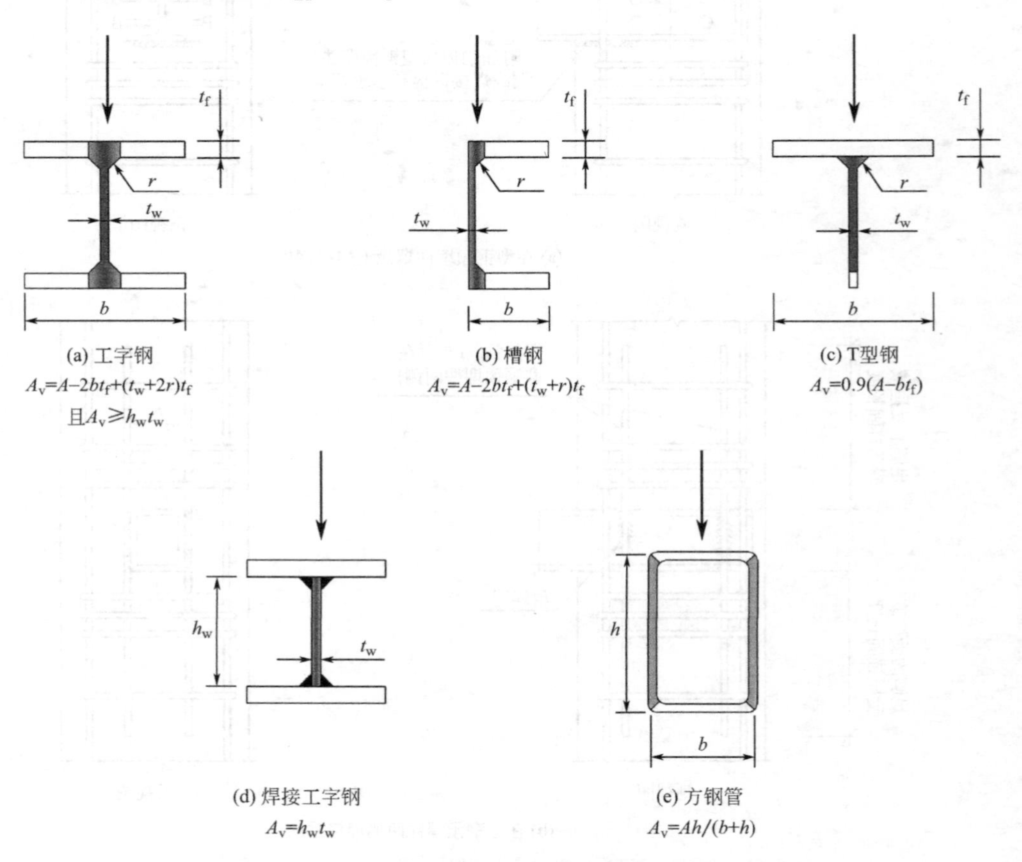

图 4-45 型钢截面的有效抗剪面积

如果除了竖向荷载 V 之外还有一个水平荷载 N 作用于型钢预埋件上，那么这个水平荷载将由型钢与混凝土之间的黏结作用来抵抗，黏结应力可按下面公式计算：

$$f_{\mathrm{b}}=\frac{N}{\sum p\cdot L_4}\leqslant f_{\mathrm{bd}}=2.25\eta_1\eta_2 f_{\mathrm{ctd}}\beta \tag{4-65}$$

$$f_{\mathrm{ctd}}=\frac{0.21f_{\mathrm{ck}}^{0.67}}{\gamma_{\mathrm{c}}},\gamma_{\mathrm{c}}=1.5,f_{\mathrm{ck}}\leqslant 50\mathrm{MPa}$$

式中　$\sum p$——型钢截面的周长；

f_{b}——计算黏结应力；

f_{bd}——混凝土极限黏结应力允许值；

η_1——与黏结状态质量以及型钢位置相关的系数，取 0.7；

η_2——与钢筋直径相关的系数，对型钢取 0.9；

β——光滑面型钢折减系数，EC2 没有给出关于光圆钢筋的黏结锚固的规定，参考以前英国混凝土规范的规定，可以取一个相对保守的值 0.5。

如果计算的黏结应力超出了混凝土极限黏结应力允许值，则需要采取其他锚固措施，如在型钢上焊接剪力钉（shear stud）或钢筋以提高其抗拔能力，见图 4-44。

如果型钢截面同时受剪力、弯矩和拉力的作用，此时对型钢截面的设计验算应考虑剪力、弯矩和拉力的综合效应。

如果型钢预埋件靠近柱的顶部，则不能依靠预埋件上部的柱混凝土来抵抗向上的力，应由焊接到型钢上并且锚固到预埋件下部柱混凝土中的钢筋来抵抗。用于计算抗拉钢筋面积的力可以由下面的公式得出：

$$F_{\mathrm{s}}=0.85S_{\mathrm{q}}f_{\mathrm{cd}}bL_3 \tag{4-66}$$

由式（4-58）有：$L_3=\frac{L_4-L_2}{2}$；由式（4-59）和式（4-61）有：$L_2=\alpha L_4$。代入式（4-66）的式子，可得出：

$$F_{\mathrm{s}}=0.425S_{\mathrm{q}}f_{\mathrm{cd}}b(1-\alpha)L_4 \tag{4-67}$$

4.12.2　梁中的型钢预埋件

如图 4-46 所示，用于梁中的型钢预埋件主要包括以下几种类型：

1）宽翼缘截面；

2）焊接有承压翼缘的钢板；

3）暴露于预制梁上部的截面。

图 4-47 中表示了几种型钢预埋件中力及应力的分布情况，对每种情况可以采用以下分析方法：

（1）宽翼缘截面（图 4-47a）

梁中宽翼缘截面预埋件的应力分布及设计方法和柱中的型钢预埋件相似，不同的是，由于型钢预埋件上下用于承压的梁中混凝土高度（d_1 和 d_2）相对较小，

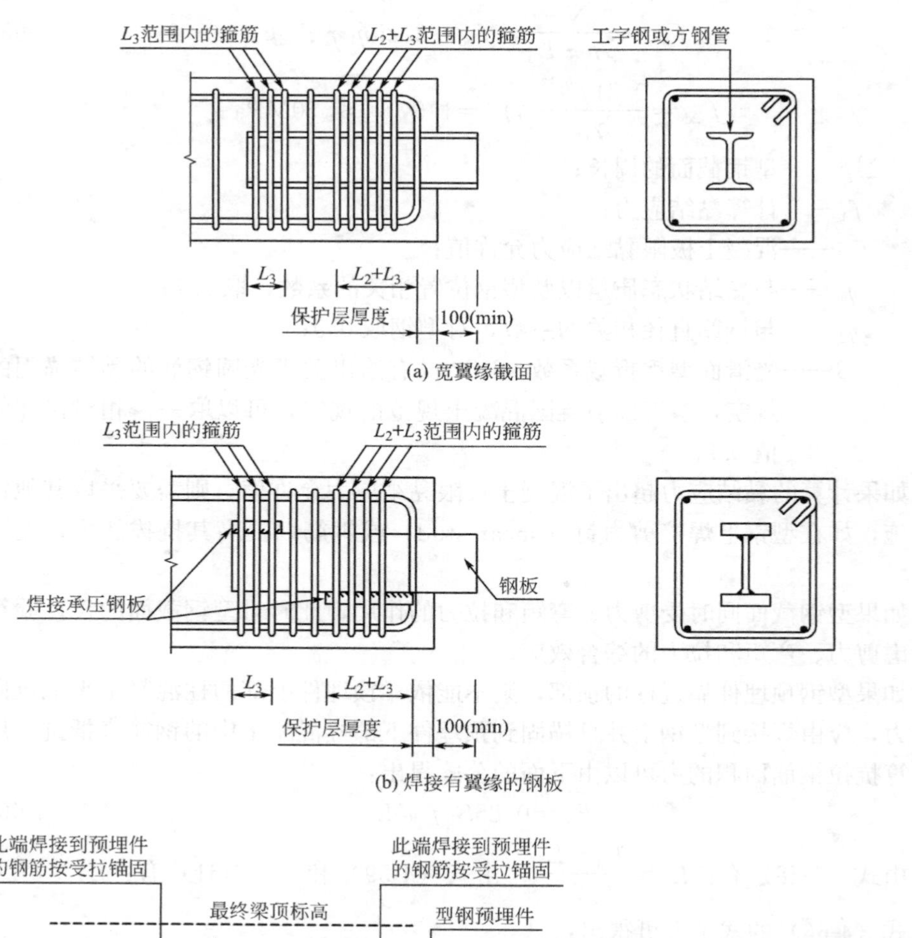

(a) 宽翼缘截面

(b) 焊接有翼缘的钢板

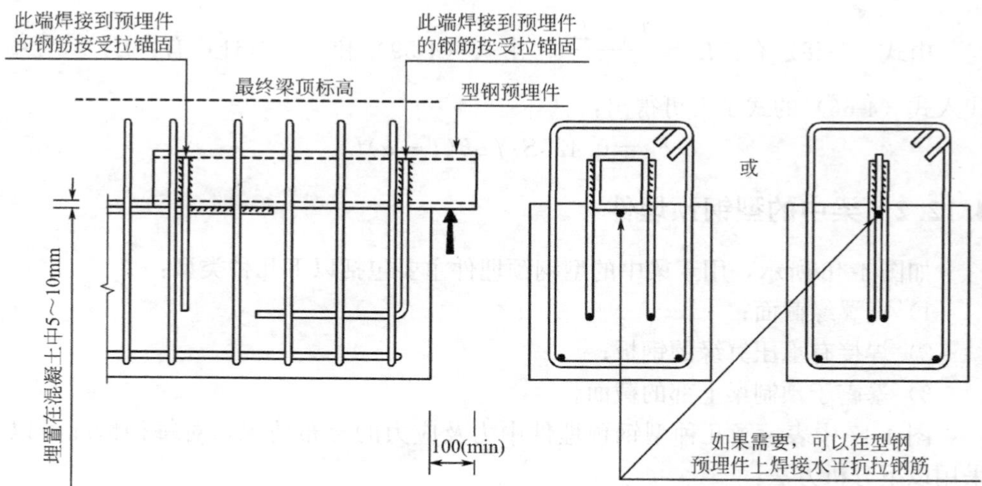

(c) 暴露于预制梁上部的截面

图 4-46　梁中的型钢预埋件

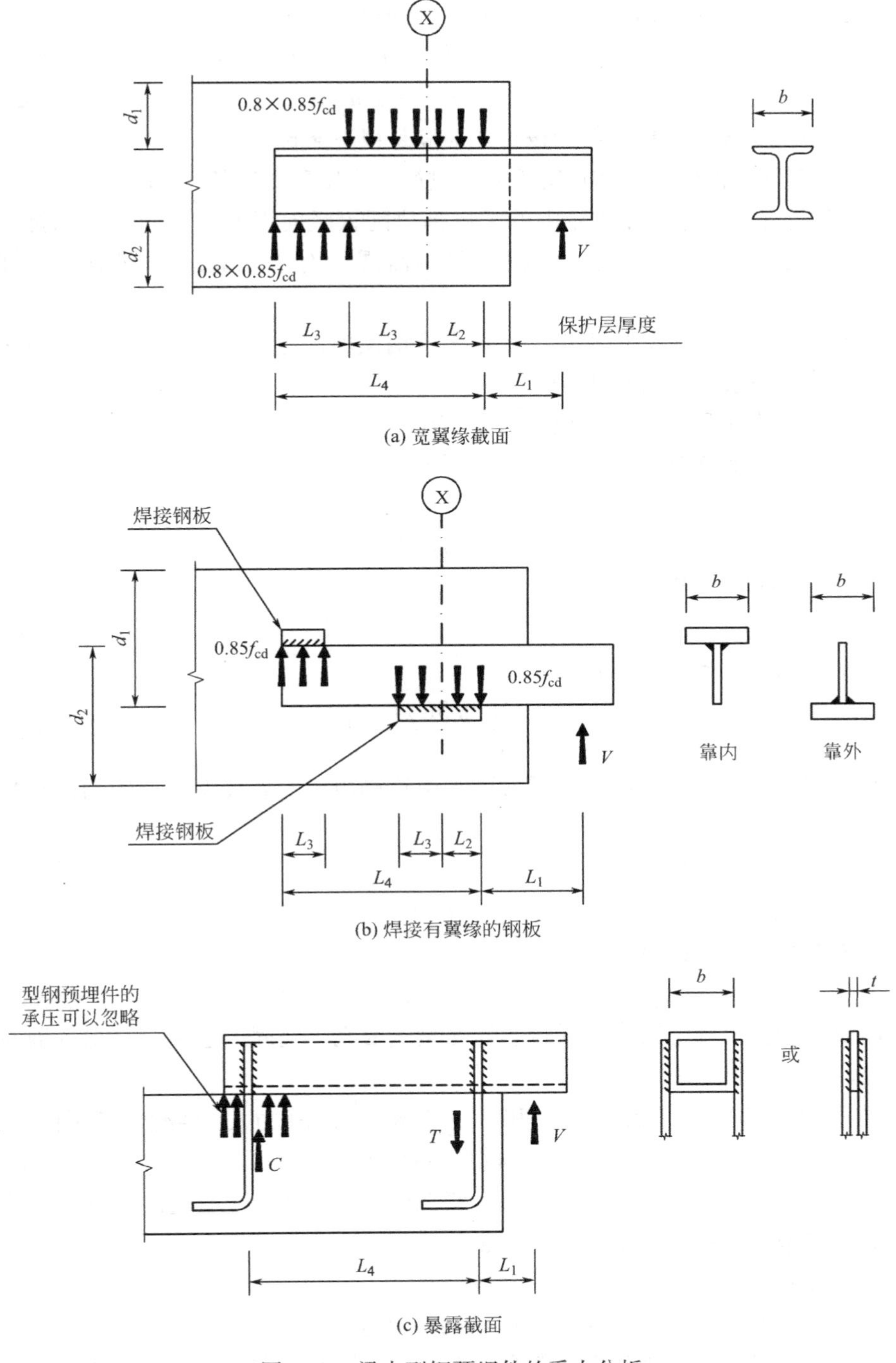

图 4-47　梁中型钢预埋件的受力分析

为保守起见，对混凝土的承压强度做 0.8 倍的折减（折减后数值和原英国混凝土规范的值相近）。因此，对梁中型钢预埋件的承载能力有以下公式：

$$V=0.8\times0.85f_{cd}b\alpha L_4 \tag{4-68}$$

对梁中宽翼缘型钢预埋件的设计还应满足以下条件：

1）型钢预埋件的高度和宽度不应超过梁的高度和宽度的 1/3；

2）在所有预埋件靠外和靠内的承压部位配置竖向钢筋（箍筋）用以抵抗所产生的全部压力。所配钢筋的面积参照后面焊接有承压翼缘的钢板预埋件的设计。

如果型钢预埋件上作用水平力，那么型钢预埋件与混凝土的黏结设计应参照柱中型钢预埋件黏结设计的方法。

（2）焊接有承压翼缘的钢板（图 4-47b）

焊接有承压翼缘的钢板预埋件的分析方法如下：

1）综合竖向力：

$$V=0.85f_{cd}bL_2 \tag{4-69}$$

2）对 x 轴取矩得：

$$V(L_1+L_2)=0.85f_{cd}b[(L_4-L_2-L_3)L_3+0.5L_2^2] \tag{4-70}$$

由上面两个等式，可以得出：

$$L_4=\frac{L_2(L_1+0.5L_2)}{L_3}+L_2+L_3 \tag{4-71}$$

在靠内及靠外的承压翼缘区域应配置由箍筋组成的悬挂系统。所需的悬挂箍筋面积为：

靠内的承压翼缘区域：

$$A_{sw}=0.85f_{cd}bL_3/(0.87f_{ywk}) \tag{4-72}$$

靠外的承压翼缘区域：

$$A_{sw}=0.85f_{cd}b(L_2+L_3)/(0.87f_{ywk}) \tag{4-73}$$

需要特别注意的是梁中的受拉主筋在梁端要充分锚固以避免梁端出现剪拉或锚固破坏。

梁截面中承压混凝土的高度 d_1 和 d_2 应与相应的承压力大小匹配，有以下公式：

$$d_1/d_2=(L_2+L_3)/L_3 \tag{4-74}$$

如果型钢预埋件上作用有水平力，那么型钢预埋件与混凝土的黏结设计应参照前面柱中型钢预埋件黏结设计的方法。

（3）暴露于梁上部的截面（图 4-47c）

暴露的预埋件通常用在要求保持梁的等高连接。如图 4-47（c）中所示，暴露的预埋件可以是宽翼缘截面或者窄钢板，并有钢筋焊在截面的两边用以抵抗由简单悬臂梁模型计算得出的拉压反力。最终预埋件会锚固在混凝土中。

预埋件远端对混凝土产生的压应力可能由于混凝土收缩、塑性开裂以及表面损伤等因素而减小或消失，或者由于新浇筑的混凝土沉降而使预埋件与梁的接触面部分或全部缺失，所以通常忽略不计。

参考图 4-47（c），钢筋所抵抗的拉压反力可由下面公式得出：

靠内端的压力：

$$C = V \cdot \frac{L_1}{L_4} \tag{4-75}$$

靠外端的拉力：

$$T = V + C \tag{4-76}$$

所需钢筋面积为：

$$A_s(T) = \frac{T}{0.87 f_{yk}} \tag{4-77}$$

$$A_s(C) = \frac{C}{0.87 f_{yk}} \tag{4-78}$$

特别重要的是要保证钢筋与型钢预埋件之间的焊缝连接，以及钢筋在混凝土中的锚固必须能够传递相应的拉力或压力。钢筋弯曲半径之内的混凝土局部承压也要验算。L_1 及 L_4 的长度由设计人员自行决定，但要注意 L_1/L_4 的值越大，预埋件所需要焊接的钢筋面积就会越大。

4.13　抗剪键设计

抗剪键（shear key）连接可以不配筋。为避免构件在剪力作用下相对移动，通常是在连接的上下端配置钢筋，如图 4-48（a）所示。试验结果表明，这种连接形式和有配筋的抗剪键具有相似的变形模式。当然配有钢筋的抗剪键连接强度会更高。

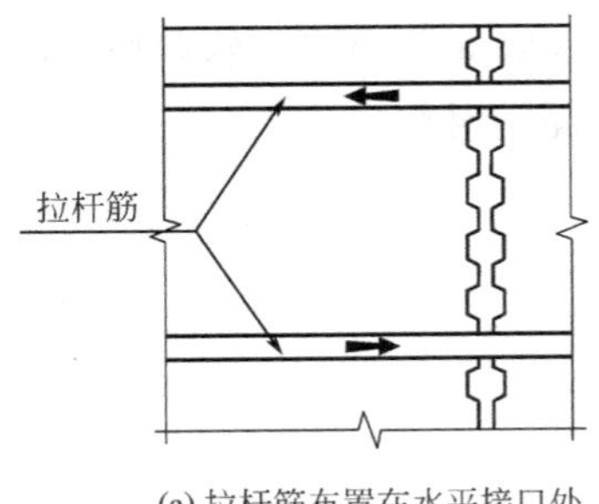

(a) 拉杆筋布置在水平接口处

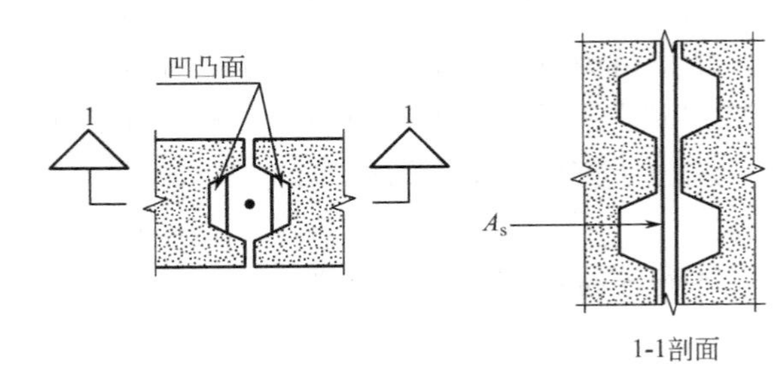

(b) 拉杆筋布置在竖向接口处

图 4-48　墙的抗剪键连接

图 4-49 表示了抗剪键连接的四种破坏模式：

1）连接中出现斜裂缝；

2）抗剪键的端角部破坏及剪断破坏；

3）平行于连接的直接剪切裂缝；

4）接触面的滑动及脱位。

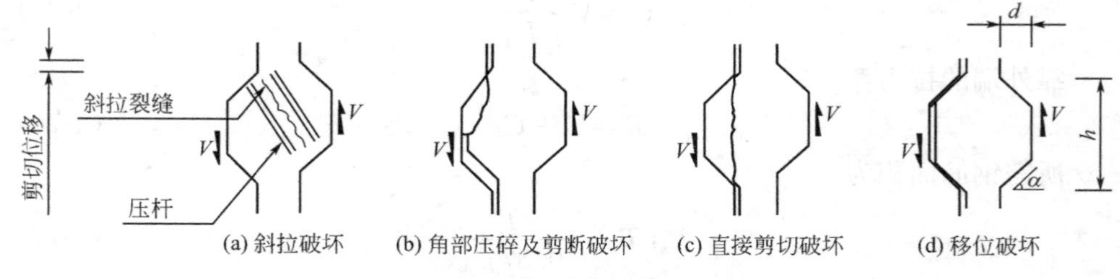

图 4-49 抗剪键连接中混凝土的破坏模式

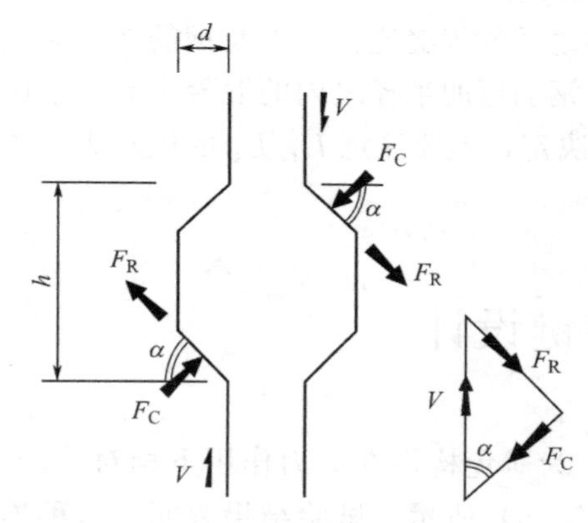

图 4-50 抗剪键连接中的受力分析

抗剪键的不同破坏模式取决于连接混凝土的抗压强度、接触面的黏合及黏结强度以及抗剪键的形状。总体上，如图 4-49（a）、（c）所示的破坏模式通常发生在当抗剪键的尺寸为 $6 \leqslant h/d \leqslant 8$ 以及 $\alpha = 30°$ 时，其中 h 和 d 分别表示抗剪键的高度和深度，α 表示接触面的角度，如图 4-50 所示。d 的最小尺寸为 10mm。试验结果表明，如果抗剪键的尺寸满足以上要求，便会取得最大的连接抗剪强度。

如图 4-49（b）所示破坏模式通常发生在 $h/d > 8$ 的长抗剪键以及抗剪键的承载能力没有得到充分利用时。而如图 4-49（d）所示破坏模式通常发生在当 $\alpha > 30°$ 时。

依据抗剪键的数量，计算出分配到单个抗剪键上的竖向剪力 V，然后根据图 4-50 得到垂直于抗剪键斜面的压力和平行于抗剪键斜面的滑移力。

垂直于抗剪键斜面的压力：

$$F_{\mathrm{C}} = V\cos\alpha \tag{4-79}$$

平行于抗剪键斜面的滑移力：

$$F_{\mathrm{R}} = V\sin\alpha \tag{4-80}$$

抗剪键斜面的滑移抵抗力表示为：

$$F_{\mathrm{R,res}} = \mu F_{\mathrm{C}} = \mu V\cos\alpha \tag{4-81}$$

式中，μ 为摩擦系数。

当滑移力 F_R 超出了滑移抵抗力 $F_{R,res}$ 时，抗剪键应配置剪切摩擦钢筋。剪切摩擦钢筋的面积可由以下公式得出：

$$A_S = V/(\mu \cdot 0.87 f_{yk}) \tag{4-82}$$

μ 值可由表 4-5 得到，对抗剪键可以取 $\mu=0.9$，则式（4-82）可变为：

$$A_S = 1.1V/(0.87 f_{yk}) \tag{4-83}$$

4.14 柱脚连接设计

柱和基础的连接可以通过以下几种方式：

1）柱脚杯口连接；

2）柱脚钢板连接；

3）钢筋套筒、金属波纹管连接等。

连接方式 2）和 3）也通常用于柱柱连接，连接方式 3）可以参考第 4.15 节的墙柱水平连接设计。下面介绍柱脚连接方式 1）和 2）。

4.14.1 柱脚杯口连接

在杯口连接中，预制柱和基础刚性连接，荷载的传递是通过杯口墙体和柱表面的摩擦力以及柱端部的承压力来实现。通常的做法是对杯口墙体和柱的侧面打毛或预留抗剪键以便通过剪切楔增强竖向力的传递。当柱承受比较大的弯矩并且柱中的纵筋承受拉力时，深入杯口中的柱纵筋必须由黏结或其他方法充分锚固，这些钢筋可以在柱底部做弯钩或者搭接环形筋以减少杯口的深度。在预制柱底部需要额外的箍筋用于抵抗端部承压而产生的外张力。如图 4-51 所示为两种实际工程中常用的杯口连接。当地基条件允许做独立基础时，柱脚杯口也可预制。

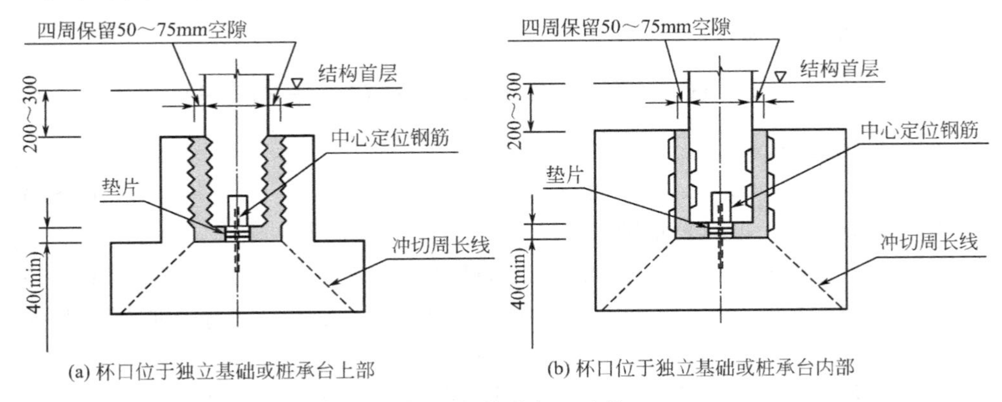

(a) 杯口位于独立基础或桩承台上部　(b) 杯口位于独立基础或桩承台内部

图 4-51　柱脚杯口连接

杯口与预制柱之间的间隙最小值为 50～75mm，以方便灌浆或混凝土浇筑以及允许施工偏差。杯口顶面可以同时用于支撑预制或现浇的地梁或板。通常结构板比柱脚杯口高出 200～300mm 或更高。在杯口底部要有最小 40mm 的连接空隙以放置垫片。

在安装时，预制柱放在垫片上并且用木楔固定住，如图 4-52 所示。或者用两个方向垂直的斜撑把柱固定住。为了帮助柱居中定位，可以在杯口底部预留定位钢筋。

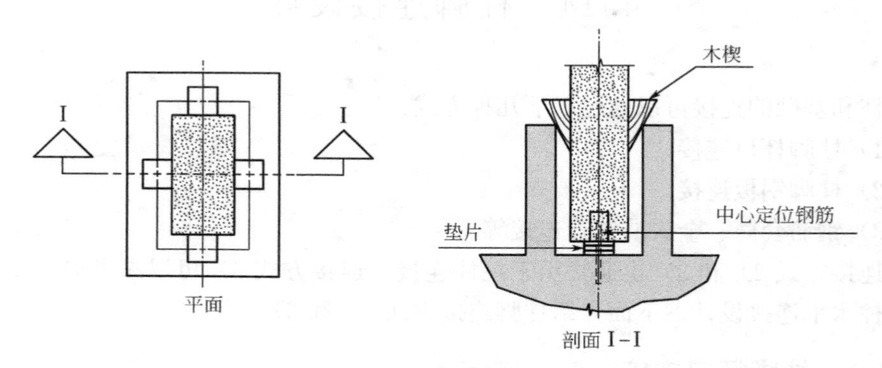

图 4-52 柱子安装时所用木楔

柱脚插口连接的设计可以按照以下步骤进行：

(1) 支承反力

如图 4-53 所示，由于柱在弯矩作用下的转动倾向而使杯口中的支承反力的位置从中心移向一边。杯口底板上的最终支承反力 R 可以假定作用在距离柱中心线 $a/6$ 处。

从图 4-53 中可以得到以下公式：

1) 水平力 H_B

对 A 点取矩，则有：

$$M+N\left(\frac{a}{2}\right)+H_D(0.9h)=H_B(0.8h)+\mu H_B a+R\left(\frac{a}{2}+\frac{a}{6}\right) \quad (4\text{-}84)$$

柱底支承反力：

$$R=N-\mu H_B \quad (4\text{-}85)$$

把上式代入式 (4-84) 整理得：

$$H_B=(M-0.17aN+0.9hH_D)/(0.8h+0.33a\mu) \quad (4\text{-}86)$$

如果杯口的高度 $h=1.5a$ 并且忽略最上面的 $0.1h$，那么柱的有效埋置深度为：

$$h=0.9\times1.5a \quad 即:a=0.74h$$

对于光滑柱面，摩擦系数 $\mu=0.3$（欧洲混凝土规范 EC2，第 10.9.6.3 条）。将 $\mu=0.3$ 及 $a=0.74h$ 代入式 (4-86)，可以得到下式：

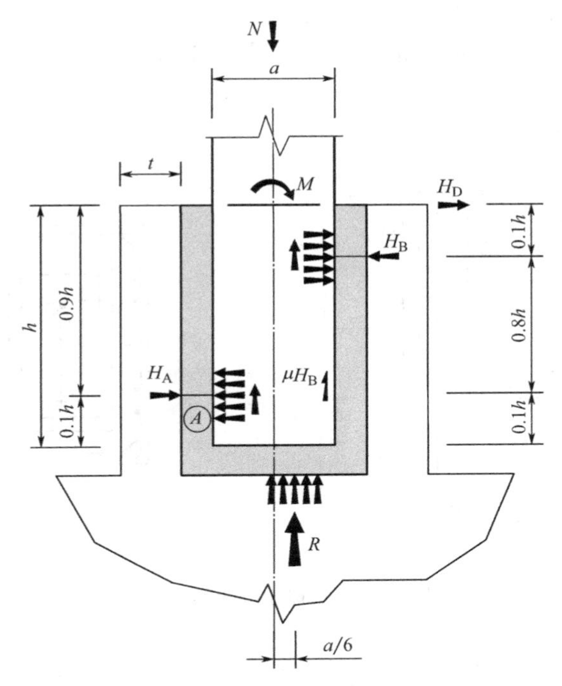

图 4-53　柱脚杯口连接的受力分析

$$H_B = 1.14\left(\frac{M}{h}\right) - 0.14N + 1.03H_D \tag{4-87}$$

2）水平力 H_A

$$H_A = H_B - H_D \tag{4-88}$$

3）竖向反力 R

综合竖方向的力，则有：

$$R = N - \mu H_B \tag{4-89}$$

所以如果给定 H_D、N 和 M，那么就可以计算出 H_A、H_B 及 R。

4）杯口墙中的钢筋

在力 H_B 高度上的环形钢筋面积可由下式计算：

$$A_{SB} = H_B/(0.87f_{yk}) \tag{4-90}$$

在力 H_A 高度上的环形钢筋面积可由下式计算：

$$A_{SA} = (H_A - \mu R)/(0.87f_{yk}) \tag{4-91}$$

如果 μR 大于 H_A，则在 H_A 高度上不需要环形钢筋。

杯口中的竖向钢筋 A_{SV} 用底部的弯矩计算：

$$M_V = M + H_D h \tag{4-92}$$

$$A_{SV} = M_V/(0.87f_{yk}z) \tag{4-93}$$

式中，z 为杯口墙中竖向钢筋之间的力臂。

典型的柱脚杯口中的钢筋布置示意如图 4-54 所示。

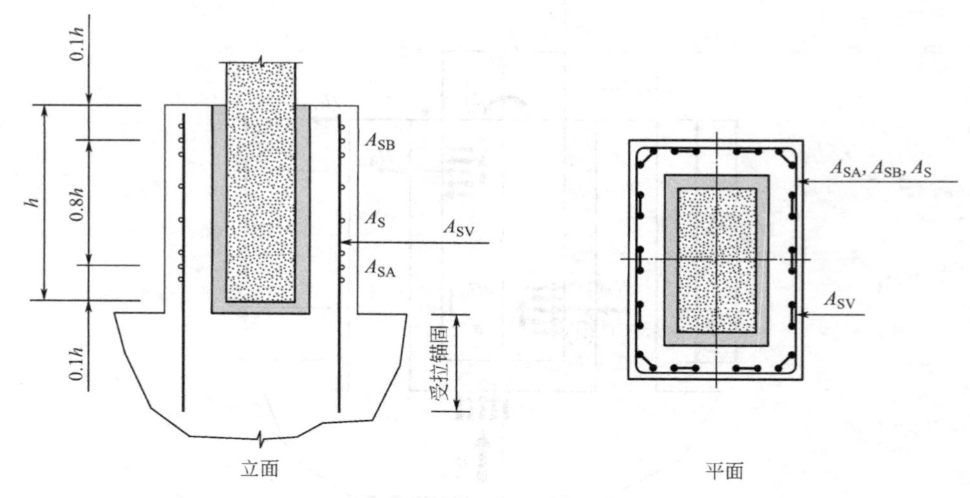

图 4-54　柱脚杯口配筋示意

（2）杯口中的柱配筋

为了减少杯口的深度，杯口中的柱纵筋可以搭接拐角环筋。柱底端的纵筋最小配筋面积为：

$$A_{s,min}=H_A/(0.87f_{yk}) \tag{4-94}$$

杯口中典型的柱配筋如图 4-55 所示。

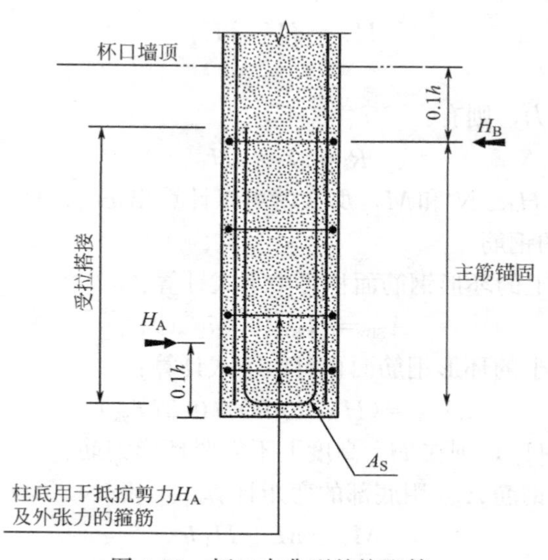

图 4-55　杯口中典型的柱配筋

在杯口深度内，柱截面要设计抵抗剪力 H_A。由于轴心受压而对受剪承载力产生的增强作用可以忽略，应在柱埋置部分配置额外的箍筋以增强主筋锚固。这些箍筋同样可以用于抵抗由于预制柱底部集中承压而在柱中产生的外张力。外张力 T 可以由式（4-19）变换得出：

$$T=\frac{1}{4}\left(\frac{b-b_{be}}{b}\right)N \tag{4-95}$$

式中，b_{be} 为柱底部承压宽度；b 为柱宽。如取 $b_{be}=\frac{b}{2}$，则有：$T=0.125N$，其中 N 为轴向力。

$$A_{s,lnk}=T/(0.87f_{yk}) \tag{4-96}$$

（3）杯口尺寸

以下因素通常用于确定柱脚杯口的尺寸及用作杯口的设计：

1）柱脚杯口所采用混凝土的强度应满足：$f_{ck}\geqslant 28N/mm^2$；

2）用于浇筑柱脚杯口和预制柱之间缝隙的混凝土或灌浆的强度应满足：$f_{ck}\geqslant 28N/mm^2$；

3）柱脚杯口的高度应满足：$a<h\leqslant 1.5a$，其中 a 为柱的长边尺寸；

4）柱脚杯口墙体的最小厚度为：$t_{min}=0.18b+70mm$，其中 b 为柱的短边尺寸；

5）最小静摩擦系数取为：

$\mu=0.3$　　（光面）

$\mu=0.7$　　（粗糙面）

柱脚杯口连接算例见例 4-4。

【例 4-4】 设计一个在基础处的柱脚杯口连接：所支撑的预制柱截面尺寸为 300mm×300mm，柱混凝土强度等级为 C40/50（$f_{ck}=40N/mm^2$），柱上的极限设计轴力为 1000kN，设计弯矩 $M=75kN\cdot m$，设计水平力 $H_D=50kN$。柱的混凝土保护层厚 $c=35mm$，杯口墙的混凝土保护层厚度 $c=50mm$。预制柱的纵筋为 4H16，箍筋为 H10-150。杯口处的受力分析如图 4-56 所示。

【解】

（1）杯口尺寸

1）杯口深度

$$h=1.5\times a=1.5\times 300=450mm$$

允许 40mm 放置垫片的调节深度，预估的杯口深度为：

450+40=490mm，取 500mm。

钢筋和混凝土之间的极限黏结应力允许值为：

$$f_{bd}=2.25\eta_1\eta_2 f_{ctd}=2.25\times 1.0\times 1.0\times\frac{2.5}{1.5}=3.75N/mm^2$$

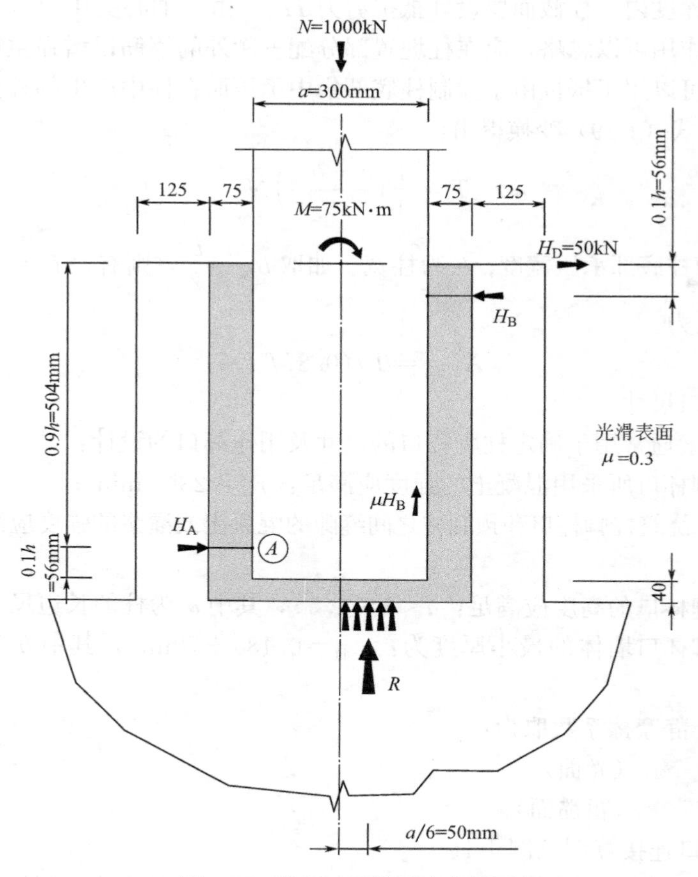

图 4-56 柱杯口连接受力分析图

对 H16 的钢筋，受拉锚固长度（图 4-57）为：

$$l_b = 0.87 f_{yk} A_s / (f_{bd} \cdot \pi \cdot \phi) = 0.87 \times 500 \times 201 / (3.75 \times 3.142 \times 16) = 464\text{mm}$$

杯口深度：$h = (l_b + c)/0.9 = (464 + 35)/0.9 = 554\text{mm}$，取 560mm。

允许 40mm 放置垫片的调节深度，设计的杯口深度为：

560＋40＝600mm。

2）杯口墙厚度

$t = 0.18b + 70 = 0.18 \times 300 + 70 = 124\text{mm}$，取杯口墙厚度为 125mm。

柱及杯口的尺寸如图 4-58 所示。

（2）杯口反力

1）水平反力 H_B

$$H_B = \frac{M - 0.17aN + 0.9hH_D}{0.8h + 0.33a\mu} = \frac{75 - 0.17 \times 0.3 \times 1000 + 0.9 \times 0.56 \times 50}{0.8 \times 0.56 + 0.33 \times 0.3 \times 0.3} = 103.0\text{kN}$$

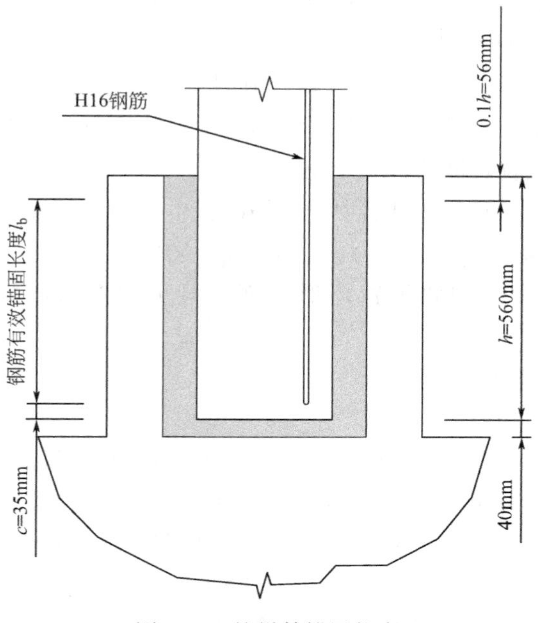

图 4-57 柱纵筋锚固长度

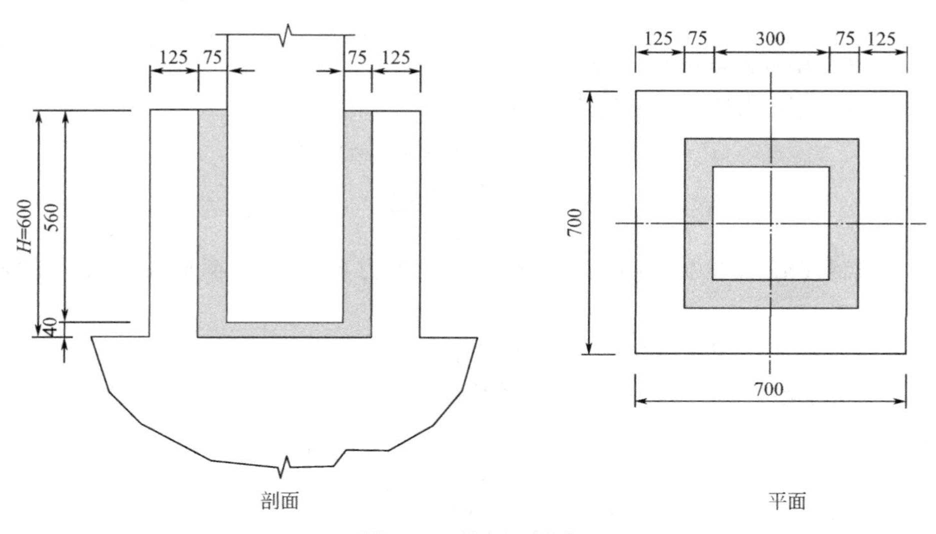

图 4-58 柱杯口尺寸

2）水平反力 H_A

$$H_A = H_B - H_D = 103 - 50 = 53\text{kN}$$

3）竖向反力 R

$$R = N - \mu H_B = 1000 - 0.3 \times 103 = 969.1\text{kN}$$

反力 R 在柱底的计算宽度取为 $2a/3=200\text{mm}$。

（3）杯口处的钢筋设计

1）在反力 H_B 高度上杯口墙中的环筋面积

$$A_{SB}=H_B/(0.87f_{yk})=103.0\times10^3/(0.87\times500)=237\text{mm}^2$$

配置 2H10（四肢）钢筋，$A_s=314\text{mm}^2$。

2）在反力 H_A 高度上杯口墙中的环筋面积

$$A_{SA}=(H_A-\mu R)/(0.87f_{yk})=(53-0.3\times969.1)/(0.87\times500)<0$$

理论上杯口墙中不需要配置环形拉筋，但实际中同样配置 2H10（四肢）钢筋。

3）杯口墙中的竖向钢筋

设计弯矩：

$$M_V=M+H_Dh=75+50\times0.56=103\text{kN}\cdot\text{m}$$

杯口墙中钢筋间的内力臂（环筋的混凝土保护层厚度取为 50mm）：

$$z=700-(50+10+10/2)\times2=570\text{mm}$$

$$A_{SV}=\frac{M_V}{0.87f_{yk}z}=\frac{103\times10^6}{0.87\times500\times570}=415\text{mm}^2$$

在每片杯口墙中配置 8H10（$A_s=628\text{mm}^2$）。可以采用 U 形钢筋以保证足够的锚固长度。

4）杯口中预制柱的配筋检查

① 柱端外张力所需的钢筋面积：

$$T=0.125N=0.125\times1000=125\text{kN}$$

$$A_{s,lnk}=\frac{T}{0.87f_{yk}}=\frac{125\times10^3}{0.87\times500}=287\text{mm}^2$$

在预制柱底部 300mm 的深度内，柱一个方向上所配箍筋 H10-150 的面积为：

$A_s=78.5\times2\times2=314\text{mm}^2$，满足要求。

② 柱底部由于水平反力 H_A 所需的纵筋：

$$A_s=\frac{H_A}{0.87f_{yk}}=\frac{53\times10^3}{0.87\times500}=122\text{mm}^2$$

2H16 的钢筋面积为 $A_s=402\text{mm}^2$，满足要求。

③ 检查柱底部的剪力

最大水平剪力：

$$H_A=53\text{kN}$$

柱截面混凝土的受剪承载力为：

$$V_{Rd,c}=[C_{Rd,c}k(100\rho_l f_{ck})^{1/3}+k_1\sigma_{cp}]b_w d$$

其中：
$$C_{Rd,c}=0.18/\gamma_c=0.12$$
$$k=1+\sqrt{200/d}=1+\sqrt{200/247}=1.9<2.0$$
$$\rho_l=\frac{A_{sl}}{b_w d}=\frac{2\times 201}{300\times 247}=0.0054<0.02$$
$$(100\rho_l f_{ck})^{1/3}=(100\times 0.0054\times 40)^{1/3}=2.8$$
$$\sigma_{cp}=\frac{N_{Ed}}{A_c}=\frac{1000\times 10^3}{300\times 300}=11.1\text{N/mm}^2>0.2f_{cd}=4.5\text{N/mm}^2\text{，取}\sigma_{cp}=4.5\text{N/mm}^2$$
$$k_1=0.15$$
$$V_{Rd,c}=[0.12\times 1.9\times 2.8+0.15\times 4.5]\times 300\times 247=97.3\times 10^3\text{N}>H_A$$

此例中，如果忽略柱中压应力 σ_{cp} 对受剪承载力的增强作用，则需要考虑柱中箍筋的抗剪作用。

（4）杯口中填充混凝土的强度要求

竖向反力：$R=969.1\text{kN}$

接触面面积：$A=200\times 300=60\times 10^3\text{mm}^2$

混凝土承压应力：$f_c=\dfrac{969.1\times 10^3}{60\times 10^3}=16.2\text{N/mm}^2$

填充混凝土的允许承压应力：$0.85f_{cd}=0.85\times 0.85\times f_{ck}/1.5=0.482f_{ck}$

$$f_{ck}=\frac{f_c}{0.482}=\frac{16.2}{0.482}=33.6\text{N/mm}^2$$

杯口中填充混凝土的强度等级最小可以取为C35/45（$f_{ck}=35\text{N/mm}^2$）

（5）柱脚杯口配筋详图（图4-59）

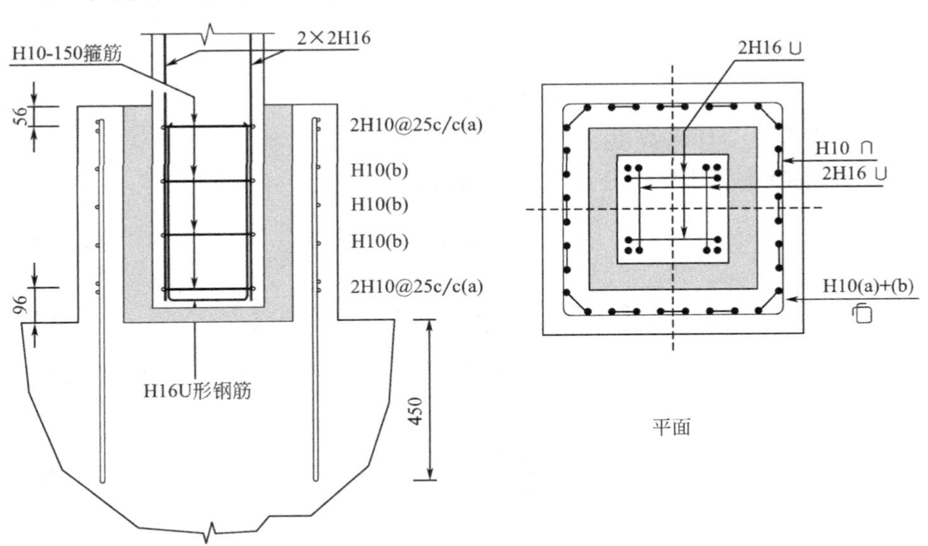

图4-59　杯口处配筋详图

4.14.2　柱脚钢板连接

柱脚钢板可用于有弯矩传递的连接。对柱脚钢板的设计要同时考虑施工荷载以及正常使用状态下的荷载。柱脚杯口连接或套筒灌浆连接需要一定的时间才能达到预期强度，而采用柱脚钢板连接的柱安装完毕即可进行其他预制构件的安装。选择柱脚钢板连接而不是杯口或套筒灌浆连接，主要是对施工生产效率的考虑而不是结构要求。

如图 4-60 所示为两种常用的柱脚钢板连接。柱脚钢板可以大于，等于或者小于柱的截面尺寸。如果柱脚钢板大于柱截面尺寸，钢板必须做防腐措施，包括用混凝土覆盖或者对钢板做电镀或热镀锌防护膜。

柱脚钢板通过与柱中钢筋焊接固定在混凝土柱上，柱中应配置附加箍筋以抵抗外张力。地脚螺栓的强度等级通常为 4.6 或 8.8，螺栓的锚固长度根据受力情况通过计算确定。螺栓的根部可以是弯钩、横弯或配有尺寸为 100mm×100mm×9mm 的顶端钢板，以增强螺栓的抗拔能力。建议围绕螺栓配置箍筋形式的约束钢筋，最少 4 层，间距为 50mm、直径最小为 8mm 的箍筋布置在靠近螺栓顶部的位置，见图 4-60。

柱脚钢板的厚度取决于其从柱表面伸出部分的长度。在其表面要承受由压力及双向弯矩而产生的综合应力。因此，通常根据详细设计以及现场安装的限制，伸出部分最大控制在 100～125mm。钢板上的螺栓预留孔径通常比螺栓直径要大一些，以补偿施工定位及制造误差。总体上，螺栓到预留孔的四周间隙为 10～15mm。图 4-61 表示了柱脚钢板连接的受力分析。

柱脚钢板厚度的计算可以参照以下步骤：

（1）综合竖向力：

$$N=0.85f_{cd}bx-T \tag{4-97}$$

式中，x 为混凝土受压区高度。

（2）对混凝土受压区中心点取矩，则有：

$$M=N\left(\frac{d}{2}-\frac{x}{2}\right)+T\left(d-d'-\frac{x}{2}\right) \tag{4-98}$$

$$T=\left[M-N\left(\frac{d}{2}-\frac{x}{2}\right)\right]/\left(d-d'-\frac{x}{2}\right) \tag{4-99}$$

将式（4-99）代入式（4-97），并且取 $M=Ne$，则可以得到下面的简化公式：

$$\left(\frac{x}{d}\right)^2-2\left(1-\frac{d'}{d}\right)\left(\frac{x}{d}\right)+\frac{2N(e+0.5d-d')}{0.85f_{cd}bd^2}=0 \tag{4-100}$$

由上式可以计算$\frac{x}{d}$，进而得 T。

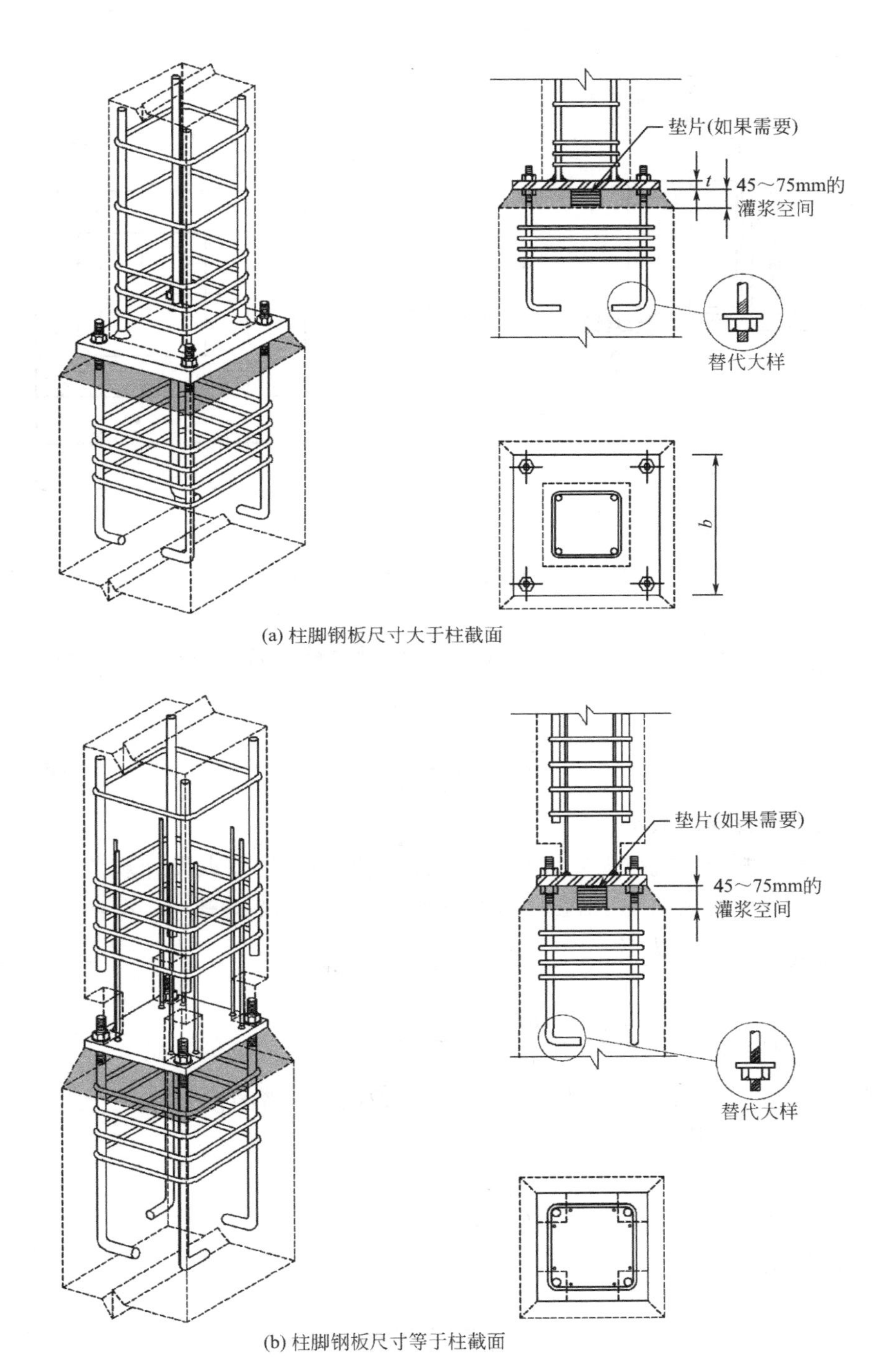

(a) 柱脚钢板尺寸大于柱截面

(b) 柱脚钢板尺寸等于柱截面

图 4-60　柱脚钢板连接

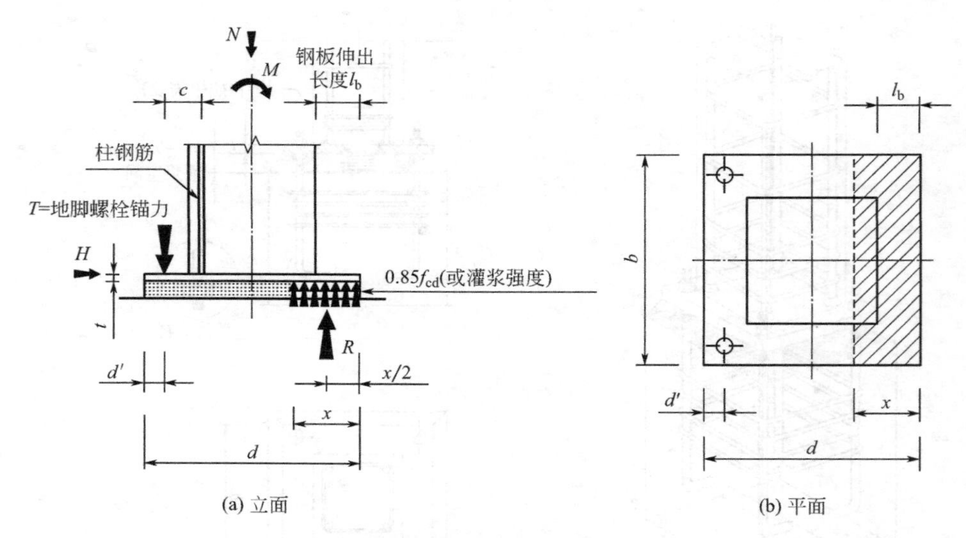

(a) 立面

(b) 平面

图 4-61　柱脚钢板连接的受力分析

如果$\frac{x}{d}>\frac{N}{0.85f_{cd}bd}$，那么 T 为正值，地脚螺栓所需的抗拉面积可由下式得出：

$$A_b=\frac{T}{\sum n\cdot f_{yd}} \tag{4-101}$$

式中　$\sum n$——螺栓的数量；

f_{yd}——螺栓的抗拉强度设计值。根据欧洲钢结构节点设计规范 EC3-1-8 中的表 3.4，对强度等级分别为 4.6 和 8.8 的螺栓，有：

4.6 的螺栓：$f_{yd}=\frac{k_2f_{ub}}{\gamma_{M2}}=\frac{0.9\times400}{1.25}=288\text{N/mm}^2$

8.8 的螺栓：$f_{yd}=\frac{k_2f_{ub}}{\gamma_{M2}}=\frac{0.9\times800}{1.25}=576\text{N/mm}^2$

柱脚钢板的厚度计算可采用塑性分析法，取以下两者的较大值：

1）由受压边计算：

$$t=\sqrt{\frac{1.7f_{cd}l_b^2}{f_{yd}}}\,(\text{mm}) \tag{4-102}$$

2）由受拉边计算：

$$t=\sqrt{\frac{4Tc}{bf_{yd}}}\,(\text{mm}) \tag{4-103}$$

式中　f_{yd}——钢板的强度设计值：$f_{yd}=f_y/\gamma_{M0}=f_y$；

f_{cd}——混凝土的强度设计值；

l_b——钢板伸出柱表面的长度；

c——螺栓中心到柱纵筋中心的距离。

如果 $\frac{x}{d}<\frac{N}{0.85f_{cd}bd}$，那么 T 为负值，上面的钢板厚度计算公式不再适用，可按以下简化分析方法计算：

$$N=f_c bx \tag{4-104}$$

$$\frac{x}{d}=1-\frac{2e}{d} \tag{4-105}$$

式中，f_c 为混凝土在轴力 N 及弯矩 M 作用下的均布压应力。所需钢板厚度由下式计算：

$$t=\sqrt{\frac{2f_c l_b^2}{f_{yd}}} \tag{4-106}$$

4.15　墙、柱水平连接设计

墙、柱的水平连接通常要传递压力、剪力和弯矩等内力。除了有柱脚钢板连接形式之外，钢筋注浆连接也是常用的连接形式。采用钢筋注浆连接，预制墙、柱之间通常留有 20mm 高的缝隙，以高压注入高强非收缩水泥砂浆，灌浆强度等级通常为 C57/70。钢筋注浆连接有拼接套筒（splice sleeve）连接（图 4-62）、螺旋箍（spiral connector）连接（图 4-63）、金属波纹管（corrugated duct）连接（图 4-64）等形式。

采用钢筋注浆连接的墙、柱水平接口需要考虑以下几方面的设计和验算，见图 4-65。

（1）灌浆部分的承压验算

$$f_{Ed}=\frac{N_{Ed}}{A_{eff}}\pm\frac{M_{zz}}{z_{zz}}\pm\frac{M_{yy}}{z_{yy}}\leqslant f_{Rd}=\min\{f_{bed};0.85f_{cd}\} \tag{4-107}$$

式中　N_{Ed}——灌浆接口处的轴力设计值；

A_{eff}——灌浆接口处的有效截面面积，$A_{eff}=b_{eff}h_{eff}=(b-2a_2)(h-2a_2)$，$a_2$ 见图 4-2 和表 4-2；

M_{zz}，M_{yy}——灌浆接口处的绕 z-z 轴、y-y 轴的弯矩设计值；

z_{zz}，z_{yy}——灌浆接口处的绕 z-z 轴，y-y 轴的有效截面抵抗矩：$z_{zz}=h_{eff}b_{eff}^2/6$，$z_{yy}=b_{eff}h_{eff}^2/6$；

f_{bed}——灌浆的强度设计值；

f_{cd}——上柱和下柱的混凝土强度设计值中的较小值。

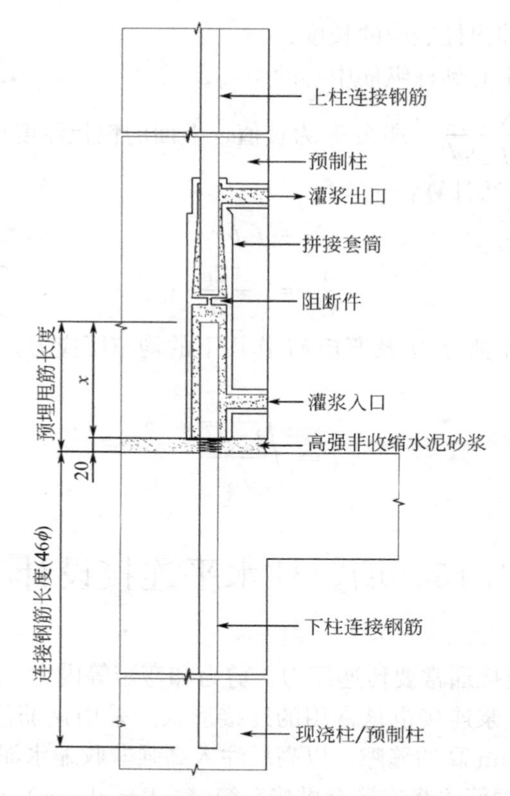

图 4-62 拼接套筒（splice sleeve）连接

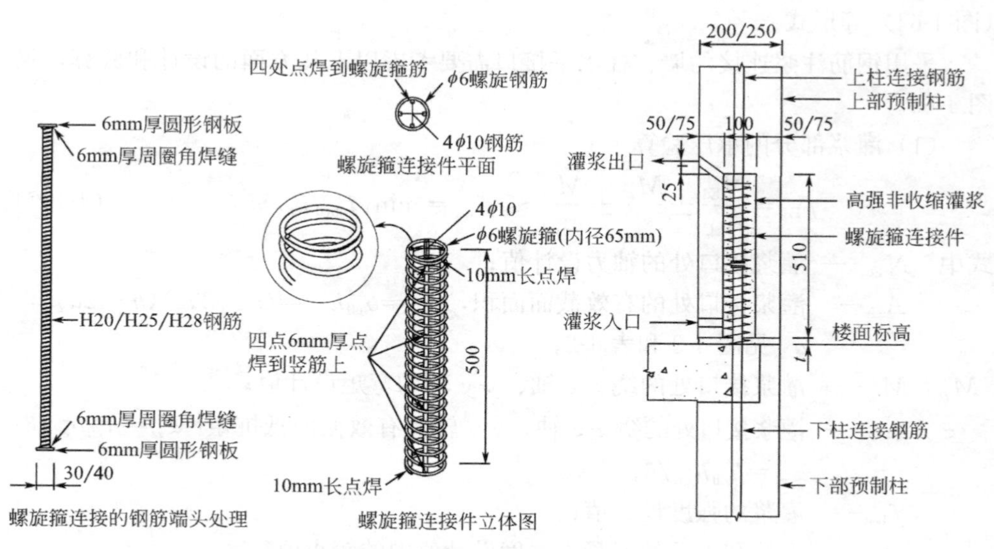

图 4-63 螺旋箍（spiral connector）连接

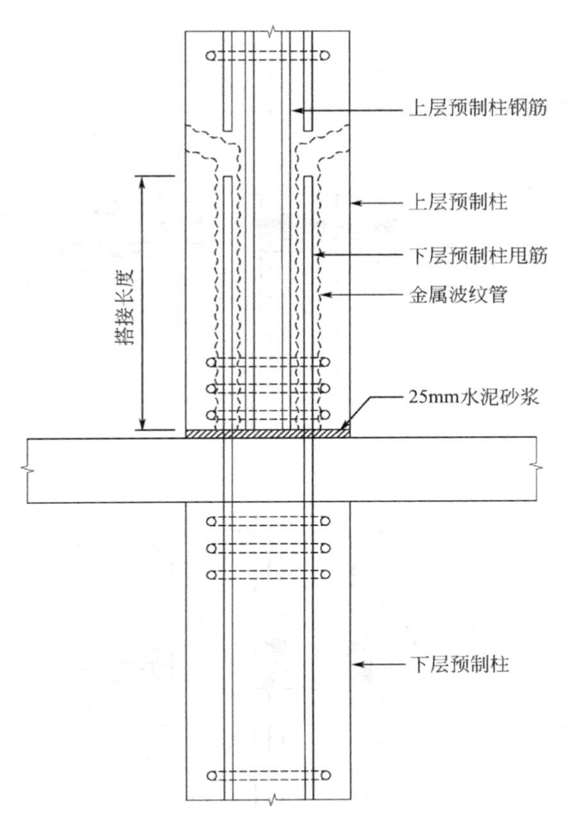

图 4-64 金属波纹管（corrugated duct）连接

（2）预制墙、柱接口处用于抵抗横向拉应力的钢筋

由于墙、柱水平接口处采用的软垫层在预制墙、柱中产生的横向拉应力（参考图 4-1（a）），应由布置在靠近接口表面的预制墙、柱中的横向钢筋来抵抗。EC2 给出了以下计算横向钢筋面积的公式：

$$A_{sb}=0.25\left(\frac{t}{b_{eff}}\right)\left(\frac{N_{Ed}}{f_{yd}}\right) \tag{4-108}$$

$$A_{sh}=0.25\left(\frac{t}{h_{eff}}\right)\left(\frac{N_{Ed}}{f_{yd}}\right) \tag{4-109}$$

式中 A_{sb}，A_{sh}——墙、柱短边及长边方向上所需的用于抵抗横向拉应力的钢筋面积，见图 4-65；

t——灌浆厚度；

f_{yd}——钢筋强度设计值，$f_{yd}=f_{yk}/\gamma_s=0.87f_{yk}$。

（3）水平剪力验算

EC2 第 10.9.4.3（1）条规定：对受压节点，当节点处的剪力值小于压力值

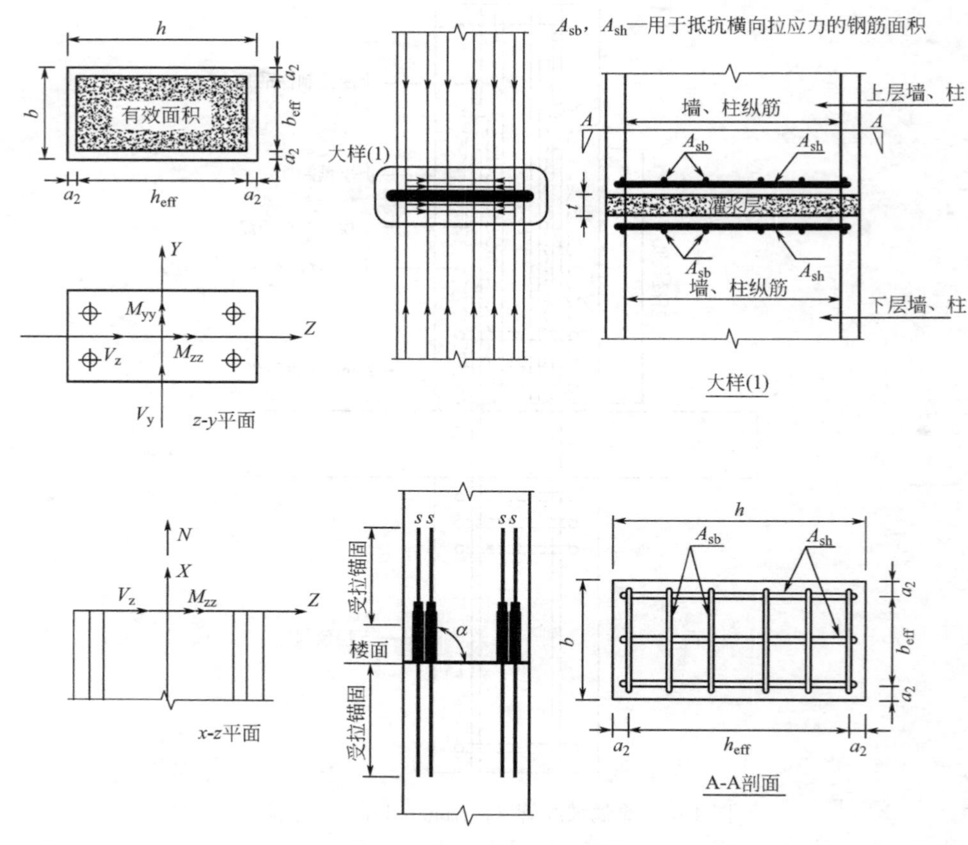

图 4-65　墙、柱水平连接检查

的 10%时，剪力可以忽略不计。否则，应检查接口处的设计剪应力小于接口处的允许剪应力：

$$v_{Edi} \leqslant v_{Rdi} \tag{4-110}$$

$$v_{Edi} = V_{Ed}/A_{eff} \tag{4-111}$$

$$v_{Rdi} = cf_{ctd} + \mu\sigma_n + \rho f_{yd}(\mu\sin\alpha + \cos\alpha) \leqslant 0.5\nu f_{cd} \tag{4-112}$$

式中　V_{Ed}——接口处的剪力设计值；

A_{eff}——接口处的有效面积；

c，μ——与叠合面粗糙度相关的系数，见表 3-14；

f_{ctd}——混凝土的抗拉强度设计值，$f_{ctd}=\alpha_{ct}f_{ctk,0.05}/\gamma_c=f_{ctk,0.05}/1.5$；

σ_n——节点处的压应力，$\sigma_n=N/A_{eff}<0.6f_{cd}$；

α——如图 3-33 所示，穿过接口灌浆层的钢筋和接口平面之间的倾角，须满足 $45°\leqslant\alpha\leqslant90°$；

ρ——穿过接口灌浆层的钢筋配筋率，$\rho=A_s/A_{eff}$；

ν——强度折减系数，$\nu=0.6(1-f_{ck}/250)$。

为了简化计算并且达到偏于安全的目的，混凝土部分的抗剪作用可以忽略，只考虑穿过灌浆层的钢筋的抗剪作用，有以下公式：

$$A_{spl} \geqslant \frac{\sqrt{V_y^2+V_z^2}}{f_{yd}(\mu\sin\alpha+\cos\alpha)} \tag{4-113}$$

$$A_{spl} \leqslant \frac{0.3A_{eff}(1-f_{ck}/250)f_{cd}}{f_{yd}(\mu\sin\alpha+\cos\alpha)} \tag{4-114}$$

式中 A_{spl}——穿过灌浆层的柱钢筋；

V_y，V_z——y 向和 z 向的剪力设计值。

（4）竖向拉杆筋面积验算

为了避免结构在局部损坏后引起整体性连续倒塌，EC2 规定：对所有 5 层或 5 层以上的板式建筑物中的墙和柱，应从基础到屋顶配置竖向拉杆，拉杆筋面积按以下公式计算：

$$A_{spl} \geqslant N_{flr}/f_{yd} \tag{4-115}$$

式中 N_{flr}——墙、柱所受的单层极限设计荷载，$N_{flr}=A_{flr}(1.35G_k+1.5Q_k)$。

（5）墙柱水平连接处的极限承载力验算

校核在水平连接部位连接钢筋和灌浆所组成的有效截面能否抵抗该截面处所受的纵向轴力以及双向弯矩作用，可以参考双向弯曲的短柱设计方法。

4.16 预制墙的竖向连接

预制墙的竖向连接有以下几种形式：

1）在墙的上下水平连接处楼板的厚度内集中布置穿过竖向连接接口的钢筋。这些钢筋将作为结构拉杆筋以提供防止墙分离的夹紧力，如图 4-48（a）所示。

2）在墙的竖向接口面上做出凸凹面或抗剪键，作为墙体在剪力作用下产生变形时的机械锁。可以同时在接口处预制墙体外面布置如图 4-48（b）所示的竖向钢筋。接口的间隙浇筑混凝土或灌浆。

3）由预制墙体中的钢预埋件以及连接接口处的后置钢构件组成机械连接形式，如图 4-66 所示。最终连接为焊接或螺栓连接。此种连接通常布置于接口的上部和下部。这种连接的配件及焊缝等通常最终由混凝土覆盖，以满足环境和防火要求。

正如第 2.6 节所述，只要预制墙体之间的竖向连接有能够抵抗剪力 VQ/I 的能力，就可以把相互连接的墙体当作整体来抵抗水平力。

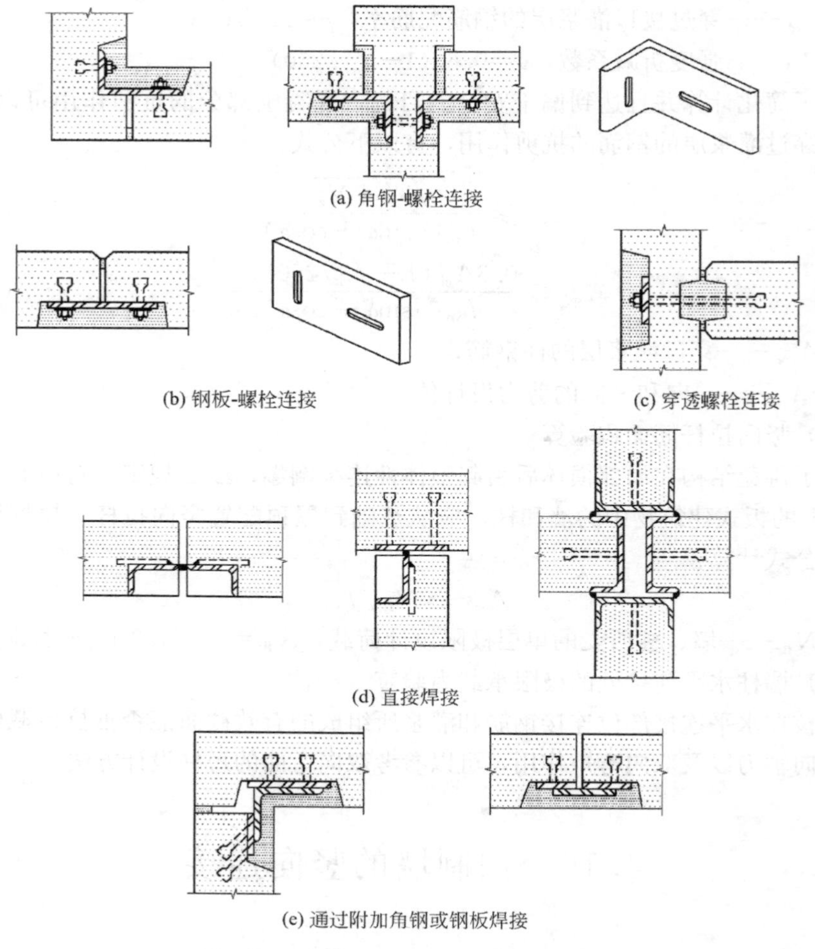

图 4-66　墙体竖向接口的机械连接形式

4.17　外部预制构件连接节点的防水构造

外部预制构件之间连接处的防水构造如图 4-67～图 4-71 所示。预制构件之间的水平接口的防水构造主要包括最外面的填充胶及里面的止水带和非收缩灌浆、在内侧的楼面层布置弯起超过接口的防水布，如图 4-67 所示。预制构件之间的竖向接口包括最外面的填充胶及里面的止水带和非收缩灌浆。对一些比较厚的预制构件，有时会在预制构件厚度方向上布置一个 V 形槽，如图 4-68 所示。在预制构件的水平及竖向连接的节点处，要布置与预制构件连接形状相匹配的防水布，如图 4-69～图 4-71 所示。

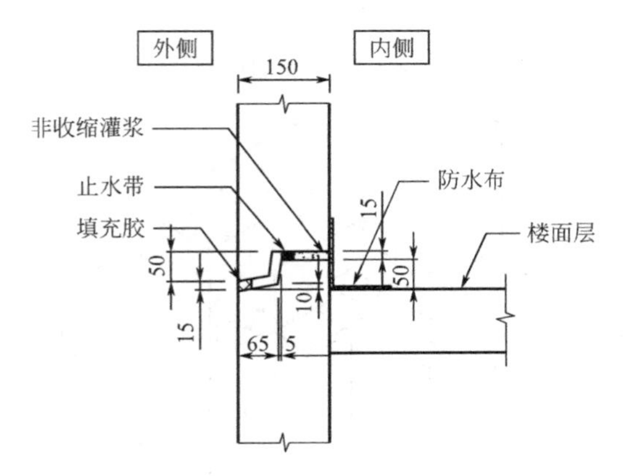

图 4-67　预制构件水平接口防水构造

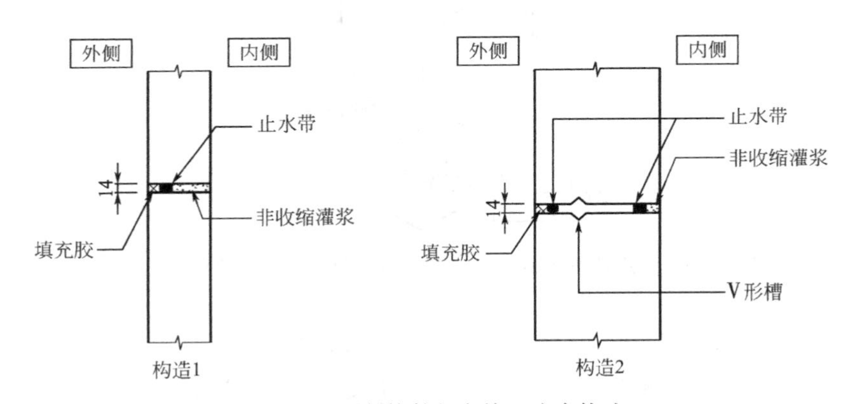

图 4-68　预制构件竖向接口防水构造

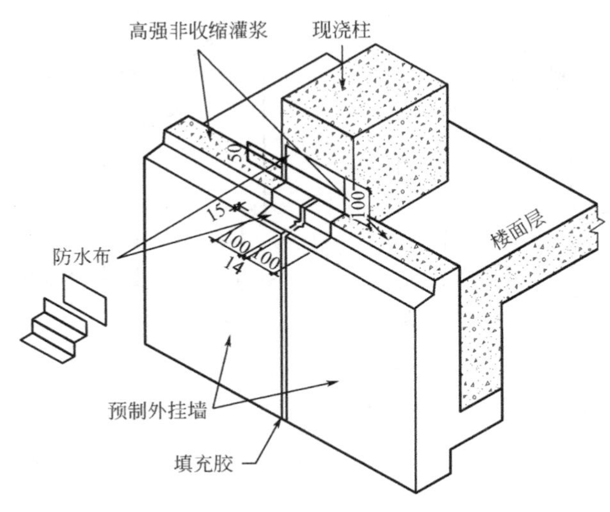

图 4-69　节点防水形式 1——预制外挂墙之间的连接

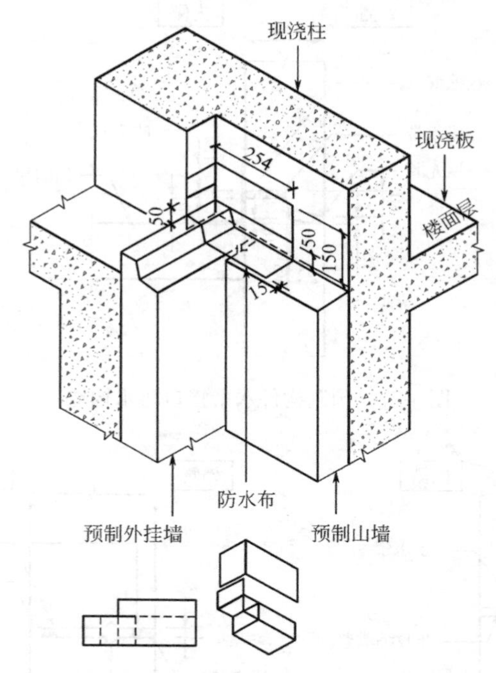

图 4-70　节点防水形式 2——预制山墙与正立面墙之间的连接

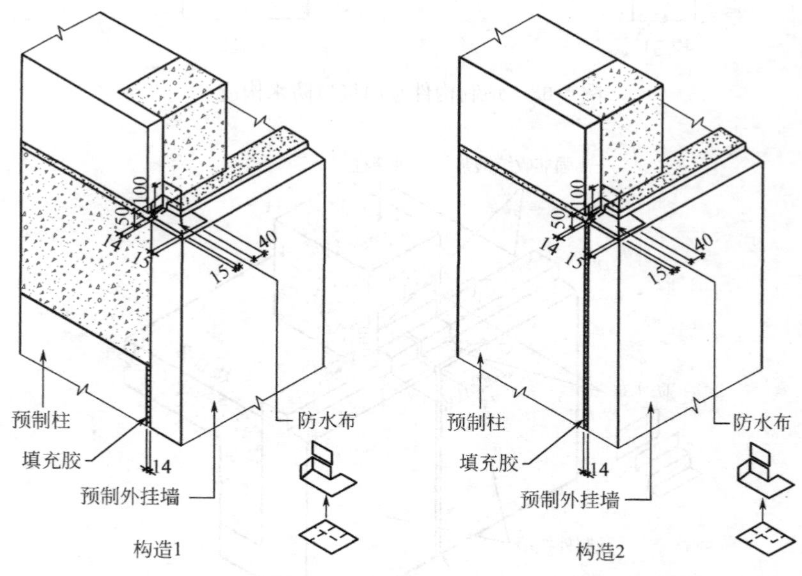

图 4-71　节点防水形式 3——预制柱与预制外挂墙之间的连接（一）

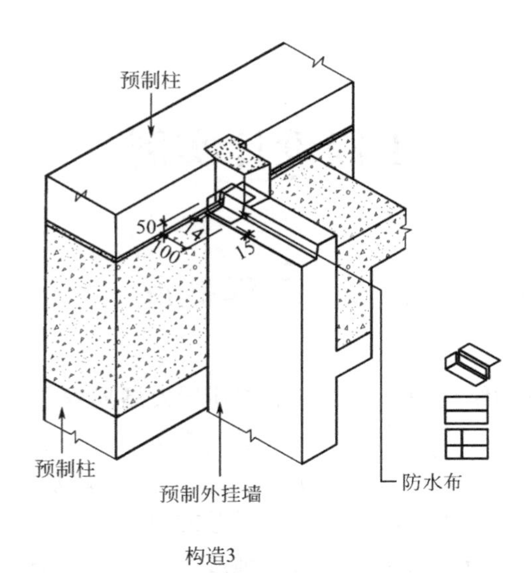

构造3

图 4-71　节点防水形式 3——预制柱与预制外挂墙之间的连接（二）

第5章

工程设计实例

5.1 工程概况

三巴旺组屋工程的结构设计是由新加坡建屋发展局发包，该工程位于三巴旺规划区内，共4栋13层的住宅楼，310个住宅单元，还包括一个6层地上停车场和其他附属设施。工程所处的场地类别为“D”，按照新加坡抗震设计指南BC3的规定，工程中住宅塔楼的分析及设计需要考虑地震作用，而停车场楼由于其总高度小于20m，所以在设计时不需要考虑地震作用。住宅塔楼的一层为敞开式空间，层高为3.6m；二～十三层为居民住宅，层高为2.8m。停车场一楼为坡道和幼儿园的预留空间，2A/2B～5A/5B，6A层为停车场，顶层为屋顶花园。工程中选用了直径分别为500mm、600mm、700mm、800mm、900mm、1000mm、1100mm的混凝土灌注桩。由于住宅塔楼的结构平面布置的不规则性，在地震作用下某些特定区域的墙、柱中会出现拉力，相应的墙、柱现浇。对出现上拔力的混凝土灌注桩的配筋做特别的规定。各种直径的灌注桩承载力及配筋情况见表5-1。需要注意：对于灌注桩的最小纵向配筋，EC2给出了以下规定：①当桩的横截面积 $A_c \leqslant 0.5m^2$ 时，$A_{s,min} \geqslant 0.005A_c$；②当 $0.5 < A_c \leqslant 1.0m^2$ 时，$A_{s,min} \geqslant 25cm^2$；③当 $A_c > 1.0m^2$ 时，$A_{s,min} \geqslant 0.0025A_c$。表5-1中的灌注桩配筋是根据作用于桩顶的水平力和地勘报告计算得出。

灌注桩（混凝土强度C32/40）的承载力及配筋情况　　表5-1

桩型		桩径	未乘系数的承载力	受压承载力		抗拔承载力		桩主筋		桩箍筋
				DA1-C1	DA1-C2	DA1-C1	DA1-C2	配筋	筋长	
K		Φ500	147t	203t	158t	—	—	8H20	12～18m	H10-175
A		Φ600	212t	294t	227t	—	—	10H32	12～18m	H10-175
B		Φ700	288t	399t	309t	—	—	14H25	12～18m	H10-175
C		Φ800	377t	523t	405t	—	—	19H20	12～18m	H10-175
D		Φ900	477t	661t	512t	—	—	13H20	12～20m	H10-200
E		Φ1000	589t	817t	633t	—	—	15H20	12～23m	H10-200

续表

桩型		桩径	未乘系数的承载力	受压承载力		抗拔承载力		桩主筋		桩箍筋
				DA1-C1	DA1-C2	DA1-C1	DA1-C2	配筋	筋长	
F		Φ1100	712t	987t	765t	—	—	16H20	12～18m	H10-200
R		Φ500	147t	203t	158t	33t	—	8H20	通长	H10-175
S		Φ600	212t	294t	227t	48t	—	10H32	通长	H10-175
U		Φ700	288t	399t	309t	85t	—	14H25	通长	H10-175
V		Φ800	377t	523t	405t	210t	—	19H20	通长	H10-175
W		Φ900	477t	661t	512t	242t	—	12H25	通长	H10-200
X		Φ1000	589t	817t	633t	293t	—	14H25	通长	H10-200

新加坡建屋发展局对政府组屋项目的结构选型有着严格的要求，所有的政府组屋项目只有采用装配式混凝土结构才能够获得批准建造。经过与建屋发展局协调，工程中的住宅塔楼的一层（地面层）设计成300mm厚的无梁板结构；标准层和屋面层采用150mm厚的预制预应力叠合板（70mm预制板＋80mm现浇结构层）、总高度为500mm的半预制的外圈及分户的叠合梁、150mm厚的全预制的各种外围挑板以及一些全现浇的住户单元的内部梁。塔楼中的竖向构件，包括所有的外围墙（侧面墙和正立面墙等）、外圈的柱、人防筒、垃圾道、雨水道、走廊护墙和分户隔墙等预制。楼梯的踏步板预制，平台板现浇。卫生间（包括其中的墙、板以及所有内部设施等）在工厂整体预制，用于支撑整体卫生间的梁也预制。塔楼109A的标准层平面如图5-1所示，图中标出名称的预制构件和连接节点在第5.3、5.4节有详细说明。

多层停车场的一层（地面层）采用350mm厚的无梁板结构，墙柱位置的加厚托板（drop panel）600mm厚；2A/2B层及相关坡道由于需要满足4h防火要求的65mm厚混凝土保护层，采用了200mm厚的预制预应力板DPK51h和DPK61h，现浇层厚度为80～140mm，预制预应力叠合板设计成多跨连续。3A/3B、4A/4B、5A/5B、6A层及相关坡道由于只需满足1.5h防火要求，采用了型号为360MV4的空心楼板以及75～135mm厚的现浇叠合层。屋面层由于需要支撑包含有800～1000mm厚覆土的屋顶花园荷载，采用了型号为420MV4的空心楼板以及75～225mm厚的现浇叠合层，现浇层的厚度不同是为了形成板上表面的结构坡度。空心楼板和叠合层按单跨设计。停车场楼的柱、承重墙和梁，由于具有较高的配筋率，预制连接困难，采用了现浇做法。停车场各层的停车护栏墙和附带的花草种植箱等预制。第2A/2B层及3A/3B层平面布置分别如图5-2、图5-3所示。

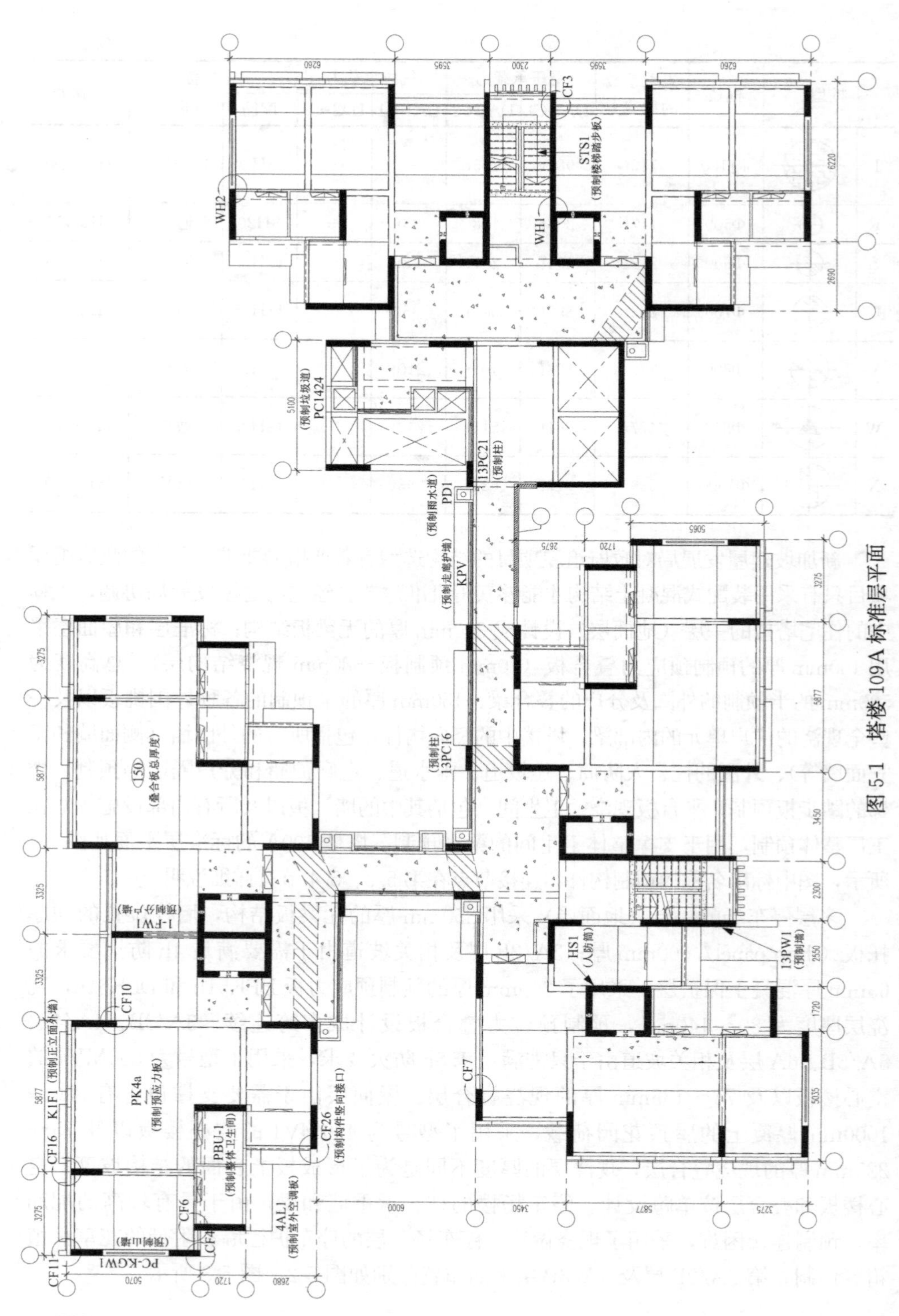

图 5-1 塔楼 109A 标准层平面

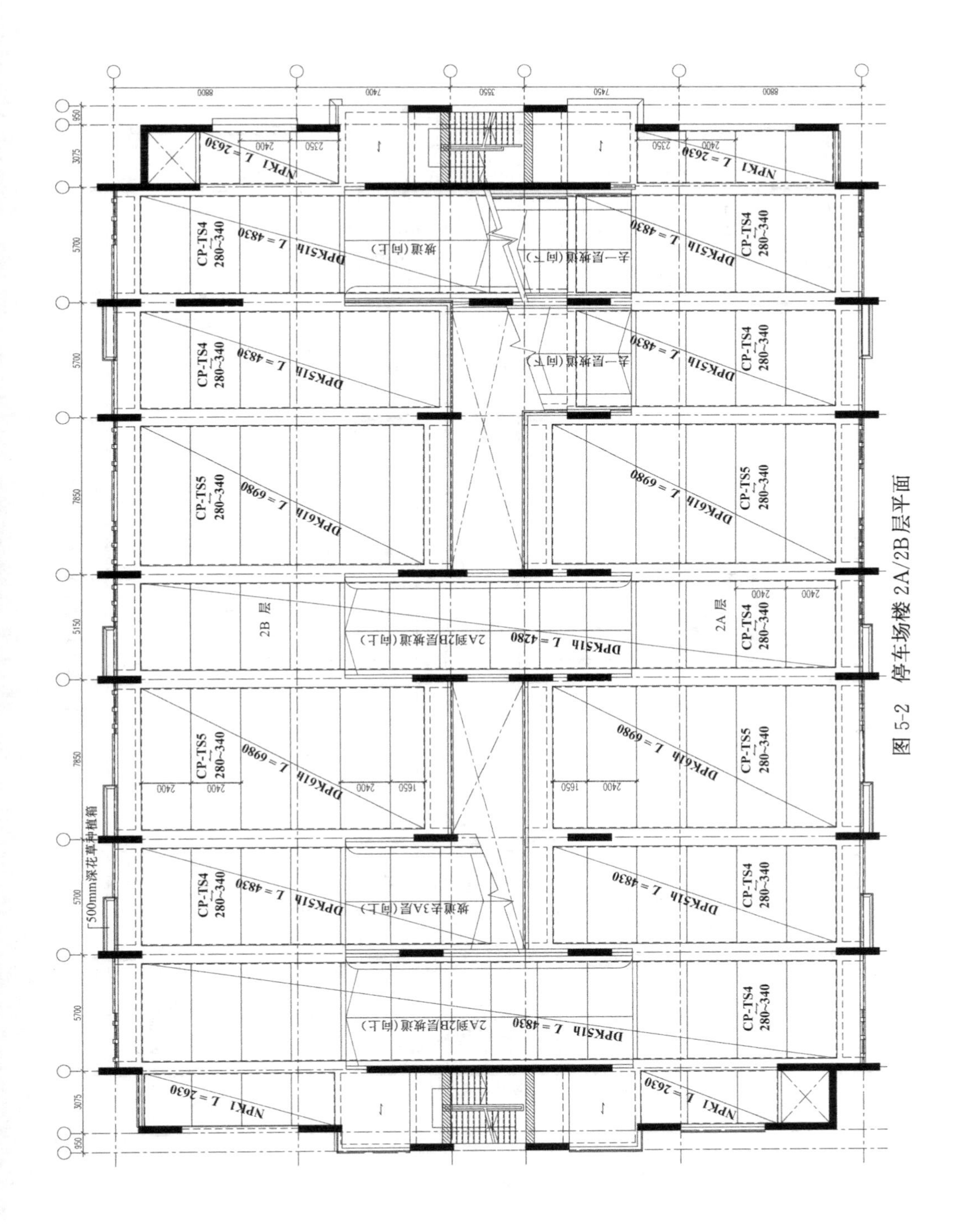

图 5-2　停车场楼 2A/2B 层平面

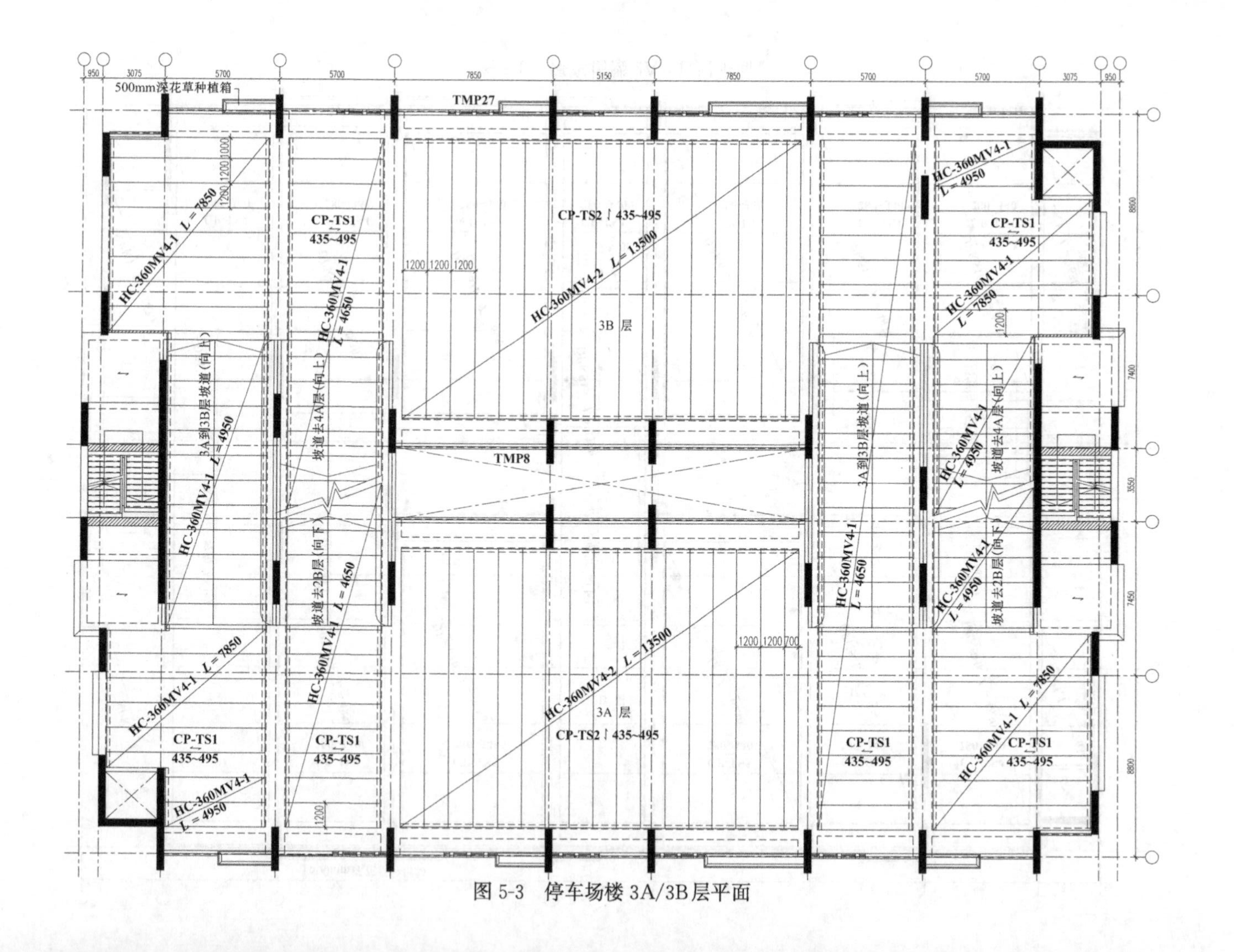

图 5-3 停车场楼 3A/3B层平面

工程中灌注桩的混凝土强度等级为C32/40，空心楼板的混凝土强度等级为C40/50，其他所有结构构件的混凝土强度等级均为C32/40。墙柱水平接口处的钢筋套筒中所用的灌浆强度等级为C57/70。工程中所用的钢筋和钢筋网片的强度为WA500或WB500，钢绞线的强度为1860kN/m^2。

5.2 塔楼建筑物的整体分析

自2015年5月起，新加坡境内所有的土木工程领域的设计和施工等均要依照欧洲规范，并给出了欧洲规范的新加坡国家附录条文解释。新加坡由原来的不考虑地震区域变为要考虑地震的区域，但是由于新加坡处在远离苏门答腊地震带的区域，欧洲结构抗震规范EC8给出的反应谱参数值在新加坡并不适用，新加坡建设局（Building and Construction Authority）根据自己的研究给出了适合新加坡的地震反应谱参数值。由于新加坡处于低地震区，低延性等级（Ductility Class Low）的抗震设计和结构详图可以用于普通现浇钢筋混凝土结构、装配式混凝土结构、钢结构以及组合结构等。新加坡抗震设计指南BC3规定所有在特定地基上的超过20m高的新建或改建及扩建的建筑物都要考虑地震的水平作用影响，主要包括以下两大类：①地基分类为“C”、“D”、“S_1”上的特殊建筑物（包括医院、消防站、人防设施、政府部门办公室及公共建筑等）；②地基分类为“D”、“S_1”上的普通建筑物（特殊建筑物之外的其他建筑物）。新加坡建筑物抗震设计流程如图5-4所示；新加坡建筑物高度定义如图5-5所示；新加坡场地分类见表5-2。

建筑物的场地分类可以根据计算得出的建筑物所占场地地面以下30m内土壤的参数P值和表5-2确定。参数P值可以采用土壤的剪切波速$v_{s,30}$，或标准贯入试验中打入30cm深度所需的锤击数N_{SPT}，或不排水抗剪强度c_u，按以下公式计算：

$$P=\frac{\sum_{i=1}^{n}d_i}{\sum_{i=1}^{n}\frac{d_i}{P_i}} \tag{5-1}$$

式中 $\sum_{i=1}^{n}d_i$——等于30m；

P_i——土壤参数（$v_{s,30}$，$N_{SPT(blows/30cm)}$或c_u）；

d_i——在地面以下0～30m内，第i层土的厚度。

在确定场地类别时，要注意以下几个方面：

1）即使建筑物需要做地下室施工开挖，土壤最上面30m的深度也是指从现

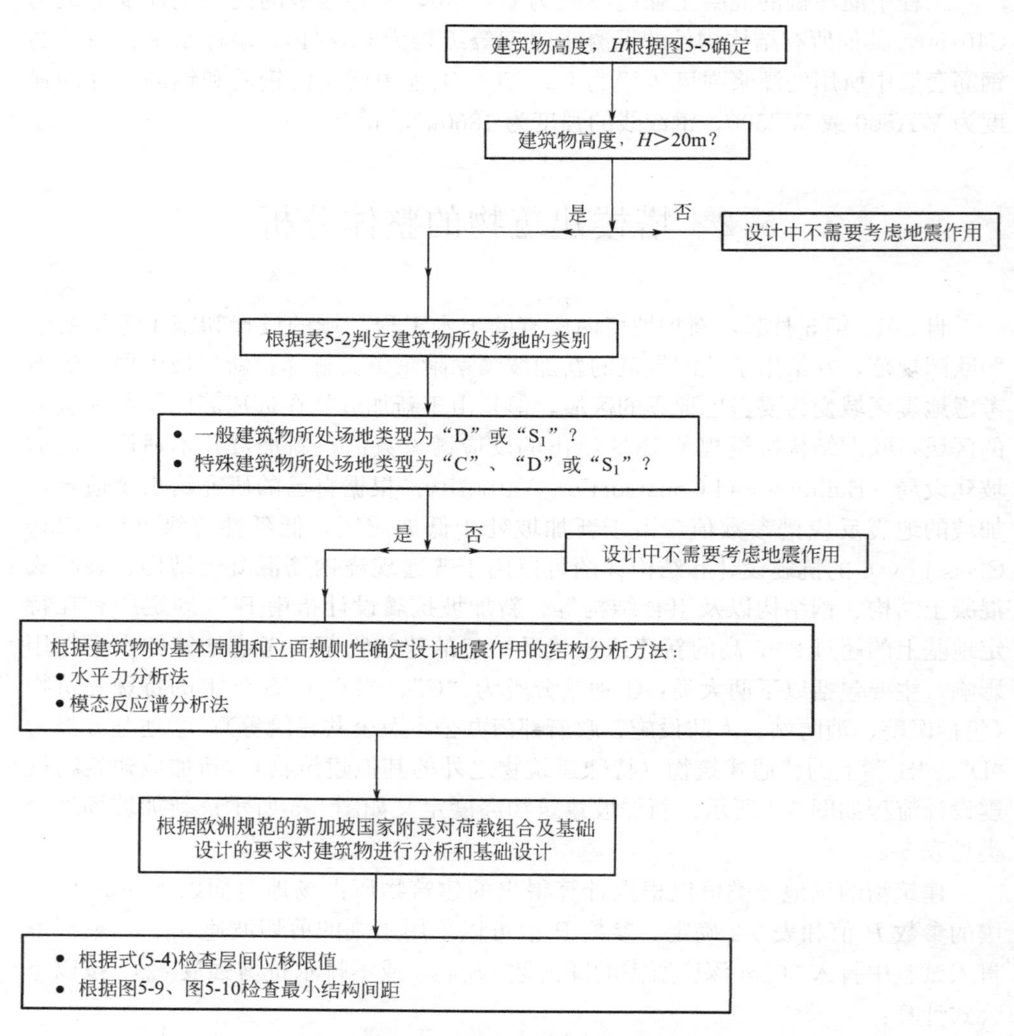

图 5-4　建筑物的整体抗震分析设计流程

有的地表面算起；

2）如果可以根据土壤的剪切波速、标准贯入试验打入 30cm 的锤击数或不排水抗剪强度分别算出土壤的 P 参数值，场地类别应按表 5-2 选择其最不利情况；

3）如果按照建筑物场地内不同位置的地勘数据计算得出不同的场地类型，应取其中最不利的一种；

4）不管建筑物是否由打入到硬土层的桩基础支撑，以上三条规则均适用。

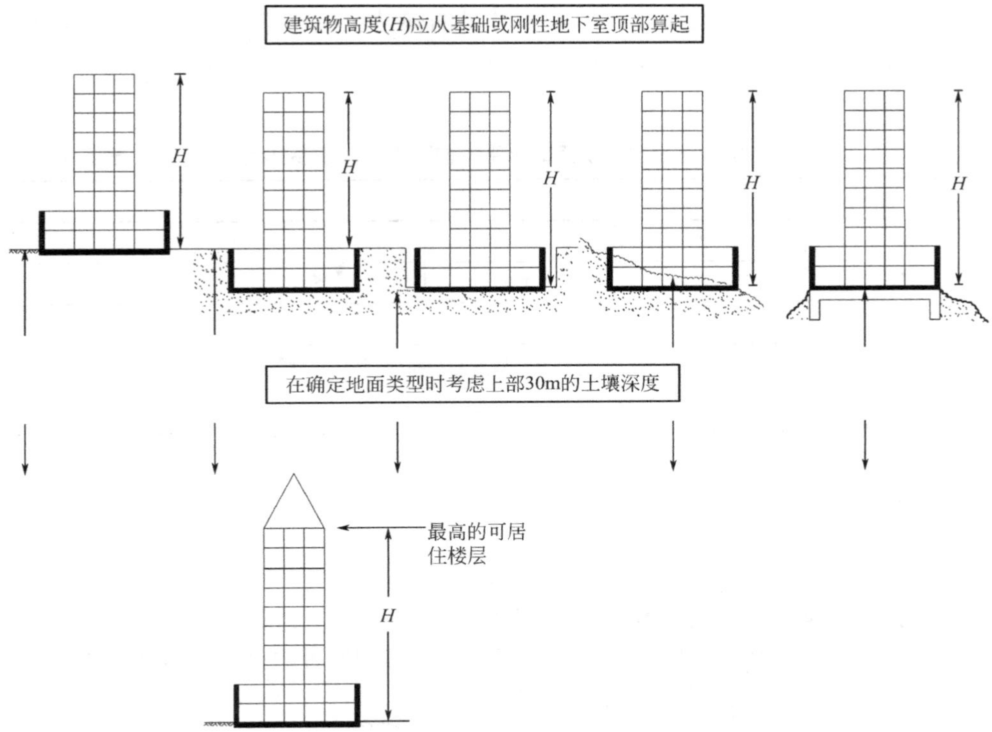

建筑物高度(H)应从基础或刚性地下室顶部算起

H

在确定地面类型时考虑上部30m的土壤深度

最高的可居住楼层

图 5-5　新加坡建筑物高度 H 的定义

由计算出的 P 值确定场地分类　　**表 5-2**

按照式(5-1)计算出的土壤最上面 30m 的 P 值			场地类别	土层描述
剪切波速 $v_{s,30}$ (m/s)	N_{SPT} (blows/30cm)	不排水抗剪强度 c_u (kPa)		
>800	不适用	不适用	A	岩石或其他类似岩石的地质形成，包括最多5m的软弱土覆盖层
360～800	>50	>250	B	由非常密实的砂土、砂砾或非常硬的黏土组成的至少数10m厚的沉积层，其力学特性随深度逐渐增加
180～360	15～50	70～250	C	密实或中密的砂土、砂砾或硬黏土的深层沉积层，其厚度从数十米到几百米
<180	<15	<70	D	从松散到中等密实的非黏性土(有或没有软黏土层)，或主要以从软到硬的黏性土组成的沉积层
<100	<5	10-20	S_1	由(或包括)至少10m厚，具有高塑性指数(PI>40)和高含水量的软弱的黏土/淤泥组成

新加坡国内所采用的地震作用水平分量的弹性反应谱参数值由 EC8 的新加坡国家附录给出，可以参照表 5-3；反应谱加速度 $S_e(T)$ 和结构自振周期 T 的关系见图 5-6～图 5-8。

新加坡抗震设计所用的水平方向弹性反应谱参数值　　表 5-3

场地类别	S	T_B(s)	T_C(s)	T_D(s)
C	1.6	0.4	1.1	10.4
D	2.5	0.9	1.6	4.6
S_1	3.2	1.6	2.4	2.4

注：$a_{gR}=0.175\text{m/s}^2$，为 A 类场地上的参考峰值地面加速度。

新加坡所采用的地震作用水平分量反应谱加速度设计值可以按以下公式计算：

$$S_d(T)=\frac{S_e(T)\gamma_I}{q} \tag{5-2}$$

式中 S_d——设计反应谱加速度，5%结构阻尼；

γ_I——重要性系数（特殊建筑物取 1.4，一般建筑物取 1.0）；

q——性能系数（取决于结构体系、平立面规则性以及延性等级。对于所有结构类型 q 可取最小值 1.5）。

T (sec)	谱加速度 $S_e(T)$(%g)	T (sec)	谱加速度 $S_e(T)$(%g)
0.0	2.88	1.8	4.40
0.1	3.96	2.0	3.96
0.2	5.04	2.2	3.60
0.3	6.12	2.4	3.30
0.4	7.20	2.7	2.93
0.5	7.20	3.0	2.64
0.6	7.20	3.5	2.26
0.7	7.20	4.0	1.98
0.8	7.20	4.6	1.72
0.9	7.20	5.2	1.52
1.0	7.20	6.0	1.32
1.1	7.20	7.0	1.13
1.2	6.60	8.0	0.99
1.4	6.09	9.0	0.88
1.6	4.95	10.0	0.79

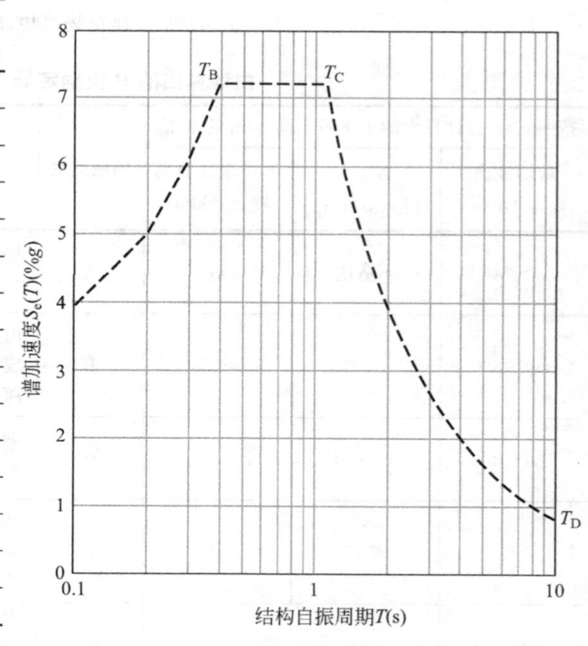

图 5-6　场地类别“C”上的谱加速度 $S_e(T)$ 值（5%结构阻尼）

T (sec)	谱加速度 $S_e(T)(\%g)$	T (sec)	谱加速度 $S_e(T)(\%g)$
0.0	4.50	1.8	10.00
0.1	5.25	2.0	9.00
0.2	6.00	2.2	8.18
0.3	6.75	2.4	7.50
0.4	7.50	2.7	6.67
0.5	8.25	3.0	6.00
0.6	9.00	3.5	5.14
0.7	9.75	4.0	4.50
0.8	10.50	4.6	3.91
0.9	11.25	5.2	3.06
1.0	11.25	6.0	2.30
1.1	11.25	7.0	1.69
1.2	11.25	8.0	1.29
1.4	11.25	9.0	1.02
1.6	11.25	10.0	0.83

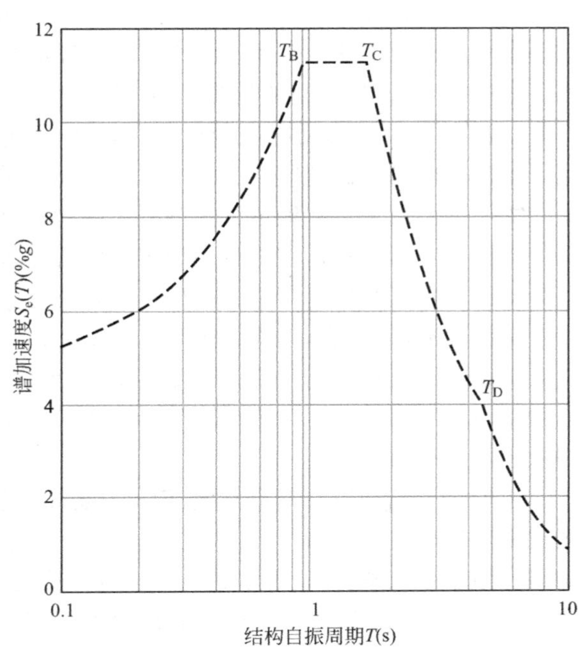

图 5-7 场地类别“D”上的谱加速度 $S_e(T)$ 值（5%结构阻尼）

T (sec)	谱加速度 $S_e(T)(\%g)$	T (sec)	谱加速度 $S_e(T)(\%g)$
0.0	5.76	1.8	14.40
0.1	6.30	2.0	14.40
0.2	6.84	2.2	14.40
0.3	7.38	2.4	14.40
0.4	7.92	2.7	11.38
0.5	8.46	3.0	9.22
0.6	9.00	3.5	6.77
0.7	9.54	4.0	5.18
0.8	10.08	4.6	3.92
0.9	10.62	5.2	3.07
1.0	11.16	6.0	2.30
1.1	11.70	7.0	1.69
1.2	12.24	8.0	1.30
1.4	12.78	9.0	1.02
1.6	14.40	10.0	0.83

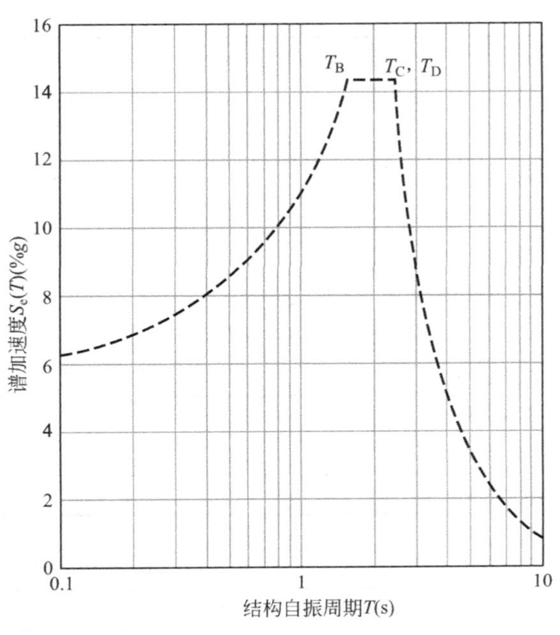

图 5-8 场地类别“S_1”上的谱加速度 $S_e(T)$ 值（5%结构阻尼）

BC3 建议，在新加坡做建筑物的水平地震作用分析时可以采用水平力分析法和模态反应谱分析法。采用水平力分析法需满足两个条件：①建筑物在两个主要水平方向上的基本振型的周期均小于 2.0s。②建筑物在立面上规则（参照第 2.9.2.2 节）。而模态反应谱分析法可以用于所有类型的建筑物。本工程中，采用了模态反应谱法做建筑物的水平地震作用分析。

需要强调的是：在做装配式混凝土结构的整体分析模型时，要充分考虑预制构件连接节点的形式，在分析模型中要体现出来。比如梁柱、梁墙节点在做现浇混凝土结构分析时均可模拟为框架连接，但在做装配式混凝土结构分析时，要根据实际情况来确定是框架连接还是铰连接。模型中的横隔板要根据工程楼层的平面布置由设计人员判断选用一个或多个完全刚性或半刚性的横隔板。对于由梁板结构组成的平面布置，在模型中尽量避免板和梁、柱之间的框架作用，而只用板去抵抗竖向荷载。

依据欧洲结构设计基础规范 EC0、欧洲抗震规范 EC8 中荷载组合要求，欧洲地基基础规范 EC7 中对桩基础的设计方法的规定以及新加坡对相应欧洲规范的国家附录条文解释，按照表 5-4～表 5-8 及表 2-7 所示的荷载系数取法，工程中选用了表 5-9～表 5-11 所示的荷载组合用于结构及基础的受力分析。

欧洲规范 EC0 的新加坡国家附录中表 NA. A1. 1：

建筑物的 ψ 系数建议值 **表 5-4**

作用	ψ_0	ψ_1	ψ_2
建筑物的可变荷载，类别(见 SS EN 1991-1-1)			
A 类：居民和民用区	0.7	0.5	0.3
B 类：办公区	0.7	0.5	0.3
C 类：集会区	0.7	0.7	0.6
D 类：购物区	0.7	0.7	0.6
E 类：贮藏区	1.0	0.9	0.8
F 类：交通区域，车辆重量≤30kN	0.7	0.7	0.6
G 类：交通区域，30kN＜车辆重量≤160kN	0.7	0.5	0.3
H 类：屋面[a]	0.7	0	0
建筑物上的风荷载(见 SS EN 1991-1-4)	0.5	0.2	0
建筑物的温度变化(非火灾)(见 SS EN 1991-1-5)	0.6	0.5	0
[a]见 SS EN 1991-1-1：条款 3.3.2(1)			

工程中采用的 ψ 系数 **表 5-5**

作用	ψ_0	ψ_1	ψ_2
建筑物的可变荷载，类别(见 SS EN 1991-1-1) A 类：居民和民用区	0.7	0.5	0.3

续表

作用	ψ_0	ψ_1	ψ_2
建筑物上的风荷载(见 SS EN 1991-1-4)	0.5	0.2	0
建筑物的温度变化(见 SS EN 1991-1-5)	0.6	0.5	0

欧洲规范 EC0 的新加坡国家附录中表 NA. A1. 3：
用于偶然和地震作用组合的作用设计值 **表 5-6**

设计状况	永久作用		主要偶然作用或地震作用	伴随可变作用[b]	
	不利	有利		主要(如果有)	其他
偶然(式(2-2))	$G_{k,j,sup}$	$G_{k,j,inf}$	A_d	$\psi_{1,1}Q_{k,1}$	$\psi_{2,i}Q_{k,i}$
地震[a](式(2-3))	$G_{k,j,sup}$	$G_{k,j,inf}$	A_{Ed} 或 $\gamma_I A_{Ek}$		$\psi_{2,i}Q_{k,i}$

[a]地震设计组合只在业主或建设监管机构规定的情况下使用。
[b]表 NA. A1. 1 中考虑的可变作用

欧洲规范 EC0 的新加坡国家附录中表 NA. A1. 2（B）：
作用设计值（STR/GEO）（B 组） **表 5-7**

持久和短暂设计状况	永久作用		主导可变作用(*)	伴随可变作用(*)	
	不利	有利		主要(如果有)	其他
式(2-1)	$1.35G_{k,j,sup}$	$1.00G_{k,j,inf}$	$1.5Q_{k,1}$		$1.5\psi_{0,i}Q_{k,i}$
式(2-1a)	$1.35G_{k,j,sup}$	$1.00G_{k,j,inf}$		$1.5\psi_{0,1}Q_{k,1}$	$1.5\psi_{0,i}Q_{k,i}$
式(2-1b)	$0.925\times1.35G_{k,j,sup}$	$1.00G_{k,j,inf}$	$1.5Q_{k,1}$		$1.5\psi_{0,i}Q_{k,i}$

注：1.（*）在表 NA. A1. 1 中考虑的可变作用。
2. 可根据需要选用式（2-1），或式（2-1a）和式（2-1b）。
3. 如果总作用效应是不利的，同一来源的所有永久作用的标准值均乘以 $\gamma_{G,sup}$，如果是有利时，乘以 $\gamma_{G,inf}$。例如，由结构自重产生的所有作用均可视为同一来源。同样适用于不同材料的情形。
4. 对于特殊的校核，γ_G 和 γ_Q 值可分解为 γ_g 和 γ_q 以及模型不确定性系数 γ_{sd}，大多数情况下，γ_{sd} 值的范围为 1.05～1.15，而且在国家附录中可以修改。
5. 当可变作用有利时，Q_k 应取 0。

欧洲规范 EC0 的新加坡国家附录中表 NA. A1. 2（C）：
作用设计值（STR/GEO）（C 组） **表 5-8**

持久和短暂设计状况	永久作用		主导可变作用(*)	伴随可变作用(*)	
	不利	有利		主要(如果有)	其他
式(2-1)	$1.00G_{k,j,sup}$	$1.00G_{k,j,inf}$	$1.3Q_{k,1}$ (有利时取 0)		$1.3\psi_{0,i}Q_{k,i}$ (有利时取 0)

注：（*）在表 NA. A1. 1 中考虑的可变作用。

承载能力极限状态：设计方法 1—荷载组合 1 类　　表 5-9

荷载组合	竖向荷载			风荷载				整体缺陷荷载		地震作用		上浮力	备注
	SW	*SDL*	*LL*	*WINDX*	*WINDY*	*NOTX*	*NOTY*	*EHFX*	*EHFY*	*RX*	*RY*	*UL*	
组合 1	1.35	1.35											ULS: DA1-C1
组合 2	1.35	1.35	1.5										
组合 3	1.35	1.35	1.5					1					
组合 4	1.35	1.35	1.5					−1					
组合 5	1.35	1.35	1.5						1				
组合 6	1.35	1.35	1.5						−1				
组合 7	1.35	1.35		1.5				1					
组合 8	1.35	1.35		−1.5				−1					
组合 9	1.35	1.35			1.5				1				
组合 10	1.35	1.35			−1.5				−1				
组合 11	1.35	1.35				1		1					
组合 12	1.35	1.35				−1		−1					
组合 13	1.35	1.35					1		1				
组合 14	1.35	1.35					−1		−1				
组合 15	1.35	1.35	1.5	0.75				1					
组合 16	1.35	1.35	1.5	−0.75				−1					
组合 17	1.35	1.35	1.5		0.75				1				
组合 18	1.35	1.35	1.5		−0.75				−1				
组合 19	1.35	1.35	1.5			0.5		1					
组合 20	1.35	1.35	1.5			−0.5		−1					
组合 21	1.35	1.35	1.5				0.5		1				
组合 22	1.35	1.35	1.5				−0.5		−1				
组合 23	1.35	1.35	1.05	1.5				1					
组合 24	1.35	1.35	1.05	−1.5				−1					
组合 25	1.35	1.35	1.05		1.5				1				
组合 26	1.35	1.35	1.05		−1.5				−1				
组合 27	1.35	1.35	1.05			1		1					
组合 28	1.35	1.35	1.05			−1		−1					
组合 29	1.35	1.35	1.05				1		1				
组合 30	1.35	1.35	1.05				−1		−1				
组合 31	1	1		1.5				1				1.05	
组合 32	1	1		−1.5				−1				1.05	

续表

荷载组合	竖向荷载			风荷载				整体缺陷荷载		地震作用		上浮力	备注
	SW	SDL	LL	WINDX	WINDY	NOTX	NOTY	EHFX	EHFY	RX	RY	UL	
组合 33	1	1			1.5				1			1.05	
组合 34	1	1			−1.5				−1			1.05	
组合 35	1	1				1		1				1.05	
组合 36	1	1				−1		−1				1.05	
组合 37	1	1					1		1			1.05	
组合 38	1	1					−1		−1			1.05	
组合 39	1	1		0.75				1				1.5	
组合 40	1	1		−0.75				−1				1.5	
组合 41	1	1			0.75				1			1.5	
组合 42	1	1			−0.75				−1			1.5	
组合 43	1	1				0.5		1				1.5	
组合 44	1	1				−0.5		−1				1.5	
组合 45	1	1					0.5		1			1.5	
组合 46	1	1					−0.5		−1			1.5	
组合 47	1	1	0.3					1		1	0.3		ULS: DA1-C1
组合 48	1	1	0.3					1		1	−0.3		
组合 49	1	1	0.3					−1		−1	0.3		
组合 50	1	1	0.3					−1		−1	−0.3		
组合 51	1	1	0.3						1	0.3	1		
组合 52	1	1	0.3						1	−0.3	1		
组合 53	1	1	0.3						−1	0.3	−1		
组合 54	1	1	0.3						−1	−0.3	−1		
组合 55	1	1						1		1	0.3	0.3	
组合 56	1	1						1		1	−0.3	0.3	
组合 57	1	1						−1		−1	0.3	0.3	
组合 58	1	1						−1		−1	−0.3	0.3	
组合 59	1	1							1	0.3	1	0.3	
组合 60	1	1							1	−0.3	1	0.3	
组合 61	1	1							−1	0.3	−1	0.3	
组合 62	1	1							−1	−0.3	−1	0.3	

承载能力极限状态：设计方法 1—荷载组合 2 类　　　　表 5-10

荷载组合	竖向荷载			风荷载				整体缺陷荷载		地震作用		上浮力	备注
	SW	*SDL*	*LL*	*WINDX*	*WINDY*	*NOTX*	*NOTY*	*EHFX*	*EHFY*	*RX*	*RY*	*UL*	
组合 63	1	1	1.3										
组合 64	1	1	1.3					1					
组合 65	1	1	1.3					−1					
组合 66	1	1	1.3						1				
组合 67	1	1	1.3						−1				
组合 68	1	1		1.3				1				0.91	
组合 69	1	1		−1.3				−1				0.91	
组合 70	1	1			1.3				1			0.91	
组合 71	1	1			−1.3				−1			0.91	
组合 72	1	1				1		1				0.91	
组合 73	1	1				−1		−1				0.91	
组合 74	1	1					1		1			0.91	
组合 75	1	1					−1		−1			0.91	
组合 76	1	1		0.65				1				1.3	
组合 77	1	1		−0.65				−1				1.3	
组合 78	1	1			0.65				1			1.3	ULS：DA1-C2
组合 79	1	1			−0.65				−1			1.3	
组合 80	1	1				0.5		1				1.3	
组合 81	1	1				−0.5		−1				1.3	
组合 82	1	1					0.5		1			1.3	
组合 83	1	1					−0.5		−1			1.3	
组合 84	1	1	1.3	0.65				1					
组合 85	1	1	1.3	−0.65				−1					
组合 86	1	1	1.3		0.65				1				
组合 87	1	1	1.3		−0.65				−1				
组合 88	1	1	1.3			0.5		1					
组合 89	1	1	1.3			−0.5		−1					
组合 90	1	1	1.3				0.5		1				
组合 91	1	1	1.3				−0.5		−1				
组合 92	1	1	0.91	1.3				1					
组合 93	1	1	0.91	−1.3				−1					
组合 94	1	1	0.91		1.3				1				

续表

荷载组合	竖向荷载			风荷载				整体缺陷荷载		地震作用		上浮力	备注
	SW	*SDL*	*LL*	*WINDX*	*WINDY*	*NOTX*	*NOTY*	*EHFX*	*EHFY*	*RX*	*RY*	*UL*	
组合 95	1	1	0.91		−1.3				−1				ULS:DA1-C2
组合 96	1	1	0.91			1		1					
组合 97	1	1	0.91			−1		−1					
组合 98	1	1	0.91				1		1				
组合 99	1	1	0.91				−1		−1				

正常使用极限状态：荷载组合　　　　**表 5-11**

荷载组合	竖向荷载			风荷载				整体缺陷荷载		地震作用		上浮力	备注
	SW	*SDL*	*LL*	*WINDX*	*WINDY*	*NOTX*	*NOTY*	*EHFX*	*EHFY*	*RX*	*RY*	*UL*	
组合 100	1	1	1										SLS
组合 101	1	1		1								0.7	
组合 102	1	1		−1								0.7	
组合 103	1	1			1							0.7	
组合 104	1	1			−1							0.7	
组合 105	1	1				0.77						0.7	
组合 106	1	1				−0.77						0.7	
组合 107	1	1					0.77					0.7	
组合 108	1	1					−0.77					0.7	
组合 109	1	1		0.5								1	
组合 110	1	1		−0.5								1	
组合 111	1	1			0.5							1	
组合 112	1	1			−0.5							1	
组合 113	1	1				0.38						1	
组合 114	1	1				−0.38						1	
组合 115	1	1					0.38					1	
组合 116	1	1					−0.38					1	
组合 117	1	1	1	0.5									
组合 118	1	1	1	−0.5									
组合 119	1	1	1		0.5								
组合 120	1	1	1		−0.5								
组合 121	1	1	1			0.38							
组合 122	1	1	1			−0.38							

续表

荷载组合	竖向荷载			风荷载				整体缺陷荷载		地震作用		上浮力	备注
	SW	*SDL*	*LL*	*WINDX*	*WINDY*	*NOTX*	*NOTY*	*EHFX*	*EHFY*	*RX*	*RY*	*UL*	
组合 123	1	1	1				0.38						SLS
组合 124	1	1	1				−0.38						
组合 125	1	1	0.7	1									
组合 126	1	1	0.7	−1									
组合 127	1	1	0.7		1								
组合 128	1	1	0.7		−1								
组合 129	1	1	0.7			0.77							
组合 130	1	1	0.7			−0.77							
组合 131	1	1	0.7				0.77						
组合 132	1	1	0.7				−0.77						

需要注意的是欧洲规范对桩基础的分析和设计的要求不同于原新加坡的基础设计规范 CP4，其不是用结构在正常使用状态下的荷载去设计桩基础，而是采用承载能力极限状态下的 STR/GEO 分析。新加坡国家附录规定要采用设计方法一（Design Approach 1）中的两种组合（DA1-C1 和 DA1-C2）来分析和设计结构和基础。荷载组合 DA1-C1 和 DA1-C2 下灌注桩的承载力见表 5-1。

还需要注意的是由于地震作用在两个相互垂直的水平方向上进行了荷载组合（一个水平方向考虑 100%地震作用，相垂直的水平方向考虑 30%地震作用），那么在 ETABS 计算软件中的荷载工况（load case）每次只能输入一个方向的地震作用，而不能同时输入两个方向。

根据欧洲抗震规范 EC8，在做混凝土结构和钢-混凝土组合结构的抗震分析时，应考虑地震抵抗系统中的混凝土构件的开裂对其刚度的影响。工程中，在做结构整体抗震分析时，假定混凝土梁、墙和柱的抗弯和抗剪刚度为构件未开裂时刚度的一半。对于不需要考虑地震作用的结构分析，如水平荷载只考虑风荷载和整体缺陷荷载时，构件的刚度不能折减。

荷载组合表中的 *NOTX* 及 *NOTY* 是新加坡的欧洲风荷载规范（EC1：part 1-4）的国家附录中要求的名义水平荷载（notional load）：设计值为结构单层恒荷载的 1.5%，设计极限风荷载的值不应小于此值，此设计概念依照原英国混凝土结构设计规范 BS8110。*EHFX* 及 *EHFY* 为整体缺陷荷载，设计取值可以参照第 3.5.1 节。

欧洲抗震规范 EC8 规定：当计算地震作用时，楼层惯性质量 W_i 应包括所有作用在该楼层上的恒荷载 $\sum G_{\mathrm{k},j}$ 加上所有可变荷载和组合系数的乘积 $\sum \psi_{\mathrm{E},i} \cdot Q_{\mathrm{k},i}$，便可得到以下与式（2-58）相似的公式：

$$W_i = \sum G_{k,j} + \sum \psi_{E,i} \cdot Q_{k,i} \tag{5-3}$$

式中　$\psi_{E,i} = \varphi\psi_{2,i}$。

可变荷载的组合系数 $\psi_{E,i}$ 是考虑了可变荷载 $Q_{k,i}$ 在地震时不会同时布满整个建筑物。这些系数也包含了结构在运动中由于非刚性连接而减少的质量参与度以及结构与施加荷载之间的不完全耦合。BC3 对系数 φ 及 $\psi_{2,i}$ 给出了明确的定义，见表 5-12。

ψ_{2i} 和 φ 建议值　　表 5-12

建筑物可变荷载类别	具体用于	ψ_{2i}	φ		
			屋面	共同使用的楼层	独立使用的楼层
A	居民和民用区域 (例如:住宅建筑的房间、医院的卧室和病房、酒店卧室、酒店厨房和卫生间)	0.3	1.0	0.8	0.5
B	办公室	0.3	1.0	0.8	0.5
C	集会区域 (1)带有桌子的区域 (例如:学校、咖啡馆、饭店、食堂、阅览室、收发接待室等) (2)带有固定座椅区域 (例如:教堂、剧院或电影院、会议室、演讲厅、大会堂、等候室、火车站候车厅等) (3)人行走的无障碍区域 (例如:博物馆、展览馆等;以及公共通道区域、行政楼、旅馆、医院、火车站前广场等) (4)临时活动区域 (例如:舞厅、健身房、舞台等) (5)易受群众集聚影响的区域 (例如:用于公众活动的建筑,例如音乐厅、体育馆中包括看台、站台和通道区部分,还有铁路的站台等)	0.6	1.0	0.8	0.5
D	购物区域 (例如:一般的零售商店和百货商店)	0.6	1.0		
E	贮藏区域和工业用途 (例如:档案馆和货物易积聚区域包括通道区域和工业用途)	0.8	1.0		
F	交通区域:(车重≤30kN)	0.6	1.0		

根据欧洲抗震规范 EC8 第 4.3.4 条和第 4.4.3.2 (1)a 条对结构水平位移和层间侧移的要求，可以通过规定结构的设计层间侧移值的大小来确保限制损坏的要求得以满足。新加坡抗震设计指南 BC3 中对设计层间侧移给出了以下公式：

$$d_r \leqslant \frac{0.005h}{\nu q} \tag{5-4}$$

式中 d_r——设计层间侧移，在设计地震反应谱组合作用下的结构分析中同一点在楼层上下端水平位移的差值；

ν——考虑了与破坏极限要求相关的地震作用的低重现期的折减系数（普通建筑：$\nu=0.5$；特殊建筑：$\nu=0.4$）；

h——层高；

q——性能系数（取决于结构体系、平立面规则性以及延性等级。对于所有结构类型 q 可取最小值 1.5）。

新加坡抗震设计指南 BC3 中对楼高超过 20m 的新建建筑物距产权边界线的距离以及同一项目中建筑物之间的距离给出了最小间距的要求。如图 5-9 所示，新建建筑物 A 在每一层上与产权边界线的最小距离应大于该层在包括地震作用的荷载组合下的结构分析得出的水平位移 Δ_A，这个最小间距还应大于 $0.1\%H_A$，H_A 是该层到基础或者刚性地下室顶板的距离（图 5-5）。

如图 5-10 所示，同一项目中相邻建筑物 A 和 B 在每一层上的最小间距应大于该层在包括地震作用的荷载组合下的结构分析得出的水平位移 Δ_A 及 Δ_B 的平方和开平方根，即 $\sqrt{\Delta_A^2+\Delta_B^2}$，这个最小间距还应大于 $0.14\%H$，H 是该层到基础或者刚性地下室顶板的距离。

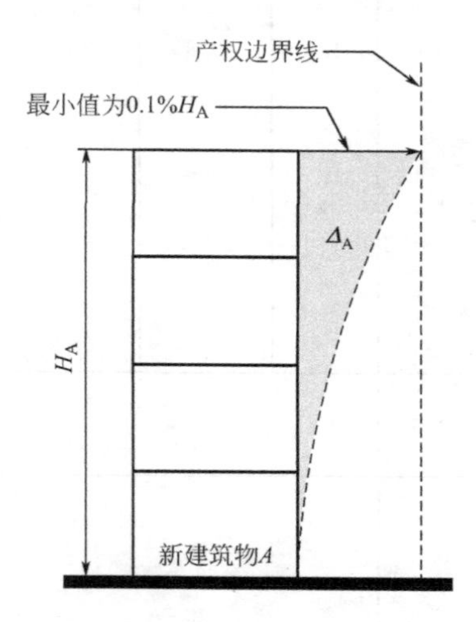

图 5-9 距产权边界线的最小结构间距要求

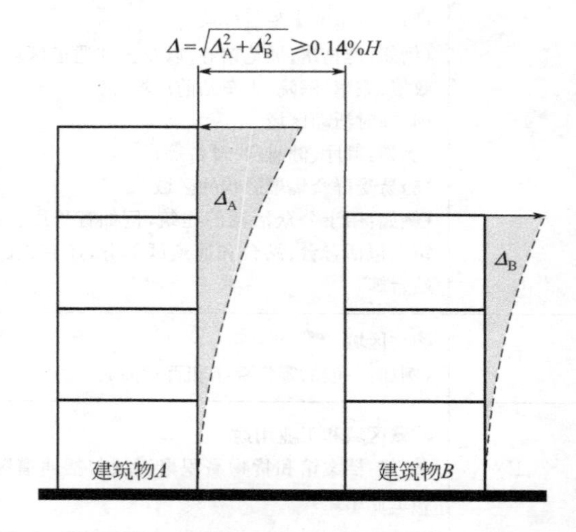

图 5-10 同一项目中相邻建筑物的最小结构间距要求

新加坡建设局规定在所有的新建住宅中，每层须配备一定数量的防空壕（Household Shelter）空间。由图 5-1 可以看出，工程中每个住宅单位中均配置了一个筒体结构以满足人防要求，这样就使整个建筑物的水平刚度得以加强。分析时按照各种预制及现浇构件之间的实际连接情况确定计算模型中的构件之间是刚接还是铰接，参见塔楼 109A 的标准层 ETABS 计算模型（图 5-11）和整个结构的三维模型（图 5-12）。

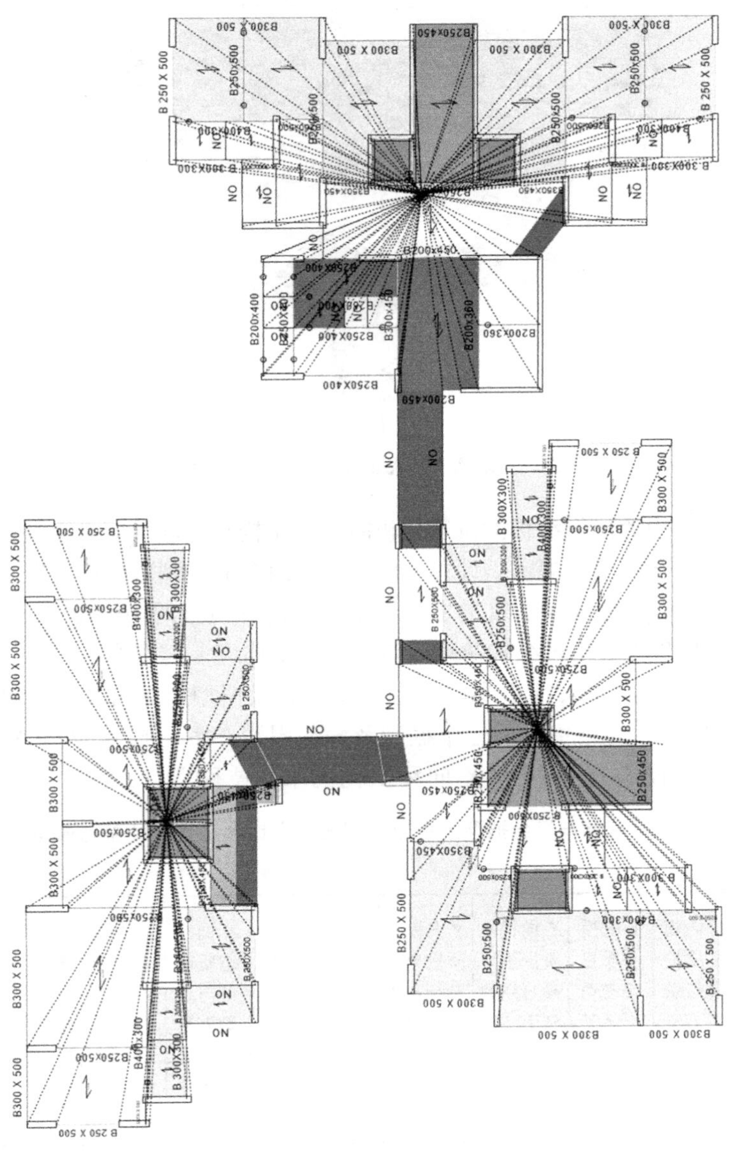

图 5-11 塔楼 109A 的标准层 ETABS 计算模型

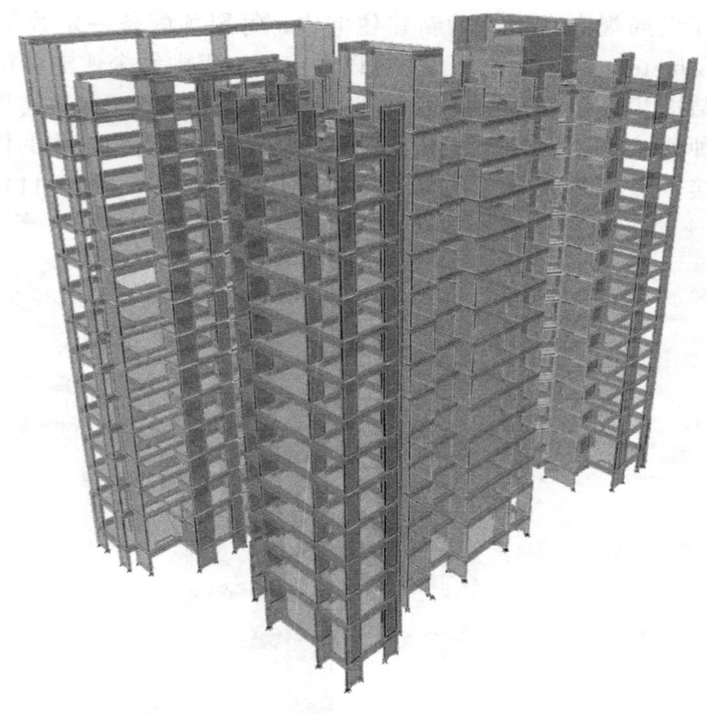

图 5-12 塔楼 109A 的 ETABS 模型三维图

采用模态反应谱法做结构的抗震分析时，对结构总地震反应有重要贡献的振型均应参与振型组合。EC8 规定：计算方向上参与组合的振型数应遵循以下原则：

1）参与振型的有效振型质量之和不小于结构总质量的 90%；

2）有效振型质量超过结构总质量 5%的振型均应参与组合。

表 5-13 为塔楼 109A 所有参与组合振型的有效振型质量占比和振型累计参与质量占比；图 5-13 为结构的前三个振型及振型周期；图 5-14 为结构 X 向和 Y 向的层间位移角；图 5-15 为结构 X 向和 Y 向的水平位移。

塔楼 109A 所有参与组合振型的有效振型质量占比和振型累计参与质量占比

表 5-13

振型	周期(s)	X 向模态质量参与系数 UX	Y 向模态质量参与系数 UY	X 向模态质量累计参与系数 SUM UX	Y 向模态质量累计参与系数 SUM UY	振型	周期(s)	X 向模态质量参与系数 UX	Y 向模态质量参与系数 UY	X 向模态质量累计参与系数 SUM UX	Y 向模态质量累计参与系数 SUM UY
1	1.649	0.1036	0.0058	0.1036	0.0058	4	0.928	0.0035	0.0005	0.6559	0.6523
2	1.587	0.0267	0.6253	0.1303	0.6311	5	0.493	0	0.0009	0.6559	0.6532
3	1.445	0.5221	0.0207	0.6524	0.6518	6	0.462	0.0336	0.0010	0.6895	0.6542

续表

振型	周期(s)	X向模态质量参与系数UX	Y向模态质量参与系数UY	X向模态质量累计参与系数SUM UX	Y向模态质量累计参与系数SUM UY	振型	周期(s)	X向模态质量参与系数UX	Y向模态质量参与系数UY	X向模态质量累计参与系数SUM UX	Y向模态质量累计参与系数SUM UY
7	0.426	0.0003	0.057	0.6898	0.7112	38	0.1	0.0001	0.0006	0.8928	0.8878
8	0.398	0.0371	0.0327	0.7269	0.7439	39	0.1	0	0.0002	0.8928	0.888
9	0.379	0.0108	0.0513	0.7377	0.7952	40	0.1	0.0005	0	0.8933	0.888
10	0.352	0.0347	0	0.7724	0.7952	41	0.1	0.0002	0.0004	0.8935	0.8884
11	0.351	0.0198	0.0149	0.7923	0.8101	42	0.1	0	0.0001	0.8935	0.8885
12	0.326	0.0007	0.0002	0.793	0.8103	43	0.099	0	0	0.8935	0.8885
13	0.276	0.0307	0.0023	0.8237	0.8126	44	0.095	0.0001	0.0005	0.8936	0.889
14	0.258	0.0028	0.004	0.8265	0.8167	45	0.095	0.0015	0.0088	0.8951	0.8978
15	0.223	0	0	0.8265	0.8167	46	0.093	0.0001	0.0011	0.8952	0.8989
16	0.193	0.0015	0.0056	0.828	0.8223	47	0.092	0	0.0001	0.8952	0.899
17	0.188	0.0213	0.0128	0.8493	0.8351	48	0.091	0	0.0014	0.8952	0.9004
18	0.183	0.0001	0.0032	0.8494	0.8383	49	0.091	0	0.0001	0.8952	0.9005
19	0.175	0.0051	0.0204	0.8545	0.8587	50	0.091	0	0	0.8952	0.9005
20	0.155	0	0.0035	0.8545	0.8622	51	0.09	0	0.0001	0.8952	0.9006
21	0.146	0.0075	0.0113	0.862	0.8735	52	0.09	0	0	0.8952	0.9006
22	0.139	0.0065	0.0021	0.8685	0.8756	53	0.09	0	0	0.8952	0.9006
23	0.131	0.0129	0.0006	0.8814	0.8762	54	0.09	0	0	0.8952	0.9006
24	0.122	0	0	0.8814	0.8762	55	0.09	0.0001	0.0001	0.8953	0.9007
25	0.12	0	0.0002	0.8814	0.8764	56	0.089	0.0001	0.0005	0.8954	0.9012
26	0.117	0.0001	0	0.8815	0.8764	57	0.089	0	0.0002	0.8954	0.9014
27	0.111	0.0002	0.0001	0.8817	0.8765	58	0.088	0	0.0004	0.8954	0.9018
28	0.111	0.0021	0.0079	0.8838	0.8844	59	0.088	0.0001	0.0001	0.8955	0.9019
29	0.11	0.0013	0.0002	0.8851	0.8846	60	0.088	0	0	0.8955	0.9019
30	0.108	0.0014	0.0014	0.8865	0.886	61	0.088	0	0.0001	0.8955	0.902
31	0.107	0.0023	0	0.8888	0.886	62	0.088	0	0.0002	0.8955	0.9022
32	0.105	0.0016	0.0001	0.8904	0.8861	63	0.087	0	0.0001	0.8955	0.9023
33	0.104	0.002	0	0.8924	0.8861	64	0.087	0.0008	0	0.8963	0.9023
34	0.102	0	0.001	0.8924	0.8871	65	0.086	0	0.0001	0.8963	0.9024
35	0.102	0	0	0.8924	0.8871	66	0.086	0.0019	0	0.8982	0.9024
36	0.101	0.0003	0.0001	0.8927	0.8872	67	0.085	0.0004	0.0024	0.8986	0.9048
37	0.101	0	0	0.8927	0.8872	68	0.084	0.0001	0.0004	0.8987	0.9052

续表

振型	周期(s)	X 向模态质量参与系数 UX	Y 向模态质量参与系数 UY	X 向模态质量累计参与系数 SUM UX	Y 向模态质量累计参与系数 SUM UY	振型	周期(s)	X 向模态质量参与系数 UX	Y 向模态质量参与系数 UY	X 向模态质量累计参与系数 SUM UX	Y 向模态质量累计参与系数 SUM UY
69	0.084	0	0.0001	0.8987	0.9053	75	0.082	0	0	0.8989	0.9059
70	0.084	0.0001	0	0.8988	0.9053	76	0.082	0.0002	0.0001	0.8991	0.906
71	0.083	0	0.0002	0.8988	0.9055	77	0.082	0	0.0001	0.8991	0.9061
72	0.083	0	0.0001	0.8988	0.9056	78	0.081	0.0001	0.0002	0.8992	0.9063
73	0.083	0	0.0003	0.8988	0.9059	79	0.08	0.0097	0.0001	0.9089	0.9064
74	0.082	0.0001	0	0.8989	0.9059						

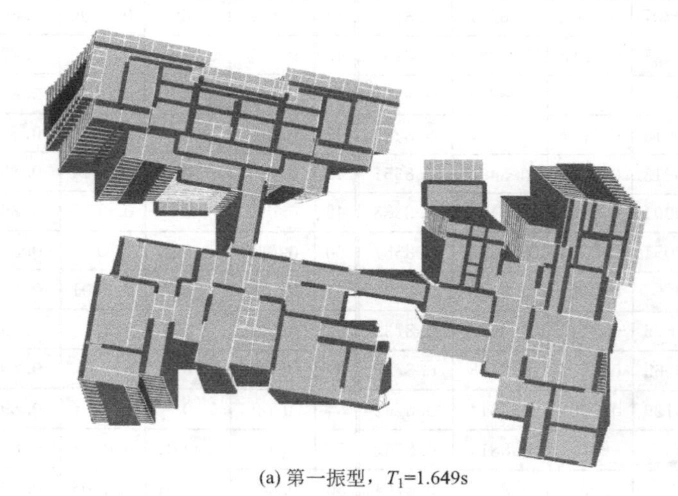

(a) 第一振型，T_1=1.649s

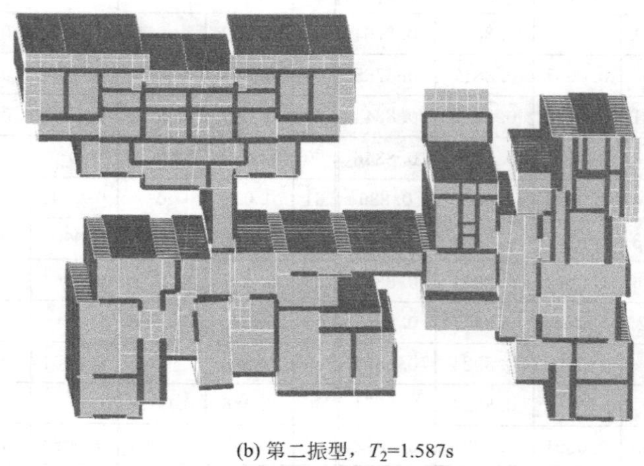

(b) 第二振型，T_2=1.587s

图 5-13　塔楼 109A 的前三个振型及周期（一）

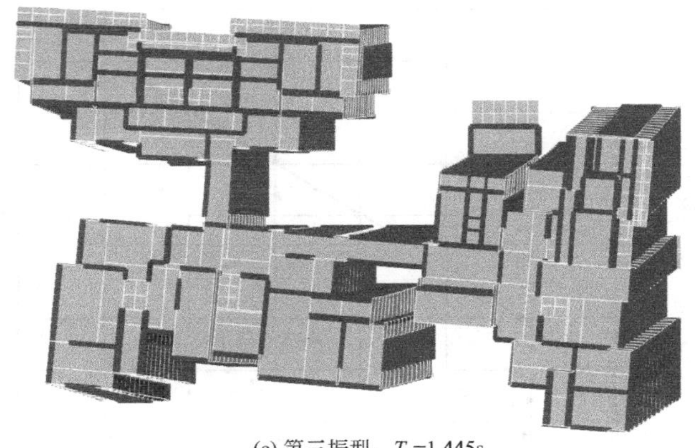

(c) 第三振型，T_3=1.445s

图 5-13　塔楼 109A 的前三个振型及周期（二）

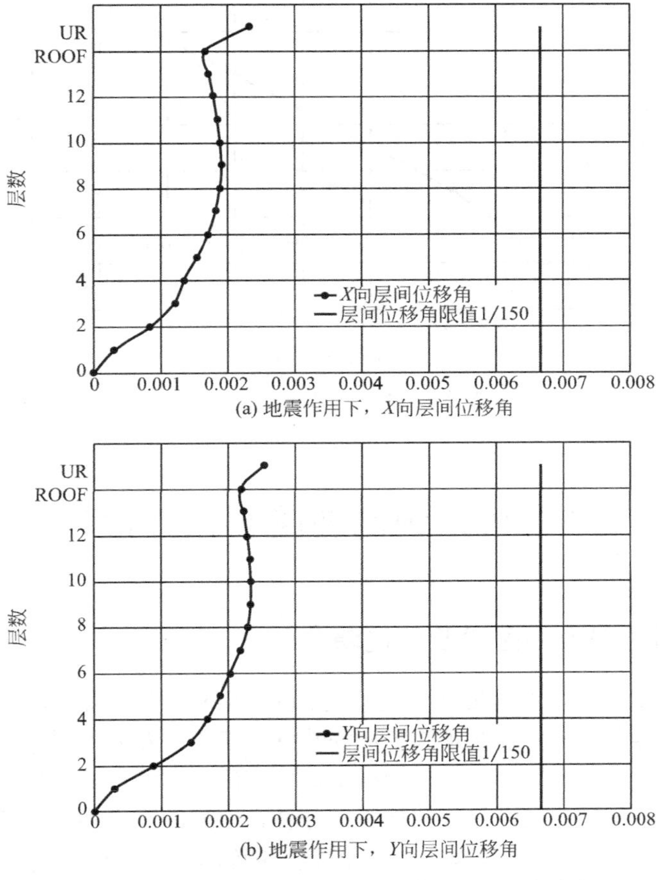

(a) 地震作用下，X向层间位移角

(b) 地震作用下，Y向层间位移角

图 5-14　塔楼 109A 的地震反应谱分析层间位移角

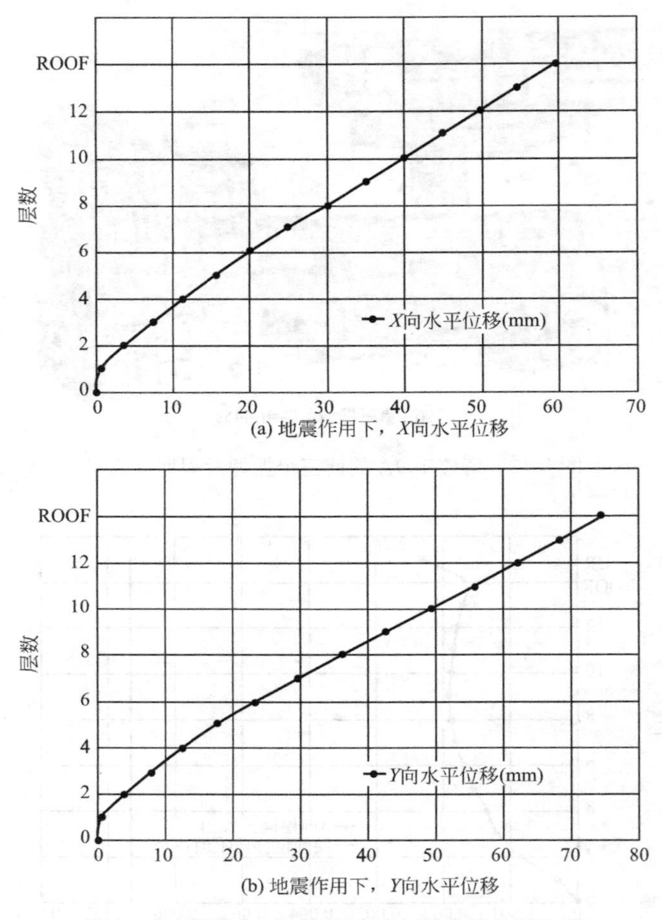

图 5-15　塔楼 109A 的地震反应谱分析水平位移

5.3　塔楼预制混凝土构件设计

5.3.1　预制混凝土外圈梁及外挂墙

根据新加坡建屋发展局要求，所有建筑住宅单元的外圈梁及外墙板必须预制，外墙板中的窗框等必须在预制工厂安装好。工程中对外圈梁采取了半预制的办法，梁的外侧及板下部分预制，梁板接口处现浇，梁的箍筋须同时满足抵抗梁所受竖向剪力以及梁的现浇部分和预制部分叠合面处的水平剪力的要求。依据欧洲混凝土结构设计规范 EC2，如果梁所配箍筋能够抵抗叠合面的水平剪力，即满足式（3-55）的要求，那么梁的现浇部分和预制部分就能协同工作，其工作性能与全现浇梁相同。非承重的外墙板依照建筑要求分为150mm、250mm两种厚度，在250mm厚的外墙板中加入了75mm厚的聚苯板以减轻墙体的重量和增强隔热效果。为了减少水平接口和施工方便，外墙板及其上面梁的预制部分在工厂浇筑在一起。如图5-16、图5-17所示为两种典型的预制外墙板及上面半预制梁的构件制造详图。

由图5-16和图5-1可以看出，预制正立面外墙板K1F1和预制柱（或现浇柱）通过预留甩筋和现浇混凝土接口部分连接在一起，能有效保证预制墙体和柱之间的结合严密。梁的下部受拉主筋在墙柱支座处采用水平环筋，柱中的一部分纵筋会穿过水平环筋以起到销栓作用，梁的上部钢筋在施工现场放置。连接接口详图参考CF11和CF16。预制侧面墙PC-KGW1和上部的支承梁以及一端的柱预制在一起，和另一端的预制柱通过竖向接口WH2连接。

5.3.2 预制预应力混凝土叠合板

楼板在钢筋混凝土结构物中通常混凝土用量最多，减少楼板厚度能有效地减少结构物的混凝土用量及减轻结构自重。在楼板中施加预应力是减少跨度较大板厚度的有效方法，一方面预应力的应用能够有效控制板的挠度，另一方面由于采用了高强钢绞线，普通钢筋的用量会大大减少，经济效益明显。本工程中塔楼楼板全部采用叠合板结构，板厚150mm，包括70mm厚的预制预应力板（部分跨度小的为非预应力预制板）及80mm厚的现浇结构层。对叠合楼板的设计，要校核叠合面的设计水平剪应力小于允许剪应力从而保证预制和现浇部分能够形成整体并协同工作。工程中的预制叠合板采用了强度等级为C32/40的混凝土以及直径为ϕ9.53mm的钢绞线（$f_{pk}=1860\text{N/mm}^2$），普通钢筋采用钢筋网片WA8和WD8（$f_{yk}=500\text{N/mm}^2$），预应力的施加方法为先张法。预制预应力板PK4a的详图如图5-18所示。预制预应力板PK4a的标准宽度为2400mm，如根据结构平面布置需要其他宽度的预制板时，板中所需钢绞线的数量应按比例调整。

5.3.3 预制混凝土人防筒（防空壕）

如图5-1所示，每个住宅单元均配有人防筒体，而人防筒体本身有很多特殊的要求，如采用现浇的方法会降低整个建筑物的施工速度。工程中采用了留孔预制的办法，孔洞一方面可以减轻起吊及运输的重量，另一方面可以在孔洞中现场放置竖向受力钢筋然后浇筑混凝土，进而使人防筒形成有效的抗侧力构件。预制人防筒体HS1的详图如图5-19所示。

5.3.4 预制混凝土柱

根据新加坡建屋发展局的要求，有表面暴露于建筑物外面的柱均应预制以减

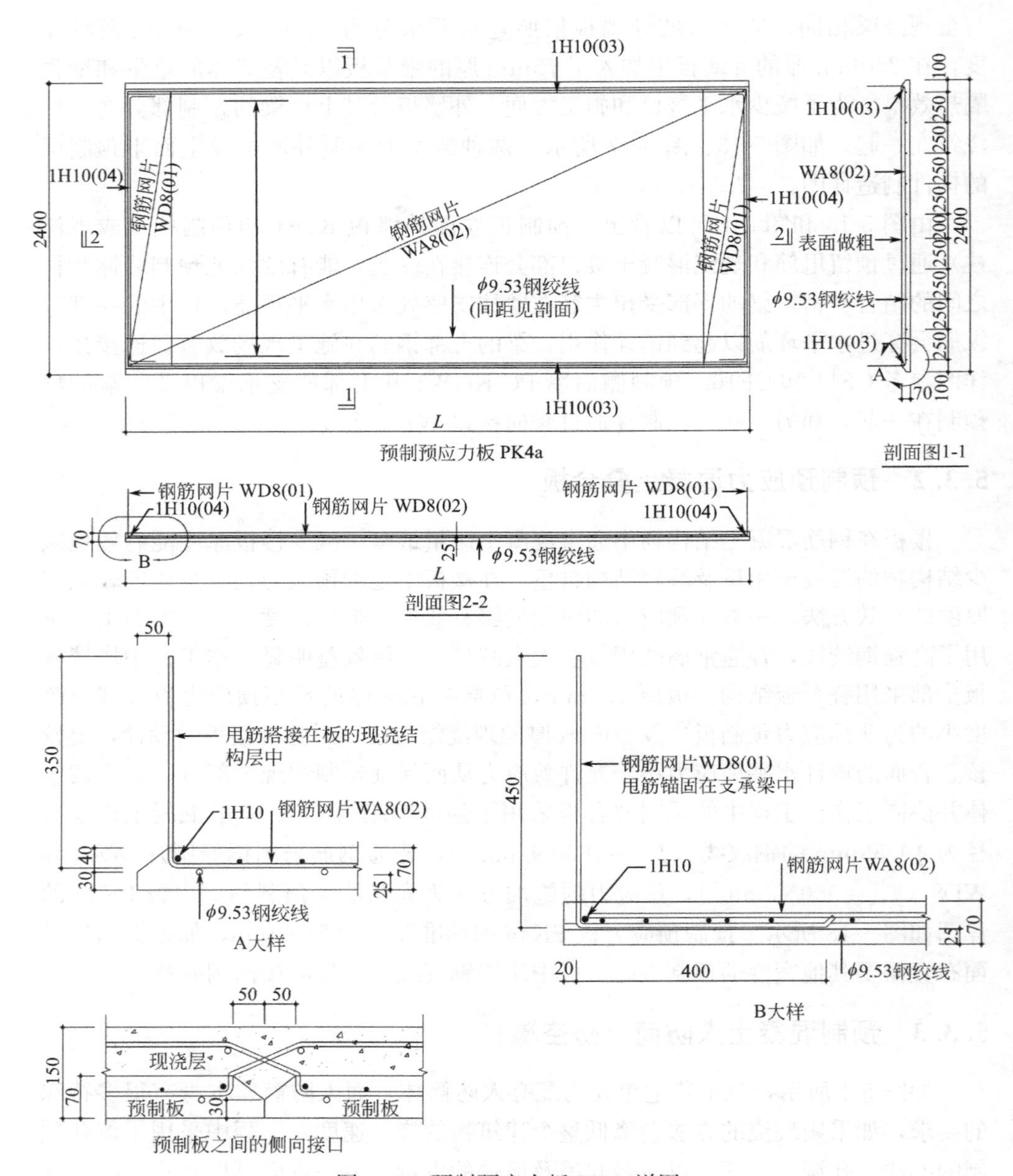

图 5-18　预制预应力板 PK4a 详图

注：WD8 表示直径为 8mm，强度为 500N/mm²，双向间距均为 100mm 的钢筋网片。

WA8 表示直径为 8mm，强度为 500N/mm²，双向间距均为 200mm 的钢筋网片。

少施工时所需的外围护及模板支撑。工程中根据柱的自重、运输能力以及梁柱接口处的钢筋连接要求情况，对预制柱分别做了单层或双层预制。单层预制柱 13PC16 的详图见图 5-20，双层预制柱 13PC21 的详图见图 5-21。

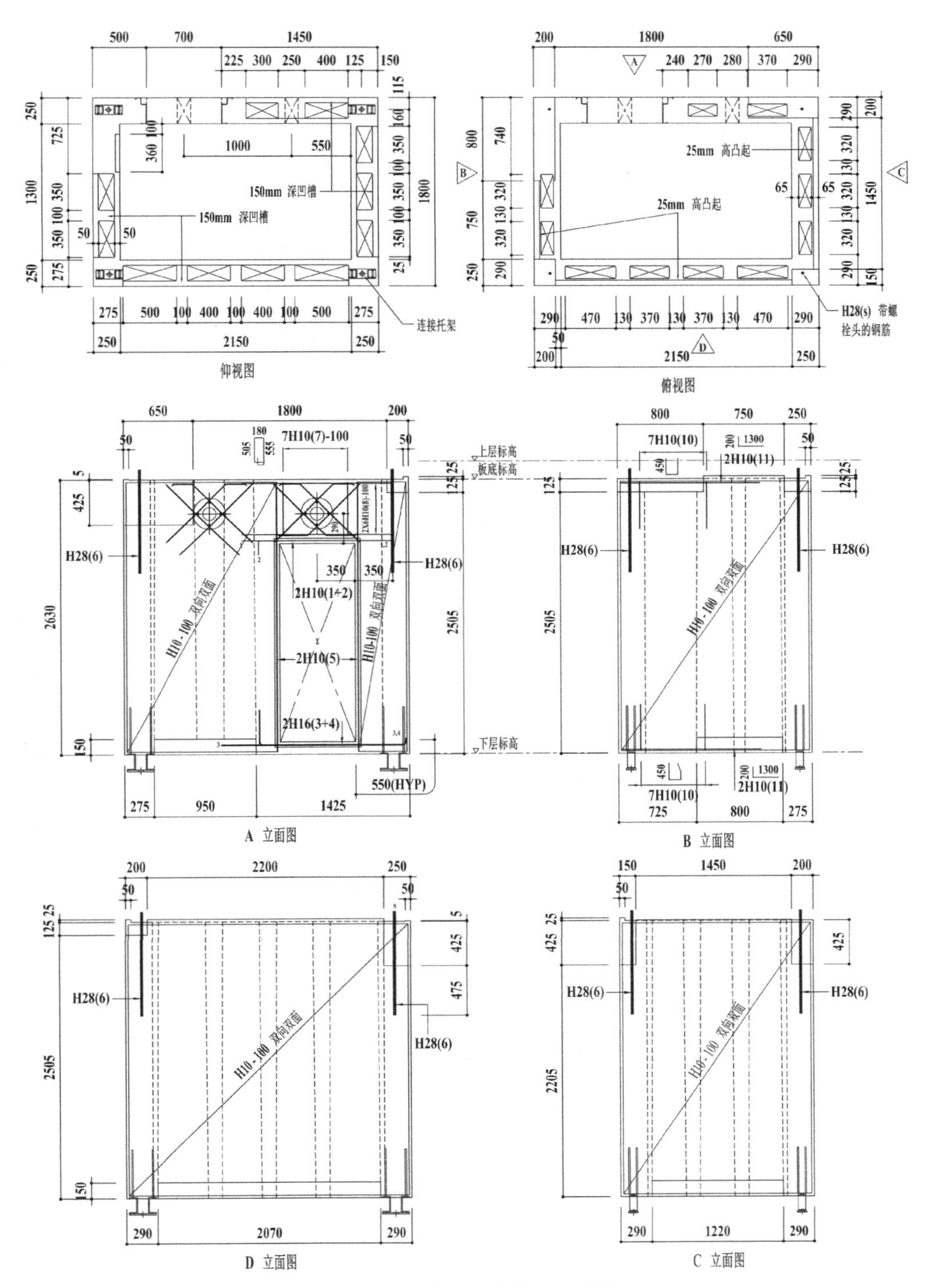

图 5-19　预制人防筒体 HS1 详图

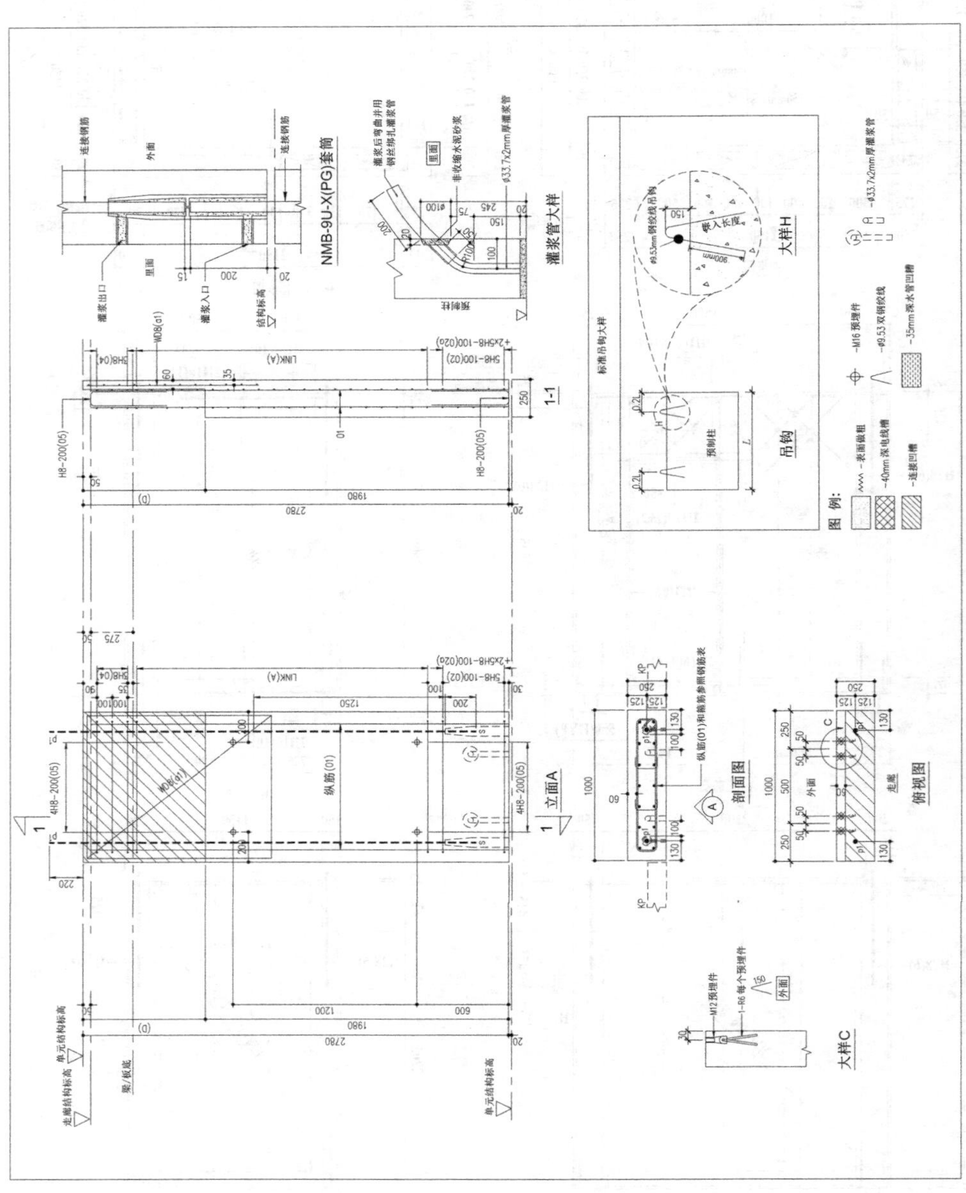

图 5-20 单层预制柱 13PC16 详图

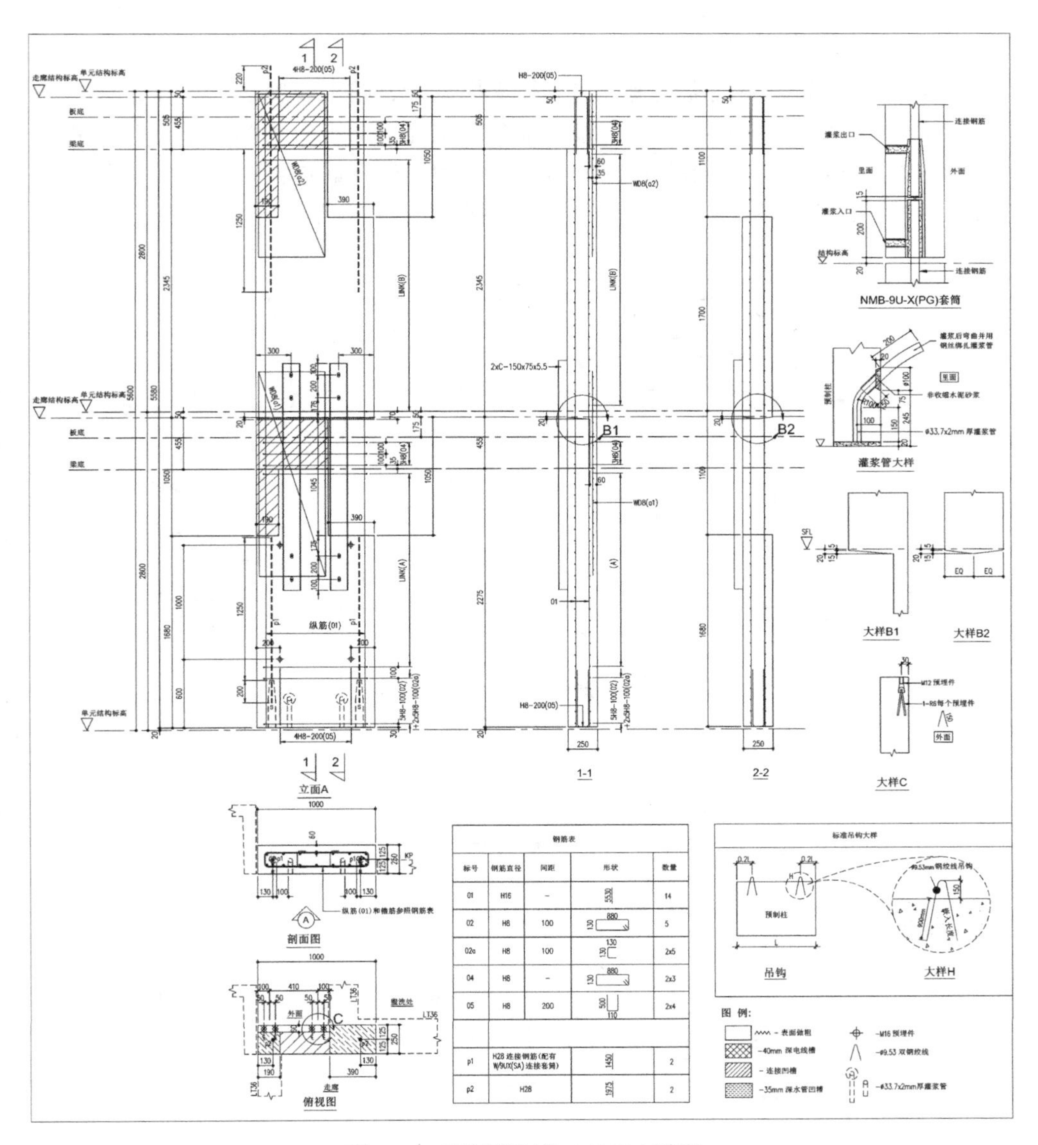

标号	钢筋直径	间距	形状	数量
01	H16	–	5530	14
02	H8	100	130 / 880	5
02a	H8	100	130 / 130	2x5
04	H8	–	130 / 880	2x3
05	H8	200	500 / 110	2x4
p1	H28 连接钢筋(配有W/9UX(SA)连接套筒)		1450	2
p2	H28		1975	2

图 5-21　双层预制柱 13PC21 详图

5.3.5　预制混凝土墙

新加坡建屋发展局对承重剪力墙的预制要求和柱一样，如果有表面暴露于建筑物外面的承重剪力墙均要求采用预制。工程中依据承重墙的自重、尺寸以及运输能力，将墙板做成单层预制。承重剪力墙 13PW1 的详图见图 5-22。

5.3.6 预制混凝土楼梯

楼梯的踏步如采用现浇法施工，模板支撑复杂、施工步骤多、工作量大，采用预制的办法就相对简单。工程中楼梯平台板现浇，踏步板预制。设计时认为踏步板简支在平台板上，预制及现浇的接口部分用销栓钢筋连接。预制楼梯踏步板STS1如图5-23所示；踏步板与平台板的连接如图5-24所示。

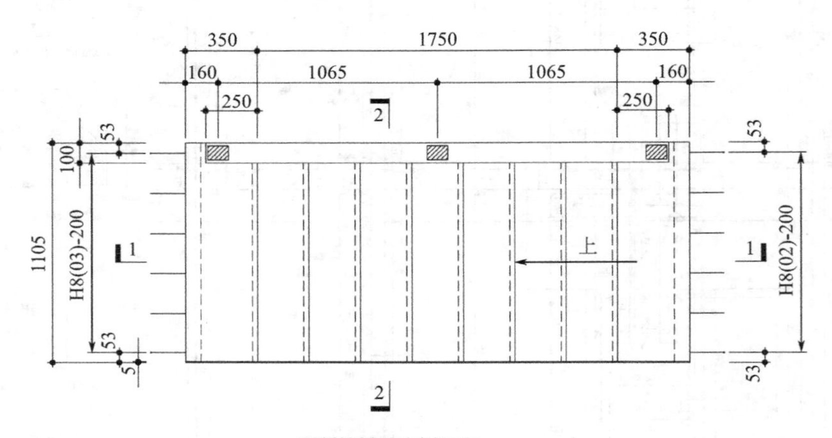

预制楼梯踏步板STS1

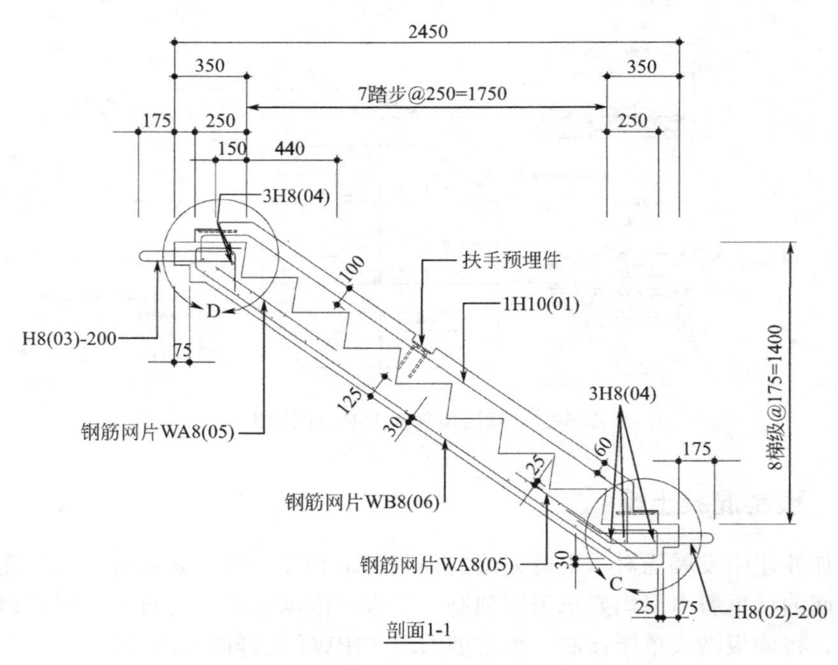

剖面1-1

图5-23　预制楼梯踏步板STS1详图（一）

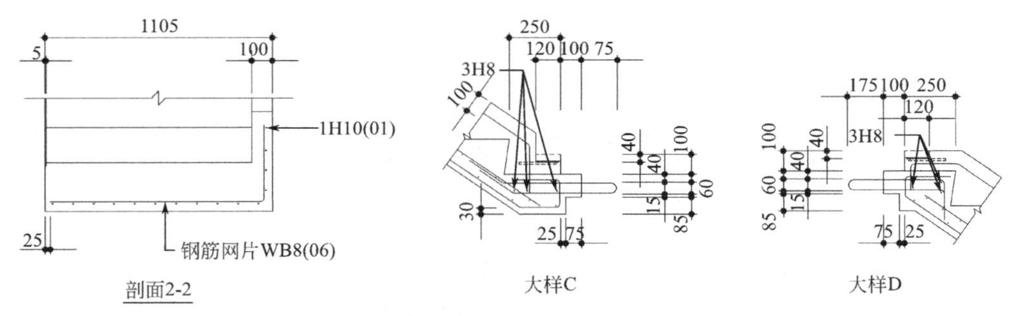

图 5-23 预制楼梯踏步板 STS1 详图（二）

注：WB8 表示直径为 8mm，强度为 500N/mm²，主向间距为 100mm，次向间距为 200mm 的钢筋网片。

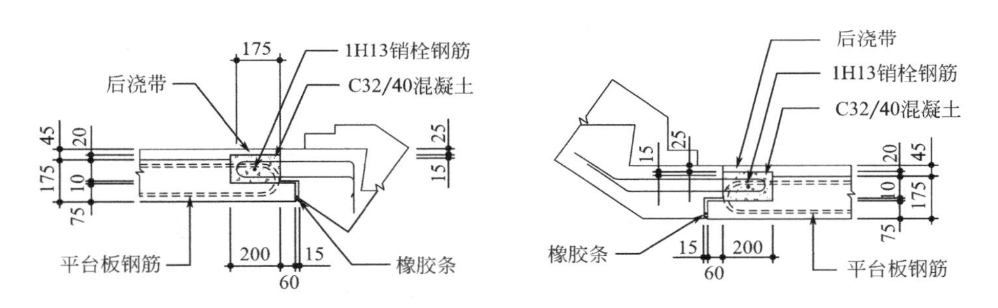

图 5-24 踏步板与平台板的连接

5.3.7 预制混凝土整体卫生间

由于卫生间中预埋电线、上水及下水管道比较多，结构板中需预留多个孔洞，尺寸及位置要求严格，施工工序繁杂，适合在工厂整体预制，以便更好地控制质量和精度。整体卫生间可以由多种材料制成，本工程中采用的是整体钢筋混凝土结构形式。钢筋混凝土结构板直接作为卫生间的底板，两个侧面的混凝土墙为承重剪力墙，其他的钢筋混凝土围护墙为非承重墙。预制混凝土整体卫生间 PBU-1 的详图见图 5-25。水管埋置在混凝土墙的预留槽中而不是浇筑在混凝土墙中，以方便将来维修。卫生间中的瓷砖及各种设施等均在工厂做好。

5.3.8 预制混凝土垃圾道和雨水道

新加坡的政府组屋采用室外集中布置垃圾道的办法收集生活垃圾。垃圾道采用预制混凝土方形管道形式，预制混凝土垃圾道 PC1424 详图见图 5-26。为了美观，雨水管由预制混凝土管道围护，雨水管的预制混凝土围护管道 PD1 详图见图 5-27。

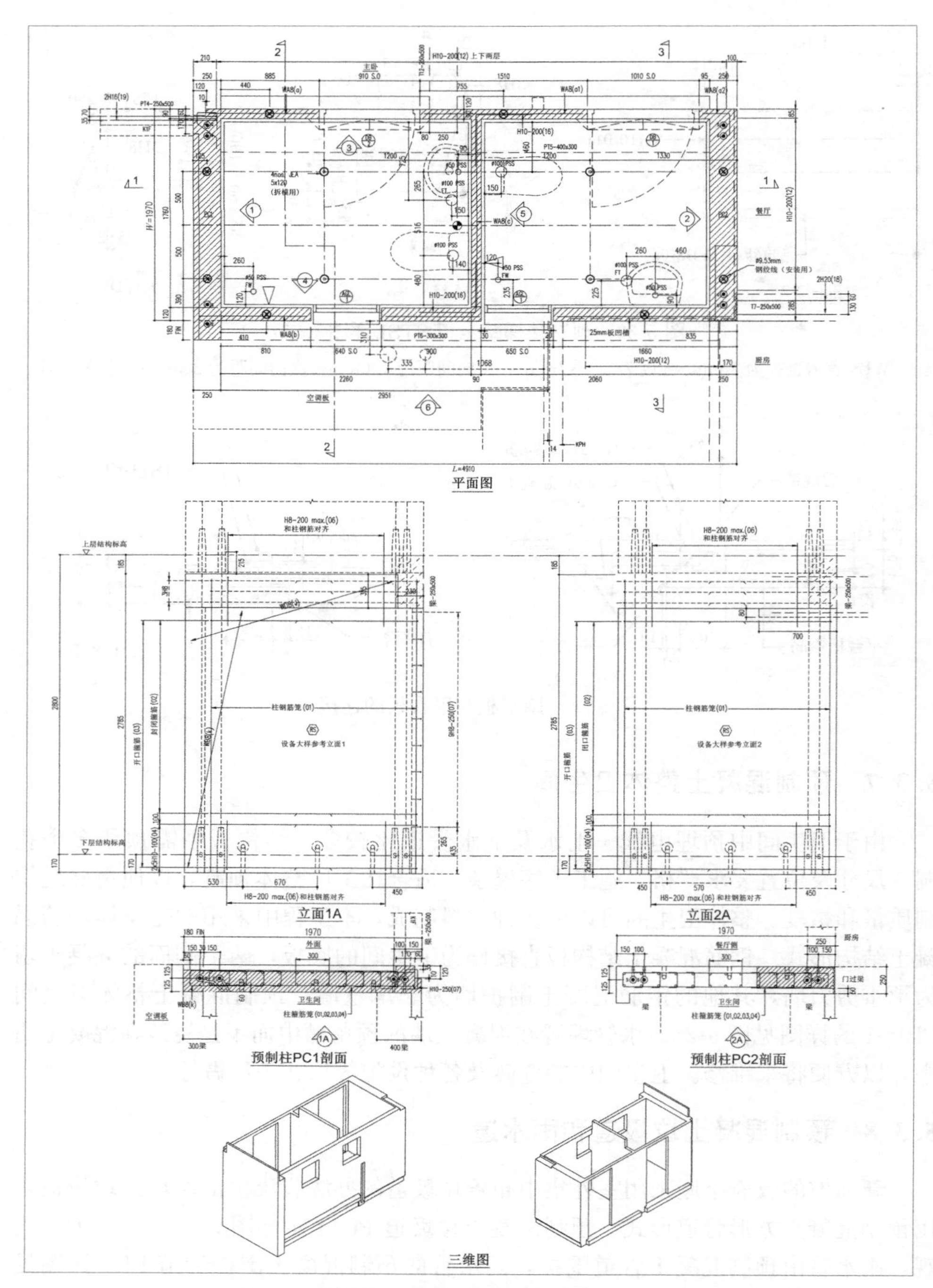

(a) PBU-1的平面、三维图及整体浇筑预制柱的剖面

图 5-25　预制混凝土整体卫生间的 PBU-1 详图（一）

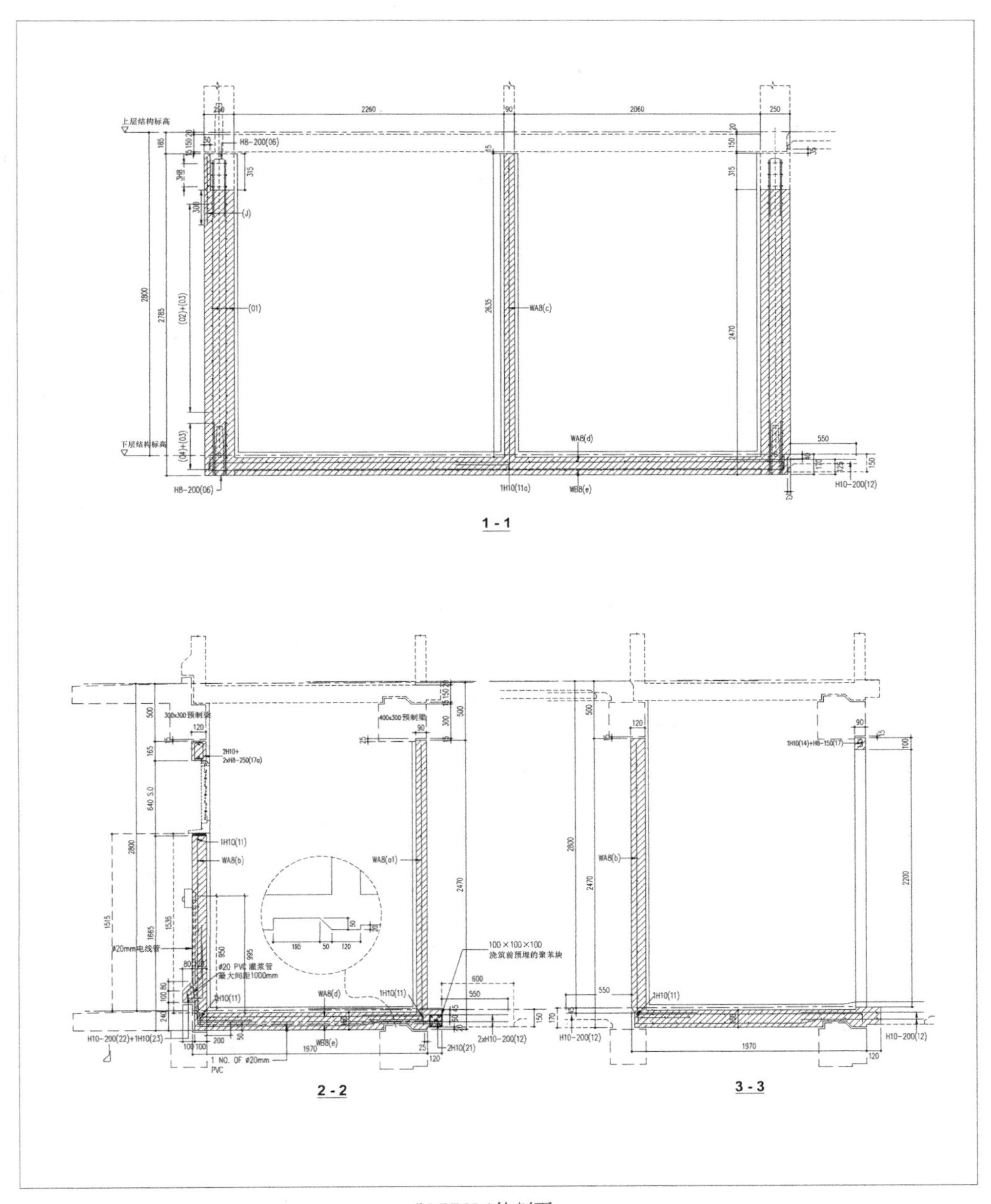

(b) PBU-1的剖面

图5-25 预制混凝土整体卫生间 PBU-1 详图（二）

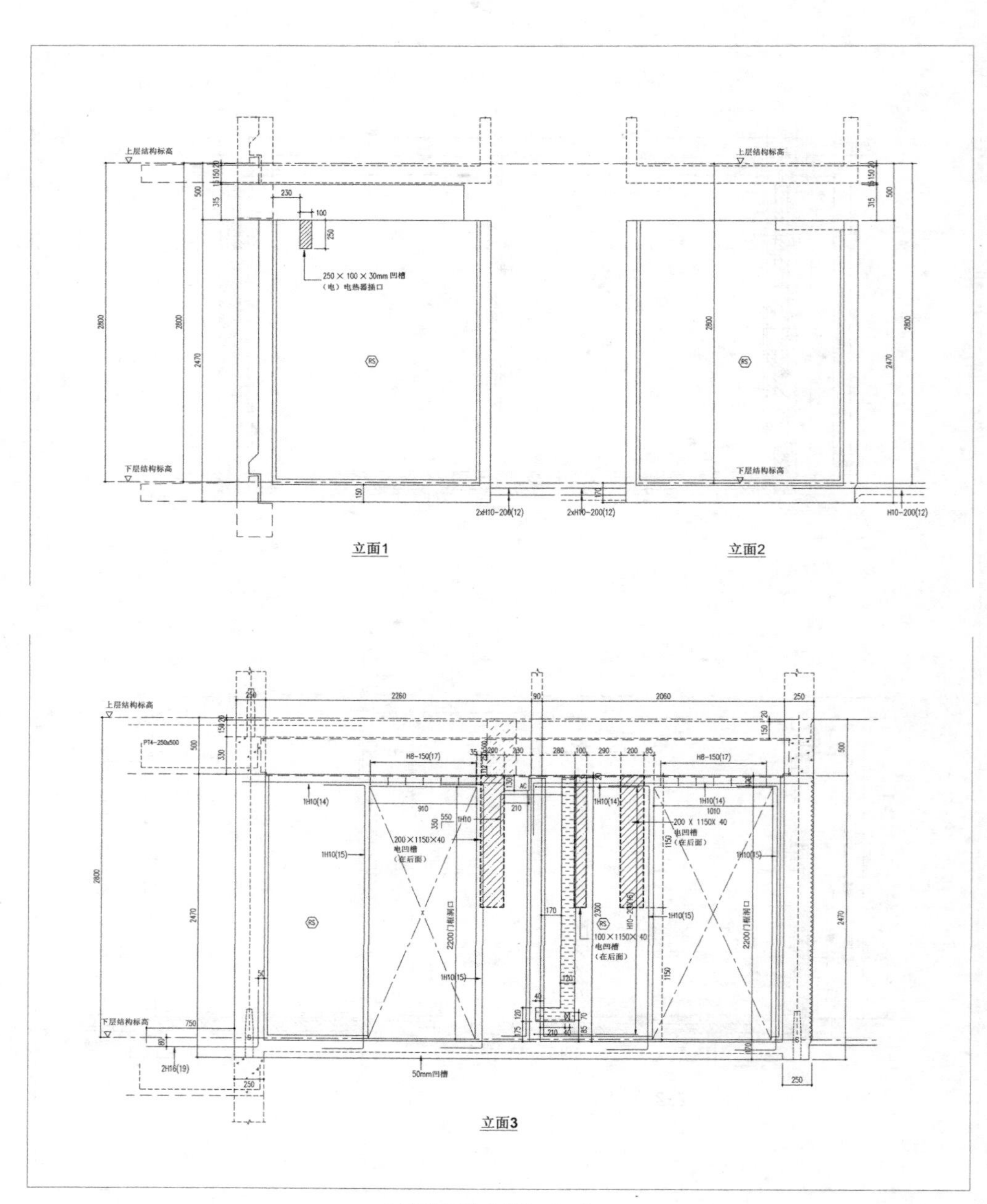

(c) PBU-1的立面1、2、3

图 5-25　预制混凝土整体卫生间 PBU-1 详图（三）

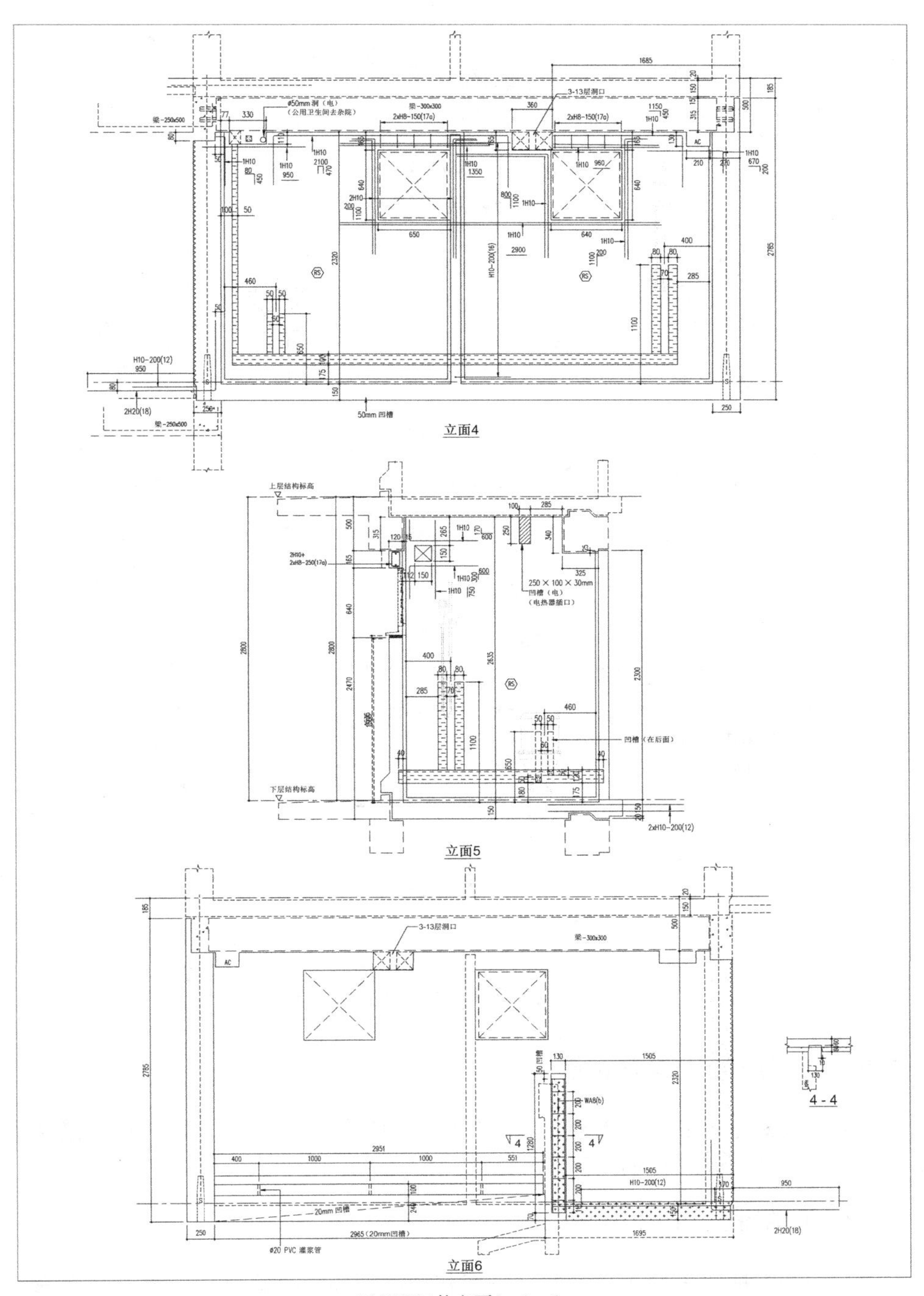

(d) PBU-1的立面4、5、6

图 5-25　预制混凝土整体卫生间 PBU-1 详图（四）

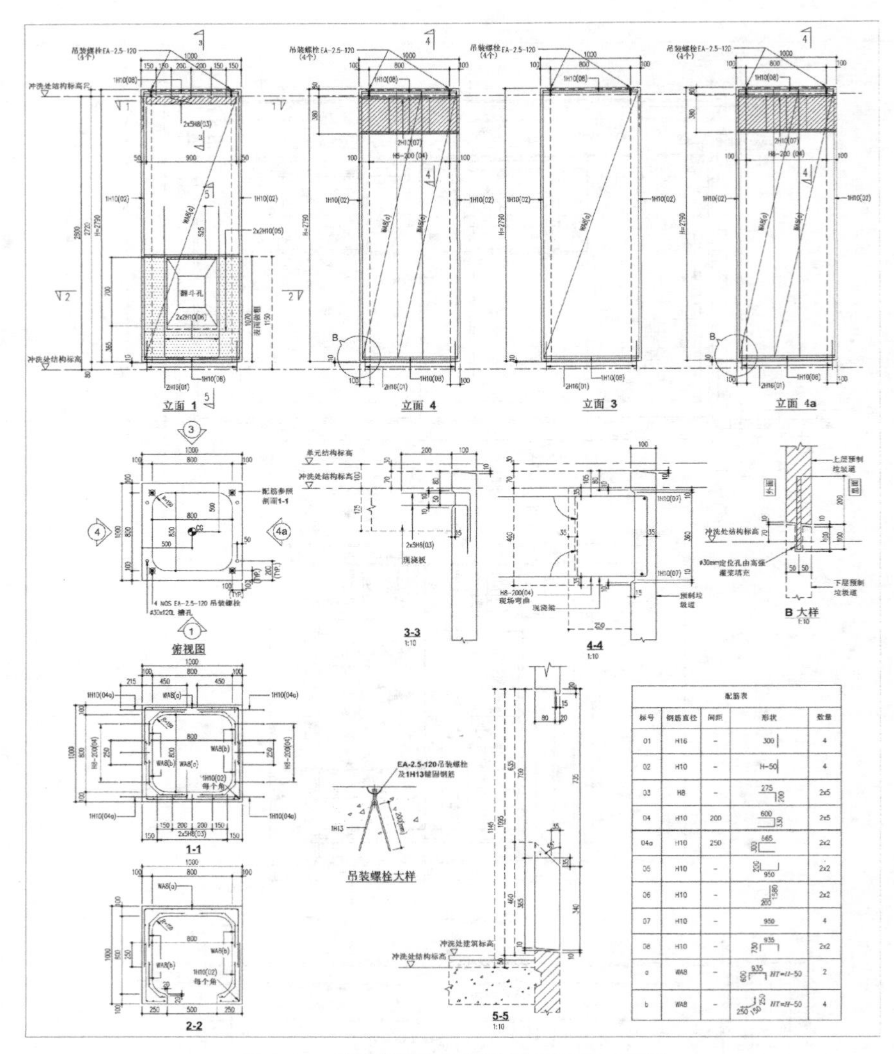

配筋表				
标号	钢筋直径	间距	形状	数量
01	H16	-	300	4
02	H10	-	H-50	4
03	H8	-	275 200	2x5
04	H10	200	600 330	2x5
04a	H10	250	565 300	2x2
05	H10	-	200 950	2x2
06	H10	-	1580 200	2x2
07	H10	-	950	4
08	H10	-	935 730	2x2
a	WA8	-	935 600 $HT=H-50$	2
b	WA8	-	250 150 250 $HT=H-50$	4

图 5-26　预制混凝土垃圾道 PC1424 详图

5.3.9　预制混凝土走廊护墙

住宅单元到电梯和楼梯的连接走廊护墙采用预制混凝土墙形式，预制混凝土走廊护栏墙 KPV 的详图见图 5-28。

5.3.10　预制混凝土分户墙

分户墙和上面的梁预制在一起，侧面和预制柱相连时留有现浇带，和现浇柱相连时预制墙有 20mm 埋置在现浇柱中。预制墙底部有凹槽。预制混凝土分户墙 1-FW1 的详图见图 5-29。

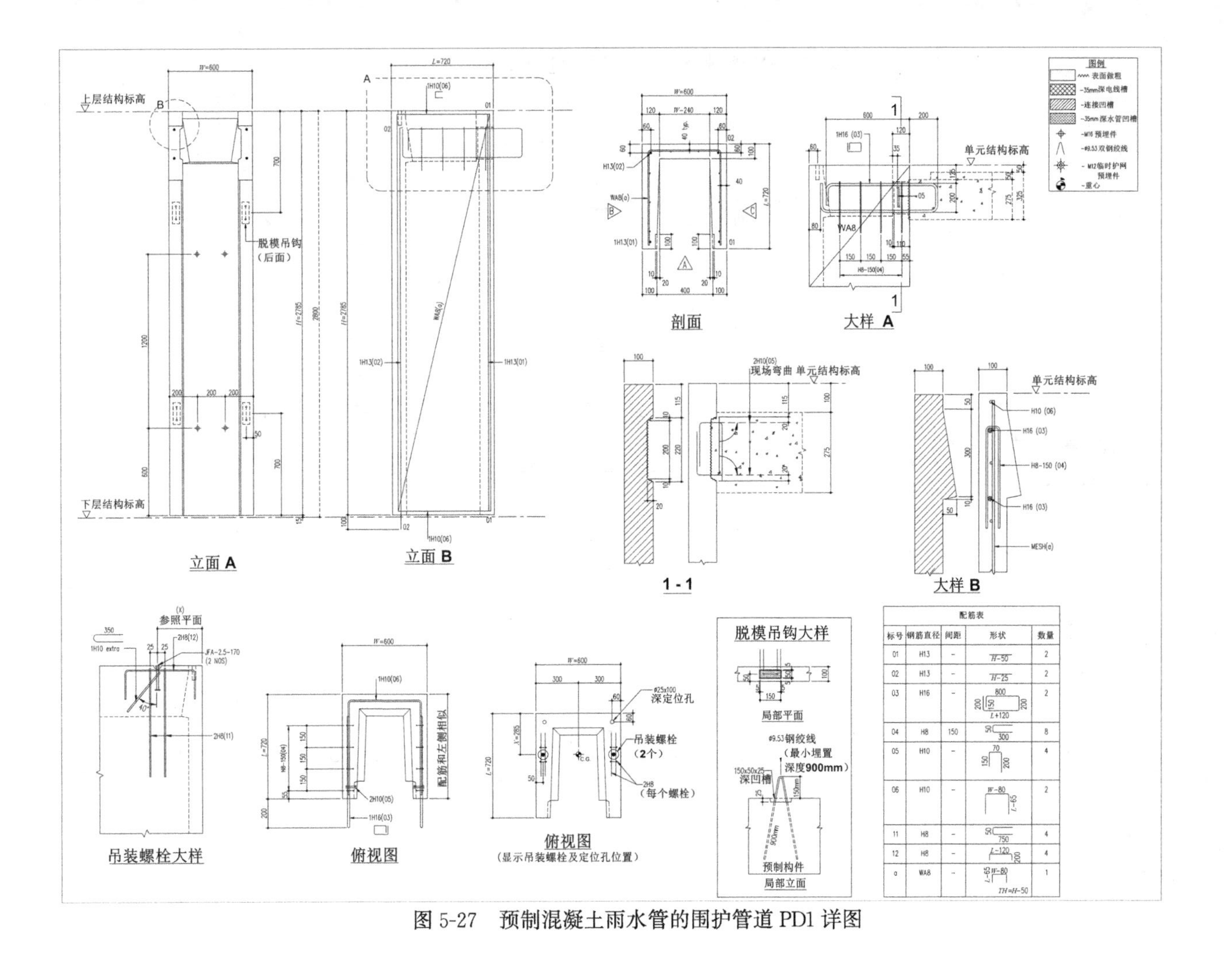

配筋表

标号	钢筋直径	间距	形状	数量
01	H13	-	H-50	2
02	H13	-	H-25	2
03	H16	-	800, 200, 150, 200, L+120	2
04	H8	150	50, 300	8
05	H10	-	70, 150, 200	4
06	H10	-	W-80, L-65	2
11	H8	-	50, 750	4
12	H8	-	L-120, 200	4
a	WA8	-	L-65, W-80, TH=H-50	1

图 5-27　预制混凝土雨水管的围护管道 PD1 详图

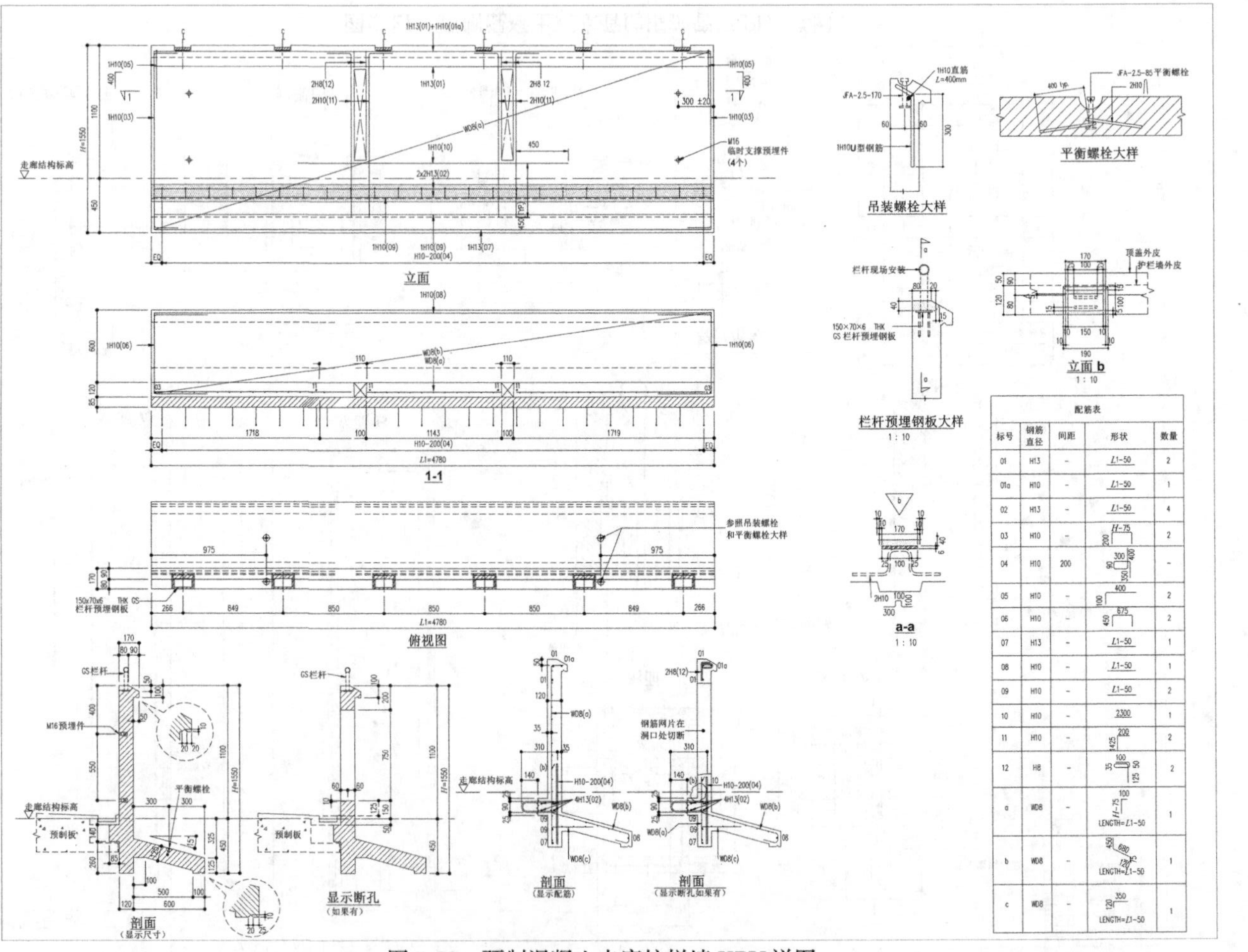

配筋表				
标号	钢筋直径	间距	形状	数量
01	H13	-	L1-50	2
01a	H10	-	L1-50	1
02	H13	-	L1-50	4
03	H10	-	200 H-75	2
04	H10	200	90 300 400 350	-
05	H10	-	100 400	2
06	H10	-	450 675	2
07	H13	-	L1-50	1
08	H10	-	L1-50	1
09	H10	-	L1-50	2
10	H10	-	2300	1
11	H10	-	1425 200	2
12	H8	-	35 100 50 125	2
a	WD8	-	H-75 100 LENGTH=L1-50	1
b	WD8	-	450 680 75 120 LENGTH=L1-50	1
c	WD8	-	120 350 LENGTH=L1-50	1

图 5-28　预制混凝土走廊护栏墙 KPV 详图

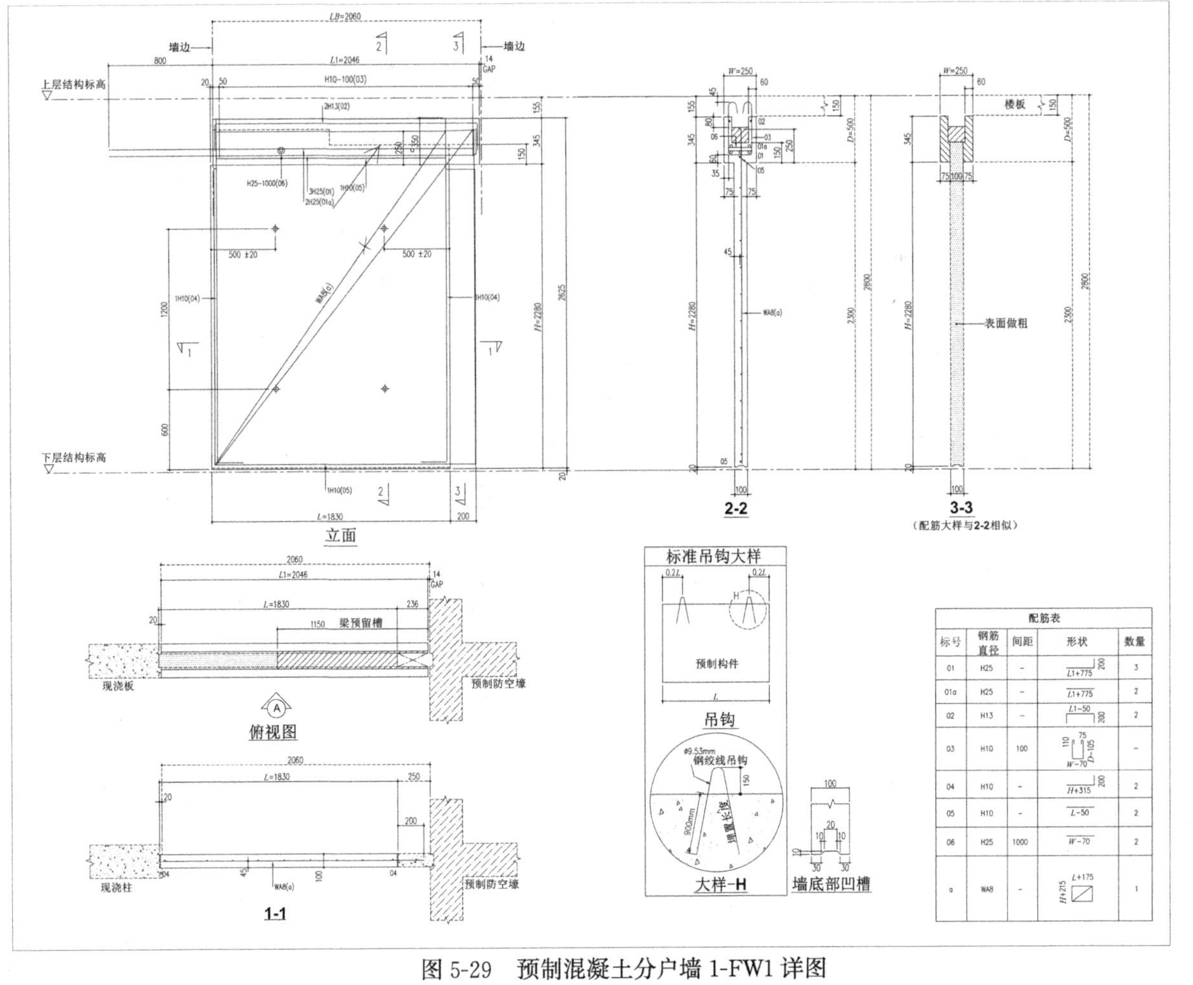

配筋表

标号	钢筋直径	间距	形状	数量
01	H25	-	L1+775, 200	3
01a	H25	-	L1+775	2
02	H13	-	L1-50, 200	2
03	H10	100	110, 75, D-105, W-70	-
04	H10	-	H+315, 200	2
05	H10	-	L-50	2
06	H25	1000	W-70	2
a	WA8	-	L+175, H+215	1

图5-29 预制混凝土分户墙1-FW1详图

5.3.11 预制混凝土室外空调板

室外空调板和支撑预制卫生间的梁整体预制。预制混凝土室外空调板 AL1 的详图见图 5-30。

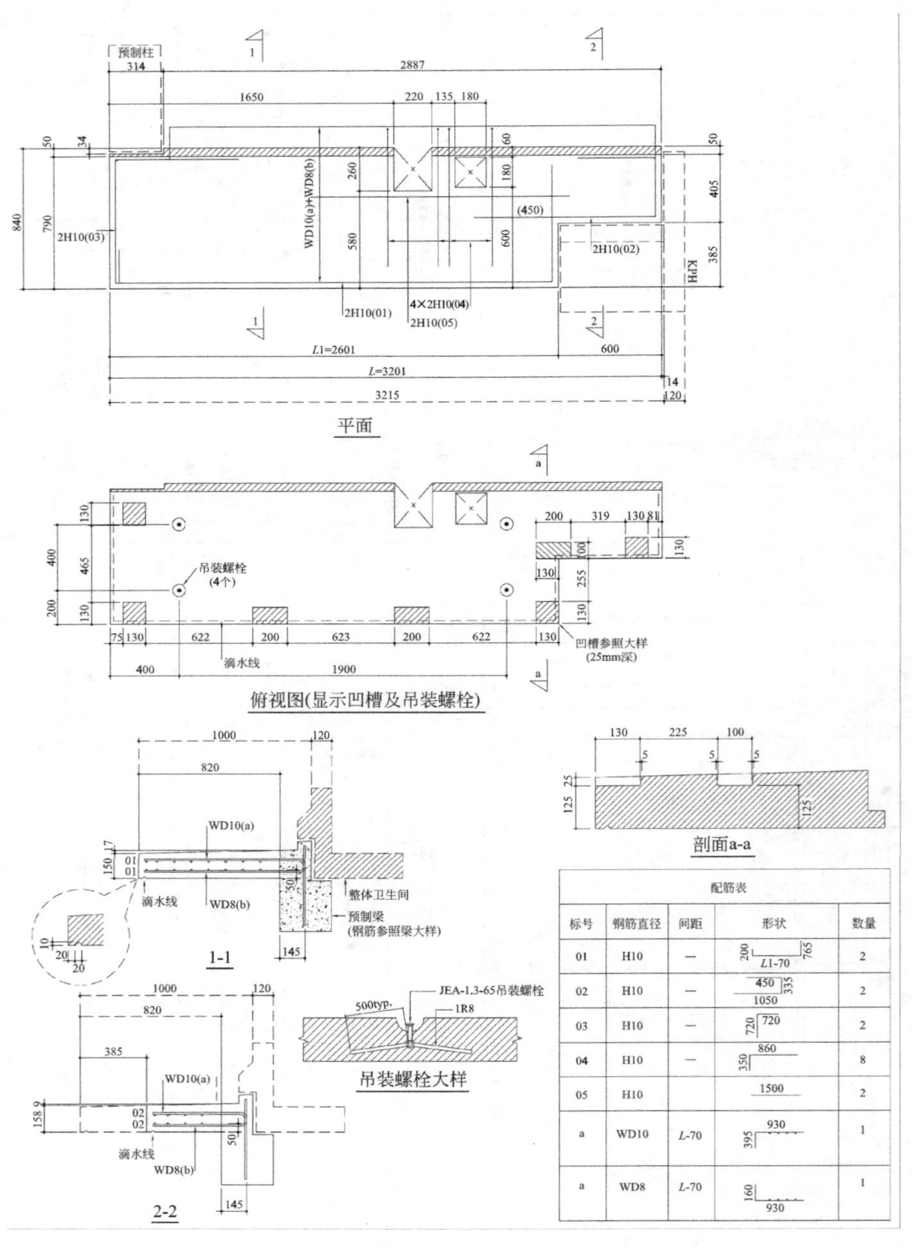

图 5-30 预制混凝土室外空调板 AL1 详图

5.4　塔楼预制混凝土构件连接节点详图

图5-1（塔楼109A标准层平面）标出了预制构件的竖向连接节点的位置，图5-31、图5-32为各竖向连接节点的构造详图。

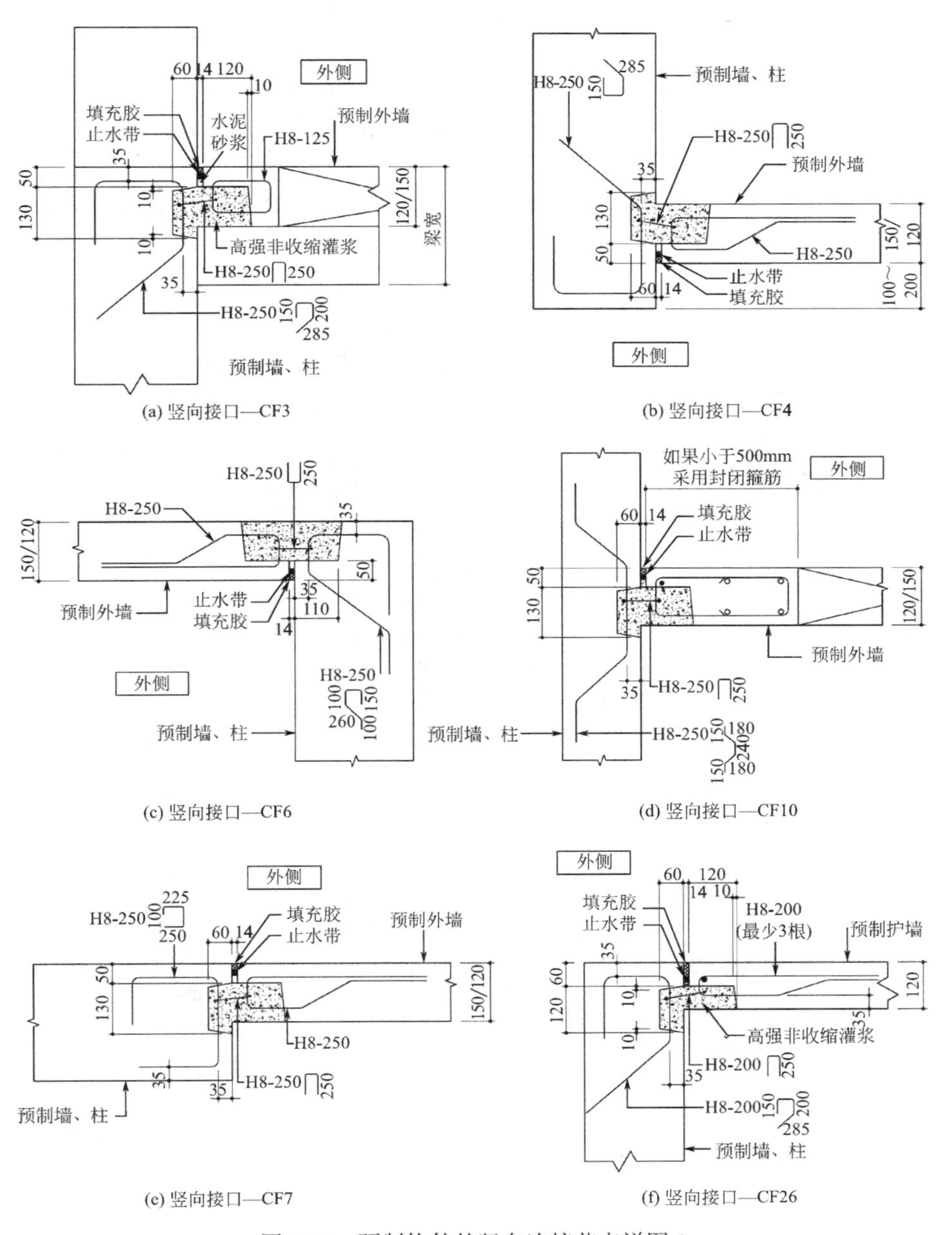

图5-31　预制构件的竖向连接节点详图1

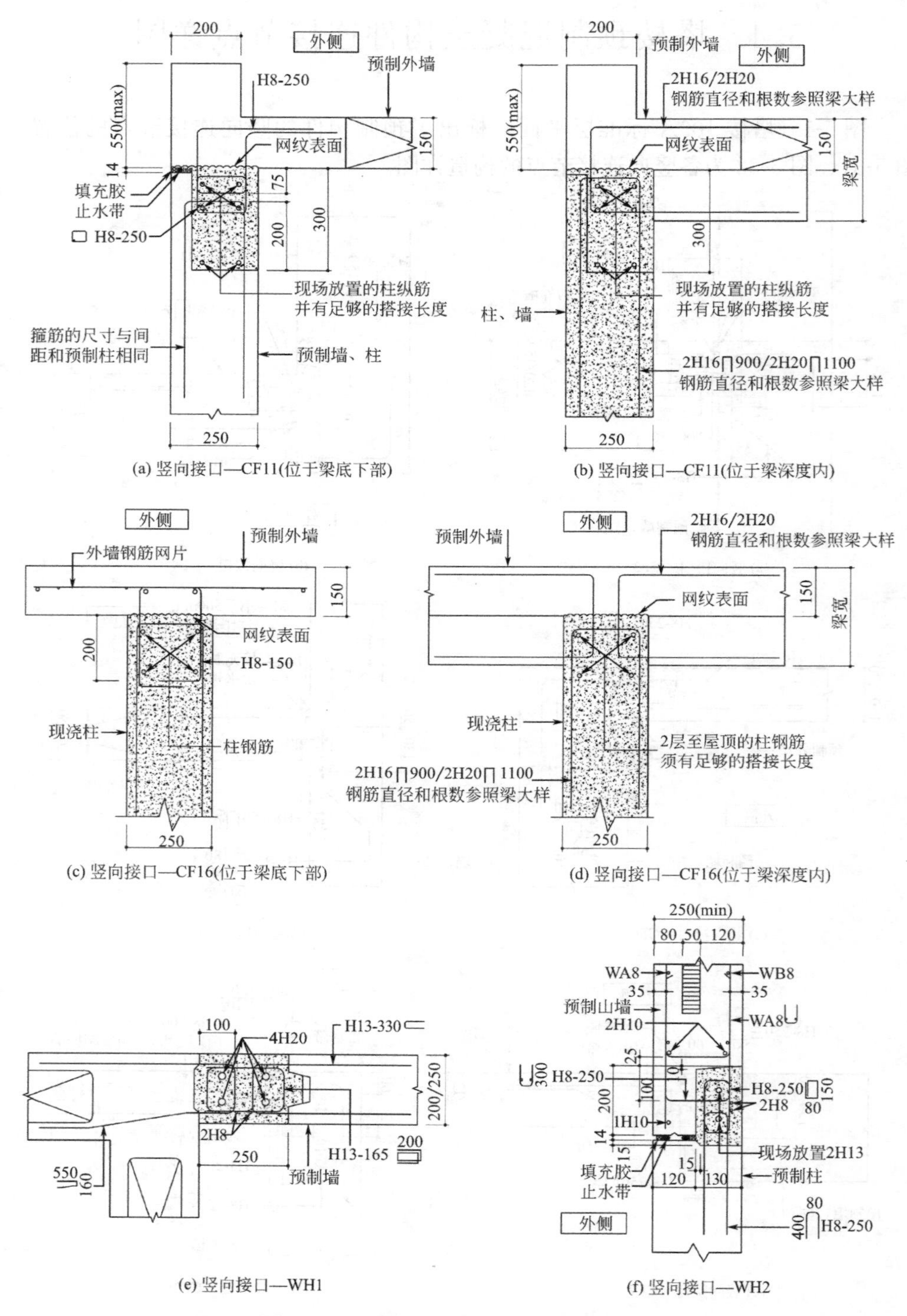

(a) 竖向接口—CF11(位于梁底下部)

(b) 竖向接口—CF11(位于梁深度内)

(c) 竖向接口—CF16(位于梁底下部)

(d) 竖向接口—CF16(位于梁深度内)

(e) 竖向接口—WH1

(f) 竖向接口—WH2

图 5-32　预制构件的竖向连接节点详图 2

预制梁板的水平连接节点的构造如图 5-33 所示。

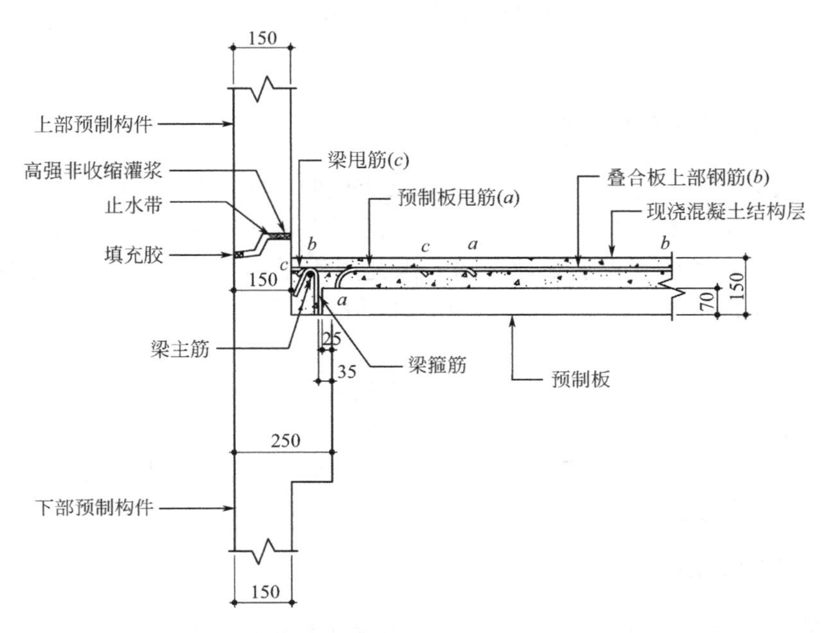

(a) 预制外墙、半预制梁、预制板的水平连接

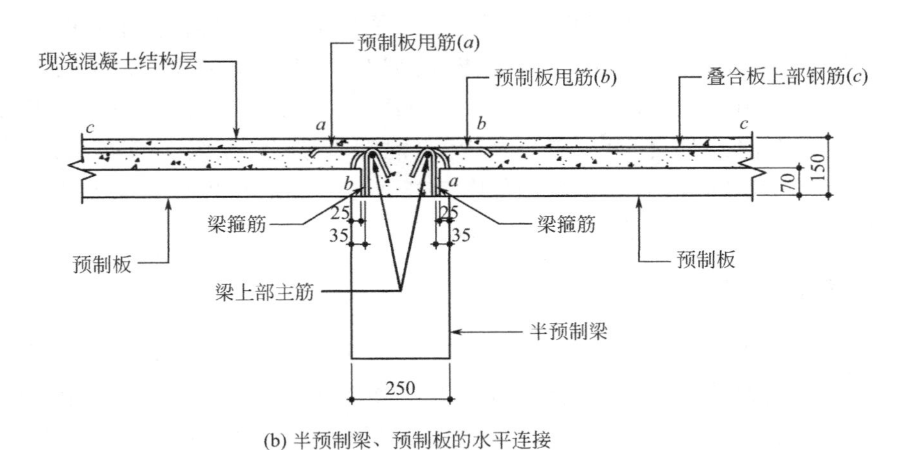

(b) 半预制梁、预制板的水平连接

图 5-33　预制构件的水平连接

5.5 停车场楼的预制混凝土构件设计及现浇层中的钢筋布置

5.5.1 预制预应力叠合板

该工程中停车场楼的首层预留空间需要首层的墙柱及首层顶面结构能够满足4h的防火要求，所以2A/2B层及相关坡道的板中钢筋的混凝土保护层为65mm厚，标准的空心楼板难以满足此要求，因此采用了200mm厚的预制预应力板DPK51h和DPK61h，现浇层厚为80～140mm，参考图5-2。预制预应力板DPK51h和DPK61h的标准宽度为2400mm，如根据结构平面布置需要其他宽度的预制板时，板中所需的钢绞线的数量应按比例调整。标准的预制预应力板DPK51h和DPK61h如图5-34所示。由DPK51h和DPK61h的详图可以看出，预制板中布置了两层预应力钢绞线，布置上层预应力钢绞线的目的是为了控制钢绞线放张时在预制板上表面产生的拉应力以及在预制板中产生的反拱。

5.5.2 预制空心楼板

如图5-3所示，停车场楼的3A/3B层及相关坡道由于只需满足1.5h防火要求，采用了360mm厚的空心楼板以及75～135mm厚的现浇叠合层。现浇层的厚度不同是为了形成板上表面的结构坡度。有叠合层的空心楼板按单跨设计，净跨小于等于7850mm时采用的空心楼板型号为HC-360MV4-1，净跨等于13500mm时采用的空心楼板型号为HC-360MV4-2。两种空心楼板的外形相同但内部所配置的钢绞线不同。空心楼板的混凝土强度等级为C40/50，HC-360MV4-1和HC-360MV4-2的配筋如图5-35所示。空心楼板在支承梁处的支承宽度和现浇叠合层中的配筋如图5-36所示。

5.5.3 预制防撞护栏墙

在停车场建筑物中，为了防止汽车坠落，在建筑物周圈及坡道等处需要设计防撞护栏。新加坡建屋发展局规定防撞护栏必须能够抵抗作用在距楼板上表面高度610mm处150kN的撞击力。本工程中，大多数的防撞护栏采取了预制形式，图5-37和图5-38为两种预制防撞护栏墙的详图。

5.5.4 现浇层钢筋布置

2A/2B层的预制预应力叠合板按多跨连续板设计，现浇结构层中的受拉钢筋和构造要求钢筋布置如图5-39所示。

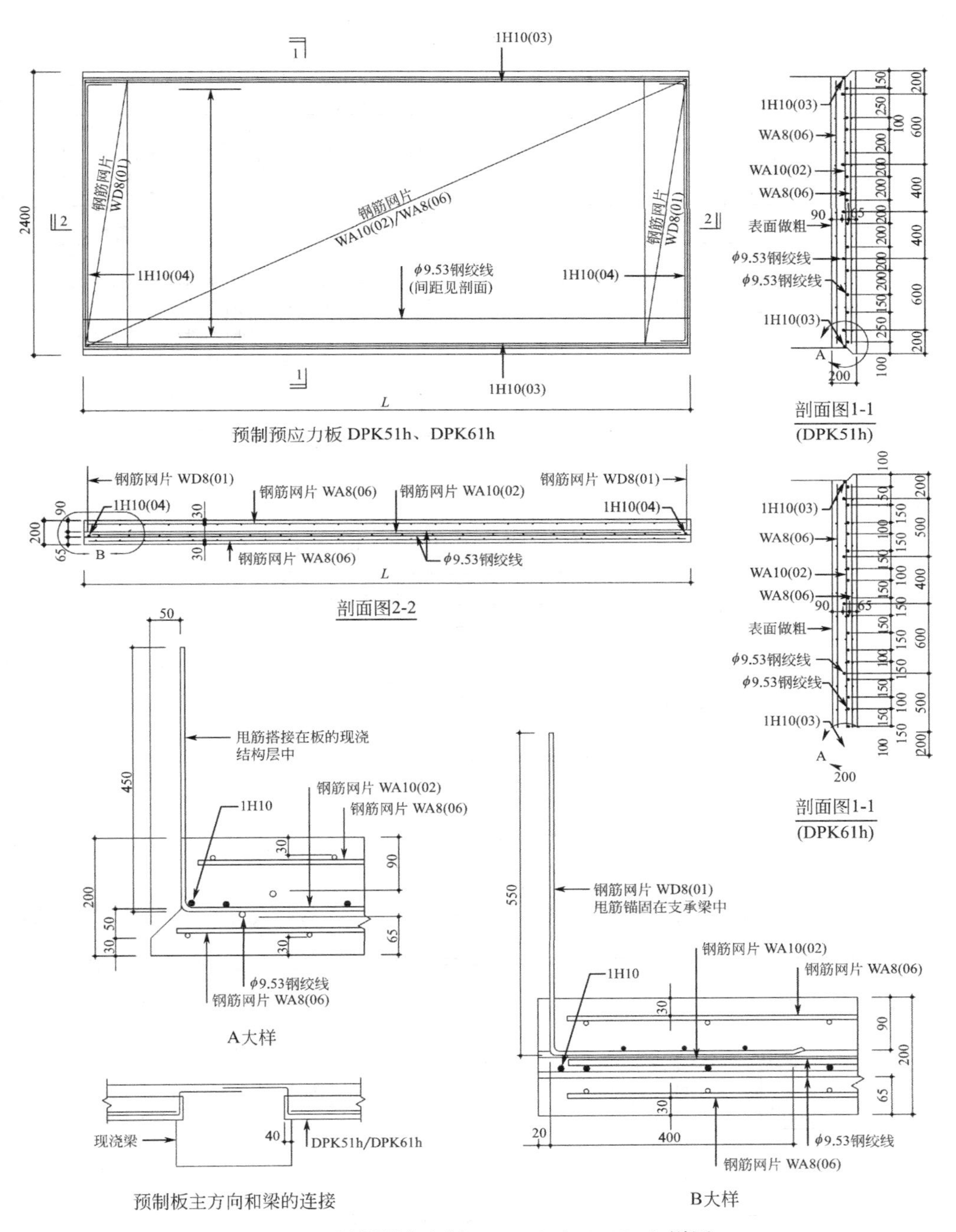

图 5-34 预制预应力板 DPK51h 和 DPK61h 详图

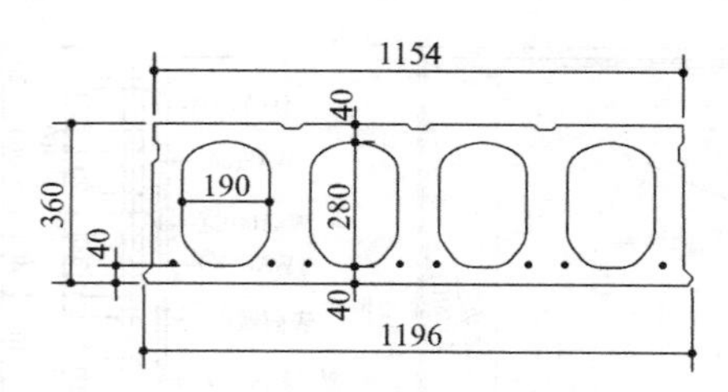

●－ 总共8根由7股高强钢丝组成的直径为12.9mm的钢绞线

HC-360MV4-1

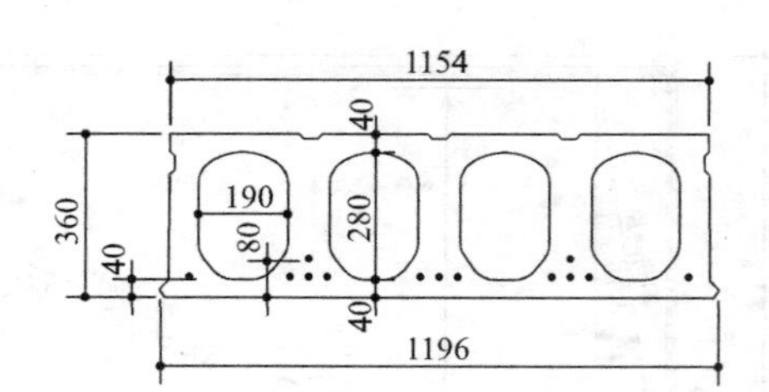

●－ 第一排共11根由7股高强钢丝组成的直径为12.9mm的钢绞线；
第二排共2根由7股高强钢丝组成的直径为12.9mm的钢绞线

HC-360MV4-2

图 5-35　空心楼板 HC-360MV4-1 和 HC-360MV4-2 的配筋

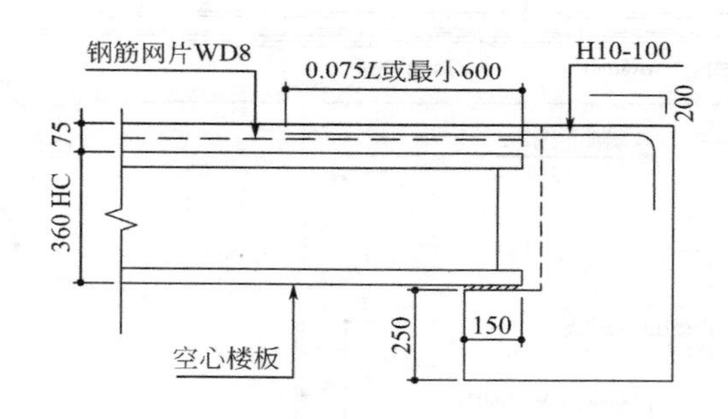

(a) 边支承处

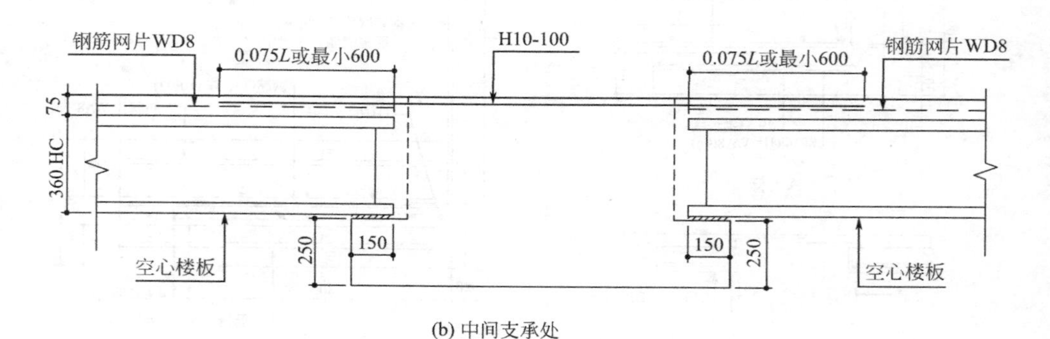

(b) 中间支承处

图 5-36　空心楼板在支承梁处的支承宽度和现浇叠合层中的配筋

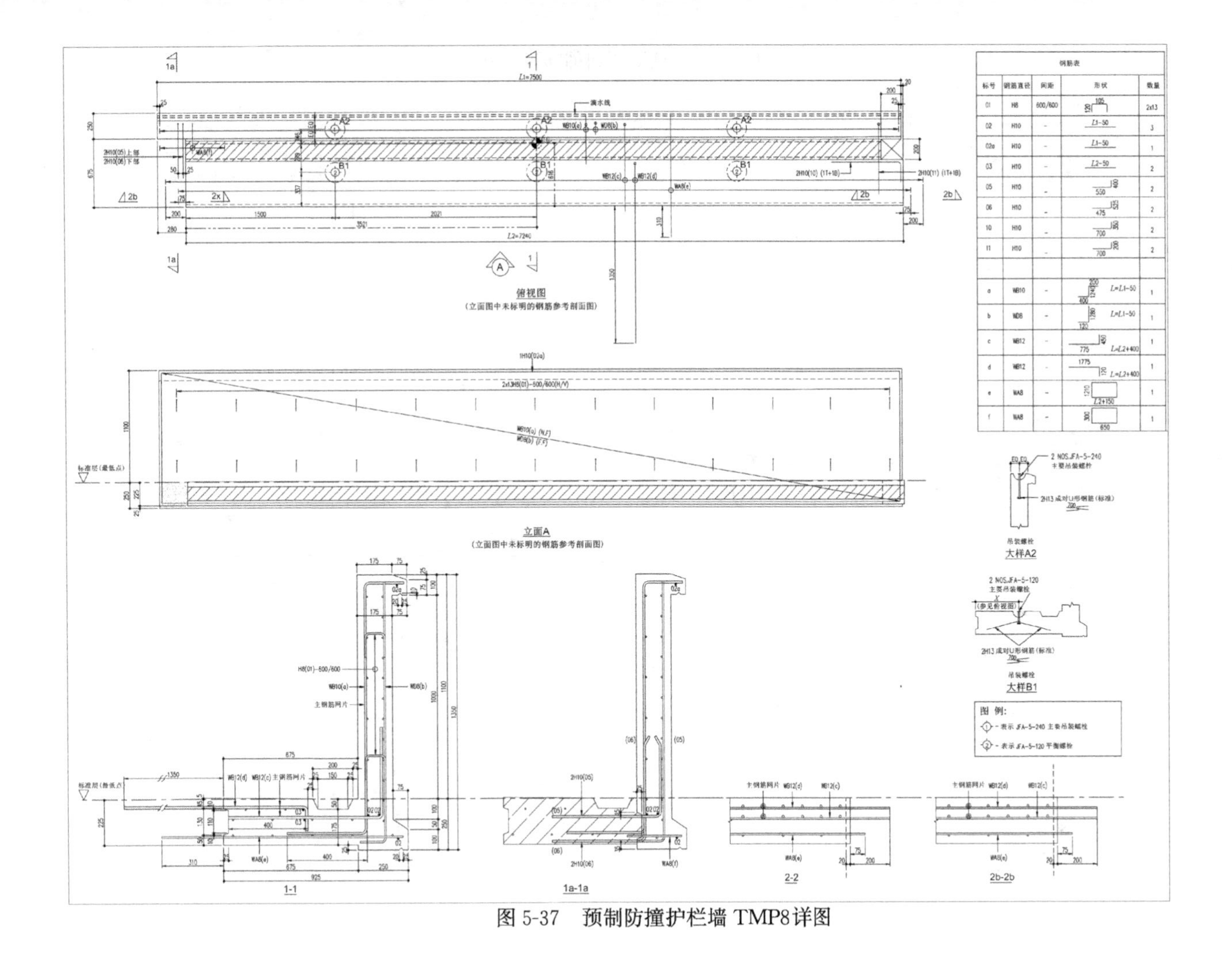

钢筋表

标号	钢筋直径	间距	形状	数量
01	H8	600/600	120, 105	2x13
02	H10	-	L1-50	3
02a	H10	-	L1-50	1
03	H10	-	L2-50	2
05	H10	-	550, 400	2
06	H10	-	475, 525	2
10	H10	-	700, 350	2
11	H10	-	700, 200	2
a	WB10	-	400, 1240, 200 L=L1-50	1
b	WD8	-	120, 1280 L=L1-50	1
c	WB12	-	775, 450 L=L2+400	1
d	WB12	-	1775, 120 L=L2+400	1
e	WA8	-	1210, L2+150	1
f	WA8	-	300, 650	1

图 5-37　预制防撞护栏墙 TMP8详图

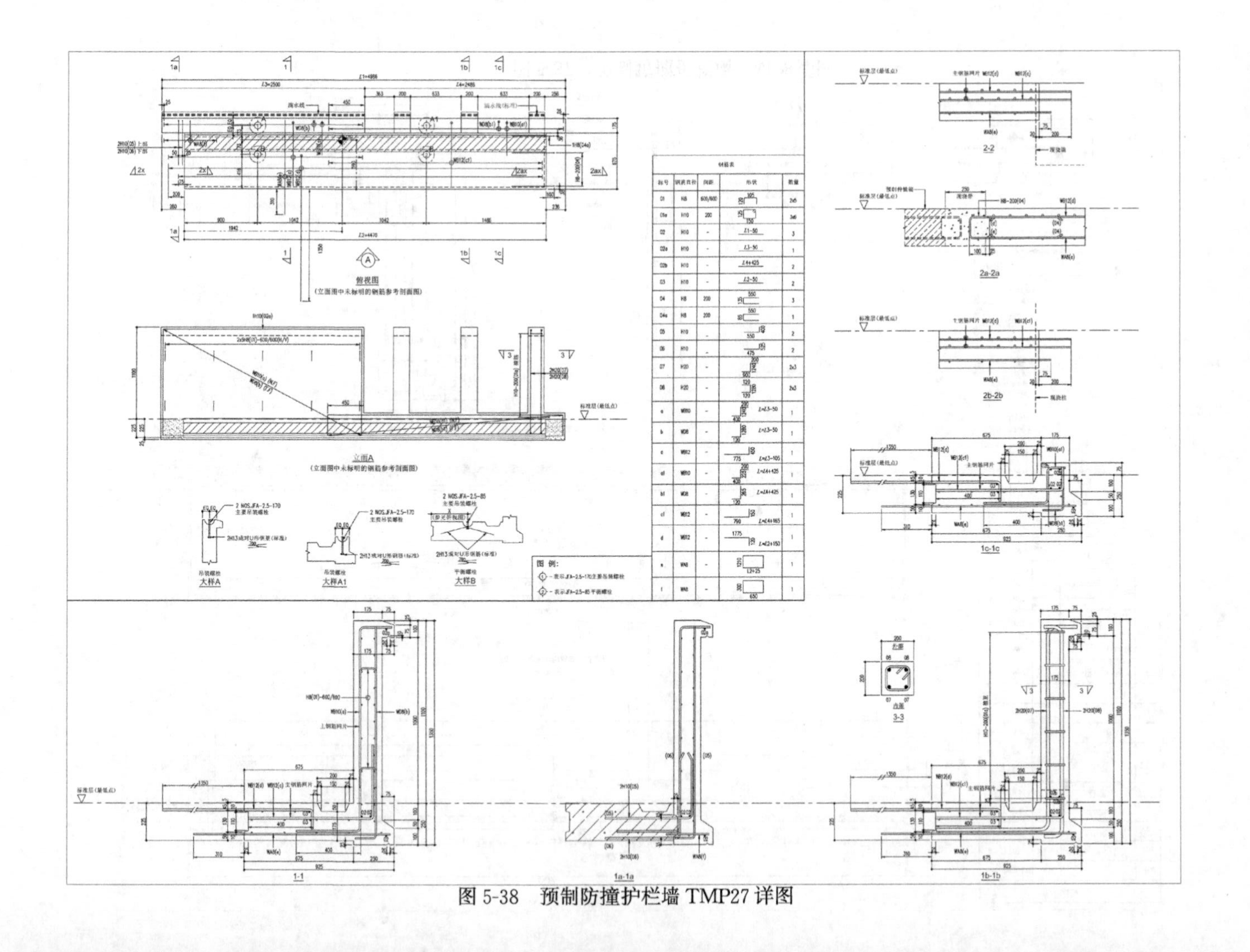

钢筋表

标号	钢筋直径	间距	形状	数量
01	H8	600/600	105, 120	2x6
01e	H10	200	120, 150	3x6
02	H10	-	L1-50	3
02a	H10	-	L3-50	1
02b	H10	-	L4+425	2
03	H10	-	L2-50	2
04	H8	200	550, 125	3
04a	H8	200	550, 80	1
05	H10	-	550, 400	2
06	H10	-	475	2
07	H20	-	200, 1240, 900	2x3
08	H20	-	120, 1280, 120	2x3
a	WB10	-	200, 1240, 400　L=L3-50	1
b	WD8	-	1280, 120　L=L3-50	1
c	WB12	-	775, 450　L=L3-105	1
a1	WB10	-	200, 225, 400　L=L4+425	1
b1	WD8	-	365, 120　L=L4+425	1
c1	WB12	-	790, 150　L=L4+165	1
d	WB12	-	1775, 120　L=L2+150	1
e	WA8	-	1210, L2+25	1
f	WA8	-	300, 650	1

图 5-38　预制防撞护栏墙 TMP27 详图

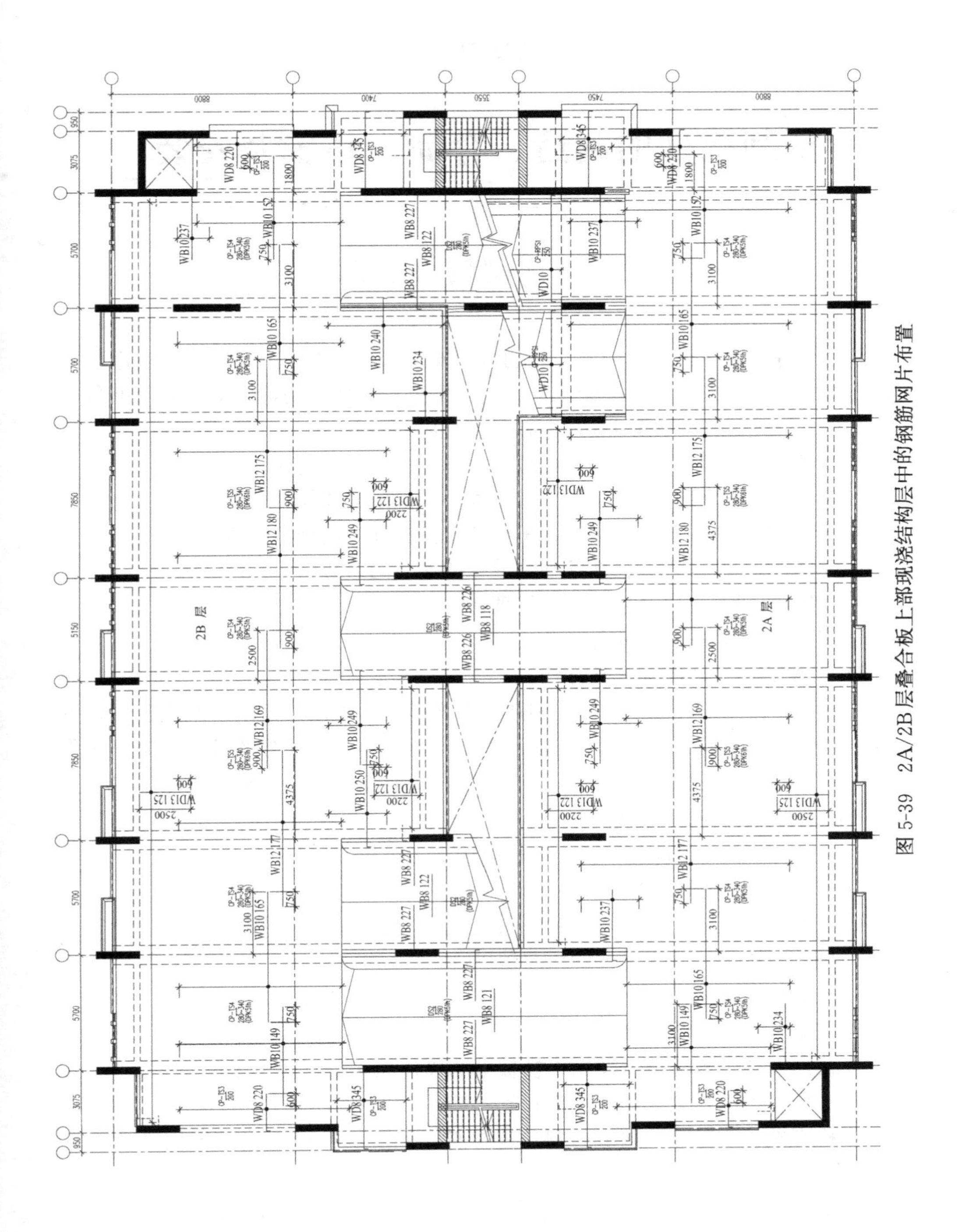

图 5-39　2A/2B层叠合板上部现浇结构层中的钢筋网片布置

第6章

预制构件的制造、存储、运输及安装

6.1　预制构件制造

预制构件的制造工艺及精度会影响后期安装以及结构受力性能，要选用合适的工艺并保证构件的精度以体现工厂预制的优势。在加工制造之前，必须准备好预制构件的制造详图，且其制造详图须包含以下内容：

1）工程地点、构件数量及在建筑平面图和立面图中的具体位置；

2）构件尺寸、构件重心位置、重量大小和混凝土体积；

3）所有的配筋、预埋连接件、吊点和支撑杆件等的详细位置；

4）预埋构件的位置，包括各种管道、凹槽、洞口等；

5）构件之间的连接节点和界面处理详图；

6）连接节点处的防水处理详图；

7）必要的建筑详图和处理方法。

在最终确认预制混凝土构件的制造详图之前，必须确定建筑、结构、机电以及预制构件本身的各种设计图，以使返工量达到最小。大部分的预制混凝土构件是采用普通湿法浇筑加工；而对于空心楼板和空心墙板，则是采用干法浇筑（挤压法）制造形成孔洞。

（1）预制混凝土构件的普通湿法浇筑的加工过程

1）模板组装（图 6-1）

① 在组装模板之前复核平板基础的高度和平整度；

② 确保模板的尺寸在允许的误差范围内；

③ 检查模板垂直度。

2）清洁模板和准备（图 6-2）

① 使用清洁剂或除锈钢丝刷将模板上的碎片和泥灰清理干净；

② 在模板内面均匀涂刷模板油和隔离剂；

③ 检查模板、螺栓、堵缝材料、连接杆、侧支撑和橡皮填圈等构件的节点和边缘是否完整，并完善。

3）钢筋绑扎、预埋物件、安装预应力钢绞线（图 6-3、图 6-4）

① 根据图纸核查钢筋型号、钢筋间距以及搭接长度；

② 钢筋、现场浇筑件、钢筋连接螺旋箍筋、凹槽、吊钩和镶嵌件等都必须

图 6-1 模板组装

图 6-2 清洁模板和准备

正确安放和妥善保护；

③ 采用钢筋绑扎设备可以保证加工钢筋的质量，有效控制钢筋间距；

④ 必要时可以采用临时点焊的方法保护预埋装置；

⑤ 应该放置数量足够且尺寸正确的垫块以保证混凝土浇筑有足够的保护层厚度；

(a) 柱钢筋绑扎　(b) 核查钢筋型号、间距及搭接长度

(c) 楼梯钢筋绑扎　(d) 安放凹槽

(e) 妥善保护钢筋　(f) 电线管

(g) 金属波纹管　(h) 钢筋套筒

图 6-3　钢筋绑扎和预埋嵌件

(a) 梁钢筋笼

(b) 必要时可以采用临时点焊的方法保护预埋装置

(c) 梁钢筋笼安放到模板里

(d) 放置数量足够，尺寸正确的垫块

(e) 钢筋笼就位以备浇筑

(f) 模板隔离剂干到一定程度后安放钢绞线

图 6-4　钢筋笼放置、固定预埋嵌件、安放钢绞线

⑥ 对于预制预应力混凝土构件，如预制预应力实心板等，当隔离剂干到一定程度以后，才可以安装预应力钢绞线。

4）浇筑之前的最后检查（图 6-5）

① 检查和确定所有的细节都与图纸相同；

② 检查模板装配条件及挡板细节；

③ 在混凝土浇筑之前需要再次核查模板的底标高，特别是在现场进行预制时，建筑施工可能会影响模板的标高。

(a) 检查和确定所有细节都与图纸相同

(b) 检查模板装配条件和挡板细节

(c) 最终核查模板尺寸和模板底标高

图 6-5　混凝土浇筑前的最后检查

5）混凝土浇筑（图 6-6）

(a) 混凝土浇筑前的坍落度检测

(b) 混凝土浇筑

(c) 混凝土振捣

(d) 混凝土刮平或打平

图 6-6 混凝土浇筑、振捣及刮平表面

① 核查混凝土强度等级是否和设计一致；

② 在浇筑之前要依据规范进行混凝土坍落度的检测，以评估混凝土拌合物的和易性；

③ 浇筑混凝土时必须进行振捣和压实，尤其是在一些拐角及钢筋拥挤的地方；

④ 对于薄型或窄型的构件，可以采用模板振动器；

⑤ 混凝土初凝后，刮平混凝土表面；

⑥ 利用刮板控制构件的厚度；

⑦ 构件表面平整度有严格要求时可以使用电动打磨机或平整机。

6）养护（图 6-7）

① 普通养护时，要保证养护所需的环境条件和足够的养护时间；

② 做蒸汽养护时，要按照规范规定的方法和步骤进行养护；

③ 混凝土试块应该放置在和混凝土构件相同的环境中养护。

图 6-7　混凝土构件及试块养护

7）拆模（图 6-8）

① 对于不同的预埋嵌件的锚固长度和不同的预制构件，所要求的混凝土最低拆模强度不同，拆模时混凝土的最低强度必须能够抵抗在拆模过程中的吸附力和摩擦力；

图 6-8　混凝土构件拆模

② 试块检测应该在拆模之前进行，以检测构件混凝土的强度；

③ 一般来说，要保证普通钢筋混凝土构件和预应力混凝土构件在拆模时的混凝土强度要分别达到 $10N/mm^2$ 和 $25N/mm^2$；

④ 吊装之前必须松开和移走所有螺栓、钉子、端面和侧面的模板；

⑤ 对于预应力混凝土构件，吊装之前必须切断多余的钢绞线。

8）最终检查、运输至工厂仓库（图 6-9）

① 检查已经完工的构件质量；

② 核查关键尺寸大小；

③ 在构件的上部，要放置说明标志牌。标志牌上要说明构件的种类、大小、重量和方位等，这些信息要和施工图一致；

④ 在运至现场安装之前要检查构件的强度，出厂前须达到设计强度的 75%。

图 6-9　混凝土构件最终检查

（2）预制中空型构件的干法浇筑（挤压法）的加工过程

1）模板底部清理和准备（图 6-10）

① 查看模板底部是否清洁，要清除碎片、灰渣等杂物；

② 检查挤压设备包括振捣设备处于良好的工作状态；

③ 所采用的模板隔离剂必须拥有防污功能及使用后易于干燥，以免钢绞线被污染。模板隔离剂必须均匀涂抹在模板上。

2）预应力钢绞线张拉及加紧（图 6-11）

① 检查钢绞线尺寸、间距和种类；

② 钢绞线的张拉要在隔离剂晾干到一定程度，钢绞线不会受到污染后才开始。

3）混凝土浇筑（图 6-12）

① 浇筑之前，设置好机械设备的保护层厚度和板厚；

② 根据设计要求检查混凝土强度等级；

③ 检查混凝土拌合物的和易性；

(a) 模板清理和涂抹隔离剂

(b) 检查挤压设备和隔离剂干燥情况

图 6-10　模板清理和准备

图 6-11　钢绞线张拉

④ 检查附着式振动器是否处于良好的工作状态；

⑤ 对完成表面进行目测检查以保证没有大的缺陷，比如蜂窝、尺寸改变及裂缝等；

⑥ 如果发现重大缺陷要立即停止操作并针对问题进行研究解决。

4）养护（图 6-13）

① 采用防水油布或帆布覆盖在空心板表面以防止水分快速流失和出现收缩裂缝；

② 在规定的环境条件下养护足够时间；

③ 混凝土试块要放置在和混凝土构件相同的环境中养护。

图 6-12　混凝土浇筑

图 6-13　混凝土养护

5）钢绞线放张（图 6-14）

图 6-14　检测混凝土试块强度及空心板切割

① 做立方体试块试验以确定构件混凝土的强度；

② 检查混凝土已达到设计转换强度（35N/mm²）或者钢绞线放张之前的设定值。

6）最终检查，运输至仓库（图 6-15）

① 保证空心板的尺寸符合设计要求；

② 检查必要的规格标志牌是否放置到位以方便修补和跟踪；

③ 检查在空心板两端钢绞线可能的滑动损失，滑动损失的允许值应该满足设计要求；

④ 检查沿着构件断面是否有大的裂缝；

⑤ 在运输到仓库之前用塑料帽塞住空心板的开洞处；

⑥ 在运输到工程现场安装前要检查混凝土构件强度是否达到了设计强度的 75%。

图 6-15　空心板尺寸检查及吊装

6.2　预制构件吊装及运输

吊装工作主要包括从模板中将预制构件移出、运输至材料堆放场地、装卸，以及在施工现场进行吊装工作，在不同的装配阶段要用到各种不同的吊点和预埋设备。

一般的顺序是：预制混凝土构件从浇筑位置拆模，吊装至存储场地，在混凝土强度达到要求后运输到工程现场并安装。因为这些构件还没有完全达到设计强度，通常在吊装过程中容易被破坏。因此，吊装方法非常重要，吊点的选择应根据构件形状和尺寸因素确定，这样可以避免由于过大的拉力而破坏。对于有大开口的构件，需要采用临时的支撑、连接件等加固措施，以保证能够安全地吊装，如图 6-16 所示。

吊装方式取决于下列因素：

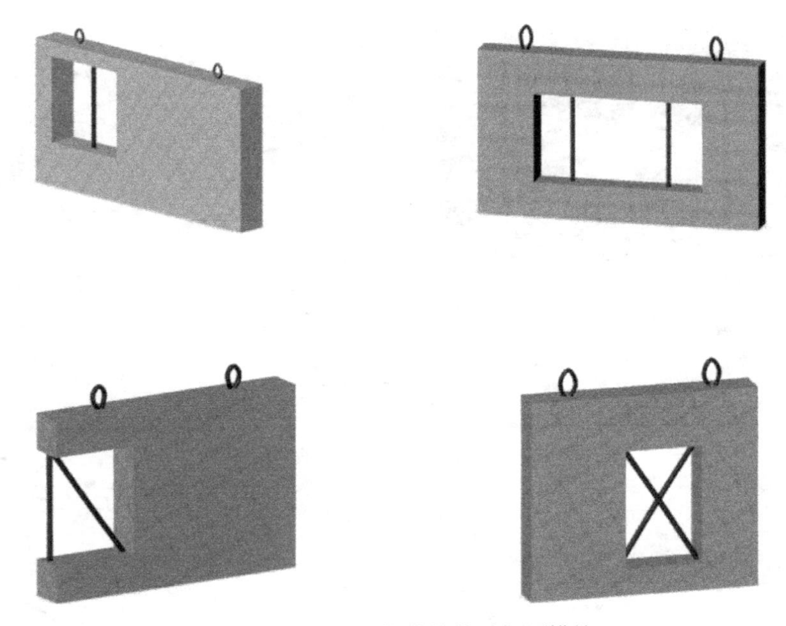

图 6-16　大开口构件的临时加固措施

1）浇筑模板的装配方式，垂直浇筑还是水平浇筑；

2）混凝土预制构件拆模、运输和安装时的最低混凝土强度值；

3）足够的设计加固措施以抵抗吊装的拉力；

4）预制构件的尺寸和重量；

5）吊点和预埋设备的种类、数量、尺寸和位置；

6）吊装方法、连接方式、吊装设备的种类和吊装能力；

7）存储和运输的支撑点。

吊装和卸装设备通常包括钢绞线、绳扣、索具或其他专用吊装工具，并在预制构件中预埋相应的连接件。设计钢绞线或绳扣时必须充分考虑安全因素，取规范规定的相应安全系数。钢筋的延展性差，容易断裂，应尽量避免用钢筋做吊钩。如果采用了钢筋做吊钩，则需要设计吊装弹簧设施，以免钢筋在吊装中断裂。如果有可能，这些吊装和卸装装置应放置在那些安装后不需要或者需要很小修补的地方。如果这些装置必须放置在建筑构件的表面，如外墙板等，则最好在预埋装置附近设置凹槽，以方便修补。在安装后可采用合适的灌浆来填补这些凹槽，以达到更好的装饰效果。专用的吊装连接装置通常配有专用的配件，如预埋吊钉及凹槽模等，如图 6-17 所示。这样可以方便设置凹槽，在安装后很容易进行修补。但需要注意专用吊装连接装置的承载力。

通常构件在吊装时必须保持平衡，并且吊点要和重心在一条直线。对于不同的预制混凝土构件，常用的吊装方法如下：

(a) 钢绞线吊钩、带有凹槽的斜撑预埋件和吊钉

(b) 带有特别凹槽模的预埋吊钉

图 6-17　钢绞线吊钩和带有特别凹槽模的预埋吊钉

（1）预制梁

预制梁的吊点设计和布置应尽量限制梁中产生过大的弯矩。通常吊点应设置在离梁两端 1/5 梁长的位置。预制梁的吊装如图 6-18 所示。

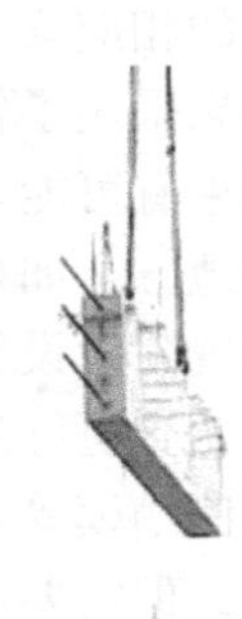

图 6-18　梁的常用吊装方法

（2）预制墙

采用垂直起吊墙板，以避免翻转。在墙板脱模时，可使用水平吊装法。预制墙的吊装如图6-19所示。

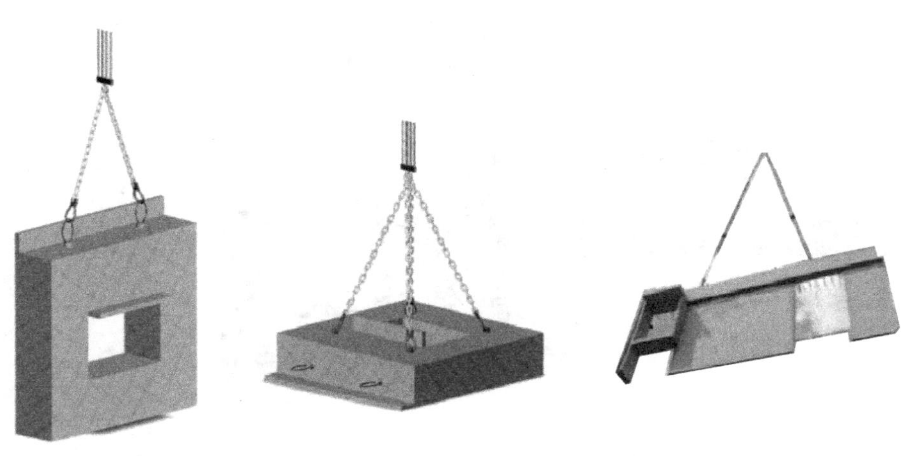

图6-19　墙板的常用吊装方法

（3）预制板

预制板通常是四点起吊。对一些细长型的板，为了减少板中弯矩，可以设计超过四个吊点。预制楼板的吊装如图6-20所示。

图6-20　楼板的常用吊装方法

（4）预制柱

预制柱一般采用水平放置。预埋吊钩在柱子的上表面，这样吊装时，便可轻易地翻转垂直起吊。预制柱的吊装如图 6-21 所示。

图 6-21　立柱的常用吊装方法

（5）预制整体卫生间

预制整体卫生间一般采用吊装框架水平吊装，并通过调整吊链的长度来调节吊装时预制卫生间的水平度，见图 6-22。

图 6-22　整体卫生间的吊装方法

混凝土预制构件的运输应该根据实际的施工安装计划，将预制混凝土构件运到现场，以减少不必要的现场存储。如有可能，可以直接吊装就位，或者可以直接把运输车停放在起吊台附近，以避免场内堆放、倒运。可以采用 A 字形支架的拖车直立装运墙板。预制构件在摆放和运输时应采用合适的支撑，并使用减震设施和固定绳等措施以减少运输损坏。应采取足够的包装措施保护好预制构件的边角，尽量减少运输损害的风险。必须把预制构件充分包扎并固定以减少运输过程中的滑移与碰撞。图 6-23 为几种预制构件的运输图。

图 6-23　预制构件运输图

6.3 预制构件存储

工厂和工地现场的存储场地的面积必须足够大，以方便存取构件和装配构件，存储场地应该相对平整、坚固，并且有良好的排水设施。

最好采用堆垛的方式来存储预制混凝土构件，这样可以防止意外破坏。水平预制混凝土构件如预制楼板、空心板和预制梁等以及预制柱，可以堆垛起来，构件与构件不直接接触，采用木块或木条分别沿着构件的宽度方向放置在指定的受力点，梁和板的存储支撑位置应该距离吊点小于300mm。对于预应力构件，如预应力实心板和预应力空心板等，存储支撑位置不能多于两个，并且支撑位置要上下对齐，不能错开摆放。各种预制墙和外装饰墙板通常竖向存放，采用稳固的架子来支撑墙自身的重量，如图6-24所示。图6-25为几种预制构件实物的存放

图6-24 预制预应力板和预制墙的存储方法

(a) 预制外墙板

(b) 预制梁和柱

图6-25 预制构件实物的存储方式（一）

(c) 预制空心楼板

(d) 预制女儿墙

(e) 预制实心板

(f) 预制弯梁

图 6-25　预制构件实物的存储方式（二）

方式。合理的存储是保证构件能满足允许弯曲及变形值的重要因素。由于细长构件更容易弯曲及变形，应给予更多的侧面支撑。为了减少移动次数，预制构件应该按照施工流程进行存储。工地现场的存放区域最好设置在靠近安装位置的地方，以减少转运破坏的风险，如图 6-26 所示。

图 6-26　在工地预制构件要存放在靠近安装位置的地方

6.4　预制构件安装

在预制混凝土构件安装之前，必须制定合理的计划，并做好准备工作，以保证工作效率和安装质量。要详细规划以下内容：

1）安装方法和顺序；

2）临时支撑的设置；

3）结构连接方式和节点详图；

4）安装和装配精度。

对于安装前的准备工作和检查要点，可参照以下方面：

1）在预制构件运输前，核查工地现场的交通条件；

2）核查运输清单以保证正确的构件型号和数量；

3）核查吊装设备的起吊能力；

4）核查预制构件和洞口尺寸的精确性；

5）检查混凝土构件的表面质量，是否有重大缺陷；

6）起吊之前检查吊钩位置和起吊条件；

7）检查卸装地点和存储区域的通行便利性；

8）检查存储区域的地面是否有足够的强度、平整性、洁净程度和良好的排水系统；

9）根据运输安排和吊装次序可采取先进先出的规则存储预制构件。

（1）竖向预制构件的安装

1）测量（图 6-27）

① 设立基准线和位置偏移线，以确定预制构件的安装位置；

② 采用垫片或薄垫板辅助确定构件的水平标高，采用非收缩砂浆固定标高垫片；

③ 对于预制外墙板，在墙的外表面一周安装可压缩的支撑条。

常用检查方法：

① 检查位置偏移线的精度；

② 检查薄垫片的标高和稳定性；

③ 对于垂直预制构件，在吊装前检查外露钢筋的位置和对准情况；

④ 检查可压缩支撑条是否得到很好的保护。

图 6-27　测量安装基准线和偏离线，在外墙板安装可压缩支撑条

2）起吊和安装（图 6-28）

① 利用吊链绳起吊和安装预制竖向构件，将构件安装到设计位置；

② 校正预制竖向构件的位置，并采用斜撑进行固定。

常用检查方法：

① 检查预制构件的吊装情况；

② 检查预制构件的对接和垂直度情况，调整临时支撑以使预制构件达到设计的标高和位置；

③ 在松开吊链之前，检查临时支撑的稳固性。

3）灌浆工作（图 6-29）

① 对于非承重墙，准备和使用非收缩砂浆沿着墙板构件内侧底边的空隙进行填充；

(a) 预制构件的起吊安装、校准并用斜撑固定

(b) 校核构件的垂直度

图 6-28　竖向构件的安装

② 对用于钢筋连接的螺旋箍筋或套筒处，准备加压灌注非收缩砂浆或专用砂浆进入管道的入口；

③ 至少保持安装后的竖向构件固定 24h。

常用检查方法：

① 在灌浆前检查预制构件之间的缝隙大小，要满足设计要求；

② 用于预制构件接触面的非收缩砂浆，需具有自流和自凝的特性，这样可以保证灌浆材料能完全填充节点空隙，从而降低节点开裂的风险；

(a) 检查预制构件间的缝隙大小，准备灌浆材料

(b) 灌浆

图 6-29　竖向构件水平接口灌浆

③ 非收缩砂浆要根据设计要求进行配备；

④ 检查所有的水平节点都密封良好；

⑤ 对于类似承重型构件，需要制备砂浆料试块，以备强度测试。

4）竖向连接节点的浇筑和密封（图 6-30）

① 对于具有竖向连接节点的墙板构件，需要根据设计要求布置节点连接钢筋；

② 安装竖向连接节点模板；

③ 浇筑混凝土；

④ 节点混凝土达到足够的强度后方可拆模；

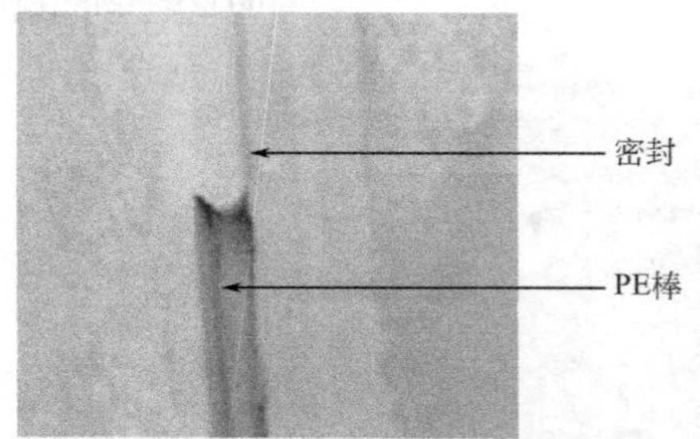

图 6-30　竖向接口的浇筑和密封

⑤ 对于外装饰墙之间或外围的梁柱之间或墙板构件之间的节点，不要急于密封和灌浆，要等相邻构件安装完毕，整体检查调整无误后，再密封灌浆；

⑥ 对于带有焊接节点的墙板构件，在构件之间设置连接钢板并按照设计要求施焊。

常用检查方法：

① 节点钢筋的布置必须与设计要求相同；

② 节点混凝土浇筑时必须保护好模板；

③ 节点缝隙必须对齐，以方便密封施工和灌浆，这样可达到更好的防水性能。

（2）水平预制构件的安装

1）测量（图 6-31）

设立基准线和定位线以确定预制板、梁的安装位置和水平标高。

常用检查方法：

① 检查位置定位线的精度；

② 检查薄垫片的水平标高和坚固性；

③ 吊装之前，依据具体的精度要求检查外露钢筋的尺寸和对齐程度，以防止在吊装过程中发生阻碍。

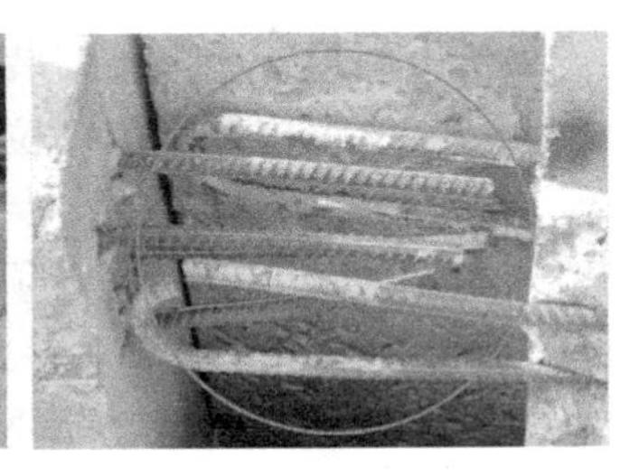

图 6-31　设立定位线，检查外露钢筋的尺寸和对齐程度

2）起吊和安装（图 6-32）

① 设置临时支架以支撑预制楼板和预制梁；

(a) 为预制楼板和预制梁设置临时支架

(b) 检查预制构件的水平度和构件之间的高差

图 6-32　预制水平构件的起吊和安装

② 采用吊链绳起吊并装配构件到指定位置；

③ 在放置构件到最终位置之前，对准并检查标高以便与设计要求一致。

常用检查方法：

① 在吊装过程中，必须对预制梁、预制阳台、预制楼板等进行支撑，支撑点的数量必须与设计要求一致；

② 在做节点连接之前要检查预制构件的水平度以及水平构件之间的高差。

3）节点浇筑（图 6-33）

① 对于需要现浇的节点，根据设计要求放置连接钢筋，并固定搭接；

② 为节点混凝土浇筑安装模板；

③ 浇筑混凝土；

④ 在节点混凝土达到足够的强度后，方可拆模。

常用检查方法：

① 根据设计要求，放置节点连接钢筋到正确的位置；

② 混凝土浇筑过程中要保护好模板。

(a) 布置及固定节点处的钢筋

(b) 节点处混凝土达到足够强度后方可卸掉支撑

图 6-33　预制构件水平节点的浇筑

6.5　预制构件制造和安装过程中可能出现的缺陷和建议的解决方法

预制混凝土构件的缺陷会导致直接的或间接的修补并延误装修工程施工，应采取有效方法预防和减少预制混凝土构件在制造和装配过程中产生缺陷。下面给出了一些常见的缺陷及形成原因和预防方法及修复措施。

(1) 尺寸偏差(图6-34)

1) 预制构件尺寸偏差会破坏构件安装时节点的对齐程度

可能产生的原因:

① 混凝土浇筑时模具模板没有扣紧,达不到允许的尺寸误差;

② 预制构件在拆模时混凝土可能没有达到足够的强度;

③ 预制构件浇筑后,没有压平表面、铲除碎渣,进而导致构件不同位置的厚度不同。

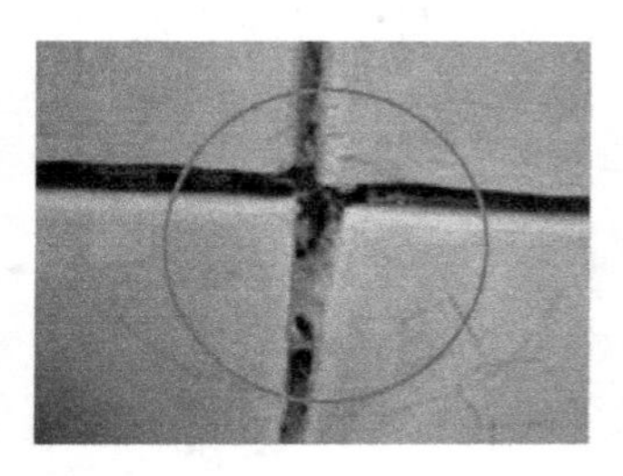
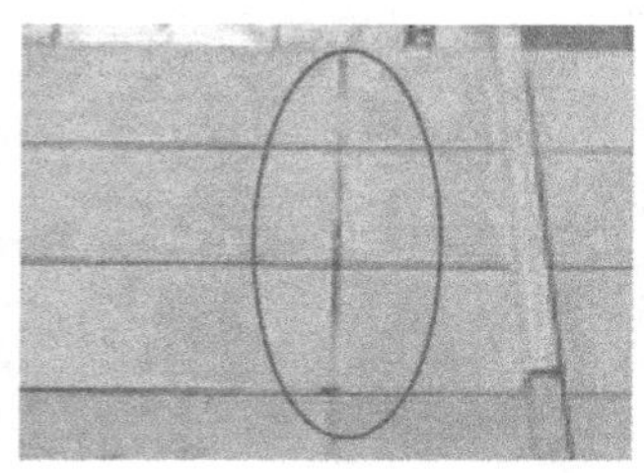

图6-34 预制构件的尺寸偏差

建议解决方法:

① 混凝土浇筑之前,检查模具的尺寸和模板的加固情况。一般来说,钢模板的板厚和浇筑次数的关系为:

4.5mm:大于50次浇筑

6.0mm:超过100次浇筑

9.0mm:超过200次浇筑

模板构件的使用性能会随着时间和使用次数的增多而逐步恶化,必要时应进行维修、加固或替换;

② 拆模之前应对试块进行检测以确定构件混凝土的强度;

③ 采用适当的工具如平泥板等对混凝土表面进行抹平和磨平。

2) 预制楼板构件产生弯曲

可能的产生原因:

构件吊装时混凝土强度不够或不适当的存储造成的构件弯曲;薄的墙体或楼板构件在存储过程中经常由于支撑方法不当而产生较大的弯曲和变形。

建议的解决方法:

预制构件应妥善保存,并且在指定的点采用适当的支撑垫块和框架支架系统进行堆放。

修复措施:

对于微小的偏差，正确的方法是对其表面打磨、切除或开凿，并抹灰。需要注意：当因预制混凝土构件尺寸的误差而导致其结构完整性或建筑功能上出现重大缺陷时，则不允许使用该构件。

（2）裂缝（图 6-35）

可能的产生原因：

1）在拆模时，预制构件的混凝土可能还没有达到足够的强度；

2）由于混凝土构件和模具模板之间的黏结摩擦，当从模板中吊出预制混凝土构件时表面出现裂缝；

3）预制构件的厚度太薄（小于 70mm），在拆模和装配过程中容易损坏；

4）如果对预制板的几何特性、吊钩设置缺少考虑，对孔洞位置缺少保护，在吊装过程中容易产生裂痕。

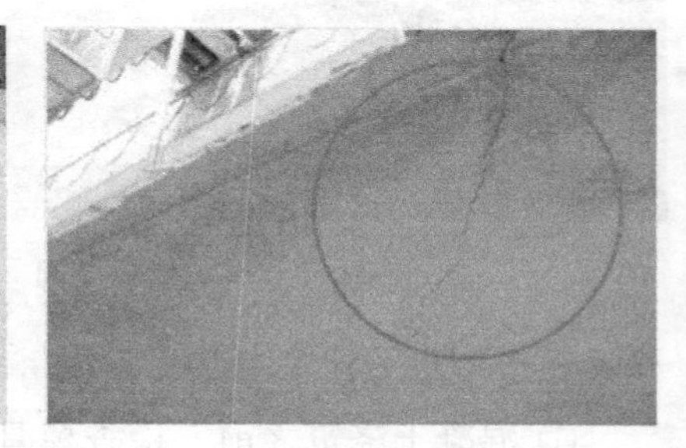

图 6-35　预制构件中的裂缝

建议的解决方法：

1）采取适当的养护方法，保证养护时间和养护温度；进行试块强度测试以保证拆模之前混凝土的强度达到要求；

2）采用适当的隔离剂并且将其均匀涂抹在模板表面以减少黏结和摩擦；

3）预制构件的截面厚度应随着拆模和装配过程中受力增大而加大；

4）采用适当的装配技术；设置足够的吊点以尽量减少在局部区域应力过大的情况；在洞口处和边角处配置加强钢筋；在安装过程中对洞口处采取临时加固措施。

修复措施：

1）所有裂缝必须经过设计人员的检查，以判断裂缝是否对结构工作性能产生影响；

2）根据不同的位置和开裂程度，采用不同的修补方法，以保证预制构件可以继续使用；

3）细小的裂纹（宽度小于 0.3mm）可以采用先沿着裂纹切出一个很浅的 V 字形凹槽，然后再进行修补；

4）对于表面裂纹宽度超过 0.3mm，或者是通长裂缝，应该采用注射环氧树脂的方法，以保证裂缝中充满环氧树脂。

（3）片状碎裂和损坏（图 6-36）

可能的产生原因：

1）在预制板、墙构件边角处的片状碎裂，经常是由于支撑构件过于坚硬或者在装配过程中板、墙构件受力过大而导致的；

2）不正确的存储方法；

3）当预制构件因为老旧的泥灰或碎片或隔离剂使用量不足而影响到模板或浇筑构件时，混凝土可能会出现局部脱落；

4）混凝土浇筑时钢筋保护层不够，而使构件的一些特定区域损坏；

5）预埋吊钩不足以承担起吊荷载或者埋置方法不正确，锚固不好等。

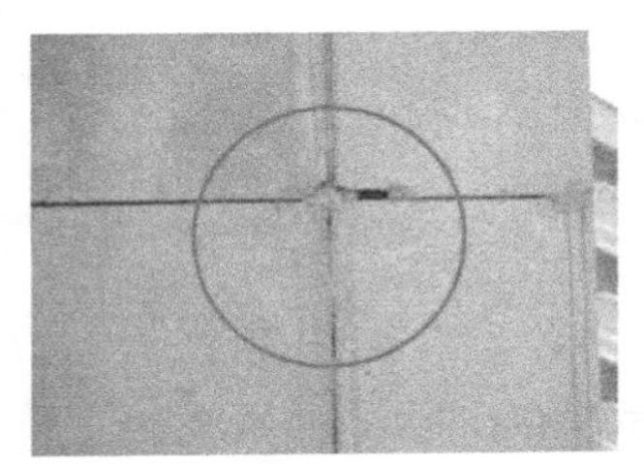
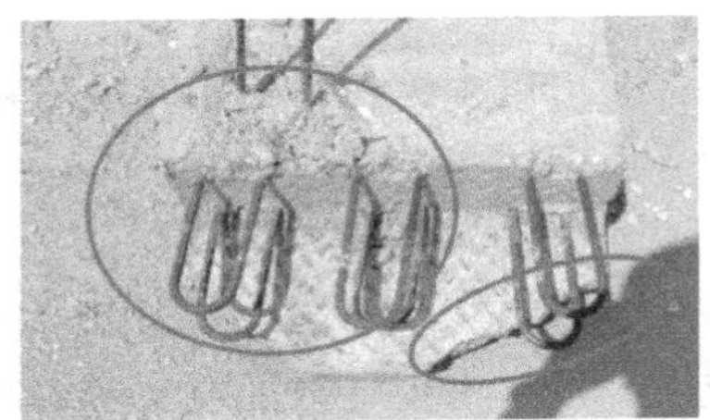
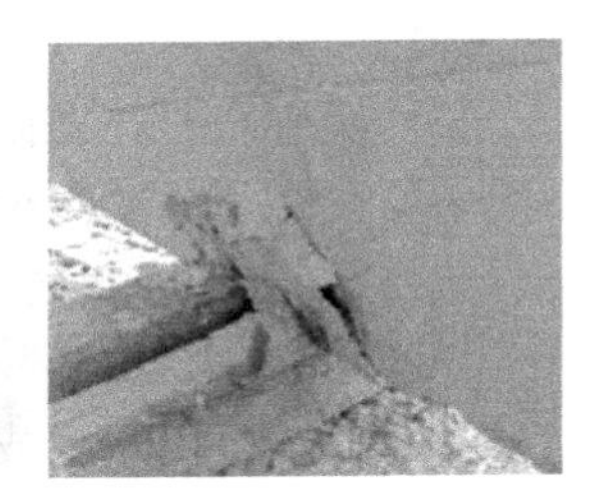

图 6-36　预制构件的片状碎裂和损坏

建议的解决方法：

1）预制构件在运输车上的摆放、运输过程和装卸操作中需采取防范措施以减少构件的破损。在易破损部位放置抗压垫片；

2）预制构件存储区域应平坦且干燥；在设计指定的支撑点处，采用适当的支撑杆件或框架支撑系统来存储，并尽可能采用立架固定存放预制混凝土构件；

3）预制构件的模板应该清理干净，以保证混凝土浇筑后有一个光滑的表面；模板隔离剂的覆盖厚度应该足够，并且均匀地涂抹到模板的表面；

4）使用尺寸合适的垫片并固定好，以确保构件浇筑时满足混凝土保护层厚度要求；

5）预埋吊钩和构件的混凝土必须达到足够的强度。可使用吊装专用装置以保证安全和高效率；必须对预埋吊钩和吊钩的位置进行检查，吊钩必须在混凝土浇筑前被固定在指定的深度。

修复措施：

1）移除所有散落混凝土，清扫各种灰尘和脏物；

2）采用一些胶粘剂对损坏的混凝土表面进行修补处理；

3）在采用混凝土或水泥浆进行修补时，可以用焊接金属网片的方法作为支撑；

4）用于修补的合成物或水泥浆必须满足原有混凝土的强度要求，建议提高一级强度等级；

5）如有需要，在修补时可以支模板，采用灌浆修补；

6）在修补时要保护受损区域免受其他破坏。

（4）蜂窝和密集的小孔（图 6-37）

可能的产生原因：

1）由于振捣不足或钢筋过于密集导致混凝土密实度不够；

2）水泥浆沿模板四周边缘渗漏，可能原因是螺栓或锚固件松动或缺失、橡胶密封垫圈受损或者部分模板不合格。

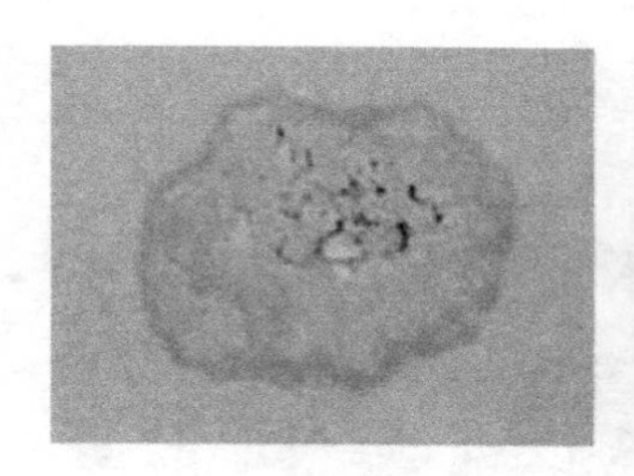
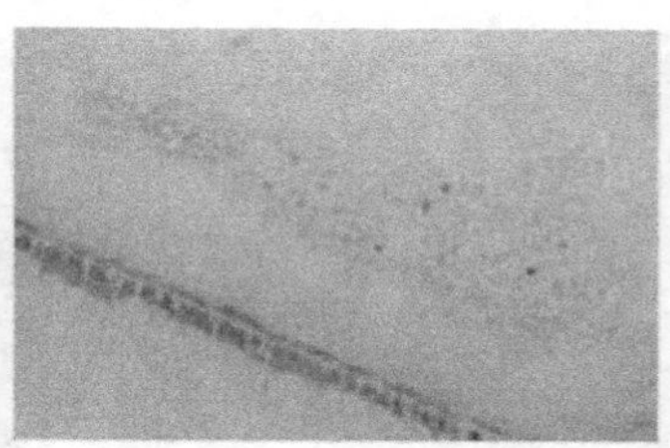

图 6-37　预制构件中的蜂窝或密集小孔

建议的解决方法：

1）采用正确的混凝土振捣密实方法；如有必要，可以调整混凝土配合比和流动性设计；选择合适的混凝土振捣棒，比如钳形模板振捣棒就可以使混凝土达到更好的密实度；钢筋过于密集时，可以采用大直径的钢筋或者加大构件的截面尺寸；使用钢筋连接件或套筒，以使钢筋平顺，减少钢筋搭接；

2）及时维修破损的模板和配件，或者使用新模板，以防止在混凝土浇筑过程中的水泥浆渗漏。

修复措施：

1）用于修补的合成物或水泥浆必须满足原有混凝土的强度要求，建议提高一级强度等级。

2）如有需要，在修补时可以支模板，采用灌浆方式修补缺失的混凝土。

（5）遗漏或施工详图错误（图 6-38）

预制构件中的遗漏主要包括预埋件、外凸肋板、表面分隔槽线、预埋吊钩、配筋、插销或钢筋连接螺旋箍筋等。

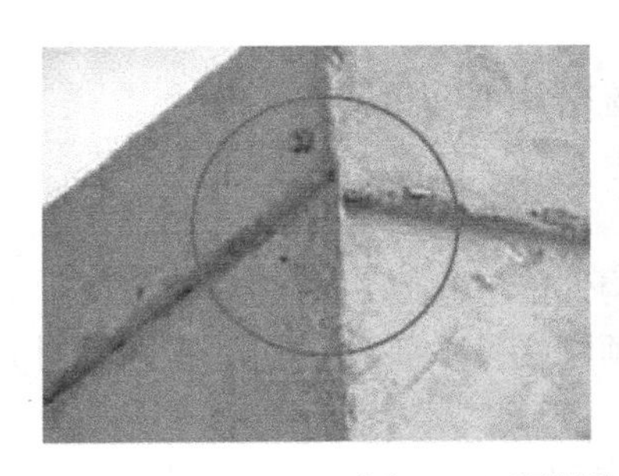
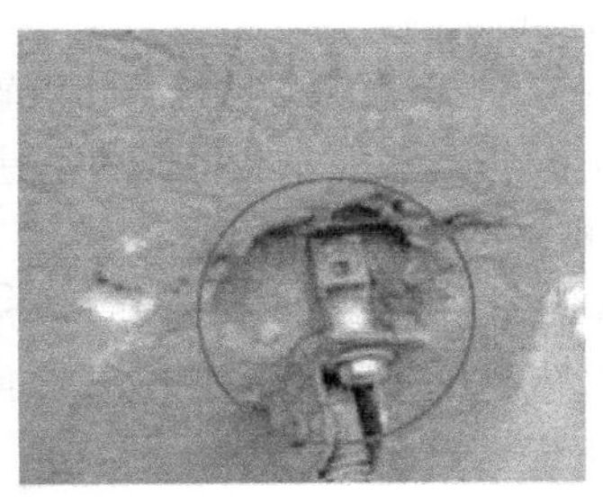

图 6-38　预制构件中的遗漏

可能的产生原因：

1）没有给出相关设计图纸；

2）没有进行正确的质量检查。

建议的解决方法：

1）预制构件中的所有项目必须在加工图纸中明确表示。任何改变必须通知构件加工部门；

2）要严格按照项目检查手册在预制构件浇筑前对图纸上的所有项目进行检查，以保证图纸上的项目均已完成。

修复措施：

1）对于预制构件中的甩筋或吊钩等，可以把局部混凝土敲开，将甩筋或吊钩等焊接在预制构件钢筋上，然后修补敲开的混凝土部分；

2）对于外表面丢失的凹槽等，可以在预制构件的表面凿出或刻出。

（6）钢绞线滑移量超过设计要求

可能的产生原因：

1）混凝土和钢绞线之间的黏结力不够；

2）钢绞线周围的混凝土密实度较差。

建议的解决方法：

1）预制构件的混凝土强度必须满足设计要求，在钢绞线放张前需通过混凝土试块检测混凝土强度；

2）采用正确的浇筑方法，以保证混凝土的密实性；

3）如有需要，对混凝土的配合比设计和工作性能进行复核和调整；

4）选择合适的混凝土振捣棒以达到更好的密实度。

修复措施：

在条件允许的情况下做设计变更，以使由于钢绞线滑移而导致自身强度降低的构件可以使用。

（7）对齐偏离

可能的产生原因：

1）预制构件安装过程中测量和位置摆放不够精确；

2）预制混凝土构件本身的尺寸偏差。

建议的解决方法：

1）采用合适的测量仪器以使预制构件能够达到更好的对齐精度；

2）在永久连接施工前，必须确保预制构件放置到设计标高并且对齐。

修复措施：

1）预制构件的微小偏差在安装过程中可以解决。但是其对结构的最终整齐度和整个建筑偏离值的影响必须计算出来。

2）对于细微的偏差，可以采用表面打磨、凿除等方法，在安装之前改正预制构件的尺寸偏差。对于有严重的尺寸偏差、在结构或建筑上有重大缺陷的预制构件，严禁使用。

参考文献

[1] Canadian Precast/Prestressed Concrete Institute (CPCI). Design Manual 4: Precast and Prestressed Concrete [M]. Canada, 2007.

[2] Precast/Prestressed Concrete Institute (PCI). Design Handbook: Precast and Prestressed Concrete [M]. 6th Edition. USA, 2004.

[3] Kim S. Elliott, Colin K. Jolly. Multi-Storey Precast Concrete Framed Structures [M]. WILEY Blackwell, UK, 2013.

[4] Building and Construction Authority of Singapore. Structural Precast Concrete Handbook [M]. 2nd Edition. Singapore, May 2001.

[5] Bill Mosley, John Bungey and Ray Hulse. Reinforced Concrete Design to Eurocode 2 [M]. Seventh Edition. Palgrave Macmillan, UK, 2012.

[6] SPRING Singapore. Singapore Standard: CP65: Part 1-Structural Use of Concrete [S]. 1999.

[7] British Standards Institution. BS8110: Structural Use of Concrete, Part 1-Code of Practice for Design and Construction [S]. 1997.

[8] SPRING Singapore. Singapore Standard: CP4-Code of Practice for Foundations [S]. 2003.

[9] European Committee for Standardization. EN1990: 2005 Eurocode 0: Basis of Structural Design [S]. 2005.

[10] European Committee for Standardization. EN1991-1-1: 2002 Eurocode 1: Actions on Structures-Part 1-1: General Actions-Densities, Self-weight, Imposed Loads for Buildings [S]. 2002.

[11] European Committee for Standardization. EN1991-1-4: 2005 Eurocode 1: Actions on Structures-Part 1-4: General Actions-Wind Actions [S]. 2005.

[12] European Committee for Standardization. EN1992-1-1: 2004 Eurocode 2: Design of Concrete Structures-Part 1-1: General rules and rules for buildings [S]. 2004.

[13] European Committee for Standardization. EN1992-1-2: 2004 Eurocode 2: Design of Concrete Structures-Part 1-2: General rules-Structural fire design [S]. 2004.

[14] European Committee for Standardization. EN1993-1-1: 2005 Eurocode 3: Design of Steel Structures-Part 1-1: General rules and rules for buildings [S]. 2005.

[15] European Committee for Standardization. EN1993-1-8: 2005 Eurocode 3: Design of Steel Structures-Part 1-8: Design of joints [S]. 2005.

[16] European Committee for Standardization. EN1997-1: 2004 Eurocode 7: Geotechnical Design-Part 1: General rules [S]. 2004.

［17］ European Committee for Standardization. EN1998-1：2004 Eurocode 8：Design of Structures for Earthquake Resistance-Part 1：General rules，seismic actions and rules for buildings ［S］. 2004.
［18］ British Standards Institution. PD 6687-1：2010：Background paper to the National Annexes to BS EN 1992-1 and BS EN 1992-3 ［M］. UK，2010.
［19］ Building and Construction Authority of Singapore. How to Design Concrete Structures using Eurocode 2 ［M］. The Concrete Centre，UK，December 2006.
［20］ Building and Construction Authority of Singapore. BC3：Guidebook for Design of Buildings in Singapore to Requirements in SS EN1998-1 ［M］. Singapore，2013.
［21］ Housing and Development Board of Singapore. Guide Drawings for Structural Engineering Works ［M］. July 2017 Edition，Singapore，2017.
［22］ Housing and Development Board of Singapore. Pre-fabricated Bathroom Unit（PBU） Guide ［M］. July 2017 Edition，Singapore，2017.
［23］ ACI Committee 318. Building Code Requirements for Structural Concrete（ACI 318M-14） and Commentary（ACI 318RM-14）［S］. USA，2015.
［24］ British Standards Institution. BS4449：2005＋A2：2009：Steel for the reinforcement of concrete-Weldable reinforcing steel-Bar，coil and decoiled product-Specification ［S］. 2009.
［25］ British Standards Institution. BS EN 10080：2005：Steel for the reinforcement of concrete-Weldable reinforcing steel-General ［S］. 2005.
［26］ European Committee for Standardization. prEN 10138-1，2005. Prestressing steels-Part 1：General requirements ［S］. April 2005.
［27］ European Committee for Standardization. prEN 10138-2，2009. Prestressing steels-Part 2：Wire ［S］. April 2009.
［28］ European Committee for Standardization. prEN 10138-3，2006. Prestressing steels-Part 3：Strand ［S］. May 2006.
［29］ European Committee for Standardization. prEN 10138-4，2000. Prestressing steels-Part 4：Bars ［S］. September 2000.
［30］ European Committee for Standardization. EN 206-1：Concrete-Part 1：Specification，performance，production and conformity ［S］. 2000.
［31］ European Concrete Platform. Eurocodes 2 Worked Examples ［M］. Belgium，May 2008.
［32］ Prab Bhatt，Thomas J. MacGinley and Ban Seng Choo. Reinforced Concrete Design to Eurocodes：Design Theory and Examples ［M］. Fourth Edition，CRC Press，UK，2014.
［33］ Dennis Lam，Thien-Cheong Ang，Sing-Ping Chiew. Structural Steelwork：Design to Limit State Theory ［M］. Fourth Edition，CRC Press，UK，2014.
［34］ IStructE/Concrete Society. Standard Method of Detailing Structural Concrete：A manual for best practice ［M］. Third Edition，UK，2006.